高等学校教材

冶金传输原理

(Principles of Transfer in Metallurgy)

华建社　朱　军　李小明　马幼平　编

西北工業大學出版社

【内容简介】 本书共分三篇，从介绍传输过程的机理出发，全面系统地讲述了动量传输、热量传输和质量传输过程的基本物理现象、规律、概念以及处理问题的基本方法，并对传输原理在冶金工程、材料加工及制备方面的应用做了重点介绍。书中各章均附有例题及习题。

本书可供高等学校冶金工程、材料成型及控制工程、材料加工工程、热能工程和化学工程与工艺等专业作为教材使用，也可作为相关专业的研究生及工程技术人员参考书。

图书在版编目(CIP)数据

冶金传输原理/华建社等编．—西安：西北工业大学出版社，2005.5(2018.8 重印)
ISBN 978-7-5612-1904-1

Ⅰ．冶…　Ⅱ．华…　Ⅲ．冶金—过程—传输—高等学校—教材　Ⅳ．TF01

中国版本图书馆 CIP 数据核字(2005)第 014844 号

出版发行：西北工业大学出版社
通信地址：西安市友谊西路 127 号，邮编：710072　电话：(029)88493844　88491757
网　　址：www.nwpup.com
印 刷 者：陕丰源印务有限公司
开　　本：787 mm×1 092 mm　1/16
印　　张：16.5
字　　数：412 千字
版　　次：2005 年 5 月第 1 版　2018 年 8 月第 6 次印刷
定　　价：45.00 元

前　言

本书是根据高等学校冶金工程专业本科生培养计划中冶金传输原理课程教学大纲编写的，作为冶金工程、材料成型及控制工程、材料加工工程、化学工程与工艺等专业的本科生的教学用书，各专业可根据自身特点及需要，在内容上加以取舍。

随着科学技术的发展，各类工程专业基础学科不断扩大，传输原理已在原有流体力学、传热学、传质学以及冶金炉热工基础上形成了较系统的基础理论，成为一门独立的学科，是冶金类各专业必修的技术基础课程之一。

本书在编排上分三篇，内容力求体现加强基础、便于自学、联系实际的原则。第一篇为动量传输，包括第 1 章至第 7 章，介绍了动量传输的基本概念和定律，为了易于理解理论知识，加强了基本概念的叙述，注重内容的系统性，保留了流体力学中流体静力学的一些内容。第二篇为热量传输，包括第 8 章至第 13 章，介绍了热量传输基本概念和定律，同时增加了冶金炉中热量传输和材料加工中的热量传输部分，以增强读者对热量传输基本理论的理解，提高实际应用能力。第三篇为质量传输，包括第 14 章至第 17 章，介绍了质量传输基本概念和定律。本书虽是按动量、热量、质量的纵向方法编写，但又从传输理论系统的整体性出发，各章内容前后联系、循序渐进，力图从物理上和数学上阐明动量、热量和质量传输之间的相似性，用对照的方法研究三种传递过程，加强读者对三种传递过程的理解。

冶金传输原理是一门数理解析较重的课程，在本书内容的阐述和解析方法上，着眼于物理概念和数学表达的统一，并突出物理性课程的特点，而且力图提炼出简化的物理模型和数学模型。借助于计算机模拟及计算，利用有限差分及有限元等数值计算方法，已成为解析传输过程偏微分方程的主要手段。限于篇幅，对计算机模拟及计算请参阅有关参考书。

本书由西安建筑科技大学冶金工程学院的教师合作分工编写，其中第 1 至 7 章由李小明编写，第 8 至 13 章及绪论和附录由华建社编写，第 14，16，17 章由朱军编写，第 15 章由马幼平编写，全书由华建社主编，并由赵俊学教授审阅。

本书在编写过程中，得到了徐德龙院士、马杰教授的帮助和支持，在此表示衷心的感谢！并向本书引用参考文献的原著者和编撰者表示诚挚的感谢！对所有为本书提供资料及建议的同行也表示衷心的谢意！

由于编写水平及掌握资料所限，不当之处在所难免，敬请批评指正。

编　者

2004 年 10 月

主要符号

A	面积，m^2	g	重力加速度，m^2/s
E	辐射能，W/m^2	h	对流传热系数，$W/(m^2 \cdot ℃)$
G	质量流速，$kg/(m^2 \cdot s)$	h_l	局部阻力，J/kg
L	长度，m	h_f	摩擦阻力，J/kg
M	分子量	m	质量，kg
	质量流量，kg/s	p	压力，Pa
	马赫数	q	热通量，W/m^2
P	压强，Pa	r	半径，m
Q	体积流量，m^2/s	t	时间，s
	热流量，W	u	速度，m/s
R	气体常数，$m^2/(s^2 \cdot K)$	υ	比容，m^3/kg
	热阻，$m^2 \cdot ℃/W$	λ	导热系数，$W/(m \cdot ℃)$
T	摄氏温度，℃		辐射波长，m
	热力学温度，K	δ	厚度，m
V	体积，m^3	μ	动力黏度，$N \cdot s/m^2$
a	热量传输系数，m^2/s	ν	运动黏度，m^2/s
b	宽度，m	ξ	局部阻力系数
	蓄热系数，$w/(m^2 \cdot ℃ \cdot s^{1/2})$	ρ	密度，kg/m^3
c	比热容，$J/(kg \cdot K)$	τ	黏性力，N/m^2
	辐射系数，$w/(m^2 \cdot K^4)$		时间，s
c_V	气体的定容比热容，$kJ/(m^3 \cdot ℃)$	ε	黑度
c_p	气体的定压比热容，$kJ/(m^3 \cdot ℃)$	φ	角度，角度系数
d_e	当量直径，m	θ	角度
f	摩擦阻力系数	D	扩散系数，m^2/s

目　录

绪论 …… 1

第一篇　动量传输

第1章　动量传输的基本概念 …… 4

1.1　连续介质 …… 4

1.2　流体的性质 …… 4

习题与思考题 …… 10

第2章　流体静力学 …… 11

2.1　作用于流体上的力 …… 11

2.2　流体静力学平衡微分方程 …… 11

2.3　流体静力学基本方程 …… 13

2.4　双流体静力学基本方程 …… 14

习题与思考题 …… 15

第3章　流体动力学 …… 16

3.1　流体流动的基本特征 …… 16

3.2　流体流动的连续性方程 …… 23

3.3　实际流体的动量平衡微分方程(奈维-斯托克斯方程) …… 25

3.4　理想流体动量平衡微分方程(欧拉方程) …… 29

3.5　流体机械能平衡方程(伯努利方程) …… 29

3.6　伯努利方程的应用——烟囱 …… 33

习题与思考题 …… 36

第4章　相似理论及因次分析 …… 38

4.1　相似理论基础 …… 39

4.2　因次分析及 π 定理 …… 43

4.3　相似模型法……45
习题与思考题……48

第5章　流体动量传输中的阻力损失……49

5.1　不可压缩流体的摩擦阻力……49
5.2　局部阻力……53
5.3　管路系统的阻力……56
5.4　绕流阻力……56
5.5　减少流体阻力的途径……57
习题与思考题……58

第6章　流体的流出……60

6.1　不可压缩流体自小孔的流出……60
6.2　可压缩流体的流出……62
习题与思考题……67

第7章　射流……68

7.1　自由射流……68
7.2　半限制射流——射流与平面相遇……71
7.3　限制射流……72
7.4　喷射器……72
习题与思考题……75

第二篇　热量传输

第8章　热量传输的基本概念……78

8.1　热量传输方式……78
8.2　温度场、等温面和温度梯度……79
8.3　傅里叶导热定律……80
8.4　导热系数与热量传输系数……81
习题与思考题……83

第9章　传导传热……85

9.1　傅里叶-克希荷夫导热微分方程……85
9.2　一维稳态导热……88
9.3　二维稳态导热……93
9.4　非稳态导热的基本概念……95
9.5　第一类边界条件——表面温度为常数时半无限厚大平板的非稳态导热……97

9.6　第三类边界条件——薄材在恒温介质中的加热 …… 99
9.7　第三类边界条件——周围介质温度为常数时有限厚物体的加热与冷却 …… 101
9.8　简单多维非稳态导热 …… 105
习题与思考题 …… 107

第 10 章　对流传热 …… 109

10.1　对流传热的基本概念 …… 109
10.2　流体流过平板时的强制对流传热 …… 111
10.3　流体在管内流动的强制对流传热 …… 116
10.4　自然对流传热 …… 128
习题与思考题 …… 131

第 11 章　辐射传热 …… 132

11.1　辐射传热的基本概念 …… 132
11.2　辐射传热的基本定律 …… 133
11.3　灰体及实际物体的辐射与吸收 …… 134
11.4　固体表面间的辐射传热 …… 137
11.5　气体辐射 …… 143
习题与思考题 …… 148

第 12 章　冶金炉中热量传输 …… 150

12.1　火焰炉炉膛内的热交换 …… 150
12.2　散料层内的热交换 …… 154
12.3　换热器热交换 …… 158
12.4　冶金炉热平衡 …… 164
习题与思考题 …… 168

第 13 章　金属材料加工中的热量传输 …… 169

13.1　凝固过程传热 …… 169
13.2　热处理过程传热 …… 172
13.3　焊接过程传热 …… 174
13.4　粉末制备中液滴的冷却 …… 176
习题与思考题 …… 177

第三篇　质量传输

第 14 章　质量传输概论 …… 180

14.1　质量传输的基本概念 …… 180

14.2　分子扩散的速度与通量…………………………………………………………………………… 182
14.3　传质微分方程……………………………………………………………………………………… 186
习题与思考题………………………………………………………………………………………… 190

第15章　扩散传质 ……………………………………………………………………………… 192

15.1　费克第一定律与扩散系数………………………………………………………………… 192
15.2　稳态扩散传质………………………………………………………………………………… 199
15.3　费克第二定律与非稳态扩散传质……………………………………………………… 210
习题与思考题………………………………………………………………………………………… 214

第16章　对流传质 ……………………………………………………………………………… 216

16.1　对流传质的基本概况……………………………………………………………………… 216
16.2　对流传质简化模型………………………………………………………………………… 218
16.3　流体流过物体表面时的对流传质 ……………………………………………………… 219
16.4　量纲分析在对流传质中的应用………………………………………………………… 225
16.5　动量、热量与质量传递之间的类比 …………………………………………………… 228
习题与思考题………………………………………………………………………………………… 231

第17章　相际间的质量传递 ………………………………………………………………… 233

17.1　不同相间的传质…………………………………………………………………………… 233
17.2　相际传质理论……………………………………………………………………………… 235
17.3　相际传质理论的应用……………………………………………………………………… 239
习题与思考题………………………………………………………………………………………… 245

附录………………………………………………………………………………………………… 246

参考文献…………………………………………………………………………………………… 256

绪 论

传输过程是动量传输、热量传输与质量传输的总称，简称“三传”(Momentoum, Heat and Mass Transfer)或传递现象(Transport phenomena)，是工程技术领域中普遍存在的物理现象，在冶金、材料、机械、能源及化工等领域，经常会有传输现象发生。随着科学技术的发展，传输理论已成为一门独立学科，并应用于许多工程领域之中。

传输过程可以看成是在某物质体系内描述其物理量(如温度、速度、组分浓度等)从不平衡状态向平衡状态转移的过程。所谓平衡状态，是指在体系内物理量不存在梯度，如热平衡是指物系内的温度各处均匀一致，反之则物系处于不平衡状态。在不平衡状态，由于物系内物理量不均匀将发生物理量的传输，如冷、热两物体互相接触，热量会由热物体传向冷物体，直到两物体的温度趋于均匀，此时冷、热两物体温度差就是热量传输的动力。

传输原理主要是研究传输过程的传递速率大小与传递推动力及阻力之间的关系。在传输过程中所传输的物理量为动量、热量和质量。动量传输是指在流体流动中垂直于流体流动方向上，动量由高速度区向低速度区的转移；热量传输是指热量由高温度区向低温度区的转移；质量传输则是指物系中一个或几个组分由高浓度区向低浓度区的转移。当物系中存在着速度、温度与浓度梯度时，则分别发生动量、热量和质量的传输过程。动量、热量和质量的传递，既可由分子的微观运动引起的分子扩散传递，也可由旋涡混合造成的流体微团的宏观运动引起的湍流传递。

在实际工业生产过程中，许多过程最终都可以归结为动量、热量和质量的传输或传递。从20世纪中叶以来，人们开始用统一的观点来研究上述三种传输过程，可以说传输理论对过程工业的发展，尤其是化工、冶金等学科起着重要的作用，传输原理实际上是一门探讨传递速率的理论。

动量、热量和质量三种传输过程有其内在的联系，三者之间具有许多相似之处。在连续介质中发生的“三传”现象有着共同的传递机理，因而对其主要参数描述完全相同(如牛顿黏性定律、傅里叶定律、费克定律的相似性)，这就是“三传”现象之间的类似性。由于“三传”过程的类似性，它们不但可以用类似的数学模型描述，而且描述三者的一些物理量之间还存在着某些定量关系。可以用这些类似关系和定量关系研究各种传输过程。另外，在工程实际中，三种传输过程常常是同时发生。

传输过程是一种物理过程，通常有理论研究、实验研究和数值计算三种方法。

(1) 理论研究方法。传输理论以质量守恒定律、牛顿第二定律和热力学第一定律为基础，从宏观上研究传输问题。采用的分析方法是微元平衡法，得到描述传输体系的微分方程或积分方程，其解是在一定条件下的速度分布、温度分布和浓度分布；或者是在一定条件下体系的进出口各物理量之间的关系。具体研究步骤为：① 确定简化的物理模型。通常可以依靠观察、实验和分析，弄清影响体系的主要因素，提炼出简化的物理模型。② 建立数学模型。对物理模型，根据物理基本定律建立数学方程，由实际传输过程的具体特点列出相应的定解条件（即初始条件和边界条件），将物理问题变成数学问题。③ 数学求解。利用相关的数学方法解出问题的解，并与实验或观察结果比较，确定解的准确程度以及适用范围。

（2）数值计算方法。传输方程常常是二阶非线性偏微分方程组，如果研究对象是三维空间或边界条件复杂时，特别是对复杂的传输过程，采用数学解析方法往往不能获得其解。数值计算是借助计算机采用近似计算方法（如有限差分法、有限元法等）求解传输方程而获得数值解的有效方法。数值计算方法的优点是能够解决理论研究无法解决的复杂问题，并且与实验相比所需的费用和时间都较少，精度较高。但是，数值计算法所得结果是散点，不容易看出各个物理参数对解的影响。另外，求解的前提必须有描述过程的精确的数学方程，这样才能获得满意的结果。

（3）实验研究方法。实验研究方法在传输过程中有着非常广泛的应用，简化物理模型的提出，需要实验提供依据；计算结果的正确性、可靠性，需要实验来检验；当研究的问题复杂，数学模型不易建立，或虽有数学模型但因方程复杂或边界条件复杂难于求解时，实验研究或基于相似理论的模型实验研究就显得特别重要。实验研究方法的主要特点是能在与所研究的问题完全相同或基本相同的条件下进行观测，所以实验研究得出的结果一般是可靠的。但是，实验方法常受模型尺寸以及边界条件不能完全满足等问题所限制。

在传输问题的研究中，理论、计算和实验三种研究方法相互补充，取长补短。本书的内容主要介绍理论研究方法及一些实验研究方法。

现代工程技术人员无论从事新产品、新工艺的研究还是进行过程设计、机械设计和制造、自动控制，都需要应用传输理论的基本知识。传输理论对过程开发、设计、生产操作、优化控制及过程机理的研究都有重要的实用意义。

通过本书的学习，可以深入了解传输过程的机理，对于改进各类传递过程，进行新设备的设计、操作和控制提供理论基础。

对传输现象的研究，在化工、冶金、机械、航天、土木、电子工程、农业与食品工程、生物工程、环境工程等工程学科和技术领域具有重要的意义。21世纪对工程技术人员认识与掌握基本物理现象提出了更高的要求，使传输原理成为工程专业的一门技术基础课，只是各专业的侧重点略有不同而已。

第一篇　动量传输

动量传输是自然界和工业生产过程中普遍存在的现象，如烟气的流动、大气的流动、流体的输送、液态金属的流动等都与动量传输有关。

动量传输主要研究流体的性质及流动特性。它涉及的范围包括流体的静力学及动力学等，流体在流动过程中存在着各种力、能、动量之间的平衡与传递，它们之间存在着内在联系，是不同条件下的不同表现形式。所以动量传输可理解为流体流动过程中力或能量的平衡及传递。研究动量传输，掌握其内在的规律，对了解自然现象，改进生产设备和生产工艺过程有着重要的作用。因此，动量传输理论是传输原理的基本组成部分之一。

传输原理中，动量传输是较难掌握的一部分内容，一方面数理要求较多，另一方面，流体的非稳态流动、湍流的产生等问题都增加了学习动量传输的难度。冶金过程中，流体的流动与传热及传质常常同时存在，流体的流动状态直接影响着对流传热和对流传质等传输过程。例如，换热器中的高温气体把热量传给较低温度的器壁时，器壁受热升温，热量传输的速率与流体的性质及流动形式有关。又如，石墨溶于铁液的过程，其溶解速率与靠近石墨的铁液流动状况有关。所以动量传输被认为是传输现象中基本的传输过程。

第一篇的内容分为7章，第1章介绍动量传输的基本概念，是后面各章的基础；第2章和第3章具体介绍流体静力学和动力学，建立理想流体的运动微分方程和机械能守恒方程；第4章为相似理论，介绍如何进行合理的实验设计和实验结果的推广；第5章至第7章均是前面章节的应用，重点是动量传输的阻力损失。

第1章 动量传输的基本概念

自然界中的物质状态一般分为气态、液态和固态三种，其中液体和气体物质统称为流体。流体的特性是具有流动性、压缩性和黏性。研究流体流动的学科称为流体力学。动量传输就是流体力学，之所以称为动量传输，是因为从传输观点出发，它与热量传输、质量传输有相当的类似性，用动量传输的观点讨论流体流动不仅有利于传输理论体系的一致，同时还可以了解三种传输现象类似的内涵。

动量传输主要是研究流体在外界作用下运动规律的科学，它的研究对象是流体。

1.1 连续介质

流体由大量的彼此之间有一定间隙的分子组成，各个分子都做无序的随机运动，因此流体的物理量在空间和时间上的分布是不连续的。

在工程计算时，主要考虑的是流体的宏观特性，即大量分子的统计平均特性，而不是单个分子的微观运动，为此引入流体的连续介质模型，即：将流体看做是由无数流体微团或质点组成的连续介质，流体质点的大小与流体运动空间相比微不足道，流体的宏观特性是分子统计的平均特性。故流体连续介质模型定义为：流体是由连续分布的流体质点组成的。

连续性假设意味着流体介质在宏观上是连续的，故其质点运动也是连续的。引入这一假定后可以简化流体平衡及运动的研究，利用连续函数进行数学处理。

一般的流体均可以视为连续介质，只有真空条件中的气体不能应用此假定。

1.2 流体的性质

描述流体性质及运动规律的物理量很多，如：密度、压力、组成、速度、黏度等。由于流体是连续的，而任意空间点上流体质点的物理量在任意时刻都有确定的数值，即流体的物理量是空间任意位置(x,y,z)和时间τ的函数，如：

密度场：$\rho=\rho(x, y, z, \tau)$

速度场：$u=u(x, y, z, \tau)$

温度场：$t=t(x, y, z, \tau)$

一、流体的密度与比容

单位体积流体所具有的质量称为流体的密度，以ρ表示。对质量分布不均匀的流体，某点

密度的定义式为

$$\rho = \lim_{\Delta V \to 0} \frac{\Delta m}{\Delta V} = \frac{dm}{dV} \quad (kg/m^3) \tag{1.1}$$

式中，ΔV 为流体微元的体积(m^3)；Δm 为微元体的质量(kg)。

对质量分布均匀的流体(均质流体)，密度的定义式为

$$\rho = \frac{m}{V} \quad (kg/m^3) \tag{1.2}$$

式中，V 为流体的体积(m^3)；m 为流体的质量(kg)。

各种流体的密度值可由物理、化学等手册中查得，液体的密度基本上不随压力变化(极高压除外)，但随温度略有变化，查得液体密度值时，要注意所指温度。

比容是指单位质量流体所具有的体积，对于均质流体比容，其计算式为

$$\nu = \frac{V}{m} = \frac{1}{\rho} \quad (m^3/kg) \tag{1.3}$$

显然，比容与密度互为倒数。

在冶金生产中所遇到的流体，往往是含有几种组分的混合物，通常手册中所列出的为纯物质的密度，所以混合物的平均密度 ρ 还应通过以下公式进行计算。

对于液体混合物，各组分的浓度常用质量分率表示，如以 1 kg 混合液体为基准，若各组分在混合前后其体积不变，则 1 kg 混合物的体积等于各组分单独存在时的体积之和

$$\frac{1}{\rho_m} = \frac{x_{WA}}{\rho_A} + \frac{x_{WB}}{\rho_B} + \cdots + \frac{x_{Wn}}{\rho_n} \tag{1.4}$$

式中，ρ_A，ρ_B，…，ρ_n 为液体混合物中各纯组分的密度(kg/m^3)；x_{WA}，x_{WB}，…，x_{Wn} 为液体混合物中各组分的质量分率。

对于气体混合物，各组分的浓度常用体积分率表示，如以 1 m^3 混合气体为基准，若各组分在混合前后质量不变，则 1 m^3 混合气体的质量等于各组分的质量之和

$$\rho_m = \rho_A x_{VA} + \rho_B x_{VB} + \cdots + \rho_n x_{Vn} \tag{1.5}$$

式中，x_{VA}，x_{VB}，…，x_{Vn} 为气体混合物中各组分的体积分率。

二、流体的压缩性和不可压缩流体

流体不像固体那样有固定的形状，流体呈现的是容器形状，气体往往充满容器的体积，这是流体可流动性和可压缩性的体现。可压缩性是指在压力作用下，流体的体积发生明显的变化。流体的体积一般随所受的压力增加而减少，或随温度的升高而减小。液体的压缩性不显著，如水在 0 ～ 20℃，1 ～ 500 个大气压范围内，每增加一个大气压，水的体积只改变 1/20 000 左右，所以工程上一般将液体视为不可压缩流体。液体的体积虽然随温度升高略有增加，如水在温度10～20℃ 范围内，一个大气压下，温度每升高1℃，其体积仅增加1.5/10 000，所以，工程上一般不考虑液体的体积变化。

气体则与液体有很大的差别，当压力或温度发生变化时，其体积及密度等都相应地发生变化。但当气体的压强不太高而温度又不太低时，气体的性质与理想气体的偏差不大，在工程计算中，这种变化的数量关系可近似地用理想气体状态方程式进行计算，若用 P_0，V_0，T_0分别表示气体在标准状态下的压强、体积和绝对温度，气体的质量为 m，分子量为 M，气体状态方程式为

$$P_0V_0 = \frac{m}{M}RT_0$$

式中，R 为气体常数。当气体的压强为 P、体积为 V、绝对温度为 T 时，气体状态方程式为

$$PV = \frac{m}{M}RT$$

联解以上二式得

$$V = V_0 \frac{P_0}{P}\frac{T}{T_0} \tag{1.6}$$

将气体密度

$$\rho = \frac{m}{V} \quad 及 \quad \rho_0 = \frac{m}{V_0}$$

整理后代入式(1.6)中，消去 V 和 V_0，得

$$\rho = \rho_0 \frac{PT_0}{P_0T} \tag{1.7}$$

当压力恒定时，式(1.6)还可以写成

$$V = V_0 \frac{T_0 + t}{T_0} = V_0(1 + \beta t) \tag{1.8}$$

式中，t 为摄氏度(℃)。同理，式(1.7)还可以写成

$$\rho = \rho_0 \frac{T_0}{T_0 + t} = \frac{\rho_0}{1 + \beta t} \tag{1.9}$$

式中，$\beta = \frac{1}{273}$，为气体的体积膨胀系数。

在许多工程问题中，为计算方便，当气体的压力变化不大($P < 10\ 000$ Pa)或流速不太高($u < 70$ m/s)时，一般可以忽略气体的压缩性，而按不可压缩流体流动问题处理，当然，随着流速增高或压强增大，气体压缩性的影响变得不可忽略，应按可压缩性流体处理。

须要指出，实际流体都是可压缩的，不可压缩流体是为了便于处理当密度变化较小时的某些流体所作的假设。

三、流体的黏性和理想流体

1. 牛顿黏性定律

当观察各种流体的流动时，可以发现有很大的差异，这是因为流体具有不同的黏性。流体的黏性是指流体在变形或流动时，其本身所具有的阻滞流动或变形的性质。自然界中的流体均具有一定的黏性，称为黏性流体或实际流体。流体的黏性是由流体分子间的内聚力和分子的扩散造成的。流体与另一流体表面或固体表面接触时表现为流体分子对表面的附着力。流体的黏性用黏度来度量。

由于流体具有黏性，所以在流动过程中会产生分层现象，层与层之间发生了相对运动，快速层对慢速层产生了一个拖动力使它加速，而慢速层对快速层则施加一个阻止它向前运动的阻力，拖动力和阻力是大小相等、方向相反的一对力，分别作用在两个紧挨着但速度不同的流层上，流层的速度不相等，就意味着前者将动量传给后者，因此速度不相等的流层之间的这种黏性带动作用，实际就是在进行着动量的传输。

如图 1.1 所示，由运动的流体中取出相邻的两层流体，设流层间的接触面积为 A，上层的

流速为 $u+\mathrm{d}u$，下层的流速为 u，即两层的相对速度为 $\mathrm{d}u$，层间垂直距离为 $\mathrm{d}y$，实验证明，两层流体间所产生的内摩擦力 F 与层间的接触面积 A，相对速度 $\mathrm{d}u$ 成正比，而与垂直距离 $\mathrm{d}y$ 成反比，即

$$F \propto A\frac{\mathrm{d}u}{\mathrm{d}y}$$

将其写成等式

$$F = \mu A\frac{\mathrm{d}u}{\mathrm{d}y}$$

单位面积上的内摩擦力为

$$\tau = \frac{F}{A} = \mu\frac{\mathrm{d}u}{\mathrm{d}y} \tag{1.10}$$

式中，$\tau = \dfrac{F}{A}$ 为单位面积上的内摩擦力或称黏性力（$\mathrm{N/m^2}$）；$\dfrac{\mathrm{d}u}{\mathrm{d}y}$ 为垂直于流体运动方向的速度变化率或称速度梯度（$\mathrm{m/m \cdot s}$）；μ 为比例系数，称为动力黏度，简称黏度。

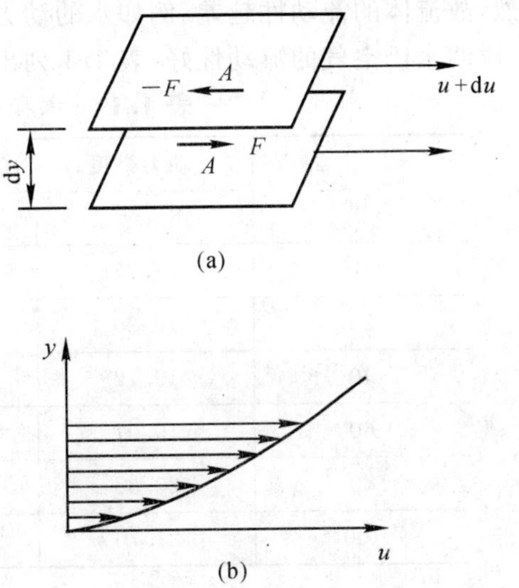

图 1.1　牛顿黏性定律推导示意图

式(1.10) 称为牛顿(Newton) 黏性定律。将凡是单位面积上的黏性力与速度梯度的一次方成正比的流体，即遵循牛顿黏性定律的流体，统称为牛顿型流体，全部气体和大多数低分子量流体(如水、空气等) 均属于牛顿型流体。而将不遵循牛顿黏性定律的流体，称为非牛顿型流体，常见的非牛顿型流体如泥浆、污水、有机胶体、油漆、纸浆、高分子溶液、浆糊、云母悬浮液、流沙等。一般所研究的流体运动及动量传输过程，均视为牛顿型流体，但实际上，很多流体未必严格遵守牛顿黏性定律，只能近似作牛顿型流体处理，本书涉及的流体多为牛顿型流体。

2. *流体的黏度*

黏度是流体固有的重要的物性参数之一，它是流体组成和状态(压力、温度) 的函数，其值可由实验测定。由式(1.10) 可知，如果流体的速度梯度 $\dfrac{\mathrm{d}u}{\mathrm{d}y} = 1$ 时，流体的黏度 μ 在数值上便等于单位面积上的黏性力。因此，在相同的流速下，黏度愈大的流体所产生的黏性力也愈大，即流体因克服阻力而损耗的能量也越大，所以对于黏度较大的流体所选用的流速应比黏度小的低些。流体的黏度越大，表示该流体的流动性越差。流体黏度这个性质，对于研究流体的流动或动量传输以及在流体中进行的热量传输及质量传输等过程具有重要的意义。

由式(1.10) 可导出黏度的单位，因为

$$\mu = \frac{\tau}{\dfrac{\mathrm{d}u}{\mathrm{d}y}} = \frac{\mathrm{N/m^2}}{\mathrm{m/m \cdot s}} = 1\ \mathrm{N \cdot s/m^2} = 1\ \mathrm{Pa \cdot s}$$

在工程计算中，流体的黏性亦可用动力黏度 μ 与其密度 ρ 的比值来表示，称为运动黏度，以 ν 表示，计算式为

$$\nu = \frac{\mu}{\rho}$$

式中，ν 的单位为 $\mathrm{m^2/s}$。

ν 也是流体动量传输中的基本物理参数，它的数值越大，随分子扩散而发生的动量传输越

强烈，故流体的流动性越差。例如水的动力黏度虽比空气大得多，但运动黏度却反而比空气的小，说明水比空气的流动性好。表 1.1 列出了水和空气的黏度，表 1.2 列出了常见液体的黏度。

表 1.1　水和空气的黏度(标准大气压)

温　度 ℃	动力黏度，$\mu\times10^6/(\mathrm{Pa\cdot s})$		运动黏度 $\nu\times10^6/(\mathrm{m^2/s})$	
	空　气	水	空　气	水
0	17.25	1 792	13.33	1.792
20	18.20	1 007	15.12	1.007
40	19.12	656	16.98	0.661
60	19.97	469	18.80	0.477
80	20.88	357	20.90	0.367
100	21.75	284	23.00	0.296

表 1.2　常见液体的黏度

液　体	温　度 ℃	动力黏度，$\mu\times10^6$ Pa·s	液　体	温　度 ℃	动力黏度，$\mu\times10^6$ Pa·s
原　油	20	7 200	铝	800	1 400
水	0	1 800	锡	300	1 680
水	50	550	锡	400	1 370
水	100	285	锡	500	1 180
水　银	0	1 670	锡	600	1 040
水　银	700	1 560	铁	1 550	6 850
铝	700	2 900	铁	1 650	5 900

温度对流体的黏度影响很大。温度升高时液体的黏度降低，流动性增强，气体则相反。

压力变化对动力黏度 μ 的影响不大，因此一般只考虑温度的影响。而运动黏度 ν 则不然，因它和密度 ρ 有关，压力的变化会引起可压缩性流体密度变化，所以对可压缩性流体更多是用 μ 而不用 ν。

冶金生产中常遇到各种流体的混合物，计算混合物黏度时，不能简单地按组分叠加，只能用适当的经验公式估计。如液体混合物的黏度可计算为

$$\lg\mu = x_1\lg\mu_1 + x_2\lg\mu_2 + \cdots + x_n\lg\mu_n$$

式中，μ_1，μ_2，…，μ_n 为液体各组分的黏度；x_1，x_2，…，x_n 为液体各组分的摩尔分数。

低压气体混合物的黏度可用下式计算：

$$\mu_m = \frac{\sum_{i=1}^{n} y_i\mu_i M_i^{1/2}}{\sum_{i=1}^{n} y_i M_i^{1/2}} \tag{1.11}$$

式中，μ_m 为气体混合物的黏度；y_i 为气体混合物中 i 组分的摩尔分数；μ_i 为气体混合物中 i 组分的黏度；M_i 为气体混合物中 i 组分的分子量。

3. 理想流体和黏性流体

具有黏性的流体统称为黏性流体或实际流体，完全没有黏性即 $\mu = 0$ 的流体称为理想流体。实际上并不存在真正的理想流体，只是为方便处理某些流体流动问题所作的假定而已。

引入理想流体的概念，在研究实际流体运动规律时很有作用，这是由于黏性的存在给流体流动的数学描述和处理带来很大困难。

四、流体的压强

垂直作用于单位面积流体上的压力，称为压强。设 F 为垂直作用于流体面积 A 上的压力，则压强为

$$P = \frac{F}{A} \tag{1.12}$$

压强的单位为 Pa。工程上经常用其它单位，常用的压力单位换算关系为

$1\ N/m^2 = 1\ Pa$

$1\ atm = 1.013 \times 10^5\ Pa = 1.033\ kgf/cm^2 = 10.33\ mH_2O = 760\ mmHg$

压强的表示方法：一个标准大气压的精确值为 101 325 Pa，它是指一个标准大气压比绝对零压高 101 325 Pa。凡是用绝对零压作起点计算的压强，称为绝对压强。气体状态方程中的压强也是指绝对压强，在许多工程设备中，流体各部分同时受到大气压的作用而相互抵消，对流体的运动不起作用，所以工程中所关心的常是超出大气压的部分，后者称为相对压强。一般测压仪表都是测定相对压强，故相对压强又称表压强，计算式为

$$P_M = P - P_{at} \tag{1.13}$$

式中，P_M，P 与 P_{at} 分别表示表压强、绝对压强及当地大气压。

当流体绝对压强小于当地大气压时，相对压强（$P - P_{at}$）为负值，称为负压。其差值的绝对值称为真空度。例如某设备内流体绝对压强为 1 325 Pa，则其相对压强为

$$P_M = 1\ 325 - 101\ 325 = -100\ 000\ Pa$$

即负压为 100 000 Pa，也可称真空度为 100 000 Pa。绝对压强、表压强、真空度及它们之间的相互关系，可用图 1.2 表示。

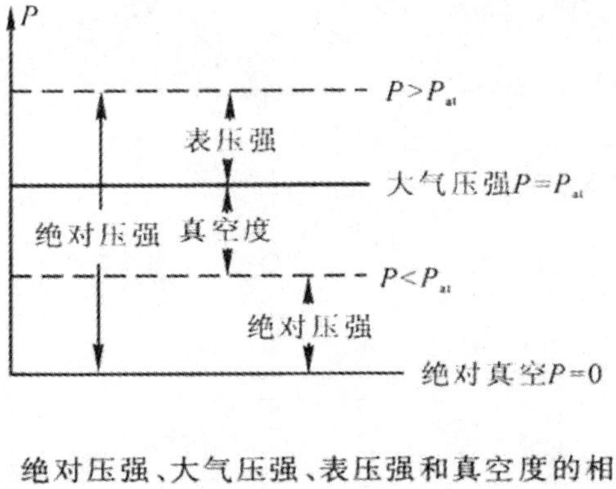

图 1.2　绝对压强、大气压强、表压强和真空度的相互关系

习题与思考题

1. 设烟气在标准状态下的密度为 1.3 kg/m^3，试计算当压力不变而温度分别为 900℃，1 250℃ 时该烟气的密度。

2. 已知烟道内流过烟气的速度为 25 m/s，当时烟气的温度为 900℃，压力为 1 个大气压，求烟气在标准状态下的流速。

3. 流体的黏性是怎样产生的？在固定温度下流体的黏度是否都是定常数？

4. 什么是运动黏度与动力黏度？为什么引入两种黏度定义？

5. 在什么情况下可以认为流体不存在黏性？或者说在什么情况下流体的黏性对流体运动的影响可以忽略不计？

6. 某烟气的体积组成为 CO_2 13.6%，SO_2 0.4%，O_2 4.2%，N_2 75.6%，H_2O 6.2%，烟气温度为 800℃，求动力黏度。

7. 绝对压强、相对压强和真空度三者之间的关系如何？

8. 已知某气体管道内的绝对压力为 117 kN/m^2，求此处的表压分别为多少 kPa、多少 mmH_2O？若表压为 7 000 mmH_2O，那么该处的绝对压力是多少？若绝对压力为 68.5 kN/m^2 时其真空度又为多少？已知当地大气压为 98 000 N/m^2。

9. 什么是理想流体？引入这一概念有什么意义？

第2章　流体静力学

流体静力学主要研究流体处于静止状态时各种物理量的变化规律。在工程技术领域，主要是研究在重力场的作用下，静止流体内部的压力分布。流体处于静止是相对静止，即流体质点相对于某一运动坐标系静止。例如旋风分离器离心机内的流体运动，如将参考坐标系选在容器上，由于流体质点与容器接触面没有相对运动，故可视其对容器处于相对静止状态。

由于处于静止状态的流体，黏性将不再起作用，所以可按理想流体平衡时的规律对其进行研究求解。流体静力学原理应用很广，如冶金、化工设备和管路中作用力的计算、流体压力的测定、容器液位的计算以及设备的液封等。

2.1　作用于流体上的力

作用在流体上的力可分为表面力和质量力两大类。

(1) 表面力是指作用在所研究流体表面上的力，是流体微团与周围环境(有时是固体壁面)在界面产生的相互作用力，如压力、黏性力和表面张力等。

(2) 质量力也称体积力，是指作用在流体内所有流体质点上，且与质量成正比的力，它本身是一种非接触力。这种力可分为两种：一种是外界物体对流体的引力，如地心引力产生的重力；另一种是流体做不等速运动所产生的惯性力和离心力。

流体的受力情况在流体力学中常采用"微元体"分析法来分析。即假定从整个流体中取出一个微小的流体体积，然后分析微元体的受力、平衡和运动，得出基本的规律，再应用到整个流体中去。

2.2　流体静力学平衡微分方程

从静止流体中取出一个流体微元平行六面体，该微元体的边长分别为 dx, dy 和 dz，并且分别平行于 x, y 和 z 轴，如图2.1所示。如微元体中心 A 点的坐标为 (x, y, z)，压强为 P_0，若以 M, N 分别表示后面和前面的中心点，则 M 点的坐标为 $(x-\frac{dx}{2}, y, z)$，故其压强为 $P_M = P_0 - \frac{\partial P}{\partial x}\frac{dx}{2}$，而 N 点的压强为 $P_N = P_0 + \frac{\partial P}{\partial x}\frac{dx}{2}$，其中 $\frac{\partial P}{\partial x}$ 为压强在 x 方向的变化率。因为微元体的面可以取得足够小，所以可以认为 P_M 和 P_N 分别为作用在后面 $2—2'—4'—4$ 和前面 $1—1'—3'—3$ 面上的平均压强。

在这两个面上的法向力分别为

$$\left(P_0-\frac{\partial P}{\partial x}\frac{dx}{2}\right)dydz \quad 和 \quad \left(P_0+\frac{\partial P}{\partial x}\frac{dx}{2}\right)dydz$$

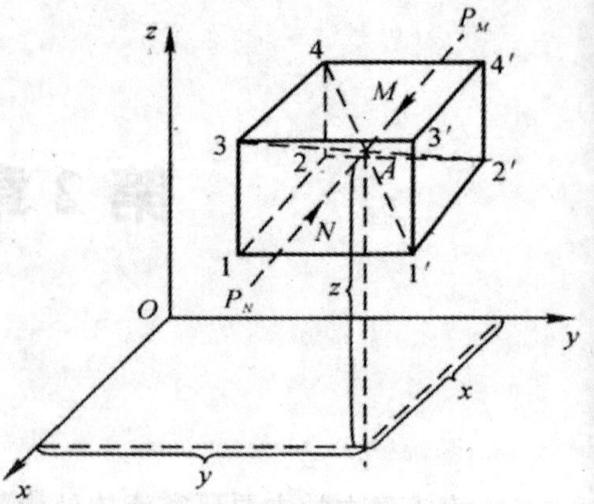

图 2.1 流体静力学平衡方程式的推导

假设作用在该微元体上的单位质量的质量力在各坐标方向的投影分别为 X,Y,Z，流体的密度为 ρ，流体的体积为 $dv = dxdydz$。则

$$dm = \rho dxdydz$$

因此沿 x 轴的质量力为

$$F_x = \rho X dxdydz$$

流体平衡的充分和必要条件是各坐标方向所有力投影的总和等于零。沿 x 轴可得

$$\left(P_0-\frac{\partial P}{\partial x}\frac{dx}{2}\right)dydz-\left[\left(P_0+\frac{\partial P}{\partial x}\frac{dx}{2}\right)dydz+\rho X dxdydz\right]=0$$

化简得

$$\rho X-\frac{\partial P}{\partial x}=0 \tag{1}$$

同样可以分别求出沿 y 轴和 z 轴方向的平衡条件为

$$\rho Y-\frac{\partial P}{\partial y}=0 \tag{2}$$

$$\rho Z-\frac{\partial P}{\partial z}=0 \tag{3}$$

将式(1)，式(2) 和式(3) 联立得

$$\left.\begin{aligned} X-\frac{1}{\rho}\frac{\partial P}{\partial x}=0 \\ Y-\frac{1}{\rho}\frac{\partial P}{\partial y}=0 \\ Z-\frac{1}{\rho}\frac{\partial P}{\partial z}=0 \end{aligned}\right\} \tag{2.1}$$

式(2.1) 即为流体静力学平衡微分方程式，亦称欧拉(Euler) 平衡方程式。它表示流体在质量力和表面力作用下的平衡条件。对于具有一定密度的某种流体，只要知道了单位体积的质量力在各个坐标方向的分量，就可以利用欧拉平衡方程式求出压强的分布规律。

欧拉平衡方程式分别乘以 dx，dy 和 dz 并相加得

$$Xdx+Ydy+Zdz=\frac{1}{\rho}\left(\frac{\partial P}{\partial x}dx+\frac{\partial P}{\partial y}dy+\frac{\partial P}{\partial z}dz\right) \tag{2.2}$$

在一般情况下，$P = F(x, y, z)$，即静压强是坐标的连续函数，因此方程式的右边各项应该是静压强 P 的全微分，用 dP 表示为

$$dP=\frac{\partial P}{\partial x}dx+\frac{\partial P}{\partial y}dy+\frac{\partial P}{\partial z}dz$$

将 dP 代入式(2.2) 得

$$\frac{1}{\rho}dP = Xdx+Ydy+Zdz \tag{2.3}$$

如果流体是不可压缩的，即 $\rho =$ 常数，则式(2.3) 左边是压强的全微分，那么右边也必定是某个

函数 $\omega(x, y, z)$ 的全微分，即

$$d\omega = \frac{\partial \omega}{\partial x}dx + \frac{\partial \omega}{\partial y}dy + \frac{\partial \omega}{\partial z}dz$$

或者

$$\frac{1}{\rho}dP = d\omega \tag{2.4}$$

与式(2.3) 比较则有

$$X = \frac{\partial \omega}{\partial x}, \quad Y = \frac{\partial \omega}{\partial y}, \quad Z = \frac{\partial \omega}{\partial z}$$

显然，函数 $\omega(x, y, z)$ 在 x,y,z 轴方向的偏导数正好等于单位质量力在各坐标轴上的投影，它反映了单位质量势能的变化。在重力场内，单位质量力的三个分量分别为 0，0 和 $-g$。如在重力的作用下单位质量下落了 dz，则单位质量力所做的功为 $g \cdot dz$，亦即单位质量的势能减少了 $g \cdot dz$。可见，函数 $\omega(x, y, z)$ 反映了单位质量的势，所以称为势函数或力函数。因此式(2.4)就是以势函数表示的流体平衡基本方程式，此式表明，只有在有势的力作用下，不可压缩流体才能处于平衡状态。

在自然界中的力，如重力、惯性力等都是有势的力。如果已知这些力在各个坐标方向的分量，就可以用积分求出其势函数。

在充满平衡流体的空间里，凡是流体静压强相等的点所组成的面，称为等压面。等压面上各点静压强相等，即 $P =$ 常数，因而 $dP = 0$，由式(2.3) 可得

$$Xdx + Ydy + Zdz = 0 \tag{2.5}$$

即

$$d\omega = 0 \tag{2.6}$$

式(2.5) 和式(2.6) 均为等压面的方程式。

等压面具有三个重要的特性：

(1) $d\omega = 0$，因而 $\omega =$ 常数，所以等压面就是等势面。

(2) 作用在静止流体中任一点的质量力必然垂直于通过该点的等压面。

(3) 两种不同流体间的分界面一定是等压面。

2.3 流体静力学基本方程

流体静力学主要研究质量力为重力作用下的流体平衡规律，由于质量力只有重力，所以单位质量力在各坐标轴上的投影为

$$X = 0, \quad Y = 0, \quad Z = -g$$

将此条件代入流体静力学微分方程式(2.3) 得

$$\frac{1}{\rho}dP = -g dz \tag{2.7}$$

因为流体是不可压缩的，即 $\rho =$ 常数，将式(2.7) 积分得

$$\frac{1}{\rho}P + gz = \text{常数} \tag{2.8}$$

流体可视为不可压缩流体，在静止流体内部不同高度处，任取两平面 z_1 和 z_2，如图 2.2 所示，当 $z = z_1$ 时，$P = P_1$；$z = z_2$ 时，$P = P_2$。由式(2.8) 可得

$$g\rho z_1 + P_1 = g\rho z_2 + P_2 \tag{2.9}$$

式(2.9)可写为

$$z_1 + \frac{P_1}{g\rho} = z_2 + \frac{P_2}{g\rho} \tag{2.10}$$

$$P_2 = P_1 + (z_1 - z_2)g\rho = P_1 + g\rho h \tag{2.11}$$

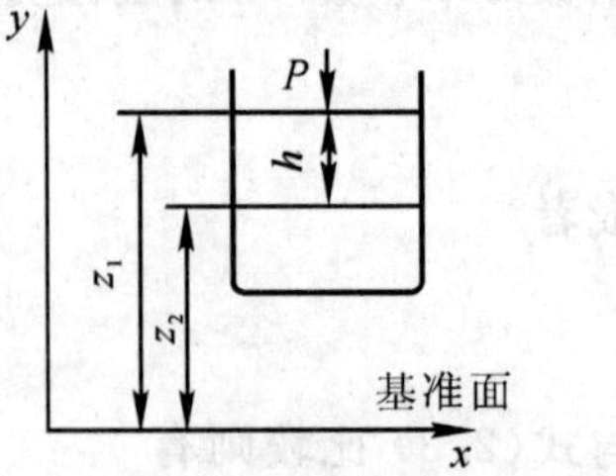

图 2.2 流体静力学基本方程式推导示意图

式(2.9)、式(2.10)和式(2.11)均为重力作用下不可压缩流体静力学基本方程式。它反映的是在重力场作用下静止流体内部压力的变化规律。须要说明的是,上述各静力学基本方程式仅适用于连通着的同一种连续的不可压缩静止流体。

式(2.10)的几何意义是:在静止的不可压缩的均匀流体中,对只受重力作用的各点来说,尽管位压头和静压头各不相同,但两者之和均相等。能量意义是:在静止的不可压缩的均匀流体中,对所有点来说,尽管位压能和静压能各不相同,但任意一点位压能和静压能之和均相同。位压能高时,其静压能就低,反之位压能低时,其静压能就高,两种能量之间可相互转换。

总之,流体静力学基本方程式说明:在静止流体中,在同一水平面上各点的压强相等,等压面必为水平面。水平面愈低压强愈大,水平面愈高压强愈小。静止流体任一点的压强等于自由表面上的压强加上此点距自由表面的垂直高度乘以 $g\rho$。任一水平面上的位压头和静压头之和为一常数,而此常数的值只与所选基准面的位置有关。

例 2.1 设有一炉膛内充满静止的热气体,炉气温度 $t_1 = 1\,627$℃,炉气在标准状态下的密度 $\rho_{10} = 1.3\ \text{kg/m}^3$,炉外大气温度 $t_2 = 27$℃,密度 $\rho_{20} = 1.293\ \text{kg/m}^3$。当炉门口中心平面上内外压力相等时,求中心以上 $H = 1.5$ m 水平面上的炉气表压(见图 2.3)。

解 炉内气体密度为

$$\rho_1 = \frac{\rho_{10}}{1+\beta t_1} = \frac{1.3}{1+\frac{1\,627}{273}} = 0.187\ \text{kg/m}^3$$

空气密度为

$$\rho_2 = \frac{\rho_{20}}{1+\beta t_2} = \frac{1.293}{1+\frac{27}{273}} = 1.177$$

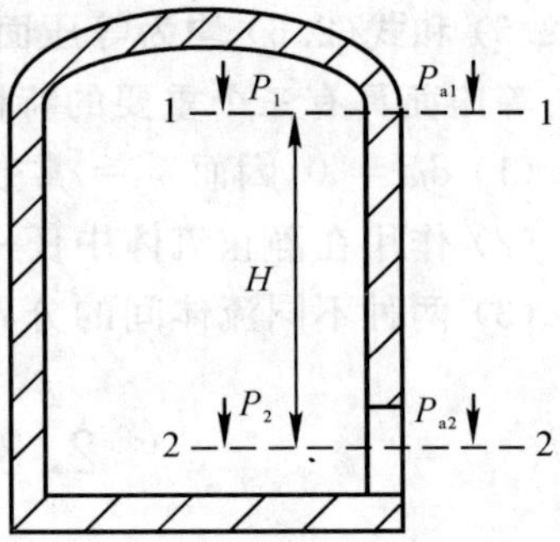

图 2.3

由题意知图 2.3 中 2—2 面内外绝对压力相等,则此面表压力为零,即

$$P_{a2} = P_2$$

所以炉内 1—1 面上的表压为

$$P_1 = (P_2 - \rho_1 gH) - (P_{a2} - \rho_2 gH) = (\rho_2 - \rho_1)gH =$$
$$(1.177 - 0.187) \times 9.81 \times 1.5 = 14.57\ \text{Pa}$$

2.4 双流体静力学基本方程

由于液体的密度一般比空气的密度大数百倍乃至数千倍,空气浮力相对来说极其微小,通常予以忽略。但在气体力学中,特别是研究高温气体时,空气浮力对气体的影响不仅不能忽略,而且成为起决定作用的因素。如研究一种液体由容器或一种气体由炉内向外运动的趋势时,这

种运动趋势往往与外面的流体有直接关系。如图 2.4 所示，假定容器内外的气体是静止的，其密度分别为 ρ_l 和 ρ_W，基准面取在容器下部，则就 1—1 和 2—2 截面，可同时列出内外气体的两个流体静力学基本方程式如下：

容器内气体 $$g\rho_l z_1 + P_{l1} = g\rho_l z_2 + P_{l2}$$

容器外气体 $$g\rho_W z_1 + P_{W1} = g\rho_W z_2 + P_{W2}$$

两式相减 $$gz_1(\rho_l - \rho_W) + (P_{l1} - P_{W1}) = gz_2(\rho_l - \rho_W) + (P_{l2} - P_{W2})$$

令 $$\Delta P_1 = P_{l1} - P_{W1}, \quad \Delta P_2 = P_{l2} - P_{W2}$$

则

$$gz_1(\rho_l - \rho_W) + \Delta P_1 = gz_2(\rho_l - \rho_W) + \Delta P_2 \tag{2.12}$$

对任意平面可写成通式

$$gz(\rho_l - \rho_W) + \Delta P = \text{常数} \tag{2.13}$$

式(2.12) 或式(2.13) 称为双流体静力学基本方程式。$gz(\rho_l - \rho_W)$ 叫做过剩位压头；ΔP 为过剩静压头。因此 ΔP 即为设备的同一截面上的压强差，如果设备外部为大气，则 ΔP 即为表压。双流体静力学基本方程式将压头的绝对值变为相对值，此方程表明，二静止气体，在任意平面上过剩位压头和过剩静压头之和为常数。二者之间可以相互转换，但总能量保持不变。

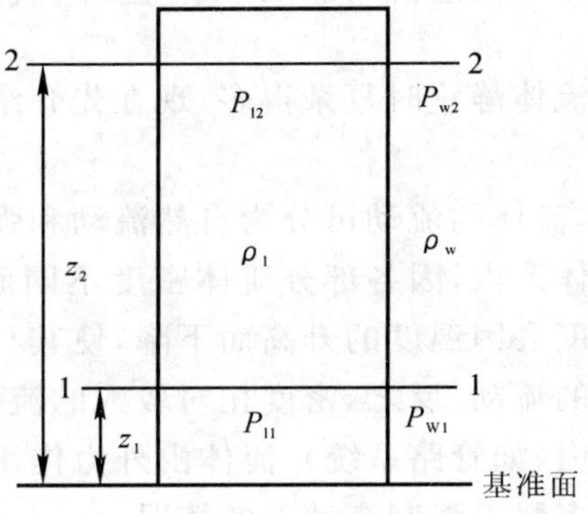

图 2.4 双流体静力学基本方程示意图

习题与思考题

1. 作用于流体上的力有几类？各有何特点？

2. 何谓等压面？等压面有何特性？

3. 什么是流体静力学方程式，其物理意义如何？

4. 某炉气温度为 1 650℃，炉气在标准状态下的密度为 $\rho_0 = 1.3\ \mathrm{kg/m^3}$，炉外大气温度为 30℃，试求当距炉门坎 1.8 m 处，炉膛压强为 12 Pa(表压) 时，炉门坎是冒烟，还是吸冷风？

5. 已知烟气的平均温度为 600℃，在标准状态下，烟气密度为 $\rho_0 = 1.3\ \mathrm{kg/m^3}$，烟囱底部要求负压为 8.5 $\mathrm{mmH_2O}$，已知周围的空气温度为 20℃，按气体静力学问题处理，试求烟囱高度。

第 3 章　流体动力学

流体动力学研究流体在运动过程中流速、压力等有关物理量的变化规律。通过质量守恒、能量守恒（热力学第一定律）和动量守恒（牛顿第二定律）原理对过程进行能量、质量和动量衡算，从而获得物理量之间的内在联系和变化规律以及分析流体流动的原因。本部分主要讨论流体流动的基本特征及连续性方程，动量平衡方程及伯努利方程等基本方程及其简化、修正、适用范围和条件。

3.1　流体流动的基本特征

流体流动时表现的规律比流体静止时复杂得多，现在先介绍与流体流动有关的概念。

1. 流体流动的起因

按照流体流动的起因不同，流体的流动可分为自然流动和强制流动两类。

自然流动指在流体流动的体系内，因各部分流体密度不同而产生的浮力作用所构成的流动。如当流体部分受热时，其密度会因温度的升高而下降，使其与周围温度尚低、密度较大的流体相作用形成浮力而产生上浮的流动。反之，密度相对较大的流体则会产生下降的流动。

强制流动是指在封闭体系内（如管路系统），流体由外力作用（如风机或泵提供的动力）所构成的流动。动量传输问题，大多属于强制流动下的情况。

2. 稳态流动和非稳态流动

稳态流动指在流体的任何空间点处，流体的速度及其他物理量均不随时间而改变，仅与这些点的空间位置有关，即

$$u = u(x,\ y,\ z),\quad \rho = \rho(x,\ y,\ z),\quad \cdots$$

$$\frac{\partial u}{\partial \tau} = 0,\quad \frac{\partial \rho}{\partial \tau} = 0,\quad \cdots$$

非稳态流动是指在流体的任何空间点处，上述物理量中只要有一项随时间而改变，这时运动要素就不仅与这些点的空间位置有关，而且也与时间有关，即

$$u = u(x,\ y,\ z,\ \tau),\quad \rho = \rho(x,\ y,\ z,\ \tau),\quad \cdots$$

$$\frac{\partial u}{\partial \tau} \neq 0,\quad \frac{\partial \rho}{\partial \tau} \neq 0,\quad \cdots$$

例如有一高位槽，从下部的排液口连续将液体排出，同时，又不断地在上部将液体平稳地补充入槽内，严格控制液体的排出量和补充量，使二者相等，这时，高位槽液面将维持恒定，因而高位槽内液体任何点上的速度 u、密度 ρ 等要素均不随时间而变化，所以是稳态流动。如果槽

内液体得不到补充，因而液面将随时间降低，致使液体流动的速度、流量、压强等要素都相应变小，这就属于非稳态流动。连续生产过程中的流体流动，正常情况下多属稳态流动，而在开工和停工阶段则为非稳态流动。研究非稳态流动比较复杂，工程上有很多情况属于变化很缓慢或上下轻微脉动，为了简化通常也可视为稳态流动处理。

除此之外，流体的流动亦可按流速及有关物理量依赖空间的维数将其分为一维与多维流动。生产过程如流体输送多在封闭管道中进行，以一维流动居多。

3. 流线

流线是描述流体运动速度场特征的一种方法，和描述物理学中的电场特性一样。流线是某一瞬时流场内一条想像的相对于固定坐标系的曲线，该曲线上各点的速度方向和曲线在该点的切线方向相同。

根据流线的定义，流线有如下性质：

(1) 流线不能相交。

(2) 在任一瞬间，流场中的任一空间点都有一条流线通过，故流场内的流线是一个曲线簇。

(3) 稳态流动流线不随时间而变，而非稳态流动时，流线的形状和位置随时间变化。

4. 流管和流量

通过流场内任一封闭周线上各点的流线所构成的管状表面，叫做流管，如图 3.1 所示。因为流管上各点的速度方向与流线相切，而不穿过流管表面，所以流体不能由外面进入流管，也不能由流管向外流出，流管具有真正管壁的作用。

在流管内取一微小曲面 dA，通过 dA 上的每一点作流线，这簇流线叫做流束。当流束断面无限小时，则称其为微小流束。因微小流束的断面无限小，故断面上各点的运动要素可认为是均匀分布的。

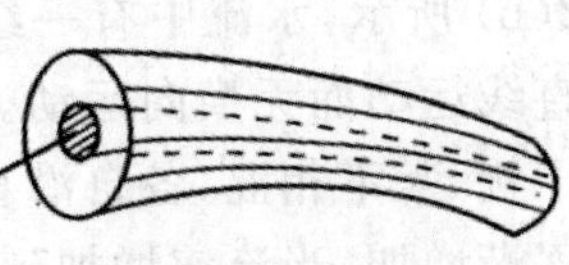

图 3.1　流管

在流动边界内的全部液流或气流称为总流。按流动边界的性质不同，又可将总流分为三类，即有压流、无压流和射流。流体充满管道并沿其轴线流动，这就是有压流(或称为管流)，亦是工程最常见到的一类流动。总流边界的一部分为固体边界所限制，而另一部分与空气接触形成了自由面，这种总流称为无压流，如河道中的水流便是无压流。

炉子热工技术中还遇到另一种情况，即气体由管嘴喷射到一个比较大的空间中去，由于气体脱离了原来限制它的管道，不再受固体界面的约束，凭着出口时所具有的动量和惯性，在自由空间不断卷吸周围的气体介质，从而形成逐渐扩展流动的喷射流股，这种流动方式称为射流。

单位时间内流过任一流通截面的流体量称为流量。按体积计算时称为体积流量；按质量计算时称为质量流量。如以 dA 和 u' 分别表示微小流束某点的有效截面和流速，则通过微小流束的微小体积流量为 $u'dA$，而总流是微小流束的总和，所以总流的体积流量也应为通过各微小流束的微小体积流量的总和，即

$$V_s = \int_A u' \mathrm{d}A \tag{3.1}$$

实际流道中(即总流)的每一有效截面上不同地点的流速并不相同，流道中心的流速较大，越靠近边界流速越小，而在管壁上流速等于零。这种实际流速在流道的有效截面上的分布为抛物

线形。它不便于工程上运用和计算。工程上常用截面平均流速，即

$$\bar{u} = \frac{1}{A} u' \mathrm{d}A = \frac{V_s}{A} \tag{3.2}$$

则

$$V_s = \bar{u}A \tag{3.3}$$

如以 w 表示质量流量，则

$$w = V_s \rho = \bar{u}A\rho \tag{3.4}$$

如以 G 表示质量流速，则

$$G = \frac{w}{A} = \frac{\bar{u}A\rho}{A} = \bar{u}\rho \tag{3.5}$$

式中，V_s 为体积流量（m^3/s）；w 为质量流量（kg/s）；G 为质量流速（$kg/(m^2 \cdot s)$）。

在气体中，由于体积随温度和压力变化，其体积流量 V_s 与流速 u 也随温度和压力变化，即

$$V_s = V_{s0}(1 + \beta t) \tag{3.6}$$

$$u = u_0(1 + \beta t) \tag{3.7}$$

5. 流体流动的型态和雷诺数

英国物理学家雷诺(Reynold)通过实验，于 1883 年发现，流体流动时，依不同的条件可以出现两种截然不同的流动型态，即层流和湍流。下面介绍这一著名实验。

雷诺实验的装置如图 3.2 所示。水不断由 A 注入水箱并靠溢流保持水位不变。水从玻璃管口的一端 E 流出水箱。小容器 B 内装着密度与水相同但与水互不相溶的红色液体。C 及 K 为调节阀门，微开 K 阀，水以极低速度流入玻璃管，再开 C 阀使红色液体流入玻璃管，此时如图 3.2(b) 所示，水流中有一红色直线流不与周围的水相混，这表示水的质点只作沿玻璃管轴线的直线运动而无横向运动。可以认为此时沿玻璃管截面的水流是一层一层的流动，各层之间互不干扰，互不相混，各自沿直线向前流动，直至流出管口，这种流动称为层流。慢慢开大 K 阀流速逐渐增加，当流速增加到一定数值时，红色直线开始呈波纹状，如图 3.2(c) 所示。这就表明层流已开始破坏，流体质点有了与主流方向相垂直的横向运动，质点可以从一层流动到另一层。如果继续增大流速，红色线流将更剧烈地波动，直到断裂，红液充满全管并把管中水染成红色，如图 3.2(d) 所示。这表示管内水流在向前流动时，处于完全不规则的流动状态，称之为湍流。显然，从层流到湍流存在一过渡区。同样，在湍流状态下逐渐关小 K 阀，最后也会恢复到层流状态，当然也存在一过渡区。

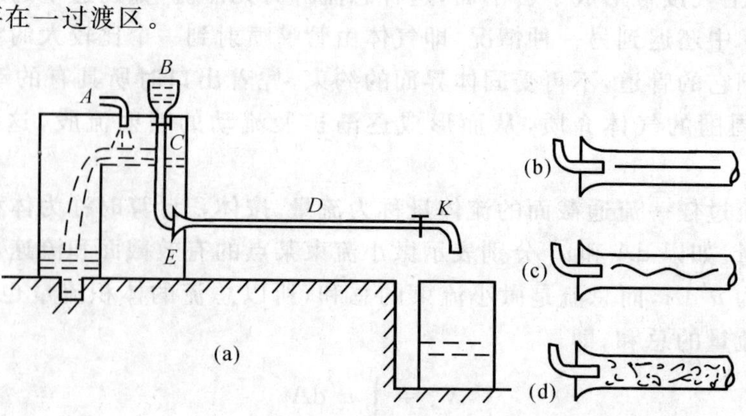

图 3.2　雷诺实验装置图

雷诺发现，若改用不同流体在不同直径的管内进行实验，除流速以外，流体的密度、黏度、管径也都影响流动型态。通过大量的研究发现，若将影响流动状况的上述诸因素组合成 $\frac{\rho ud}{\mu}$ 形式，可以判别流动型态是层流还是湍流。$\frac{\rho ud}{\mu}$ 即有名的雷诺准数，简称雷诺数，用 Re 表示，即

$$Re = \frac{\rho ud}{\mu} \tag{3.8}$$

大量的实验证明，对于在内表面光滑的圆截面直管中流动的流体，当 $Re < 2\ 300$ 时，流动呈层流。当 $Re > 4\ 000$ 时，流动呈湍流。而在 $2\ 300 < Re < 4\ 000$ 这个范围内，流动型态是不稳定的，可能是层流，也可能是湍流，称其为过渡流。由于过渡流很不稳定，容易被外界干扰因素触发而立即转发为湍流。通常工程计算中都将过渡流按湍流处理。

上述雷诺数 Re 中的 d，是指圆形截面的导管或设备的内径。在工程中经常会遇到一些截面为非圆形的导管或设备，此时 Re 数中的 d 应采用当量直径 d_e 来代替，即

$$Re = \frac{d_e u\rho}{\mu}$$

当量直径

$$d_e = \frac{4A}{S}$$

式中，A 为圆形截面的导管或设备的面积(m^2)；S 为被流体所浸润的导管或设备的周长(m)。

对于直径为 d 的圆形截面导管，有

$$d_e = \frac{4 \times \frac{\pi}{4} d^2}{\pi d} = d$$

对于边长 a 和 b 的长方形截面的导管，有

$$d_e = \frac{4ab}{2(a+b)} = \frac{2ab}{a+b}$$

对于套管环隙的当量直径，外管内径为 D_i，内管外径为 d_0，则

$$d_e = \frac{4 \times \frac{\pi}{4}(D_i^2 - d_0^2)}{\pi(D_i + d_0)} = D_i - d_0$$

6. 动量通量

动量传递是黏性流体流动时存在的普遍现象，下面从牛顿黏性定律出发引出动量通量的概念。

设流动着的流体所具有的质量为 m，流速为 u，则流体的动量为 mu (kg·m/s)。在单位时间内流体传输的动量称为动量率。在单位时间内，通过单位面积流体所传输的动量称为动量传输率，亦称动量通量，其值为 $\frac{mu}{A\tau}\left(\frac{\text{kg}\cdot\text{m}}{\text{s}}\cdot\frac{1}{\text{m}^2\cdot\text{s}} = \frac{\text{kg}}{\text{s}^2\cdot\text{m}}\right)$。它相当于单位面积上的作用力或单位体积的能。流体动量的传输可分为两种：其一是通过对流引起的动量传输；其二是通过黏性引起的动量传输。

(1) 对流动量通量　对于具有一定质量的流体，当它以一定速度流动时，便将动量传输到另一地方，从而形成了对流动量的传输，其传输方向与流体运动方向一致。若流体的质量为 m，速度为 u，则在单位时间内通过单位面积的动量就是对流动量通量，即

$$对流动量通量 = \frac{mu}{A\tau} \quad (\mathrm{kg/(s^2 \cdot m)}) \tag{3.9}$$

式中，A 为流体流过的截面积(m^2)；τ 为流体流过的时间(s)。

若流体沿 x 轴方向流动，其速度为 u_x，如图 3.3 所示。流体通过的面积为 $A_x = \mathrm{d}y\mathrm{d}z$，流体的密度为 ρ，在 τ 时间内，流过 A_x 面的质量为

$$m = \rho u_x A_x \tau \quad (\mathrm{kg}) \tag{3.10}$$

单位时间内流过 A_x 面的动量为

$$\frac{mu_x}{\tau} = \rho u_x A_x u_x \quad (\mathrm{kg \cdot m/(s^2)}) \tag{3.11}$$

于是，单位时间内通过单位面积的动量为

$$\frac{mu_x}{\tau A_x} = \rho u_x u_x \quad \mathrm{kg/s^2 \cdot m} \tag{3.12}$$

(2) 黏性动量通量　由于流体具有黏性，所以当其流动时，使不同流速的流层之间有动量交换发生，也就是形成了动量的传输。速度较快的流层通过黏滞力将动量传输给速度较慢的流层，速度不等实际上就是动量不同，高动量流体通过黏滞力将动量传给低动量流体，从而形成了黏性动量的传输过程，其传输方向与运动方向垂直。流体流动的型态不同，其动量传输的性质也不同。

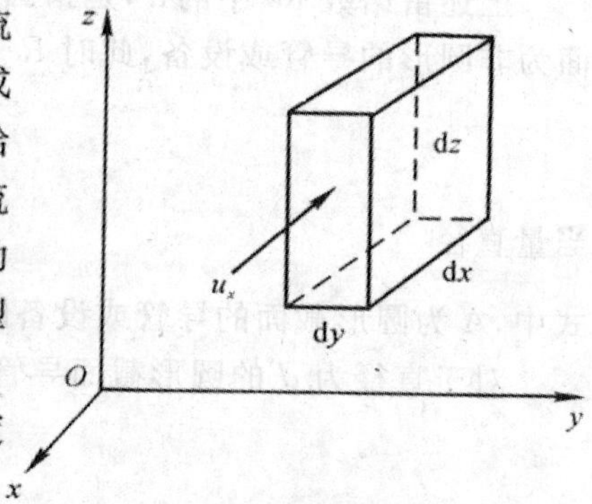

图 3.3　对流动量通量示意图

若流体沿 x 轴方向流动，速度为 u_x，根据牛顿黏性定律，黏性力(剪应力)与速度梯度的关系为

$$\tau = -\mu \frac{\mathrm{d}u_x}{\mathrm{d}y}$$

对于不可压缩流体，上式可写为

$$\tau = -\frac{\mu}{\rho}\frac{\mathrm{d}(\rho u_x)}{\mathrm{d}y} = -\nu \frac{\mathrm{d}(\rho u_x)}{\mathrm{d}y} \tag{3.13}$$

式中，ρu_x 的单位为$(\mathrm{kg/m^3}) \cdot (\mathrm{m/s}) = \frac{\mathrm{kg \cdot m/s}}{\mathrm{m^3}}$，故可认为 ρu_x 是单位体积流体的动量；$\frac{\mathrm{d}(\rho u_x)}{\mathrm{d}y}$ 可理解为在 y 方向上单位体积流体的动量梯度。等式右边的负号表示动量传递方向是由高动量的流层向低动量的流层传递，而动量梯度的方向则与之相反，由低动量向高动量，两者方向始终相反，故式中加一负号。此式说明，黏性力与单位体积流体的动量梯度成比例，黏性力越大，单位体积流体的动量梯度越大。

上述动量通量的讨论中，仅仅适用于规则的层流流动，在湍流时，动量通量要比层流时大得多。

7. 边界层理论

具有黏性的流体，流过固体表面时，由于流体的黏性作用在固体表面附近会形成具有速度梯度的一个薄层区域，此区域叫做边界层，亦称附面层。边界层很薄，但速度梯度很大，即使黏性力很小也不能忽略。边界层以外速度梯度很小，速度几乎均匀一致，这时黏性力可以忽略，即可认为是理想流体。

图 3.4 表示边界层的形成和发展过程，流体以流速 u_0 流向与其平行的平板后，即形成边界层。将从板壁算起至流过均匀流速 u_0（$u = 0.99u_0$）的距离称为边界层厚度。

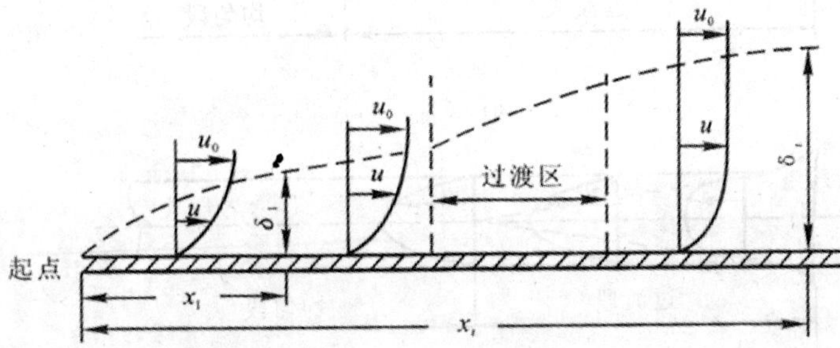

图 3.4 边界层的发展

由图 3.4 可以看出，流体刚接触固体表面时，边界层厚度为零，随着流体向前继续流动，边界层逐渐增厚。在距前端不远的一段距离内，边界层还不太厚，壁面的摩擦及流体的黏性力起主导作用，层内的扰动不容易得到发展和扩大，边界层呈层流状态，称为层流边界层。随着流动继续推进，边界层继续增厚，扰动逐渐发展，黏性力作用增强，当其发展到一个临界值时，边界层内流体的性质开始经过渡流转变为湍流。此时的边界层称为湍流边界层，但靠近壁面依然有一极薄层仍保持层流状态，这一层称为湍流边界层的层流底层。在层流底层和边界层的湍流部分之间，是由层流向湍流过渡的缓冲层。

边界层内流型转变的临界距离与流动前沿的形状、壁面光洁度、流体性质及流速等因素有关。对于给定的表面，这种转变用临界雷诺数 Re_c 判别。一般 $Re_c = \frac{u_0 x}{\nu} = 10^5 \sim 5 \times 10^5$。

对平板上边界层的厚度(δ_l)，柏拉修斯给出以下表达式：

层流边界层的厚度：

$$\frac{\delta_l}{x} = \frac{4.64}{\sqrt{Re_c}} = \frac{4.64\nu^{0.5}}{(u_0 x)^{0.5}} \tag{3.14a}$$

湍流边界层的厚度：

$$\frac{\delta_l}{x} = \frac{0.376}{Re_c^{0.2}} = \frac{0.376\nu^{0.2}}{(u_0 x)^{0.2}} \tag{3.14b}$$

湍流边界层的层流底层厚度：

$$\frac{\delta_b}{x} = \frac{72.4}{Re_c^{0.9}} = \frac{72.4\nu^{0.9}}{(u_0 x)^{0.9}} \tag{3.14c}$$

管内流动时的边界层发展情况与平板上的相似，如图 3.5 所示流体以均匀速度进入管口，由于逐渐形成边界层，即管壁附近的流速变低，但管内各截面上流量是不变的，故边界层以外的流速必然逐渐地变大，同时，边界层的厚度将随着远离进口处而逐渐加大，离进口一定的距离以后，管壁已经形成的边界层在管的轴心处重合，此后边界层就充满了整个管道，其厚度维持不变，这样就形成了完全发展的流动，即管道中的速度分布已定型。在完全发展了的流动开始之时，若边界层内仍系层流，则管内流动保持为层流，如图 3.5(a) 所示；反之若边界层已经是湍流，则管内将保持为湍流，如图 3.5(b) 所示。

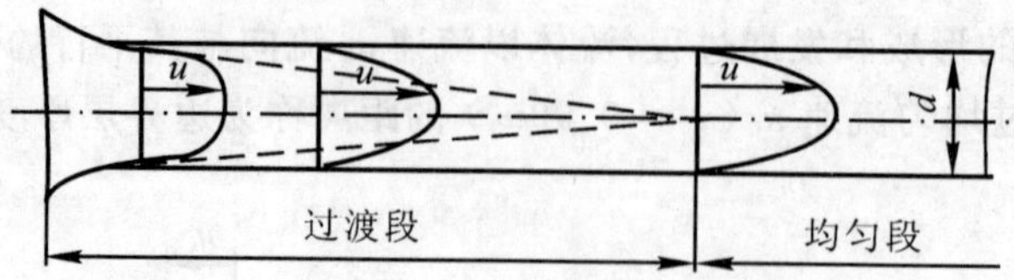

(a)

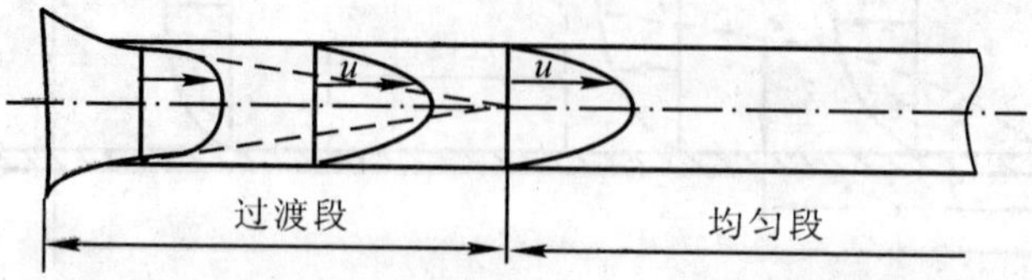

(b)

图 3.5　圆管中的流体边界层

流体流过平板或在直径相同的管道中流动时，流动边界层是紧贴在壁面上的。如果流体流过曲面，如球体、圆柱体或其他几何形状物体的表面时，所形成的边界层还有一个极重要的特点，即无论是层流还是湍流，在一定条件下都将会产生边界层与固体表面脱离的现象（见图3.6），并在脱离处产生旋涡，加剧流体质点间的相互碰撞，其结果造成流体的能量损失。

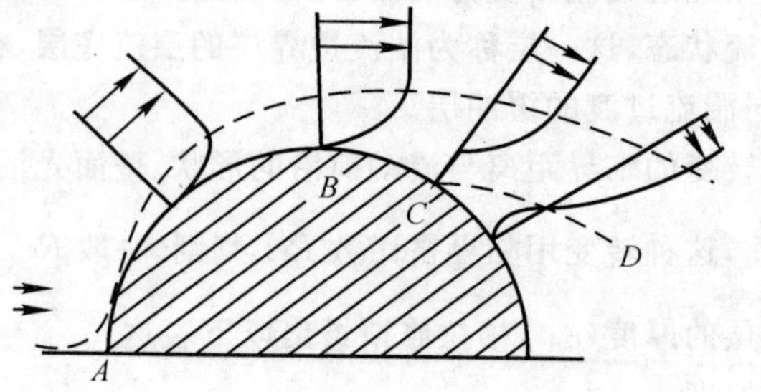

图 3.6　流体流过圆柱表面的边界层分离

例 3.1　某送风平直管道，内径 $d = 300$ mm，流量 $V_s = 74.2\ \mathrm{m^3/min}$，风温 $t = 25$℃，试判断管中流动形态。

解　管内平均风速为

$$u = \frac{V_s}{A} = \frac{\frac{74.2}{60}}{\frac{3.14}{4} \times 0.3^2} = 17.5 \quad \mathrm{m/s}$$

查相关表得 25℃ 时空气的运动黏度 $\nu = 15.53 \times 10^{-6}\ \mathrm{m^2/s}$，管内气流的雷诺数为

$$Re = \frac{\rho du}{\mu} = \frac{du}{\nu} = \frac{17.5 \times 0.3}{15.53 \times 10^{-6}} = 3.375 \times 10^5 > 4\ 000$$

故空气在管道中做湍流流动。

3.2 流体流动的连续性方程

在研究流体流动时，可以认为流体是充满它所占据空间的连续流体，并将依据质量守恒原理进行微分质量衡算所得方程称为连续性方程（质量平衡方程）。

1. 方程的推导

采用欧拉法，于流体中取一微元体 $dxdydz$，如图 3.7 所示。单位时间内，在 x 方向通过左边界面 $dydz$ 进入微元体的流体质量为 $\rho u_x dydz$，则在单位时间内，流出微元体右边界面的流体质量为 $\left(\rho u_x + \dfrac{\partial(\rho u_x)}{\partial x}dx\right)dydz$。

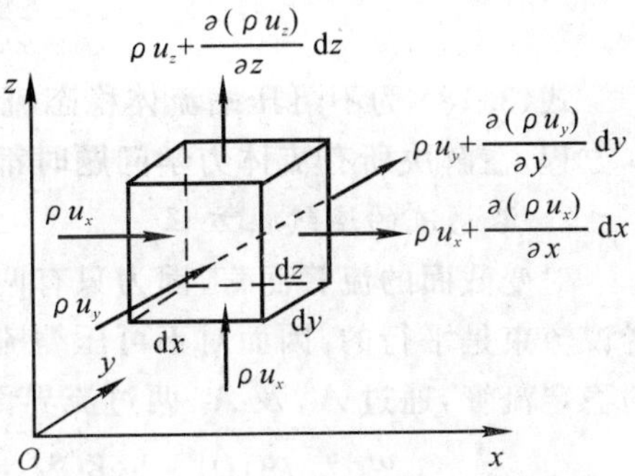

图 3.7　微元体的质量收支差值

因此，在 $d\tau$ 时间内，在 x 轴方向，流入流出微元体的流体质量分别为

$$\rho u_x dydzd\tau \qquad \text{(a)}$$

$$\left[\rho u_x + \frac{\partial(\rho u_x)}{\partial x}dx\right]dydzd\tau \qquad \text{(b)}$$

由式(a)－(b) 得 $d\tau$ 时间 x 轴方向流入、流出微元体的流体质量差量为

$$\rho u_x dydzd\tau - \left[\rho u_x + \frac{\partial(\rho u_x)}{\partial x}dx\right]dydzd\tau = -\frac{\partial(\rho u_x)}{\partial x}dxdydzd\tau \qquad (3.15)$$

同理，可求出 y，z 轴方向上的流体质量差量分别是

$$-\frac{\partial(\rho u_y)}{\partial y}dxdydzd\tau$$

$$-\frac{d(\rho u_z)}{\partial z}dxdydzd\tau$$

在 $d\tau$ 时间内，流入微元体的流体质量与由其中流出的流体质量的总差值等于各轴向差值的总和，即为

$$-\left[\frac{\partial(\rho u_x)}{\partial x} + \frac{\partial(\rho u_y)}{\partial y} + \frac{\partial(\rho u_z)}{\partial z}\right]dxdydzd\tau$$

设在 τ 时刻，微元体密度为 $\rho(x, y, z, \tau)$，则流体的质量为 $\rho dxdydz$。经过 $d\tau$ 时间后，密度改变为 $\rho(x, y, z, \tau + d\tau) = \rho + \dfrac{\partial\rho}{\partial\tau}d\tau$，微元体的质量改变为 $\left(\rho + \dfrac{\partial\rho}{\partial\tau}\right)dxdydz$。所以，在 $d\tau$ 时间内，微元体流体质量的变化等于

$$\left(\rho + \frac{\partial\rho}{\partial\tau}d\tau\right)dxdydz - \rho dxdydz = \frac{\partial\rho}{\partial\tau}dxdydzd\tau$$

由于流体是连续地不断流动的，故流入和流出六面体的流体质量差，应该等于六面体内流体质量的变化，也就是

$$-\left[\frac{\partial(\rho u_x)}{\partial x} + \frac{\partial(\rho u_y)}{\partial y} + \frac{\partial(\rho u_z)}{\partial z}\right]dxdydzd\tau = \frac{\partial\rho}{\partial\tau}dxdydzd\tau$$

上式消去 $dxdydzd\tau$ 后，就变成单位时间，单位体积的质量变化

$$\frac{\partial\rho}{\partial\tau} + \frac{\partial(\rho u_x)}{\partial x} + \frac{\partial(\rho u_y)}{\partial y} + \frac{\partial(\rho u_z)}{\partial z} = 0 \qquad (3.16)$$

此方程就是可压缩性流体的连续性方程。对于稳态流动，$\frac{\partial \rho}{\partial \tau}=0$，式(3.16)可变为

$$\frac{\partial(\rho u_x)}{\partial x}+\frac{\partial(\rho u_y)}{\partial y}+\frac{\partial(\rho u_z)}{\partial z}=0 \tag{3.17}$$

若流体为不可压缩，即 $\rho=$ 常数，则有

$$\frac{\partial u_x}{\partial x}+\frac{\partial u_y}{\partial y}+\frac{\partial u_z}{\partial z}=0 \tag{3.18}$$

式(3.18)为不可压缩流体稳态流动时的连续性微分方程，是描述流体运动规律的一个基本方程，在解决所有流体力学问题时都要满足这一方程。

2. 沿总流的连续性方程

对变截面的流管而言，因为只有两端面为流体的流入流出端面，流管侧面无流体流过，或者说流束是平行的，因而对不可压缩流体 $\rho\neq 0$，连续性方程可以大大简化。图 3.8 为连续流动的稳定流管，通过 A_1 及 A_2 两过流界面的质量流量分别为

$$w_1=\rho u_1 A_1 \quad (\mathrm{kg/s})$$

$$w_2=\rho u_2 A_2 \quad (\mathrm{kg/s})$$

稳定流管内无质量蓄积，则由 $w_1=w_2$ 有

$$\frac{u_1}{u_2}=\frac{A_2}{A_1} \tag{3.19}$$

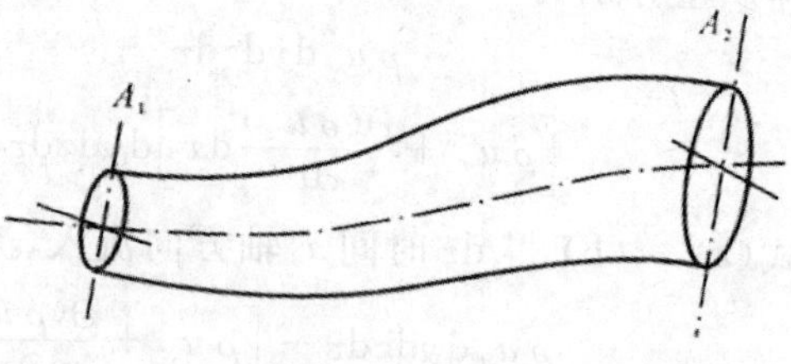

图 3.8 流管

式(3.19)说明，不可压缩流体在稳态流动条件下，流管通过任意截面上的体积流量为常数，流速与管截面积成反比。常压下流体在管道内的流动近似于这种流动情况。

当总流的截面为圆形时，则

$$\frac{u_1}{u_2}=\left(\frac{d_2}{d_1}\right)^2 \tag{3.20}$$

即流速与管径的平方成反比。当流体的质量流量或体积流量为某一定值时，利用式(3.20)可以确定流速与直径之间的相互依赖关系。

例 3.2 用图 3.9 所示管道输送不可压缩流体，已知 $d_1=2.5$ cm，$d_2=10$ cm，$d_3=5$ cm，试计算：(1) 当 $u_1=8.16$ m/s 时，其他各截面上的平均流速；(2) 流量增加一倍时各截面的平均流速各多少？

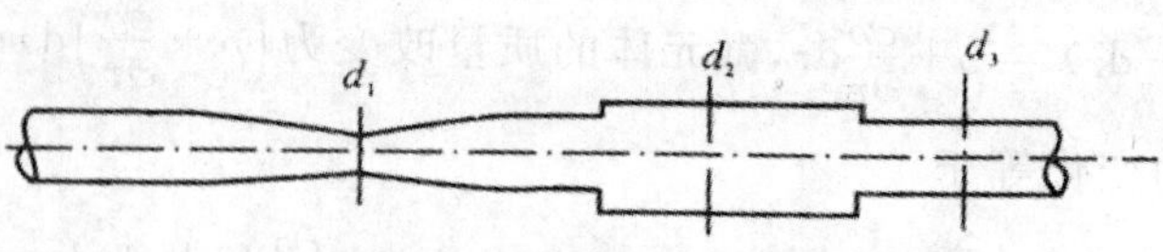

图 3.9

解 (1) 根据连续性方程

$$u_1A_1=u_2A_2=u_3A_3$$

得

$$u_2=\frac{u_1A_1}{A_2}=\frac{8.16\times 3.14/4\times 0.025^2}{3.14/4\times 0.1^2}=0.51 \quad \mathrm{m/s}$$

$$u_3=\frac{u_1A_1}{A_3}=\frac{8.16\times 3.14/4\times 0.025^2}{3.14/4\times 0.05^2}=2.04 \quad \mathrm{m/s}$$

(2) 流量增加一倍时，各截面流速比例保持不变，流速亦分别增加一倍。

3.3 实际流体的动量平衡微分方程(奈维-斯托克斯方程)

流体的动量平衡微分方程即运动方程,它和连续性方程结合,可以解决许多流体流动问题。

处于静止或流动状态的流体,实际上均是处于力和能的平衡状态,前者称为静力平衡,后者称为动量平衡。若用作用力的形式表示,则在能量平衡时作用在流动系统上的合力为零;若用动量的形式表示,则在能量平衡时,系统的动量收支的差值以及其他形式的作用力之和必等于系统的动量累积。流体的动量平衡过程,也就是能量守恒定律在动量传输中的具体应用。

对于稳态流动系统而言,系统内的动量不随时间而变,也就是系统中无能量蓄积,此时动量平衡关系式为

$$\text{动量传入量} - \text{动量传出量} + \text{系统作用力总和} = 0 \tag{3.21}$$

对于不稳定系统而言,动量平衡的关系式为

$$\text{动量传入量} - \text{动量传出量} + \text{系统作用力总和} = \text{动量的累积量} \tag{3.22}$$

显然,稳态流动系统实质上是非稳态流动系统的特例。

实际流体(即黏性流体)动量平衡方程,又称奈维-斯托克斯(Navier - Stokes)方程,表述了流体流动条件下的动量及作用力之间的平衡与转换关系,依据牛顿第二定律,推导出流体在运动中能量守恒的特征关系式,其具体推导过程如下:

(1) 微元体的对流动量收支差值。在直角坐标系中,空间任意方向上的对流动量传输过程可解析为三个方向的坐标向量,即三个方向流入和三个方向流出的质量通量分量及三个方向的速度分量,总共 9 个分量。

x 方向的分速度 u_x 与该方向质量通量组成的动量收支情况如图 3.10 所示。流入 A 面的流体动量通量为

$$\rho u_x u_x \tag{1}$$

在 x 方向上动量通量的变化率为 $\dfrac{\partial(\rho u_x u_x)}{\partial x}$ 时,则流出 B 面的动量通量为

$$\rho u_x u_x + \frac{\partial(\rho u_x u_x)}{\partial x}\mathrm{d}x \tag{2}$$

式(1) 减式(2),得到 x 方向上的动量通量收支差值为

$$-\frac{\partial(\rho u_x u_x)}{\partial x}\mathrm{d}x \tag{3}$$

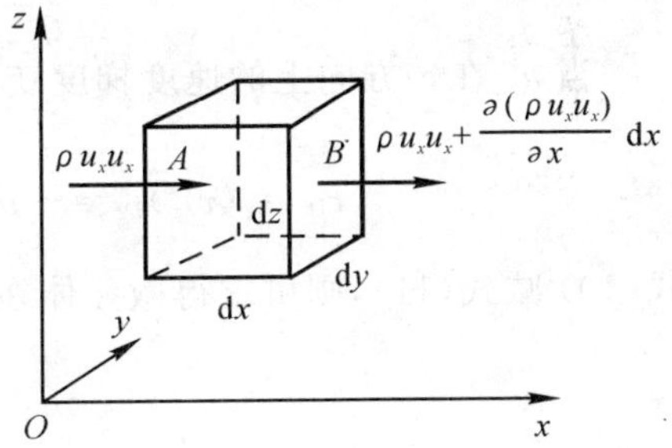

图 3.10 微元体的对流动量收支差值

因此,在单位时间内,通过 A 面及 B 面的对流动量收支差值为

$$-\frac{\partial(\rho u_x u_x)}{\partial x}\mathrm{d}x\mathrm{d}y\mathrm{d}z \tag{4}$$

同理,可以求得以 x 方向的分速度 u_x 为准时,y 方向及 z 方向的对流动量差值分别为

$$-\frac{\partial(\rho u_y u_x)}{\partial y}\mathrm{d}y\mathrm{d}x\mathrm{d}z \tag{5}$$

$$-\frac{\partial(\rho u_z u_x)}{\partial z}\mathrm{d}z\mathrm{d}x\mathrm{d}y \tag{6}$$

将式(4)、式(5)、式(6)相加，可求得以 u_x 为准的微元体对流动量的收支差值为

$$-\left[\frac{\partial(\rho u_x u_x)}{\partial x}+\frac{\partial(\rho u_y u_x)}{\partial y}+\frac{\partial(\rho u_z u_x)}{\partial z}\right]\mathrm{d}x\mathrm{d}y\mathrm{d}z \tag{7}$$

同理，以 u_y，u_z 为准的对流动量收支差值分别为

$$-\left[\frac{\partial(\rho u_x u_y)}{\partial x}+\frac{\partial(\rho u_y u_y)}{\partial y}+\frac{\partial(\rho u_z u_y)}{\partial z}\right]\mathrm{d}x\mathrm{d}y\mathrm{d}z \tag{8}$$

$$-\left[\frac{\partial(\rho u_x u_z)}{\partial x}+\frac{\partial(\rho u_y u_z)}{\partial y}+\frac{\partial(\rho u_z u_z)}{\partial z}\right]\mathrm{d}x\mathrm{d}y\mathrm{d}z \tag{9}$$

(2) 微元体的黏性动量收支差值。流体黏性动量传输表现为作用在相关界面上的黏性力，由流体的黏度和微元体各界面上的速度梯度决定。与对流动量的传递过程相类似，在三个坐标方向上的分速度各自均可分别在三个方向上构成动量梯度。因此，微元体总的黏性动量传输量亦为三个方向上的 9 个分量之和。

以 x 方向的分速度 u_x 为准的黏性动量收支情况如图 3.11 所示。

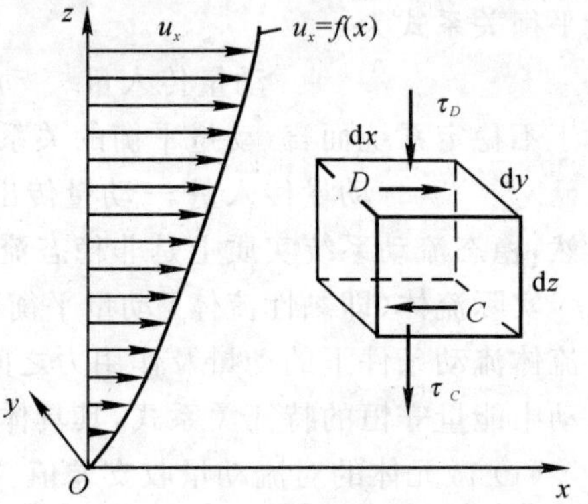

图 3.11　微元体的黏性动量收支差值

当 u_x 在 z 方向存在速度梯度(或动量梯度)时，则在微元体 C 面和 D 面构成黏性力(黏性动量通量)。根据式(3.13)确定的动量通量为

$$\tau_C=(\tau_{zx})_C=-\mu\left(\frac{\partial u_x}{\partial z}\right)_C \tag{10}$$

式中，μ 为流体动力黏度，在流场中可视为常数；$\left(\frac{\partial u_x}{\partial z}\right)$为 C 面上 u_x 在 z 方向上的速度梯度。

当 u_x 在 z 方向上的速度梯度变化率为$\frac{\partial}{\partial z}\left(\frac{\partial u_x}{\partial z}\right)_C$ 时，则 D 面上的黏性动量通量为

$$\tau_D=(\tau_{zx})_D=-\mu\left(\frac{\partial u_x}{\partial z}\right)_D=-\mu\left[\left(\frac{\partial u_x}{\partial z}\right)_C+\frac{\partial}{\partial z}\left(\frac{\partial u_x}{\partial z}\right)\mathrm{d}z\right] \tag{11}$$

式(10)减式(11)，则可求得微元体在 C,D 两面间的黏性动量通量收支差值为

$$\mu\frac{\partial^2 u_x}{\partial z^2}\mathrm{d}z \tag{12}$$

单位时间内在整个 C,D 面上的黏性动量的收支差值为

$$\mu\frac{\partial^2 u_x}{\partial z^2}\mathrm{d}z\mathrm{d}x\mathrm{d}y \tag{13}$$

同理，可求得 u_x 在 y 及 x 坐标方向存在的动量梯度时所构成的黏性动量传输差值分别为

$$\mu\frac{\partial^2 u_x}{\partial y^2}\mathrm{d}y\mathrm{d}x\mathrm{d}z \tag{14}$$

$$\mu\frac{\partial^2 u_x}{\partial x^2}\mathrm{d}x\mathrm{d}y\mathrm{d}z \tag{15}$$

将式(13)、式(14)、式(15)相加，便可求得以 u_x 为准的微元体黏性动量的收支差值为

$$\mu\left[\frac{\partial^2 u_x}{\partial x^2}+\frac{\partial^2 u_x}{\partial y^2}+\frac{\partial^2 u_x}{\partial z^2}\right]\mathrm{d}x\mathrm{d}y\mathrm{d}z \tag{16}$$

同理，以 u_y，u_z 为准的微元体黏性动量收支差值分别为

$$\mu\left[\frac{\partial^2 u_y}{\partial x^2}+\frac{\partial^2 u_y}{\partial y^2}+\frac{\partial^2 u_y}{\partial z^2}\right]\mathrm{d}x\mathrm{d}y\mathrm{d}z \tag{17}$$

$$\mu\left[\frac{\partial^2 u_z}{\partial x^2}+\frac{\partial^2 u_z}{\partial y^2}+\frac{\partial^2 u_z}{\partial z^2}\right]\mathrm{d}x\mathrm{d}y\mathrm{d}z \tag{18}$$

(3) 微元体的作用力总和。在动量传输过程中，作用在微元体上的力有两种，即压力和重力。图 3.12 所示为 x 坐标方向的压力平衡状况。

当作用在 A 面上的压力为 P_A 时，则作用在 B 面上的压力

$$P_B = P_A + \frac{\partial P}{\partial x}\mathrm{d}x \tag{19}$$

式中，$\frac{\partial P}{\partial x}$ 为 x 方向的压力变化率。

在 x 方向上，作用在微元体上压力的合力为

$$P_A - \left(P_A + \frac{\partial P}{\partial x}\mathrm{d}x\right) = -\frac{\partial P}{\partial x}\mathrm{d}x \tag{20}$$

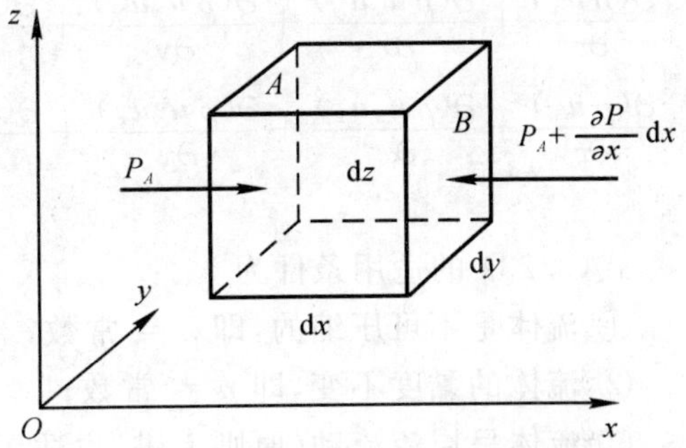

图 3.12　作用在微元体上的力

作用在 A 或 B 面上的总压力的合力为

$$-\frac{\partial P}{\partial x}\mathrm{d}x\mathrm{d}y\mathrm{d}z \tag{21}$$

同理，在 y，z 方向上总压力的合力分别为

$$-\frac{\partial P}{\partial y}\mathrm{d}y\mathrm{d}x\mathrm{d}z \tag{22}$$

$$-\frac{\partial P}{\partial z}\mathrm{d}z\mathrm{d}x\mathrm{d}y \tag{23}$$

若以 g_x，g_y，g_z 表示重力加速度在三个坐标方向的投影分量，以 m 表示微元体内流体的质量；以 ρ 表示流体的密度。则微元体在三个方向的重力分别为

$$mg_x = \rho g_x \mathrm{d}x\mathrm{d}y\mathrm{d}z \tag{24}$$

$$mg_y = \rho g_y \mathrm{d}x\mathrm{d}y\mathrm{d}z \tag{25}$$

$$mg_z = \rho g_z \mathrm{d}x\mathrm{d}y\mathrm{d}z \tag{26}$$

这样，微元体在 x，y，z 方向上的作用力总和，即压力和重力之和分别为

$$\left(-\frac{\partial P}{\partial x}+\rho g_x\right)\mathrm{d}x\mathrm{d}y\mathrm{d}z \tag{27}$$

$$\left(-\frac{\partial P}{\partial y}+\rho g_y\right)\mathrm{d}x\mathrm{d}y\mathrm{d}z \tag{28}$$

$$\left(-\frac{\partial P}{\partial z}+\rho g_z\right)\mathrm{d}x\mathrm{d}y\mathrm{d}z \tag{29}$$

(4) 微元体的动量蓄积量。微元体的动量蓄积表现为动量随时间的变化，动量蓄积量等于单位时间内微元体动量的变化量。x，y，z 三个坐标方向上微元体的动量蓄积分量分别为

$$\frac{\partial(\rho u_x)}{\partial \tau}\mathrm{d}x\mathrm{d}y\mathrm{d}z \tag{30}$$

$$\frac{\partial(\rho u_y)}{\partial \tau}\mathrm{d}x\mathrm{d}y\mathrm{d}z \tag{31}$$

$$\frac{\partial(\rho u_z)}{\partial \tau}\mathrm{d}x\mathrm{d}y\mathrm{d}z \tag{32}$$

按三个坐标方向，分别将式(7)、式(16)、式(27) 及式(30)、式(8)、式(17)、式(28) 及式(31)、式(9)、式(18)、式(29) 及式(32) 代入式(1.45) 式。经简化整理可得到黏性流体的动量平衡方程，即奈维-斯托克斯方程为

$$\left.\begin{aligned}
&\frac{\partial(\rho u_x)}{\partial \tau}+\frac{\partial(\rho u_x u_x)}{\partial x}+\frac{\partial(\rho u_y u_x)}{\partial y}+\frac{\partial(\rho u_z u_x)}{\partial z}=\mu\left(\frac{\partial^2 u_x}{\partial x^2}+\frac{\partial^2 u_x}{\partial y^2}+\frac{\partial^2 u_x}{\partial z^2}\right)-\frac{\partial P}{\partial x}+\rho g_x\\
&\frac{\partial(\rho u_y)}{\partial \tau}+\frac{\partial(\rho u_x u_y)}{\partial x}+\frac{\partial(\rho u_y u_y)}{\partial y}+\frac{\partial(\rho u_z u_y)}{\partial z}=\mu\left(\frac{\partial^2 u_y}{\partial x^2}+\frac{\partial^2 u_y}{\partial y^2}+\frac{\partial^2 u_z}{\partial z^2}\right)-\frac{\partial P}{\partial x}+\rho g_y\\
&\frac{\partial(\rho u_x)}{\partial \tau}+\frac{\partial(\rho u_x u_z)}{\partial x}+\frac{\partial(\rho u_y u_z)}{\partial y}+\frac{\partial(\rho u_z u_z)}{\partial z}=\mu\left(\frac{\partial^2 u_z}{\partial x^2}+\frac{\partial^2 u_z}{\partial y^2}+\frac{\partial^2 u_z}{\partial z^2}\right)-\frac{\partial P}{\partial x}+\rho g_z
\end{aligned}\right\} \tag{3.23}$$

式(3.23) 的适用条件为

① 流体是不可压缩的，即 $\rho=$ 常数；

② 流体的黏度不变，即 $\mu=$ 常数；

③ 流体呈层流流动(原则上讲，也适用于湍流流动，但不能严格解决湍流问题)。

对于不可压缩流体，由连续性方程可知，在微元体各方向的总的流体质量通量(ρu) 不变，故式(3.23) 可写为

$$\left.\begin{aligned}
&\rho\left(\frac{\partial u_x}{\partial \tau}+u_x\frac{\partial u_x}{\partial x}+u_y\frac{\partial u_x}{\partial y}+u_z\frac{\partial u_x}{\partial z}\right)=\mu\left(\frac{\partial^2 u_x}{\partial x^2}+\frac{\partial^2 u_x}{\partial y^2}+\frac{\partial^2 u_x}{\partial z^2}\right)-\frac{\partial P}{\partial x}+\rho g_x\\
&\rho\left(\frac{\partial u_y}{\partial \tau}+u_x\frac{\partial u_y}{\partial x}+u_y\frac{\partial u_y}{\partial y}+u_z\frac{\partial u_y}{\partial z}\right)=\mu\left(\frac{\partial^2 u_y}{\partial x^2}+\frac{\partial^2 u_y}{\partial y^2}+\frac{\partial^2 u_y}{\partial z^2}\right)-\frac{\partial P}{\partial y}+\rho g_y\\
&\rho\left(\frac{\partial u_z}{\partial \tau}+u_x\frac{\partial u_z}{\partial x}+u_y\frac{\partial u_z}{\partial y}+u_z\frac{\partial u_z}{\partial z}\right)=\mu\left(\frac{\partial^2 u_z}{\partial x^2}+\frac{\partial^2 u_z}{\partial y^2}+\frac{\partial^2 u_z}{\partial z^2}\right)-\frac{\partial P}{\partial z}+\rho g_z
\end{aligned}\right\} \tag{3.24}$$

式(3.24) 的左侧为流体的密度乘以其全加速度，它代表了单位流体的惯性力。右侧首项表示单位体积流体的黏性力，故

惯性力 = 黏性力 + 压力 + 重力

因此，流体的动量平衡方程，也就是流体在流动中各种有关作用力的平衡方程式。

这里对流体的全加速度的概念再进一步加以说明。全加速度为

$$\left.\begin{aligned}
&\frac{\mathrm{d}u_x}{\mathrm{d}\tau}=\frac{\partial u_x}{\partial \tau}+u_x\frac{\partial u_x}{\partial x}+u_y\frac{\partial u_x}{\partial y}+u_z\frac{\partial u_x}{\partial z}=\frac{\partial u_x}{\partial \tau}+\frac{\partial u_x}{\partial x}\frac{\partial x}{\partial \tau}+\frac{\partial u_x}{\partial y}\frac{\partial y}{\partial \tau}+\frac{\partial u_x}{\partial z}\frac{\partial z}{\partial \tau}\\
&\frac{\mathrm{d}u_y}{\mathrm{d}\tau}=\frac{\partial u_y}{\partial \tau}+u_x\frac{\partial u_y}{\partial x}+u_y\frac{\partial u_y}{\partial y}+u_z\frac{\partial u_y}{\partial z}=\frac{\partial u_y}{\partial \tau}+\frac{\partial u_y}{\partial x}\frac{\partial x}{\partial \tau}+\frac{\partial u_y}{\partial y}\frac{\partial y}{\partial \tau}+\frac{\partial u_y}{\partial z}\frac{\partial z}{\partial \tau}\\
&\frac{\mathrm{d}u_z}{\mathrm{d}\tau}=\frac{\partial u_z}{\partial \tau}+u_x\frac{\partial u_z}{\partial x}+u_y\frac{\partial u_z}{\partial y}+u_z\frac{\partial u_z}{\partial z}=\frac{\partial u_z}{\partial \tau}+\frac{\partial u_z}{\partial x}\frac{\partial x}{\partial \tau}+\frac{\partial u_z}{\partial y}\frac{\partial y}{\partial \tau}+\frac{\partial u_z}{\partial z}\frac{\partial z}{\partial \tau}
\end{aligned}\right\} \tag{3.25}$$

由式(3.25) 可以看出，全加速度包括两项，右侧首项表示空间给定点上速度随时间的变化率，称为当地加速度，其余各项共同表示流体质点运动到不同点引起的速度变化率，称为位移加速度。

3.4 理想流体动量平衡微分方程(欧拉方程)

虽然实际流体均具有一定的黏性,但在处理某些流动问题时,可将其近似为理想流体,即无黏性的流体。例如,在流场中速度梯度很小时,流体虽有黏性但黏性力的作用不大。流动中的阻力和流出问题,也可先假设为理想流体进行解析,而后再对流体黏性所造成的损失给以补正。

理想流体的动量平衡关系,除了不存在由于黏性所构成的黏性动量传输过程以外,其他均与黏性流体的情况相同。当 $\mu = 0$ 时,式(3.23)简化为理想流体的动量平衡方程,亦即欧拉方程

$$\left.\begin{aligned}
\rho\left(\frac{\partial u_x}{\partial \tau}+u_x\frac{\partial u_x}{\partial x}+u_y\frac{\partial u_x}{\partial y}+u_z\frac{\partial u_x}{\partial z}\right)&=-\frac{\partial P}{\partial x}+\rho g_x\\
\rho\left(\frac{\partial u_y}{\partial \tau}+u_x\frac{\partial u_y}{\partial x}+u_y\frac{\partial u_y}{\partial y}+u_z\frac{\partial u_y}{\partial z}\right)&=-\frac{\partial P}{\partial y}+\rho g_y\\
\rho\left(\frac{\partial u_z}{\partial \tau}+u_x\frac{\partial u_z}{\partial x}+u_y\frac{\partial u_z}{\partial y}+u_z\frac{\partial u_z}{\partial z}\right)&=-\frac{\partial P}{\partial z}+\rho g_z
\end{aligned}\right\}\tag{3.26}$$

对于稳态流动,$\frac{\partial u}{\partial \tau} = 0$,欧拉微分方程变为

$$\left.\begin{aligned}
\rho\left(u_x\frac{\partial u_x}{\partial x}+u_y\frac{\partial u_x}{\partial y}+u_z\frac{\partial u_x}{\partial z}\right)&=-\frac{\partial P}{\partial x}+\rho g_x\\
\rho\left(u_x\frac{\partial u_y}{\partial x}+u_y\frac{\partial u_y}{\partial y}+u_z\frac{\partial u_y}{\partial z}\right)&=-\frac{\partial P}{\partial y}+\rho g_y\\
\rho\left(u_x\frac{\partial u_z}{\partial x}+u_y\frac{\partial u_z}{\partial y}+u_z\frac{\partial u_z}{\partial z}\right)&=-\frac{\partial P}{\partial z}+\rho g_z
\end{aligned}\right\}\tag{3.27}$$

而对单位质量流体而言,欧拉微分方程也可写为

$$\left.\begin{aligned}
u_x\frac{\partial u_x}{\partial x}+u_y\frac{\partial u_x}{\partial y}+u_z\frac{\partial u_x}{\partial z}&=-\frac{1}{\rho}\frac{\partial P}{\partial x}+g_x\\
u_x\frac{\partial u_y}{\partial x}+u_y\frac{\partial u_y}{\partial y}+u_z\frac{\partial u_y}{\partial z}&=-\frac{1}{\rho}\frac{\partial P}{\partial y}+g_y\\
u_x\frac{\partial u_z}{\partial x}+u_y\frac{\partial u_z}{\partial y}+u_z\frac{\partial u_z}{\partial z}&=-\frac{1}{\rho}\frac{\partial P}{\partial z}+g_z
\end{aligned}\right\}\tag{3.28}$$

3.5 流体机械能平衡方程(伯努利方程)

1. 理想流体沿微小流束的伯努利方程——欧拉微分方程组的积分

当理想流体满足:

(1) 在重力场内做稳态流动时,并设 z 轴方向与地面垂直,则

$$\frac{\partial u_x}{\partial \tau}=\frac{\partial u_y}{\partial \tau}=\frac{\partial u_z}{\partial \tau}=0$$

$$g_x=0,\quad g_y=0,\quad g_z=-g$$

(2) 流体是不可压缩的,即 $\rho =$ 常数。则欧拉微分方程式(3.27)可简化为

$$\left.\begin{aligned} u_x \frac{\partial u_x}{\partial x} + u_y \frac{\partial u_x}{\partial y} + u_z \frac{\partial u_x}{\partial z} &= -\frac{1}{\rho}\frac{\partial P}{\partial x} \\ u_x \frac{\partial u_y}{\partial x} + u_y \frac{\partial u_y}{\partial y} + u_z \frac{\partial u_y}{\partial z} &= -\frac{1}{\rho}\frac{\partial P}{\partial y} \\ u_x \frac{\partial u_z}{\partial x} + u_y \frac{\partial u_z}{\partial y} + u_z \frac{\partial u_z}{\partial z} &= \frac{1}{\rho}\frac{\partial P}{\partial z} g \end{aligned}\right\}$$

用 $\mathrm{d}x$，$\mathrm{d}y$，$\mathrm{d}z$ 分别乘以上述各式即得

$$\left.\begin{aligned} u_x \frac{\partial u_x}{\partial x}\mathrm{d}x + u_y \frac{\partial u_x}{\partial y}\mathrm{d}x + u_z \frac{\partial u_x}{\partial z}\mathrm{d}x &= -\frac{1}{\rho}\frac{\partial P}{\partial x}\mathrm{d}x \\ u_x \frac{\partial u_y}{\partial x}\mathrm{d}y + u_y \frac{\partial u_y}{\partial y}\mathrm{d}y + u_z \frac{\partial u_y}{\partial z}\mathrm{d}y &= -\frac{1}{\rho}\frac{\partial P}{\partial y}\mathrm{d}y \\ u_x \frac{\partial u_z}{\partial x}\mathrm{d}z + u_y \frac{\partial u_z}{\partial y}\mathrm{d}z + u_z \frac{\partial u_z}{\partial z}\mathrm{d}z &= \left(-\frac{1}{\rho}\frac{\partial P}{\partial z} - g\right)\mathrm{d}z \end{aligned}\right\}$$

(3) 微小流束流动时，$\mathrm{d}x$，$\mathrm{d}y$，$\mathrm{d}z$ 符合流线方程式，即

$$u_x \mathrm{d}y = u_y \mathrm{d}x$$

$$u_y \mathrm{d}z = u_z \mathrm{d}y$$

$$u_z \mathrm{d}x = u_x \mathrm{d}z$$

则上述方程组可写为

$$\left.\begin{aligned} u_x \frac{\partial u_x}{\partial x}\mathrm{d}x + u_x \frac{\partial u_z}{\partial y}\mathrm{d}y + u_x \frac{\partial u_x}{\partial z}\mathrm{d}z &= -\frac{1}{\rho}\frac{\partial P}{\partial x}\mathrm{d}x \\ u_y \frac{\partial u_y}{\partial x}\mathrm{d}x + u_y \frac{\partial u_y}{\partial y}\mathrm{d}y + u_y \frac{\partial u_y}{\partial z}\mathrm{d}z &= -\frac{1}{\rho}\frac{\partial P}{\partial y}\mathrm{d}y \\ u_z \frac{\partial u_z}{\partial x}\mathrm{d}x + u_z \frac{\partial u_z}{\partial y}\mathrm{d}y + u_z \frac{\partial u_z}{\partial z}\mathrm{d}z &= -\frac{1}{\rho}\frac{\partial P}{\partial z}\mathrm{d}z - g\mathrm{d}z \end{aligned}\right\}$$

将上述三式相加，并注意到三式等号左端分别可写成 $u_x \mathrm{d}u_x$，$u_y \mathrm{d}u_y$ 和 $u_z \mathrm{d}u_z$，得

$$u_x \mathrm{d}u_x + u_y \mathrm{d}u_y + u_z \mathrm{d}u_z = -\frac{\mathrm{d}P}{\rho} - g\mathrm{d}z$$

即得

$$\mathrm{d}\left(\frac{u_x^2 + u_y^2 + u_z^2}{2}\right) = -\frac{\mathrm{d}P}{\rho} - g\mathrm{d}z$$

$$\mathrm{d}\left(\frac{u^2}{2}\right) + \frac{\mathrm{d}P}{\rho} + g\mathrm{d}z = 0$$

积分后得

$$\frac{u^2}{2} + \frac{P}{\rho} + gz = 常数 \tag{3.29}$$

式(3.29)表示，沿着流束 $\frac{u^2}{2} + \frac{P}{\rho} + gz$ 为常数。式(3.29)即为微小流束的伯努利(Bernoulli)方程式。对同一微小流束任取两个有效断面积分可得

$$\frac{u_1^2}{2} + \frac{P_1}{\rho} + gz_1 = \frac{u_2^2}{2} + \frac{P_2}{\rho} + gz_2 \tag{3.30}$$

式中，u_1，u_2 分别为有效断面 1，2 的流体流速(m/s)；P_1，P_2 分别为有效断面 1，2 的流体压强(Pa)；z_1，z_2 分别为有效断面 1，2 距基准面的距离(m)。

式(3.30)中每项的单位均为 $\frac{\mathrm{m}^2}{\mathrm{s}^2}$ 或 $\frac{\mathrm{m}^2\,\mathrm{kg}}{\mathrm{s}^2\,\mathrm{kg}} = \frac{\mathrm{N}\cdot\mathrm{m}}{\mathrm{kg}} = \frac{\mathrm{J}}{\mathrm{kg}}$，即每项均表示单位质量流体所具

有的能量。

2. 沿总流的伯努利方程

微小流束的概念只具有理论上的意义，工程实际中并不存在。实际上流体的流动都是有限大的流束，因而就需要将微小流束的伯努利方程式推广到总流上去。

工程上遇到的大多数总流中，可以划出的流线几乎都是直线且近似于平行，因而切向惯性力及离心惯性力都可以忽略不计。如果作用在流体上的质量力只是重力，则可得到在平行流动的同一流通断面上不同位置各点的压强是按直线规律分布的。即

$$\frac{P}{\rho} + gz = 常数$$

即位置越高，压强越低；位置越低，压强越高。

由于总流有效断面上各点速度不一样，因而分别计算动能也是困难的，但可用平均速度来计算动能，可是用平均速度计算的结果与实际情况不完全符合，需要加一修正系数，这样总流的伯努利方程式可以写成

$$\frac{\alpha_1 u_1^2}{2} + \frac{P_1}{\rho} + gz_1 = \frac{\alpha_2 u_2^2}{2} + \frac{P_2}{\rho} + gz_2 \tag{3.31}$$

式中，α 取决于有效断面上速度分布的不均匀程度。层流时 $\alpha = 2$，非层流时其值由实验求得，大约在 1.032 ～ 1.122 之间。为了便于计算，在工程上总是令 $\alpha = 1$。这样，总流的伯努利方程式与微小流束的伯努利方程式在形式上是完全一样的，即仍为式(3.30)。但物理意义是不同的。微小流束的伯努利方程式是微小流束单位质量流体所具有的真实能量，而总流的伯努利方程式是代表总流有效断面上单位质量流体所具有的平均能量。

将总流的伯努利方程式(3.30) 两边除以 g，则得

$$\frac{u_1^2}{2g} + \frac{P_1}{g\rho} + z_1 = \frac{u_2^2}{2g} + \frac{P_2}{g\rho} + z_2 \tag{3.32}$$

式中，各项的单位均为 m，且可写成$\frac{\mathrm{N \cdot m}}{\mathrm{N}} = \frac{\mathrm{J}}{\mathrm{N}}$，表示单位重量流体所具有的能量。

伯努利方程式(3.32) 中每一项都具有长度的单位，都表示某项高度。z 项是指所研究的流体某质点在基准面以上的几何高度，称为位压头。$\frac{P}{g\rho}$ 项是指所研究的流体某质点在 z 位置时，在压强的作用下流体沿测压管上升的高度，称为静压头。$\frac{u^2}{2g}$ 项表示所研究的流体质点在 z 位置上时，以速度 u 向上垂直喷射（不计空气阻力）时所能达到的高度或射程，称为动压头或速度压头。伯努利方程式中的位压头、静压头和动压头之和称为总压头。理想流体伯努利方程的几何意义就是总压头线是一条水平线。三个压头可以互相增减变化而总压头不变，如图3.13 所示。

伯努利方程中的 z 与$\frac{P}{g\rho}$ 项的能量意义完全与流体静力学方程式相同，把$\frac{u^2}{2g}$（即 $\frac{mu^2}{2mg}$）称为单位重量流体的动能。而把 z，$\frac{P}{g\rho}$ 和$\frac{u^2}{2g}$ 之和称为单位重量流体所具有的总机械能。因此称伯努利方程式为机械能平衡式。于是，理想流体的伯努利方程式说明：理想流体在管路作稳定流动而又无外功加入时，单位重量流体所具有的总机械能在它所流经的路程上任一截面位置均保持不变，各种机械能之间可以相互转化，即其位压头、静压头和动压头可以相互转换，但总量不

变。故从能量上看伯努利方程式就是能量守恒定律在动量传输中的具体应用。

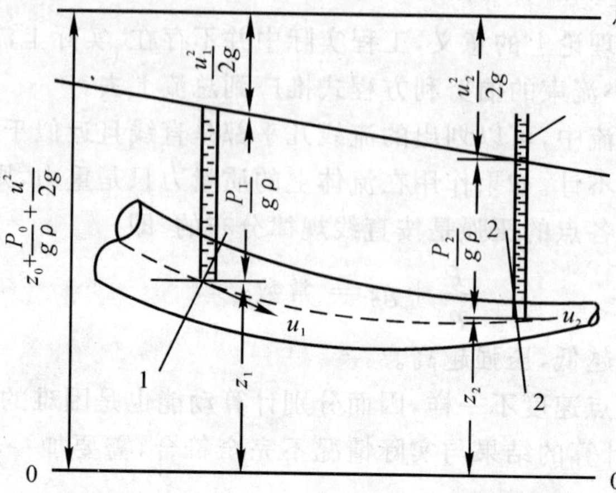

图 3.13　伯努利方程的意义图示

将总流的伯努利方程式(3.30)两边乘以 ρ，则得

$$\frac{\rho u_1^2}{2}+P_1+g\rho z_1=\frac{\rho u_2^2}{2}+P_2+g\rho z_2 \tag{3.33}$$

式中，每项的单位均为 N/m^2，且可写成 $\frac{N\cdot m}{m^3}=\frac{J}{m^3}$，它表示单位体积流体所具有的能量。式(3.30)、式(3.32)和式(3.33)均为理想流体沿总流伯努利方程式，式(3.30)和式(3.32)多用于液体，而式(3.33)多用于气体。

3. 实际流体的伯努利方程

在实际流体中，不仅有因流体黏性而引起的摩擦阻力损失，而且还有因流向改变和流速突变引起的流体质点间，或流体质点与固体壁面间的冲击损失，这些能量将以热量的形式向外扩散而损失掉，因此，应在各项压头总和中加入压头损失 $\sum h_f$，才能使方程式平衡，即

$$\frac{u_1^2}{2g}+\frac{P_1}{g\rho}+z_1=\frac{u_2^2}{2g}+\frac{P_2}{g\rho}+z_2+\sum h_f \tag{3.34}$$

应当指出，通常应用伯努利方程式并不能求出 $\sum h_f$，决定流动中能量损失是比较复杂的问题。

总流的伯努利方程式，只能在两断面没有机械能输入或输出时才能成立。若中间装有泵或风机对流体做功时，方程式必须做如下修正：

$$\frac{u_1^2}{2g}+\frac{P_1}{g\rho}+z_1+H_e=\frac{u_2^2}{2g}+\frac{P_2}{g\rho}+z_2+\sum h_f \tag{3.35}$$

式中，H_e 为单位重量流体从泵或风机所获得的能量，即为泵或风机对单位重量流体所输出的机械功。因此 H_e 的单位与其他压头一样，也是长度的单位，故又把它称为泵或风机所产生的压头。

4. 双流体伯努利方程

上面分析了流体在运动过程中本身具有的能量以及能量之间的相互关系，实际生产中，周围大气对流体的流动尤其气体必然会产生影响，而前面所讨论的能量平衡方程中都只考虑了运动流体本身而未涉及环境因素。为此必须研究流体在大气作用下的相对能量，以及各种相对

能量之间的关系。

如图 3.14 所示，管道内的气体是流动的，其密度为 ρ_l，管道外的空气是静止的，其密度为 ρ_W，分别对管内外列伯努利方程式可得

管道内：

$$\frac{\rho_l u_1^2}{2} + P_{l1} + g\rho_l z_1 = \frac{\rho_l u_2^2}{2} + P_{l2} + g\rho_l z_2 + \sum h_f g\rho_l$$

管道外：$P_{W1} + g\rho_W z_1 = P_{W2} + g\rho_W z_2$

若令 $\Delta P_1 = P_{l1} - P_{W1}$，$\Delta P_2 = P_{l2} - P_{W2}$，则上两式相减得

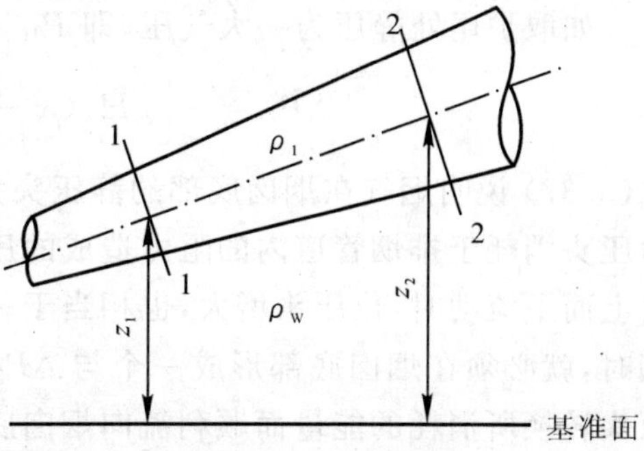

图 3.14　双流体流动

$$\frac{\rho_l u_1^2}{2} + \Delta P_1 + gz_1(\rho_l - \rho_W) = \frac{\rho_l u_2^2}{2} + \Delta P_2 + gz_2(\rho_l - \rho_W) + \sum h_f g\rho_l \tag{3.36}$$

式(3.36) 即为双流体伯努利方程式。

伯努利方程式是动量传输的基本方程之一，在解决工程实际问题中具有极其重要的作用和地位。例如，在分析流速与流量的测量、管路与设备的布置、压强测量及对炉内气体运动状况的分析等方面均以此为依据。应用这个方程解决实际工程问题的步骤一般是：分析流动系统，确定水平基准面，选取计算截面，然后再列伯努利方程。

3.6　伯努利方程的应用——烟囱

烟囱是保证冶金炉工作排出燃烧生成的高温烟气必须的设备。烟囱之所以能够排烟主要是由于烟气比空气轻，在空气中有自然上升的趋势。烟囱出口位置愈高，则排烟能力愈强。图 3.15 为排烟系统示意图。要使高温烟气从炉内排出，必须克服排烟系统一系列阻力。烟囱之所以能克服这些阻力，是由于烟囱能在其底部形成吸力(负压)，如果令炉膛尾部的表压力为零压，则炉尾压力必大于烟囱底部的压力，在静压差的推动下热气体就可经排烟烟道流至烟囱底部，最后由烟囱排至大气中。

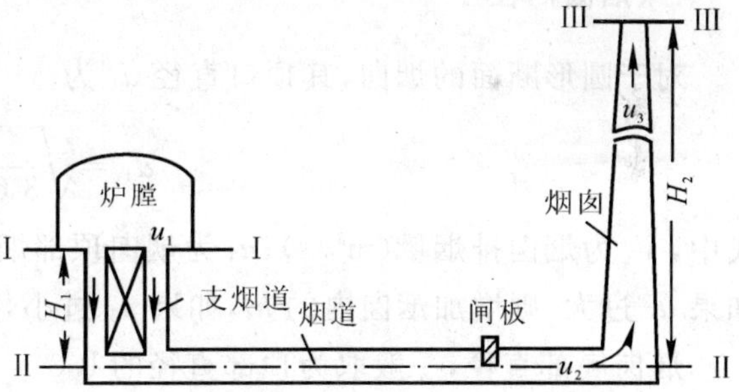

图 3.15　排烟系统示意图

烟囱底部需要形成多大的负压，主要取决于排烟系统阻力损失大小。应用双流体伯努利方程式可列出图 3.15 炉尾(Ⅰ 面) 至烟囱底部(Ⅱ 面) 的能量方程，即

$$\Delta P_1 + \frac{\rho_f u_1^2}{2} + gH_1(\rho_f - \rho_a) = \Delta P_2 + \frac{\rho_f u_2^2}{2} + gH_2(\rho_f - \rho_a) + \sum h_f g\rho_f$$

如取 Ⅱ 面为基准面(即 $H_2 = 0$)，则得

$$\Delta P_1 + \frac{\rho_f u_1^2}{2} + gH_1(\rho_f - \rho_a) = \Delta P_2 + \frac{\rho_f u_2^2}{2} + \sum h_f g\rho_f$$

式中，$\Delta P_1 = P_{1f} - P_a$，$\Delta P_2 = P_{2f} - P_a$；$P_{1f}$，$P_{2f}$ 分别为 Ⅰ 面和 Ⅱ 面处烟气的压力；P_a 为空气压力；ρ_a 为空气在实际温度下的密度；ρ_f 为烟气在实际温度下的密度。

如取炉尾处静压为一大气压，即 $P_{1f} = P_a$，则 $\Delta P_1 = 0$，上式可化简为

$$\Delta P_2 = -\left[gH_1(\rho_a - \rho_f) + \frac{\rho_f}{2}(u_2^2 - u_1^2) + \sum h_f g \rho_f \right] \tag{3.37}$$

式(3.37) 说明烟气在烟囱底部的静压头为负值。这是由于烟气从零压的炉尾流出后，一部分静压头消耗于排烟管道内的阻力造成的压头损失；另一部分静压头转变为位压头增量(热气体自上而下流动时，位压头增大，也相当于一种阻力)；还有一部分转变为动压头增量。用烟囱排烟时，就必须在烟囱底部形成一个与 ΔP_2 相同的负压，才能使炉尾处的烟气克服压头损失和压头转换所消耗的能量而顺利流向烟囱底部。应用伯努利方程式，可列出图 3.15 从烟囱底部(Ⅱ 面) 至烟囱出口(Ⅲ 面) 的能量方程式，取 Ⅲ 面为基准面，则得

$$(P_f - P_a) + \frac{\rho_f u_2^2}{2} - gH_2(\rho_f' - \rho_a) = 0 + 0 + \frac{\rho_f u_3^2}{2} + \Delta h_f$$

亦可写为

$$P_f - P_a = h_s = -\left[gH_2(\rho_a - \rho_f') - \frac{\rho_f(u_3^2 - u_2^2)}{2} - \Delta h_f \right] \tag{3.38}$$

式中，ρ_f' 为烟囱内烟气在平均温度下的密度；Δh_f 为烟气摩擦阻力；h_s 为烟囱的吸力。

从式(3.38) 可以看出：

(1) 烟囱的吸力是一个负值(负压)，是由烟囱内高温气体的位压头产生的，其吸力大小取决于烟囱高度和空气与烟气的重度差。

(2) 烟囱产生的位压头，除用来形成烟囱的吸力外，还有一部分能量消耗于烟囱内的摩擦阻力损失和动头增量。因此烟囱的有效吸力小于烟囱产生的位压头。

一、烟囱内径

对于圆形断面的烟囱，其顶口直径 d_t 为

$$d_t = \sqrt{\frac{4V_t}{3\,600\,\pi u_3}} \tag{3.39}$$

式中，V_t 为烟囱排烟量(m^3/s)；u_3 为烟囱顶部烟气出口速度(m/s)，一般取 $u_3 = 2.5 \sim 3$ m/s，如果 u_3 过大，则增加烟囱内的 h_f，如果 u_3 过小，则易在烟囱顶部产生倒风现象。

烟囱底部直径，一般取为顶部直径的 1.3～1.5 倍，即 $d_b = (1.3 \sim 1.5)\,d_t$；但最好根据烟囱锥度确定 d_b，即

$$d_b = 0.02H + d_t \tag{3.40}$$

式中，H 为烟囱的近似高度，可按下述公式近似计算，即

$$H \approx (25 - 30)d_t \tag{3.41}$$

二、烟囱高度

根据 $\Delta P_2 = h_s$，可将式(3.37) 与式(3.38) 联立解得

$$gH_1(\rho_a - \rho_f) + \frac{\rho_f}{2}(u_2^2 - u_1^2) + \sum h_f g \rho_f = gH_2(\rho_a - \rho_f') - \frac{\rho_f(u_3^2 - u_2^2)}{2} - \Delta h_f$$

烟囱内的摩擦损失为 $\Delta h_f = f\dfrac{H_2}{d_a} \cdot \dfrac{u_a^2}{2} \cdot \rho_f'$，代入上式整理得

$$H_2=\frac{\sum h_f g\rho_f+gH_1(\rho_a-\rho_f)+\frac{\rho_f u_3^2}{2}-\frac{\rho_f u_2^2}{2}}{(\rho_a-\rho_f')g-\frac{f}{d_a}\cdot\frac{u_a^2}{2}\rho_f'} \tag{3.42}$$

式中，H_2 为烟囱高度(m)；d_a 为烟囱平均内径(m)，$d_a=\frac{d_t+d_b}{2}$；f 为烟囱内的摩擦阻力系数，一般取 f 为 0.05；u_a 为烟囱内烟气的平均流速(m/s)；ρ_a 为空气在实际温度下的密度(kg/m^3)；ρ_f' 为烟囱内烟气在平均温度下的密度(kg/m^3)，$\rho_f'=\frac{\rho_{f0}g}{1+\beta t_a}$。上式中

$$t_a=\frac{t_t+t_b}{2},\qquad t_t=t_b-H\frac{\Delta t}{\Delta H} \tag{3.43}$$

式中，t_a，t_t，t_b分别为烟囱内烟气的平均温度、顶部温度和底部温度；$\frac{\Delta t}{\Delta H}$为烟囱每米温度降，砖烟囱温度降为 1～1.5℃/m，不衬砖的金属烟囱温度降为 3～4℃/m，有衬砖的金属烟囱为 2～2.5℃/m。

例 3.3 在生产过程中常利用设备位置的高度差来使流体以一定的流速或流量流动，如水塔，高位槽及虹吸等。这类计算可归纳为已知高度差求流速或流量；或者求出欲达到某一流量须保持若干高度差。如图 3.16 所示，水槽液面至管道出口的垂直距离保持在 6.2 m，水管全长 330 m，管径为 ϕ100 mm × 4 mm。如果此流动系统中压头损失为 6 mH_2O，试求管路中每分钟可达到的流量。

解 取水槽液面为 1—1 截面，水流出口为 2—2 截面，取水平基准面通过水管中心线。列出 1—1 截面至 2—2 截面之间的伯努利方程式为

$$\frac{u_1^2}{2g}+\frac{P_1}{g\rho}+z_1+H_e=\frac{u_2^2}{2g}+\frac{P_2}{g\rho}+z_2+\sum h_f$$

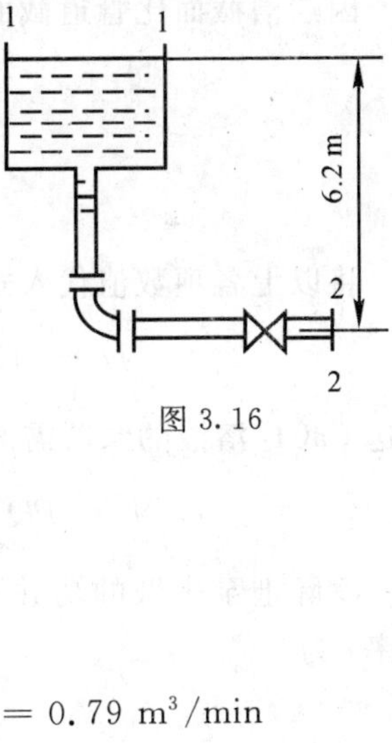

图 3.16

因为水平基准面通过截面 2—2，所以 $z_2=0$，$z_1=6.2$ m。液面因为水流出口均与大气相通。故 $P_1=P_2=1$ 大气压。因截面 1—1 比 2—2 要大得多，所以可近似认为 $u_1=0$。已知 $\sum h_f=6$ mH_2O，将这些数值代入得 $6.2=\frac{u_2^2}{2g}+6$，解出

$$u_2=\sqrt{0.2\times 2g}=1.98\ m/s$$

于是水的流量

$$Q=u_2\times\frac{\pi}{4}d^2=1.98\times\frac{\pi}{4}\times 0.092^2=0.013\ 2\ m^3/s=0.79\ m^3/min$$

例 3.4 应用伯努利方程式可以计算输送流体时所需的功率。如图 3.17 所示，用离心泵 2 将贮槽 1 中密度为 1 200 kg/m^3 的 $CaCl_2$ 溶液送到蒸发器 3 内，贮槽内液面维持恒定，其上方与大气相通。蒸发器上部的蒸发室内操作压强为 200 mmHg(真空度)。蒸发器送料口高于贮槽内的液面 15 m，输送管道直径为 ϕ68 mm × 4 mm，送料量为 20 m^3/h，溶液流经全部管道的压头损失为 12 $mCaCl_2$，求泵的有效功率。

解 取贮槽的液面为 Ⅰ—Ⅰ 截面，管路出口内侧为 Ⅱ—Ⅱ 截面，并以截面 Ⅰ—Ⅰ 为基准水平面。在两面间列伯努利方程式

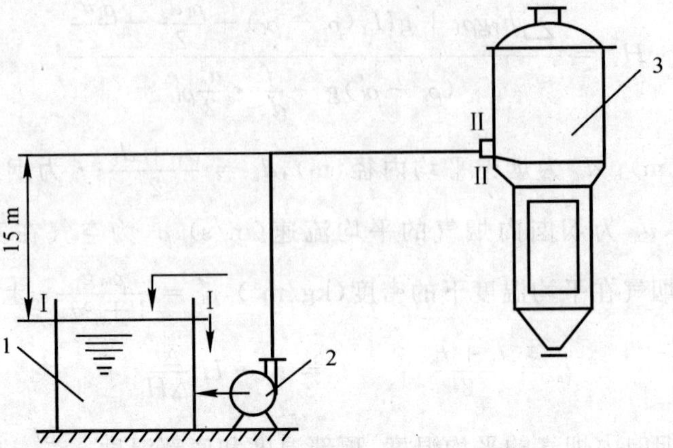

图　3.17

1—贮槽；2—泵；3—蒸发器

$$\frac{u_1^2}{2g}+\frac{P_1}{g\rho}+z_1+H_e=\frac{u_2^2}{2g}+\frac{P_2}{g\rho}+z_2+\sum h_f$$

或
$$H_e=(z_2-z_1)+\frac{u_2^2-u_1^2}{2g}+\frac{P_2-P_1}{g\rho}+\sum h_f \tag{a}$$

式中，$z_1=0$，$z_2=15$ m，$P_1=0$(表压强)，$P_2=-133.3\times200=-26\ 660$ Pa(因为真空度 = − 表压强)。

因贮槽截面比管道截面大得多，故近似取 $u_1=0$，而

$$u_2=\frac{20}{3\ 600\times\frac{\pi}{4}\times0.06^2}=1.97\ \text{m/s}$$

$$\sum h_f=12\ \text{mCaCl}_2$$

将以上各项数值代入式(a)得

$$H_e=15+\frac{1.97^2}{2\times9.81}-\frac{26\ 660}{9.81\times1\ 200}+12=25\ \text{mCaCl}_2$$

输送 $CaCl_2$ 溶液的泵所需的有效功率

$$N_e=PQ=QH_eg\rho=\frac{20\times25\times9.81\times1\ 200}{3\ 600}=1.64\ \text{kW}$$

实际上泵所做的功并不是全部有效的。若考虑泵的效率 η，则泵轴消耗的功率(简称轴功率)为

$$N=\frac{N_e}{\eta}$$

设本题泵的效率为 0.70，则泵的轴功率为

$$N=\frac{1.64}{0.70}=2.34\quad(\text{kW})$$

习题与思考题

1. 流体流动有哪两种型态，各有何特点？如何判断？

2."速度大即为湍流，黏度大即为层流"的说法是否正确？

3. 雷诺准数为什么能判断流体流动型态？

4."只要雷诺数相等，流体流动型态就相同"的说法是否正确？

5. 圆管中边界层厚度为多少？湍流时的边界层与层流时有何不同？

6. 若已测定圆管中最大流速分别为截面平均流速的1.2倍和2倍，试判断两种情况下流动的雷诺数范围。

7. 伯努利方程的实质是什么？它说明了什么问题？伯努利方程能否用于压缩性流体及非稳态流动？

8. 流体平行流过平板，试确定距板端不同距离 x 处的附面层性质：

(1) $u_0 = 120\ \mathrm{m/min}$，$\nu = 2.0 \times 10^{-5}\ \mathrm{m^2/s}$，$x = 0.1\ \mathrm{m}, 0.5\ \mathrm{m}, 1.0\ \mathrm{m}$；

(2) $u_0 = 20\ \mathrm{m/min}$，$\nu = 1.0 \times 10^{-5}\ \mathrm{m^2/s}$，$x = 1.0\ \mathrm{m}, 2.0\ \mathrm{m}, 3.0\ \mathrm{m}$。

9. 判断下列管流条件下流体流动的性质：

(1) $\rho = 1\,000\ \mathrm{kg/m^3}$，$\mu = 1.0 \times 10^{-3}\ \mathrm{kg/(m \cdot s)}$，$u = 60\ \mathrm{m/min}$，$d = 0.04\ \mathrm{m}$；

(2) $\nu = 1.568 \times 10^{-5}\ \mathrm{m^2/s}$，$u = 1\ \mathrm{m/s}$，$d = 3\ \mathrm{cm}$；

(3) $\nu = 1.568 \times 10^{-5}\ \mathrm{m^2/s}$，$u = 2.5\ \mathrm{m/s}$，$d = 20\ \mathrm{mm}$。

10. 温度 $t = 15℃$，动力黏度 $\nu = 0.011\,4\ \mathrm{cm^2/s}$ 的水，在直径 $d = 2\ \mathrm{cm}$ 的管中流动，测得流速 $u = 8\ \mathrm{cm/s}$，问水流处于什么状态？如要改变其运动，可以采取哪些办法？

11. 一平板在距另一平板 2 mm 处以 0.61 m/s 的速度平行移动，板间流体的黏度为 $2.0 \times 10^{-3}\ \mathrm{kg/(m \cdot s)}$，稳定条件下黏性动量通量为多少？黏性力为多少？两者的方向如何？以图示之。

12. $\rho = 1\,000\ \mathrm{kg/m^3}$，$\nu = 0.007\ \mathrm{cm^2/s}$ 的水在水平板上流动，速度分布式为 $u_x = 3y - y^3$ (m/s)，求：

(1) 在 $x = x_1$ 处板面上的切应力；

(2) 在 $x = x_1$，$y = 1\ \mathrm{mm}$ 处的黏性动量通量；

(3) 在 $x = x_1$，$y = 1\ \mathrm{mm}$ 处，x 方向有动量通量存在吗？若有，试计算其值。

13. 断面为 150 mm × 400 mm 的管道，标态下风量为 2 700 $\mathrm{m^3/h}$，求平均标态流速。又若出口断面扩大为 300 mm × 400 mm，风温升高为 45℃，求出口平均风速。又假如要求出口风速为 20 m/s，求出口圆管直径应为多少？

14. 一渐缩管道大截面处 $d_1 = 8\ \mathrm{cm}$，$u_1 = 10\ \mathrm{m/s}$，小截面处 $d_2 = 3\ \mathrm{cm}$，今各截面速度均匀，求流过该管道不可压缩流体的体积流量和小截面处流速 u_2。

第4章 相似理论及因次分析

在前文中，我们可以利用连续性方程和奈维-斯托克斯方程分析处理一些相对简单的流体流动问题，包括流动的速度分布和压力分布。但在工程技术中，大量的流动问题十分复杂，不可能应用理论分析方法求解，此时就要用实验法。在实验工作中，如何将诸多影响因素（或称变量）有机地关联起来，从而大幅度减少实验与数据处理工作量，相似理论和因次分析可以解决以上问题。

分析法是从物理概念出发进行数学分析，建立起表征物理过程的数学方程式，揭示各有关物理参数间的联系，然后在一定的边界条件下求解。

实验法是以实验测试为手段，直接对具体物理过程中有关的物理量进行测定，由实验结果找出相关物理量之间的联系和变化规律。

分析法和实验法对自然科学发展有着重要的推动作用，但这两种基本方法都有一定的局限性。对复杂的物理过程，由数学分析所确定的微分方程式，求解要有足够的开始及边界条件；并且即使条件具备，求解也往往是极为复杂和困难的。同时，由于求解条件选取的不当，也会使求解结果失真。实验法所得结果只反映具体实验条件下过程的运动规律，而不易抓到现象的本质和运动的发展。因此，实验法虽可获得某些个别的测试结果，但难于推广应用。而且，对某些实际的物理过程，由于测试条件局限，往往不能得到准确结果。

因此，在分析法和实验法的基础上，发展形成了一种数理结合的方法，即相似理论和相似模型法。相似理论和相似模型法是在相似条件下，对物理过程进行数理解析和实验研究，将所得结果推广应用于与之相似的同类过程。在应用上有两种情况：一是对描述物理过程的微分方程式进行相似转换，而后通过实验确定方程的解，所得结果具有相似特征，故可推广应用于同类的相似过程。另一种情况是，根据相似原则进行模拟实验，将模拟结果推广应用，即相似模型法。

另外，根据物理方程因次和谐原理，提出了研究物理过程的因次分析法，亦称量纲分析法。因次分析法是将物理过程中的有关物理量组成具有相似特征的无因次数，而后由实验进一步确定出物理方程的表达式。这也是一种数学解析与实验相结合的综合研究方法。

相似理论和因次分析都是一种实验指导方法，是研究自然现象及生产技术问题的重要方法，也是解析传输过程的有效手段。

4.1 相似理论基础

一、相似的概念

1. 几何相似

相似的概念首先出现在几何学里。图 4.1 所示图形为两个相似三角形，如以 l_1', l_2', l_3' 和 l_1'', l_2'', l_3'' 分别表示两个三角形的边长，并以 C_l 表示各边对应的比值，则可得下列关系

$$\frac{l_1''}{l_1'}=\frac{l_2''}{l_2'}=\frac{l_3''}{l_3'}=C_l$$

C_l 称为相似常数，由于相似常数是同类量的比值，因此相似常数无量纲。

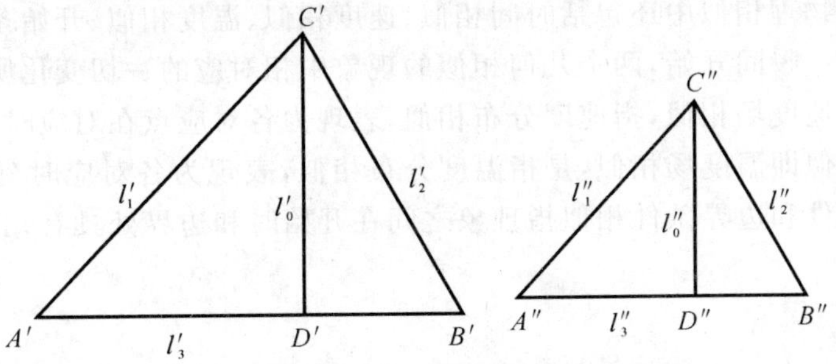

图 4.1　相似三角形

2. 运动相似

图 4.2 所示为质点 A,B 沿着几何相似的路径作相似运动的情况。既然 A,B 两质点运动相似，则在几何相似路径的相对应点 0,1,2,… 上，其速度一定互成比例。故有

$$\frac{u_0''}{u_0}=\frac{u_1''}{u_1}=\frac{u_2''}{u_2}=\cdots=\frac{u''}{u}=C_u \qquad (1)$$

由 0 点至 1 点所需时间 τ_1' 与 τ_1'' 及 1 点至 2 点所需时间 τ_2' 与 τ_2''，… 等也互成比例，即

$$\frac{\tau_1''}{\tau_1'}=\frac{\tau_2''}{\tau_2'}=\cdots=\frac{\tau''}{\tau'}=C_\tau \qquad (2)$$

对质点 A,B 其运动方程分别为

$$u'=\frac{\mathrm{d}l'}{\mathrm{d}\tau'} \qquad (3)$$

$$u''=\frac{\mathrm{d}l''}{\mathrm{d}\tau''} \qquad (4)$$

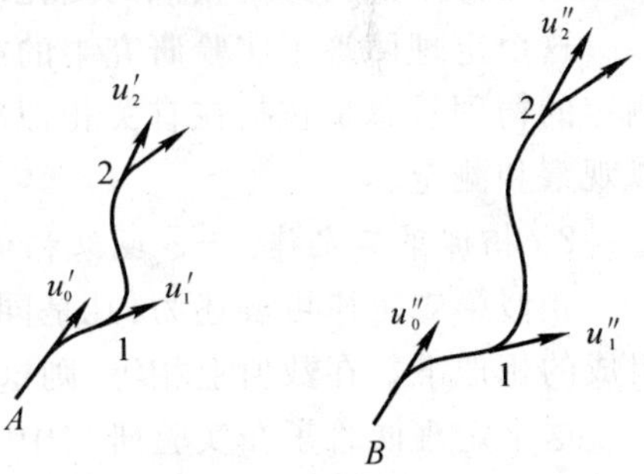

图 4.2　质点运动相似

既然两质点运动相似，就有 $u''=C_u u'$，代入式(4)，并由 $\tau''=C_\tau\tau'$；$l''=C_l l'$ 可得

$$C_u u'=\frac{C_l\mathrm{d}l'}{C_\tau\mathrm{d}\tau'} \quad 或 \quad \frac{C_uC_\tau}{C_l}u'=\frac{\mathrm{d}l'}{\mathrm{d}\tau'} \qquad (5)$$

显然，只有相似倍数之间符合下式

$$\frac{C_uC_\tau}{C_l}=1 \qquad (4.1)$$

描述第二个现象的方程才与第一个现象的方程完全一致。这就表明各相似倍数不是任意的，而是被式(4.1)所约束的。这一关系是质点 A，B 运动相似的必然结果。这个相似倍数之间的关系式称为相似指标，也称相似指示数。因此可以得出结论，若现象相似，则其相似指标为1。

上述这种关系还可以表示成另外一种形式。将 u，τ，l 的相似关系式(1)，(2)等代入式(4.1)，则得

$$\frac{u'\tau'}{l'}=\frac{u''\tau''}{l''} \tag{4.2}$$

这就是说，在运动相似的两系统 A，B 中，表示不同类物理量之间的关系 $\frac{u'\tau'}{l'}$ 及 $\frac{u''\tau''}{l''}$ 等，在系统相应点上必然在数值上相等，即彼此相似的运动现象必然存在着 $\frac{u\tau}{l}$ 数值相同的综合量，这个综合量叫做相似准数。

除运动相似外，物理相似中还包括时间相似、速度相似、温度相似、开始条件和边界条件相似等。时间相似指同一瞬间开始，两个几何相似的现象中相对应的一切变化所经过的时间都成比例。速度相似亦即速度场相似，指速度分布相似，表现为各对应点在对应时刻上方向一致，大小互成比例。温度相似即温度场相似，是指温度分布相似，表现为各对应时刻上各对应点的温度互成比例。开始条件和边界条件相似指现象之间在开始时和边界处具有几何相似、时间相似和物理相似。

二、相似三定律

1. 相似第一定律——相似现象的性质

相似第一定律可表述为：彼此相似的物理量必然具有数值相等的同名相似准数。即如果现象相似，它们应具有如下的性质：① 这两个现象必为同一类现象，必为相同的方程组所描述；② 这两个现象必然发生在几何相似的空间，并且具有相似的初值和边界条件；③ 描述这两个现象的物性参数应具有相似的变化规律。

这个定理回答了实验研究中的第一个问题，即在实验中应测定哪些物理量，并指出，所需测定的物理量总是包括在有关相似准数之中的物理量，只把这些物理量作为变量在实验中加以观察和测定。

2. 相似第二定律——现象相似的条件

相似第二定律可表述为：凡是同一现象，如果定解条件相似，而且由定解条件的物理量所组成的相似准数在数值上相等，则这些现象必定相似。

这个定理回答了在实验研究中，实验的结果可应用到哪些现象中去。这一定理的意义还在于允许我们把某些设备内的复杂现象用小的模型进行模化试验，并进而把模型中测定的实验结果推广到设备中去，所以也可以说第二定理是模型化的条件。

3. 相似第三定理

相似第三定理可表述为：描述一组相似现象的各个变量之间的关系可以表示为相似准数之间的函数关系。这种相似准数之间的关系叫做准数方程，表示为

$$f(\Pi_1, \Pi_2, \cdots, \Pi_n)=0 \tag{4.3}$$

式中，Π_1，Π_2，…，Π_n 为相似准数。

这一定理回答了实验研究中如何整理所得数据的问题。对于所有的彼此相似的现象，相似

准数都保持同样的数值，所以它们的准数关系式也是相等的。为此，如果把某现象的实验结果整理成准数关系式，就可以使实验数据的整理大为简化，而得到的这个准数关系又可以推广到与其相似的现象中去。

应当指出，相似不仅存在于同类现象中，而且也存在于不同类的现象之中。前者叫同类相似，简称相似，后者叫异类相似，简称类似。自然界各现象的微分方程式有惊人的类似之处，例如同一微分方程式

$$\frac{\partial^2 \varphi}{\partial x^2}+\frac{\partial^2 \varphi}{\partial y^2}+\frac{\partial^2 \varphi}{\partial z^2}=0$$

就适合于不同类的现象。如果 φ 是温度则上述方程表示固体内部的温度场，如果 φ 为电势则表示导体中的电场，如果 φ 是重力则表示重力场等。前述的相似理论也适用于相类似的现象。这就是模型实验研究可推广到异类现象之中。比如，可以用电场来模拟温度变化，用导热现象来模拟扩散等。

三、相似理论求解物理方程

相似理论应用的一个重要方面是，对描述物理过程的微分方程式进行相似转换，解出相似准数，并以实验为基础确定出物理过程的准数方程式进而求得物理过程的解析式，即微分方程式在一定边界条件下的解。

现以黏性流体的动量平衡方程为例说明其求解过程。

1. 黏性流体的动量平衡方程

对不可压缩流体在一维流动情况下，且黏性力只在运动方向存在时，奈维-斯托克斯方程可简化为

$$\rho\left(\frac{\mathrm{d}u}{\mathrm{d}\tau}+u\frac{\mathrm{d}u}{\mathrm{d}x}\right)=\mu\left(\frac{\mathrm{d}^2u}{\mathrm{d}y^2}+\frac{\mathrm{d}^2u}{\mathrm{d}z^2}\right)-\frac{\mathrm{d}P}{\mathrm{d}x}+\rho g \tag{1}$$

2. 相似转换解相似准数

对两个相似的流动系统，式(1) 分别为

$$\rho'\left(\frac{\mathrm{d}u'}{\mathrm{d}\tau'}+u'\frac{\mathrm{d}u'}{\mathrm{d}x'}\right)=\mu\left(\frac{\mathrm{d}^2u'}{\mathrm{d}y'^2}+\frac{\mathrm{d}^2u'}{\mathrm{d}z'^2}\right)-\frac{\mathrm{d}P'}{\mathrm{d}x}+\rho'g' \tag{2}$$

$$\rho''\left(\frac{\mathrm{d}u''}{\mathrm{d}\tau''}+u''\frac{\mathrm{d}u''}{\mathrm{d}x''}\right)=\mu\left(\frac{\mathrm{d}^2u''}{\mathrm{d}y''^2}+\frac{\mathrm{d}^2u''}{\mathrm{d}z''^2}\right)-\frac{\mathrm{d}P''}{\mathrm{d}x}+\rho''g'' \tag{3}$$

按相似性质，两现象相似则各物理量互成比例，存在几何相似倍数 C_l（包括$\frac{\mathrm{d}x''}{\mathrm{d}x'}$，$\frac{\mathrm{d}y''}{\mathrm{d}y'}$，$\frac{\mathrm{d}z''}{\mathrm{d}z'}$等），时间相似倍数 C_τ（$\frac{\tau''}{\tau'}$），速度相似倍数 C_u（$\frac{\mathrm{d}u''}{\mathrm{d}u'}$ 或$\frac{u''}{u'}$），压力相似倍数 C_P（$\frac{P''}{P'}$），密度相似倍数 C_ρ（$\frac{\rho''}{\rho'}$），黏度相似倍数 C_μ（$\frac{\mu''}{\mu'}$）及加速度相似倍数 C_g（$\frac{g''}{g'}$）。

按前述两质点相似的同样方法进行相似转换，则可得到黏性流体流动中的各相似准数有

$$\frac{u'\tau'}{l'}=\frac{u''\tau''}{l''} \quad \text{或} \quad \frac{u\tau}{l}=H_O \tag{4.4}$$

$$\frac{\rho'u'l'}{\mu'}=\frac{\rho''u''l''}{\mu''} \quad \text{或} \quad \frac{\rho ul}{\mu}=Re \tag{4.5}$$

$$\frac{P'}{\rho'u'^2}=\frac{P''}{\rho''u''^2} \quad \text{或} \quad \frac{P}{\rho u^2}=Eu \tag{4.6}$$

$$\frac{g'l'}{u'^2}=\frac{g''l''}{u''^2} \quad 或 \quad \frac{gl}{u^2}=Fr \tag{4.7}$$

$Ho=\frac{u\tau}{l}=\frac{\tau}{l/u}$ 叫做均时准数。其中$\frac{l}{u}$可理解为速度为u的流体质点通过系统某一定性尺寸l距离所需的时间，则Ho为无因次时间的含意。若两个非稳态流动的Ho相等，则它们的速度场随时间的改变的快慢是相似的。

$Re=\frac{\rho ul}{\mu}=\frac{\rho u^2}{\mu u/l}$ 叫做雷诺准数，表示流体流动过程中的惯性力和黏性力之比。也可以写为$Re=\frac{u}{\nu/l}$，其分子、分母都是速度量纲，所以Re也可以认为是无量纲速度。

$Eu=\frac{P}{\rho u^2}$ 叫做欧拉准数，表示流体的压力（或压差）与惯性力的比值。分子、分母都是压力量纲，所以Eu是无因次压力。若两现象的Eu相等，则它们的压力场是相似的。

$Fr=\frac{gl}{u^2}=\frac{\rho gl}{\rho u^2}$ 叫做弗鲁德（Froude）准数，分子表示单位体积的位能，分母为单位体积的动能的两倍。所以Fr表示位能与动能的比值。而位能与动能分别与重力及惯性力成正比，所以Fr也表示重力与惯性力之比。

对相似现象微分方程进行相似转换时，相似准数的形式是可以改变的，但独立的相似准数个数却是不变的。比如黏性流体流动的独立相似准数就是上述4个。但为了运算上的方便，可以对相似准数进行形式上的变换，即相似准数的幂、幂次的乘积、和与差、乘以无量纲量等仍然是相似准数。例如

$$Fr\cdot Re^2=\frac{gl}{u^2}\left(\frac{\rho ul^2}{\mu}\right)=\frac{g\rho^2 l^3}{\mu^2}=Ga \tag{4.8}$$

Ga称为伽利略（Galileo）准数，它表示重力与黏性力之比。

$$Ga\left(\frac{\rho-\rho_0}{\rho}\right)=\frac{gl^3}{\nu^2}\left(\frac{\rho-\rho_0}{\rho}\right)=Ar \tag{4.9}$$

Ar称为阿基米德（Achimides）准数，它表示由于流体密度差引起的浮力与黏性力之比。若密度差取决于ΔT，令β表示气体膨胀系数，则$\frac{\rho-\rho_0}{\rho}=\beta\Delta t$，代入式（4.9）得

$$\frac{gl^3}{\nu^2}\beta\Delta t=Gr \tag{4.10}$$

Gr称为格拉晓夫（Grashof）准数，它表示气体上升力与黏性力之比。

Ga，Ar，Gr不是独立的而是派生的，所以常称为派生准数。

3. 确定准数方程

对黏性流体的流动写成准数方程时为

$$f(Ho,Re,Eu,Fr)=0 \tag{1}$$

在各相似准数中，包含主要研究物理量的那个准数称为被决定性准数。例如，我们在研究阻力损失问题时，流体流动的压力变化为主要参数，而压力变化ΔP包含在Eu中，所以Eu为被决定准数，这时式（1）改写为

$$Eu=f(Ho,Re,Fr) \tag{2}$$

根据所研究的对象，可将准数函数式简化。例如流体在管内作稳态流动时，可不考虑Ho，

在强制流动条件下，重力及浮力的相对作用较小，Fr 也可不计在函数之内，此时式(2) 简化为

$$Eu = f(Re) \tag{3}$$

至于函数的具体形式则要由实验来决定。

4. 由准数方程导出物理方程的经验公式

将各有关物理量代回到准数方程则求得所研究物理过程的实验式，一般称为物理方程的经验公式。

以上就是以实验为基础，通过相似转换求解微分变量的四个主要步骤。其捷径就在于用相似转换的手段将微分变量与常量作相似比拟，在不作更多假定条件下使微分方程式有求解的可能性。

4.2 因次分析及 π 定理

因次分析是研究物理现象，确定过程相似准数的另一种有效方法，它是通过将变量组合成无因次数群，以减少实验自变量的个数，从而大大减少实验次数的实验研究方法。因次分析法对于较为复杂的过程，特别是不易以微分方程描述的过程是一种确定相似准数的简单方法。

1. 因次及因次和谐原理

任何一个物理量都具有两个方面的含义。一个是它的物理意义，如速度、加速度、作用力、质量等；另一个是它的量的概念，量的大小是以其对测量单位比值的大小来表示的，如长度以 m，cm 等表示，时间可以 s，h 等来表示，速度可以 m/s，m/h 等表示，质量可以 kg 等表示。

物理量单位的种类叫做因次或量纲。例如，m，cm，mm 等是不同的测量单位，但这些单位属于同一种类，皆为长度的单位，将这同属于长度的同种类单位用[L] 表示，则[L] 就称为长度的因次或量纲。可以看出，因次也同样表示了某物理量的物理意义。

在自然界中，物质的质量、空间上的长度、温度及时间等是最常用到的基本因素，自然也是构成因次的主要因素，分别用[M]，[L]，[t]，[T] 表示。其他物理量的因次则为导出因次，例如，速度为$[LT^{-1}]$、加速度为$[LT^{-2}]$ 等。在工程单位制中以作用力的因次[F] 代替质量因次[M] 作为基本因次。

根据因次的概念及基本因次和导出因次的关系，提出因次分析的一个重要原理即因次和谐原理。因次和谐原理指出："物理方程中各项的因次必须相等，这是一个完整的物理方程所必须具有的特性"。例如，根据牛顿第二定律，作用力 $f = ma$，在以[M]，[L]，[T] 作为基本因次时，则等式后质量(m) 的因次为[M]，加速度(a) 的因次为(LT^{-2})，则作用力(f) 的因次必须是$[M][LT^{-2}] = [MLT^{-2}]$，等式前后的因次相等即因次和谐。

2. 因次分析法确定相似准数

以因次分析法确定相似准数是根据因次和谐原理，即物理方程各项因次相同的原理来确定有关物理量的无因次组合。现以流体流动为例来说明用因次分析法求相似准数的过程。已知流体的流动过程与速度 u、运动空间的长度 l、压差 ΔP、密度 ρ、黏度 μ、重力加速度 g 等因素有关。由这些物理量组合成物理方程时，它们有一定的函数关系(暂不探明函数的具体关系)，现以一般函数关系表示为

$$\varphi(u,\ l,\ \Delta P,\ \rho,\ \mu,\ g) = 0 \tag{1}$$

假定无因次量群可表示为

$$\pi = u^a l^b \Delta P^c \rho^d \mu^e g^f \tag{2}$$

式中，π 为无因次数；a，b，c，… 为待定指数。

已知式(2) 中各物理量的因次分别为$[u] = [LT^{-1}]$，$[l] = [L]$，$[\Delta P] = [MLT^{-2}]$，$[\rho] = [ML^{-3}]$，$[\mu] = [ML^{-1}T^{-1}]$，$[g] = [LT^{-2}]$。而 π 为无因次数即$[\pi]^0$，代入式(2) 得

$$[\pi]^0 = [LT^{-1}]^a[L]^b[MLT^{-2}]^c[ML^{-3}]^d[ML^{-1}T^{-1}]^e[LT^{-2}]^f \tag{3}$$

根据因次和谐原理，式(3) 等号前后的因次必须相等，也就是基本因次应相等或基本因次的幂相同，则得到下列三个指数方程组：

对因次[M] $$c + d + e = 0 \tag{4a}$$

对因次[L] $$a + b - c - 3d - e - f = 0 \tag{4b}$$

对因次[T] $$-a - 2c - e - 2f = 0 \tag{4c}$$

上述三个方程组有六个未知数，若令其中三个未知数为某一定数，则可获得不同的解，但独立解只有三个。

令 $c = 0, e = -1, f = 0$ 时，解得 $a = 1, b = 1, d = 1$，一并代入式(2) 得

$$\pi_1 = \frac{\rho u l}{\mu} \quad \text{即 } Re \text{ 准数} \tag{5}$$

令 $c = 0, e = 0, f = -1$ 时，解得 $a = 2, b = 1, d = 0$，一并代入式(2) 得

$$\pi_2 = \frac{u^2}{gl} \quad \text{即 } 1/Fr \tag{6}$$

令 $c = 0, e = 0, f = -2$ 时，解得 $a = 1, b = 0, d = -1$，一并代入式(2) 得

$$\pi_3 = \frac{\Delta P}{\rho u^2} \quad \text{即 } Eu \text{ 准数} \tag{7}$$

上述三个准数与微分方程相似转换所得相似准数相同。

显然，因次分析法比相似转换简单，它可以不建立微分方程而根据可能存在的物理量直接求出相似准数。但因次分析法也有不足之处。首先，不能区别因次相同而物理意义不同的物理量；其次，在因次分析法确定相似准数过程中未显示出该物理过程中各物理量之间的关系；最后，也是最重要的一点，所确定出的相似准数有一定的任意性，甚至不能完全代表所研究的过程。

3. π 定理

在上述求 π_1，π_2，π_3 的过程中，是假定了 c,e,f 三个指数的结果，好像再假设其他指数还会获得新的准数。事实上并非如此，Re，Fr，Eu 是上例中的三个基本参数，由其他指数值再确定出的相似准数只不过是三个基本准数的派生准数而已。例如，假设 $a = b = c = 3$，解得 $d = 2, e = -5, f = -2$，代入式(2) 得

$$\pi_4 = \frac{u^3 l^3 \Delta P^3 \rho^3}{\mu^5 g^2} = \pi_1^5 \cdot \pi_2^3 \cdot \pi_3^2 \tag{8}$$

由此看出，π_4 不是独立准数，只是 π_1，π_2，π_3 的派生准数。

π 定理指出，当一个物理量由 n 个物理量的函数关系所组成，若物理量的基本因次为 m 个，则所存在的独立基本数为$(n - m)$ 个，数学表达式为

$$\pi = n - m \tag{4.11}$$

式中，π 为独立相似准数。

上例中，$m = 6, n = 3$，所以独立的相似准数只有 $6 - 3 = 3$ 个。

4.3 相似模型法

相似模型法就是在相似的模型中，对实际物理过程进行模化实验研究的方法，其理论基础是相似理论。

1. 模型实验的相似条件

依据相似理论，模型实验应具备下述相似条件：

(1) 几何相似。要保证模型各部分尺寸与实际设备相对应部分尺寸的比例为一常数。

(2) 物理相似。在模型与实际设备中所进行的过程应为同类过程，即以相同的数学方程描述具有相同物理量的过程。相应的准数在数值上应相等。

(3) 开始及边界条件(定解条件)相似。开始条件是指过程开始时入口的几何条件。边界条件是进行物理过程的系统边界上的几何及物理特征。应保证此两条件相似。

对热工设备进行模型研究时，要完全遵守上述条件是很困难的。比如以空气为介质的模型要保证模型中各点的 ρ, u 的分布完全相似是很困难的。因此，往往进行近似模型实验，即近似模化法。

2. 近似模化法

近似模化法就是在进行模型实验时，考虑主要的、起决定性的因素，忽略次要的、非决定性因素。使模型实验易于进行且不会导致严重偏差。

近似模化法之所以可以实现是因为流体在流动过程中具有稳定性及自模化性。

(1) 稳定性。黏性流体在管中流动时，其速度分布的相似性取决于 Re、管道的形状、流体进入管道后的一段长度。但是，不论管道入口处的速度分布如何，流体在流经管道一定距离后，速度分布总是按一定曲线稳定下来而保持不变，它与入口条件无关。这个特征称为稳定性。因此，在进行模型实验时，可不考虑入口处速度分布，只要保证入口处几何相似就可保证一段距离后速度分布相似。

(2) 自模化性。黏性流体在受迫运动条件下 Re 是对流动状态起决定作用的因素。但是黏性流体在流动过程中，当 Re 处在某一区域内时，Re 的影响不十分明显甚至消失，这个特性称之为自模化性，这个区域叫自模化区。

实验表明，流动只要处在层流区，断面的速度分布总是呈抛物线状分布，与流速无关，即与 Re 无关，所以层流区为自模化区，称为第一自模化区，使流动保持层流状态的临界值叫第一临界值。

当 Re 大于第一临界值后，流动呈湍流状态，随着 Re 的增加，流体的湍流程度及速度分布在开始时变化很大，尔后逐渐减小。当 Re 达到另一临界值后(常称第二临界值)，截面速度分布与流速亦即与 Re 无关。Re 大于第二临界值，流动又进入自模化区，称为第二自模化区。因此，模型的 Re 与实际设备内的 Re 并不一定相等，只要两者都处在自模化区就能保证流体动力相似。进入第二自模化区的标志是流体的阻力系数不再变化。不同的设备有不同的临界值，具体数值由实验决定。

3. 模型比例方程

进行模化实验时，需要经过计算来确定模型的尺寸。模型尺寸的相似比例与实验介质的物性相互制约，它取决于所模拟过程的相似准数。对仅有一个决定性准数的模拟对象，模型的比例方程比较简单。例如流体受迫运动，决定性准数只有一个，即 Re，因此模型内的 Re'' 与实际的设备的 Re' 应相等，即

$$Re'' = Re' \quad 或 \quad \frac{u''l''}{\nu''} = \frac{u'l'}{\nu'}$$

由上式可得比例方程为

$$\frac{u'}{u''} = \frac{l''}{l'} \cdot \frac{\nu'}{\nu''}$$

如果以相似倍数来表示，则可写为

$$C_u = \frac{C_\nu}{C_l} = \frac{C_\mu}{C_\rho C_l} \tag{1}$$

实验介质选定的条件下，即 C_ν 或 C_μ，C_ρ 已知，则可综合考虑相似过程的实验流速及模型尺寸。若模型介质与实际设备中介质相等，即 $C_\nu = 1(C_\mu = 1,\ C_\rho = 1)$，则 $C_u = \dfrac{1}{C_l}$。这就表示，如果模型尺寸为实际设备尺寸的 $1/n$ 时，模型中的流速应为实物流速的 n 倍，则 $Re'' = Re'$，两者动力相似，实际上模型中的流速只要达到第二自模化区就可以了。

当所研究的过程除 Re 外，还需考虑 Fr 时，模型尺寸的比例方程就要复杂得多，它有下列限制条件：

对 Re 有
$$C_u = \frac{C_\mu}{C_\rho C_l} = \frac{C_\nu}{C_l} \tag{2}$$

对 Fr 有
$$C_u = \sqrt{C_g C_l}$$

当 $C_g = 1$ 时简化为
$$C_u = \sqrt{C_l} \tag{3}$$

对相似过程，两者全要保证时，如果用相同介质，则从式(2)看出，要保证 $Re'' = Re'$，当 $C_l = 1/n$ 时，模型中的流速要增加为实际设备中流速的 n 倍；而要保证 $Fr'' = Fr'$ 时，同一模型，就要求流速减少为实际设备的 $\sqrt{\dfrac{1}{n}}$ 倍，这两者显然是相互矛盾的。除非找到一种介质能同时满足式(2)及式(3)的要求，即 $C_\nu/C_l = \sqrt{C_l}$ 或 $C_\nu = \sqrt{C_l^3}$。例如 $C_l = 1/10$，则 $C_\nu = 1/31.6$。这表示，为保证 $Re'' = Re'$ 及 $Fr'' = Fr'$，则模型中介质的运动黏度应为实际介质的1/31.6，这实际上几乎是办不到的。

上述表明，有两个决定性准数时，模型尺寸比例要受介质的影响，如果准数有三个，则限制条件更多。所以在做模型实验时应尽量采用近似法，尽量忽略次要因素，减少决定性因素的个数。

4. 模型设计中的一些问题

(1) 介质的选择。目前广泛采用空气作为介质，因为用空气作介质容易得到比较准确可靠的结果，模型结构也比较简单。

由于室温下水的运动黏度比空气小得多，在保证 $Re = ul/\nu$ 相同的情况下水速不大，便于观察，在只需定性了解流动状况时采用水作介质较好。

(2) 模型尺寸。决定模型尺寸时应考虑到能保证研究区段空气速度不低于可靠测量的允许值，一般不宜低于 2 m/s，也不能太大导致增加风机的容量。为测量及观察方便，模型的总尺寸以 1～2 m 为宜。

(3) 定型尺寸。在计算 Re 时，式中定型尺寸的选取方法依情况不同而不同。圆管中以直径为定型尺寸，非圆管以当量直径为定型尺寸。定型尺寸的选取以方便为准，但选定以后就不能

更改。

(4) 定性温度。Re，Eu 中各物理量与温度有关，温度不同，其数值也不同，从而准数值也不同。一般常选取研究区段的介质平均温度为定性温度，也可用管壁温度为定性温度。

(5) 自模区的确定。对于所研究的对象，Re 的第二临界值的大小只有模型建立后通过实验才可得知。但设计模型时又要根据风机能力及 Re 的第二临界值来确定模型尺寸，所以一般情况下只能参照类似设备近似地估计一临界值，建立模型后再通过实验来验证。进入自模区的标志是：流量改变时速度分布不再变化；Re 增加时 Eu 不变。实验表明，通道越复杂、当量直径越小，Re 的第二临界值也越小。

例 4.1 管径 $d = 50$ mm 的一根输水管，为确定摩擦阻力损失，在安装前用空气做实验。在 $t_a = 20$ ℃ 情况下，空气的运动黏度系数 $\nu_a = 15.6 \times 10^{-6}\ m^2/s$，水的运动黏度系数 $\nu_{H_2O} = 1.1 \times 10^{-6}\ m^2/s$，空气密度 $\rho = 1.116\ kg/m^3$，试求：

(1) 若使用时水管内水流速度 $u_{H_2O} = 2.5$ m/s，在实验时为保持相似，空气的流速应为多大？

(2) 在用空气作实验时，测得阻力损失为 $\Delta P_a = 8.14 \times 10^{-3}$ MPa，问输水管内水在 $u_{H_2O} = 2.5$ m/s 下流动，阻力损失为多大？

解 (1) 动力相似则 $Re_a = Re_{H_2O}$，即

$$\frac{u_a d_a}{\nu_a} = \frac{u_{H_2O} d_{H_2O}}{\nu_{H_2O}}$$

$$u_a = \frac{d_{H_2O}\nu_a}{d_a \nu_{H_2O}} u_{H_2O} = \frac{0.05}{0.05} \times \frac{15.6}{1.1} \times 2.5 = 35.5\ m/s$$

(2) 压力相似，则 $Eu_a = Eu_{H_2O}$ 即

$$\frac{\Delta P_a}{\rho_a u_a^2} = \frac{\Delta P_{H_2O}}{\rho_{H_2O} u_{H_2O}^2}$$

$$\Delta P_{H_2O} = \Delta P_a \frac{\rho_{H_2O} u_{H_2O}^2}{\rho_a u_a^2} =$$

$$8.14 \times \frac{1\,000}{1.16} \times \frac{2.5^2}{35.5^2} \times 10^{-3} = 0.035\ MPa$$

例 4.2 按相似理论研究 945 m^3 标准型高炉压力及速度分布以校验设计的合理性，如图 4.3 所示。炉内煤气温度为 1 100℃，绝对压力为 0.194 6 MPa。焦块间通道平均直径 $d = 0.1$ m，相对空隙度 $\omega = 0.34$，每分钟产生的煤气量为 9 100 m^3/min。选择模型与实物比为 1∶25。实验介质为空气，模型内焦粒通道平均直径为 $d = 0.004$ m。根据上述条件确定模型中介质的流速及流量（1 100℃ 煤气的 $\nu = 197 \times 10^{-6}\ m^2/s$，20℃ 空气的 $\nu = 15.02 \times 10^{-6}\ m^2/s$）。

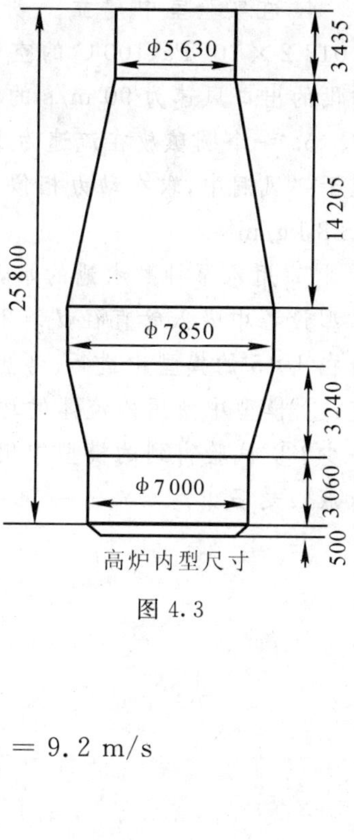

图 4.3

解 取高炉某一截面（如炉腰）计算煤气的平均流速

$$u' = \frac{V}{A} = \frac{9\,100 \times \frac{1}{60}}{\frac{\pi}{4} D_{腰}^2 \times 0.34} = \frac{9\,100 \times 4}{60 \times 3.14 \times 7.85^2 \times 0.34} = 9.2\ m/s$$

取焦块通道平均直径为定型尺寸，对煤气计算 Re 为

$$Re' = \frac{u'd'}{\nu'} = \frac{9.2 \times 0.1}{197 \times 10^{-6}} = 4\,670$$

由 $Re'' = Re'$ 得，实验介质空气平均速度为

$$u'' = \frac{\nu''}{d''}Re' = \frac{15.02 \times 10^{-6}}{0.004} \times 4\,670 = 17.5\ \mathrm{m/s}$$

根据模型与实物比得模型炉腰直径为

$$d = \frac{D}{25} = \frac{7.85}{25} = 0.312\ (\mathrm{m})$$

故模型中空气的流量为

$$V''_s = u''A'' = 17.5 \times \frac{\pi}{4} \times 0.312^2 = 4.7\ \mathrm{m^3/s}$$

习题与思考题

1. 用理想流体的伯努利方程式，以相似转换法导出 Fr 和 Eu。

2. 设运动流体作用于物体上的力 F 决定于流体的速度 u，密度 ρ，黏度 μ 和物体的特征尺寸 L。试用 π 定理确定描述这一问题所需的无量纲参数的组合个数。

3. 直径 600 mm 的光滑风管内风速为 10 m/s，现用直径 50 mm 的光滑水管做模拟实验，为保证动力相似，水管中水的流速应为多少？若测得水管压差为 4.090 5 kPa，问原形风管中将有多少压差？设水、空气温度均为 20℃。

4. 在实验室中建立一研究某过程的摩擦阻力损失模型，生产设备中的工作流体为 $1.013\,2 \times 10^5$ Pa，100℃ 的空气，流速为 3 m/s，模型中拟用常压 22℃ 的空气。当实验风机所能提供的出口风速为 90 m/s 的空气时，求模型比例。

5. 一个圆球放在流速为 1.6 m/s 的水中，受到阻力为 4.0 N，另一个直径为其两倍的圆球置于一风洞中，求在动力相似条件下风速的大小及球所受的阻力。已知 $\nu_{空} / \nu_{水} = 13$，$\rho_{空} = 1.28\ \mathrm{kg/m^3}$。

6. 用水泵抽贮水池的水，为保证不发生漩涡及吸入空气，必须用实验方法确定最小水位。原型设备中吸入管直径 $d = 250$ mm，水的运动黏度 $\nu_{水} = 0.15\ \mathrm{cm^2/s}$，抽水量 $V = 140$ L/s，试验在 1∶5 的模型中进行。考虑水流入管中的情况决定于流体的惯性力、黏性力及重力，试确定：① 模型中使用的流体的运动黏度应为多少？② 模型中泵的抽吸流量 V 及管内流速 u 应是多少？③ 试验得到的模型中出现漩涡的最小液位高度是 $h = 60$ mm，问原型中形成漩涡的最低液位是多少？

第 5 章　流体动量传输中的阻力损失

流体流动的阻力是流体流动过程中要解决的最重要的问题之一。在冶金及化工生产中管道主要由两部分组成，直管路和各种管件，如弯头、阀门等，相应的流动阻力可划分为两种：直管摩擦阻力和局部阻力。直管摩擦阻力用 h_f 表示，局部阻力用 h_l 表示。管道的总阻力是摩擦阻力与局部阻力之和，这也是伯努利方程中机械能损失项的总和，即

$$\sum h_f = h_f + h_l$$

流体流动阻力的大小与流体的性质、流动形态、管道的壁面情况及尺寸等因素有关。由于摩擦阻力和局部阻力的形成机理和算法不完全相同，下文将分别讨论。

5.1　不可压缩流体的摩擦阻力

由于层流和湍流的摩擦阻力产生的机理不同，迄今不能完全用理论分析法建立计算阻力的相关公式，只能以半经验法或因次分析为基础建立经验关联式。现在应用因次分析的方法推导流体流动阻力的一般公式。

根据对摩擦阻力损失及有关实验进行分析研究，得知流体流动阻力 F_m 应与管径 d、管长 l、流速 u、流体密度 ρ 及流体黏度 μ 和管内壁绝对粗糙度 ε 有关，即

$$F_m = F(d,\ l,\ u,\ \mu,\ \rho,\ \varepsilon)$$

写成幂函数形式为

$$F_m = K \cdot l^a \cdot \rho^b \cdot u^c \cdot \mu^d \cdot d^e \cdot \varepsilon^m \tag{1}$$

式中，K，a，b，… 都为待定的常数。

式中各物理量的基本因次式是：$F_m = \mathrm{MLT^{-2}}$，$\mu = \mathrm{ML^{-1}T^{-1}}$，$u = \mathrm{LT^{-1}}$，$\rho = \mathrm{ML^{-3}}$，$l = \mathrm{L}$，$d = \mathrm{L}$，$\varepsilon = L$(表示管内表面凸凹不平的平均高度)，将这些因次代入式(1) 中，得式(1) 的因次方程为

$$\mathrm{MLT^{-2}} = (\mathrm{L})^a(\mathrm{ML^{-3}})^b(\mathrm{LT^{-1}})^c(\mathrm{ML^{-1}T^{-1}})^d(\mathrm{L})^e(\mathrm{L})^m \tag{2}$$

展开并将同类项合并，得

$$\mathrm{MLT^{-2}} = \mathrm{M}^{d+b}\mathrm{L}^{a-3b+c-d+e+m}\mathrm{T}^{-c-d}$$

由于任何物理量方程等号两侧不仅应数值相等，而且因次也应相同，所以有

$$\left.\begin{aligned} d+b &= 1 \\ a-3b+c-d+e+m &= 1 \\ -c-d &= -2 \end{aligned}\right\} \tag{3}$$

上式亦可写成

$$\left.\begin{aligned} d &= 1-b \\ c &= 1+b \\ e &= 1-a+b-m \end{aligned}\right\} \tag{4}$$

将式(4) 代入式(1) 得

$$F_m = K \cdot l^a \cdot \rho^b \cdot u^{1+b} \cdot \mu^{1-b} \cdot d^{1-a+b-m} \cdot \varepsilon^m$$

式中只有三个待定常数 a, b, m,将指数相同的物理量合并得

$$F_m = K\rho d^2 u^2 \left(\frac{l}{d}\right)^a \left(\frac{\varepsilon}{d}\right)^m \left(\frac{ud\rho}{\mu}\right)^{b-1} \tag{5.1}$$

如以压头损失 h_f 表示流体流动阻力 F_m,则

$$F_m = \frac{\pi d^2}{4} g\rho h_f$$

$$h_f = \frac{4}{\pi} K \frac{u^2}{g} \left(\frac{l}{d}\right)^a \left(\frac{\varepsilon}{d}\right)^m \left(\frac{ud\rho}{\mu}\right)^{b-1}$$

以 $n = b-1, k = \frac{8K}{\pi}$ 代入上式得

$$h_f = k \frac{u^2}{2g} \left[\left(\frac{l}{d}\right)^a \left(\frac{\varepsilon}{d}\right)^m \left(\frac{ud\rho}{\mu}\right)^n\right] \tag{5}$$

由实验可知,压头损失与管长成正比,故 $a = 1$,并令摩擦阻力系数 f 为

$$f = k \left(\frac{\varepsilon}{d}\right)^m \left(\frac{ud\rho}{\mu}\right)^n$$

式中,$\frac{\varepsilon}{d}$ 称为相对粗糙度(无因次);$\frac{ud\rho}{\mu}$ 为雷诺数 Re。

$$f = k \left(\frac{\varepsilon}{d}\right)^m (Re)^n = F\left(Re, \frac{\varepsilon}{d}\right) \tag{5.2}$$

$$h_f = f \frac{l}{d} \frac{u^2}{2g} \tag{5.3}$$

对于气体,压头损失用压强降表示

$$\Delta P_f = f \frac{l}{d} \frac{\rho u^2}{2}$$

由式(5.2) 知,f 为 Re 与 ε/d 的函数。其中 k, m, n 的值须由实验确定。实验时,应设法改变 Re 和 ε/d 的数值,求出 f 的变化规律,整理数据时也应以 Re 和 ε/d 为参数对 f 作图。式(5.3) 即为流体流动阻力的一般公式,称为达西(Darcy) 公式,f 称为摩擦阻力系数或沿程阻力系数。求解 h_f 实际上只要知道 f 是很容易的。

在利用因次分析推导流体摩擦阻力公式时,并没有局限于哪一种流型,所以式(5.3) 对层流或湍流都适用,只是 f 要根据 Re 确定。虽然 $f = F(Re, \varepsilon/d)$,至于它们之间的具体形式,还要靠实验确定。其中较有代表性且应用广泛的是莫狄(Moody) 实测结果,如图 5.1 所示,该图可大致分为以下五个区域。

(1) 层流区($Re < 2\ 300$):f 与 ε/d 无关,而与 Re 的倒数成直线关系。对于圆管 $f = 64/Re$,又因 $h_f = f \frac{l}{d} \frac{u^2}{2g}$,所以流体阻力与流速及黏度的一次方成正比。

(2) 过渡区($2\ 300 < Re < 4\ 000$):流动型态不稳定,此时层流或湍流的 f-Re 曲线都可以用。但可取偏大的数值,所以一般按湍流的曲线延伸后查得摩擦阻力系数 f。

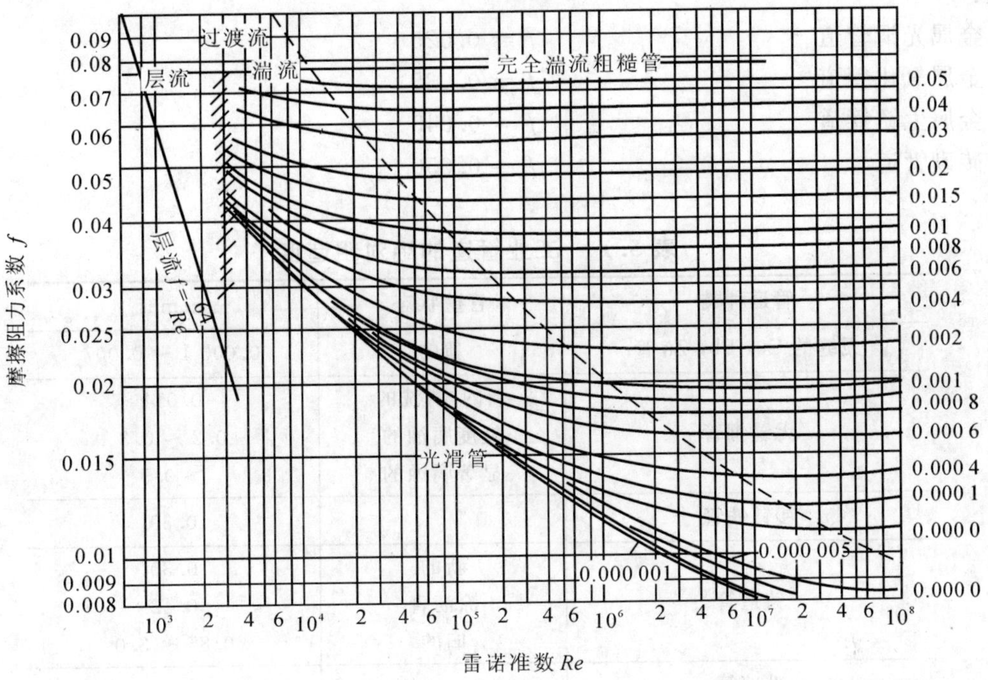

图 5.1　摩擦阻力系数与雷诺数和相对粗造度的关系

(3) 湍流区（$Re \geqslant 4\ 000$）：即流动边界层的层流底层厚度较大，并且大于管壁的绝对粗糙度 ε，管内壁凸凹不平处都被平行流动的流体层掩盖，这时，不论管壁 ε 为何值，f 只随 Re 而变，并集中在光滑管曲线上，此区黏度对 h_f 的影响随着 Re 的增大而减小。

(4) 湍流过渡区：图中光滑管线与虚线之间，$f = F(Re,\ \varepsilon/d)$，即 f 值不仅与 Re 有关，也与相对粗糙度有关。

(5) 完全湍流区：指图中虚线以上部分，f 只与 ε/d 有关，而与 Re 无关。图中不同相对粗糙度的实验点分别形成与横坐标平行的直线。这是由于 Re 的增大，层流底层变薄，以致边界层厚度 $\delta \ll \varepsilon$，粗糙物的扰动作用很大，Re 的影响变得很小，故 f 只与 ε/d 有关。此时 h_f 与流速的平方成正比，故此区也称为阻力平方区。

由以上分析可知，计算摩擦阻力损失时，要先计算出 Re，然后在不同的区域内，根据 Re 及 ε/d，在图 5.1 中查得 f，然后将 f 代入公式(5.3) 中，求出流体在直管流动中的阻力损失。图 5.1 中所指的光滑管一般是玻璃管、铜管或铅管等，粗糙管是指铸铁管、钢管等。管子在使用后因锈蚀、结垢等粗糙度会发生很大变化。几种常用的工业管道的 ε 值列于表 5.1 中。对一些不太长的送风管道，计算直管阻力时，往往粗略地取 $f = 0.025 \sim 0.05$，其中，光滑的金属管道取低值，砌砖管道取高值。

在工程计算中，除使用图表外，还有大量的实验公式可以利用，如

对光滑管（$Re = 5 \times 10^3 \sim 10^5$）　　$f = 0.316\ 4/Re^{0.25}$

对金属管　　$f = 0.129/Re^{0.12}$

对砖砌管道　　$f = 0.175/Re^{0.12}$

Re 超过一定值后，湍流下粗糙管道的 f 值基本不变，所以工程计算中也利用如下经验

数值：

金属光滑管道	$f = 0.025$
金属氧化管道	$f = 0.035$
金属生锈管道	$f = 0.045$
砖砌管道	$f = 0.050$

表 5.1　工业管道的绝对粗造度

管道种类	管壁状态	ε/mm
无缝的 Cu，Pb，Zn 管	新的	0.000 1 ～ 0.007
无缝钢管	新的，清洗的	0.014
	轻度腐蚀的	0.2 ～ 0.3
	显著腐蚀的	＞0.5
镀锌铁管		0.39
铸造管	新的	0.30
	涂沥青	0.12
	旧的	0.85 ～ 3.0
玻璃管		0.001
橡皮软管		0.01 ～ 0.03
混凝土管	新的	1.5
	旧的	0.50
砖砌风道		5 ～ 10
PVC 风道		0.01
焊接钢管	新的	0.06
	旧的	0.5 ～ 3.0

对流体输送中经常遇到的非圆型管道，为了仍能使用前面的公式和图表，应使用当量直径 d_e 代替式中的直径 d，d_e 的定义为

$$d_e = 4A/S \tag{5.4}$$

式中，A 为管道的截面积(m^2)；S 为管道的周长(m)。

研究表明，应用当量直径计算非圆形管道的阻力并不适用所有的情况。一般用于计算湍流时的阻力才较可靠，而且矩形截面的长宽比不能超过 3∶1。管截面为环形时，采用当量直径计算 h_f 可靠性则较差。

在层流时，应用当量直径计算阻力不大可靠。当不得不采用时，应将层流的 $f = 64/Re$ 作一些修正，即

$$f = \frac{C}{Re} \tag{5.5}$$

式中，C 为实验常数，一些非圆形管的当量直径 d_e 及 C 见表 5.2。

表 5.2　某些非圆形管的当量直径 d_e 及 C 值

截面形状	当量直径 d_e	常数 C
正方形，边长 a	a	57
等腰三角形，边长 a	$0.58a$	53
环形，环宽 b	$2b = d_1 - d_2$	96
矩形，长 $2a$，宽 a	$1.3a$	62
矩形，长 $4a$，宽 a	$1.6a$	73

例 5.1　设矩形截面(1.0 m×1.5 m)的砌砖烟道，排除温度 $t = 600℃$ 的烟气量 $V_s = 35\ 000\ m^3/h$，烟道长 $L = 10$ m，表面粗糙度 $\varepsilon = 5$ mm，烟气的运动黏度 $\nu = 0.9 \times 10^{-4}\ m^2/s$，烟气标态下的密度 $\rho_0 = 1.29\ kg/m^3$，求摩擦阻力。

解　烟气的平均流速

$$u = \frac{35\ 000}{1.0 \times 1.5 \times 3\ 600} = 6.48\ m/s$$

烟气在 600℃ 时的密度

$$\rho = \frac{\rho_0}{1 + \beta t} = \frac{1.29}{1 + 600/273} = 0.403\ kg/m^3$$

烟道的当量直径

$$d_e = \frac{4A}{S} = \frac{4(1.0 \times 1.5)}{2(1.0 + 1.5)} = 1.2\ m$$

Re 为

$$Re = \frac{ud_e}{\nu} = \frac{6.48 \times 1.2}{0.9 \times 10^{-4}} = 86\ 400（湍流）$$

烟道的相对粗糙度

$$\frac{\varepsilon}{d} = \frac{5}{1\ 200} = 0.004\ 17$$

查图 5.1 得 $f = 0.03$，代入达西公式得

$$h_f = f\frac{l}{d}\frac{\rho u^2}{2} = 0.03 \times \frac{10}{1.2} \times \frac{0.403 \times 6.48^2}{2} = 2.115\ N/m^2$$

5.2　局部阻力

在流体输送过程中，除流体流过直管时能产生摩擦阻力之外，还会因流体流动速度分布、大小及方向等发生变化而产生局部阻力。如流体流过弯管、弯头、阀门、三通等均会产生一定的局部阻力。局部阻力的计算有阻力系数法和当量长度法，局部阻力损失可写成

$$h_l = \frac{\Delta P_f}{g\rho} = \xi\frac{u^2}{2g}\quad m \tag{5.6a}$$

或

$$\Delta P_f = \xi\frac{\rho u^2}{2}\quad Pa \tag{5.6b}$$

其中局部阻力系数 ξ 应由实验测定，工程上常用的数值可查相关参考资料表，下面讨论几种最

常用的局部阻力系数。

1. 阻力系数法

(1) 截面突然扩大的局部阻力。将 1,2 两截面因速度不等造成的流体内部质点的碰撞、流体与器壁之间的冲击、漩涡所造成的能量损失,统一用突然扩大局部阻力 h_1 来表示,并将它归到 ξ 中去,如图 5.2 所示。

据此写出 1,2 两截面的连续性方程、动量方程和能量方程

$$\frac{P_1}{g\rho}+\frac{1}{2g}u_1^2=\frac{P_2}{g\rho}+\frac{1}{2g}u_2^2+h_1$$

$$P_1A_2-P_2A_2=\rho u_2u_2A_2-\rho u_1u_1A_1$$

$$u_1A_1=u_2A_2$$

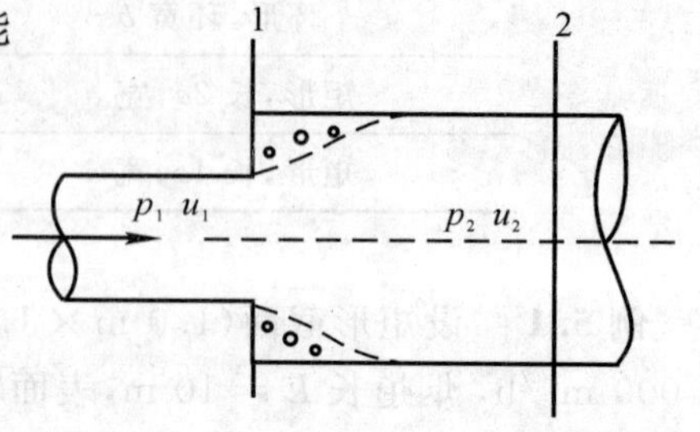

图 5.2　截面突然扩大损失

解以上方程可得　$h_1=\frac{1}{2g}(u_1-u_2)^2$

比较此式和式(5.6a) 得

$$\xi\frac{u^2}{2g}=\frac{1}{2g}(u_1-u_2)^2$$

即

$$\xi u^2=(u_1-u_2)^2$$

当式中 u 用 u_1,即按小截面流速计算时,局部阻力系数为

$$\xi_1=\frac{(u_1-u_2)^2}{u_1^2}=\left(1-\frac{u_2}{u_1}\right)^2=\left(1-\frac{A_1}{A_2}\right)^2 \tag{5.7}$$

当式中 u 用 u_2,即按大截面流速计算时,局部阻力系数为

$$\xi_2=\frac{(u_1-u_2)^2}{u_2^2}=\left(\frac{u_1}{u_2}-1\right)^2=\left(\frac{A_2}{A_1}-1\right)^2 \tag{5.8}$$

从 ξ 值的计算可以看出,当计算 h_1 时,所采用的速度不同,则计算出的 ξ 值不同,这点在计算 h_1 时要特别注意。另外,ξ 值仅与 A_1/A_2 或 A_2/A_1 有关,而与管内流体流动性质 Re 无关。

(2) 截面突然缩小的局部阻力。管道截面突然缩小的局部阻力系数由实验确定,如以小截面速度为基准计算局部阻力,即令 $h_f=\xi\frac{u_2^2}{2g}$,则局部阻力系数可近似表示为

$$\xi=0.5\left(1-\frac{A_2}{A_1}\right) \tag{5.9}$$

管道截面突然缩小时的局部阻力小于管道截面突然扩大的损失。

2. 当量长度法

管路上的管件如弯头、三通及各种阀门的局部阻力系数列于表 5.3。在管路计算中,局部阻力用当量长度表示更为方便。

显然,由式(5.3) 和式(5.6) 可知,直管的 $h=F(l/d)$,若某管件或阀门引起的局部损失等于一段与其直径相同的长度为 l_e 的直管与其直径之比,则这一管件或阀门的阻力系数 $h=\xi=F(l_e/d)$。l_e 称为管件或阀门的当量长度。有了 l_e 的数值,只要将式(5.3) 中的 l 换成 l_e,便可算出局部阻力损失。

表 5.3　管件和阀门的阻力系数及当量长度(湍流)

名　称	ξ	l_e/d	名　称	ξ	l_e/d
45°弯头	0.35	17	标准阀全开	6.0	300
90°弯头	0.75	35	标准阀半开	9.5	475
三通	1.00	50	角阀全开	2.0	100
回弯头 180°	1.50	75	止逆阀(球式)	70.0	3 500
管接头	0.04	2	止逆阀(摇板式)	2.0	100
闸阀全开	0.17	9	水表	7.0	350
闸阀半开	4.5	225	活接头	0.04	2

管件或阀门的当量长度是由实验测定出来的，部分数据列于表 5.3 中。表中所列数据都是在湍流状态下的约值，因而局部阻力计算也只是一种粗略的估计。须要说明的是，从资料上查得的局部阻力系数，都是单独存在的。且前后都有足够长的直管段，因而测定时，是在前后不存在对流动型态及流速分布有任何干扰的条件下进行的。但在实际管路中，几个局部阻碍往往相距很近。这样，使后一个局部不得不叠加在前一个局部阻碍的影响范围(扰动)之内，使他们各自的局部阻力系数都有所改变。这就出现了局部迭加计算时的修正问题。一般来说，在工程设计中，如各局部阻碍间的距离都大于三倍管径时，局部阻碍相互干扰的影响可以忽略不计，不用修正阻力系数。

对于一段既包含直管，又包含弯头管件的管路，其总阻力损失为

$$\sum h_f = \left(f\frac{l}{d} + \sum \xi_i\right)\frac{u^2}{2g} \tag{5.10}$$

局部阻力系数的实验数据与经验公式很多，影响因数也很多，使用时可查阅有关资料和手册，并应注意其使用范围与所对应的速度。

例 5.2　密度为 1 100 kg/m^3 的水溶液，由贮槽经 20 m 长的直管流入一个大水池，如图 5.3 所示，设管中水溶液的流速为 1 m/s，$\mu = 10^{-3}$ Pa·S，导管为 ϕ114 mm×4 mm 的钢管，试求总的压头损失。

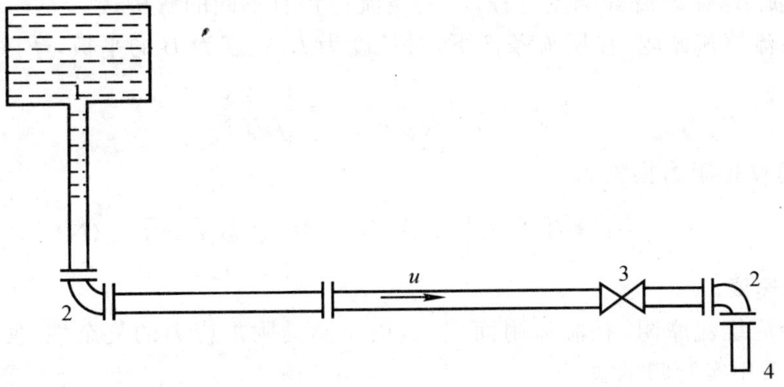

图　5.3

解　已知 $\rho = 1\,100\ \text{kg/m}^3$，$u = 1\ \text{m/s}$，$\mu = 10^{-3}\ \text{Pa}\cdot\text{S}$

$$d = 114 - 2 \times 4 = 106\ \text{mm}$$

所以
$$Re = \frac{du\rho}{\mu} = \frac{0.106 \times 1 \times 1\,100}{10^{-3}} = 1.166 \times 10^5$$

取钢管 $\varepsilon = 0.15$，则 $\varepsilon/d = \dfrac{0.15}{106} = 0.001\,4$，由图 5.1 查得 $f = 0.023$，由贮槽进入导管 $\xi_1 = 0.5$，2 个 90° 弯头 $2\xi = 2 \times 0.75 = 1.5$，一个全开闸阀 $\xi_3 = 0.17$，由导管排出 $\xi_4 = 1.0$，则

$$\sum h_f = f\frac{l}{d}\frac{u^2}{2g} + (\xi_1 + 2\xi_2 + \xi_3 + \xi_4)\frac{u^2}{2g} =$$

$$\left[0.023\frac{20}{0.106} + (0.5 + 1.5 + 0.17 + 1)\right]\frac{1^2}{2 \times 9.81} = 0.38\ \text{m}$$

所以
$$\Delta P_f = g\rho \sum h_f = 9.81 \times 1\,100 \times 0.38 = 4\,100\ \text{Pa}$$

5.3　管路系统的阻力

由上文所述，管路系统中的总阻力，应包括直管中的摩擦阻力，突然扩大（缩小）及管件与阀门等的局部阻力。工业生产中的管路依其布设方式不同可分为串联管路与并联管路两大类。

(1) 串联管路计算方法。串联管路的计算是将若干简单管路的 h_f 及 h_l 分别计算后相加而得，其特点是整个管路中各段流量一致。

(2) 并联管路计算方法。并联管路是由若干支管道并联而成。它的主要特点是：各支管路的阻力损失相等，而总管内流量等于各支管流量的总和。

在并联管系内，下列两式成立

$$\left.\begin{aligned} \sum h_f &= h_{f1} = h_{f2} = h_{f3} = \cdots \\ \sum V &= V_1 + V_2 + V_3 + \cdots \end{aligned}\right\} \tag{5.11}$$

5.4　绕流阻力

流体流过淹没了物体表面的流动过程称为绕流。按被淹没物体的几何状态不同，绕流有板绕流、圆柱体绕流、球体绕流等绕流过程。不同绕流过程有不同的解析式。

(1) 平板层流绕流摩阻。在层流条件下，对长度为 L，宽度为 B 的平板，摩擦阻力系数为

$$f = 1.328\sqrt{\frac{\mu}{\rho\, u_0 L}} = \frac{1.328}{\sqrt{Re_L}} \tag{5.12}$$

平板一面上的总摩擦阻力损失为

$$H_f = h_f \cdot L \cdot B = f\frac{u_0^2}{2}\rho LB = 0.664\sqrt{\mu\rho\, u_0^3 B^2 L}\quad (\text{N}) \tag{5.13}$$

式中，u_0 为来流速度。

(2) 平板湍流绕流摩阻。在湍流附面层内，由于脉动附加应力的复杂性，使附面层内速度不易确定，一般采用实验归纳法。

根据实验归纳出的指数速度分布式为　$u_x = u_0\left(\dfrac{y}{\delta}\right)^n$

当 $n = 1/7$ 时，由附面层动量积分方程所确定的平板绕流摩擦阻力系数计算式为

$$f = 0.074Re_x^{1/5} \qquad \left(Re_x = \frac{u_0 L}{\nu}\right) \tag{5.14}$$

适用范围为 $Re_x = 3\times10^5 \sim 3\times10^7$。

应用对数分布式确定的摩擦阻力系数计算式为

$$f = 0.455(\lg Re_x)^{-2.58} \tag{5.15}$$

适用范围为 $Re_x = 3\times10^5 \sim 3\times10^9$。

对平板的一面总摩擦阻力为

$$H_f = h_f \cdot L \cdot B = f\frac{\rho\, u_0^2}{2}\rho LB = \frac{1}{2}f\cdot L\cdot B\cdot\rho\left(\frac{u}{\rho L}Re_x\right)^2 = \frac{1}{2}f\,\frac{B}{L}\,\frac{u_0^2}{\rho}Re_x^2 \tag{5.16}$$

5.5 减少流体阻力的途径

流体在管路系统输送中，存在着摩擦阻力及局部阻力两种阻力损失。管路系统的阻力损失就是管路各段这两种阻力损失的总和。即

$$\sum h_f = \left(f\,\frac{l}{d} + \sum\xi_i\right)\frac{u^2}{2g} \tag{5.17}$$

长距离的输送以摩擦阻力为主，短距离以局部阻力为主。

设计管道系统时，应力求减小系统的阻力损失以求消耗较少的能量输送更多的流体。并根据工作过程要求设计管路的连接方式并进行阻力损失计算，确定相应的流体输送量。并且管径一般根据生产要求的流量大小决定。对于给定的流量，所用流速大，则管径小，投资少，但流体阻力损失大，输送流体的动力费用大。反之，所用的流速小则固定投资多而运转费用小。因此，对于长距离输送的管路，要做经济核算，以便找到最经济适宜的流速，尽可能地减少流体阻力。流速一般按经验决定，见表 5.4。

表 5.4 钢管内经验流速的范围

流体类型	使用条件	流速 /(m/s)	流体类型	使用条件	流速 /(m/s)
一般液体	泵进口	0.5 ～ 0.1	气 体	管路(常压)	10 ～ 20
	泵出口或管路	1.5 ～ 3.0	水蒸气	管路(压力不高)	20 ～ 40
黏性液体	泵进口	0.05 ～ 0.25			
	泵出口或管路	0.15 ～ 0.60			

总之，减少流体阻力的方法如下：

(1) 在不影响管路布置的前提下，管路的长度尽可能短些。

(2) 管路中尽可能减少管件和阀门。管路中的突然扩大或收缩尽可能采用截面逐渐扩大或收缩(压头损失，可降低 10% ～ 20%)。

(3) 适当放宽管径，如放大管径一倍，则阻力损失为原来的 1/32。

(4) 尽可能选择光滑管道。

(5) 减少局部阻力损失与放大管径对低压气体的大量输送或在真空管路中尤为重要。因

为风机的压头低，如果管路阻力太大，则达不到所需的流量；如果真空管中的阻力太大，则真空泵工作时将达不到所需的真空度。

习题与思考题

1. 摩擦阻力与局部阻力的物理本质是什么？

2. 局部阻力有哪几种类型？受哪些因素影响？

3. 两个局部障碍串联后的阻力是否等于原来两个局部阻力之和，为什么？

4. 如图 5.4 所示，用压缩气体输送锌浸出液，其流量为 8 000 kg/h，经内径 d 为 50 mm 的胶管，升输高度为 14 m，若考虑到液面不会下降，试求贮槽内最小气体压强应为多少？已知浸出液的相对密度为 1.5，管道总阻力损失为 1.5 m 液柱。

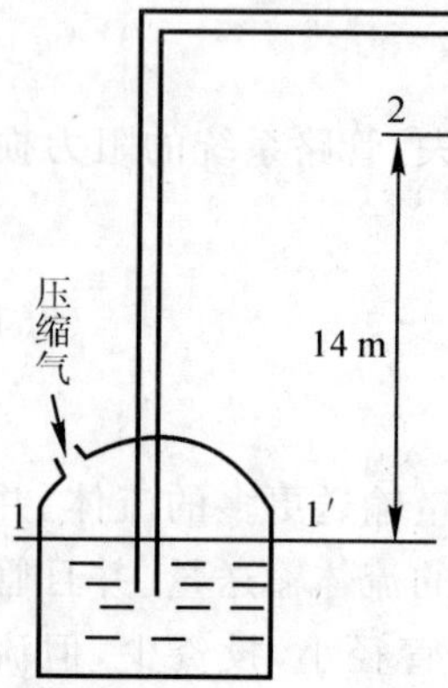

图 5.4

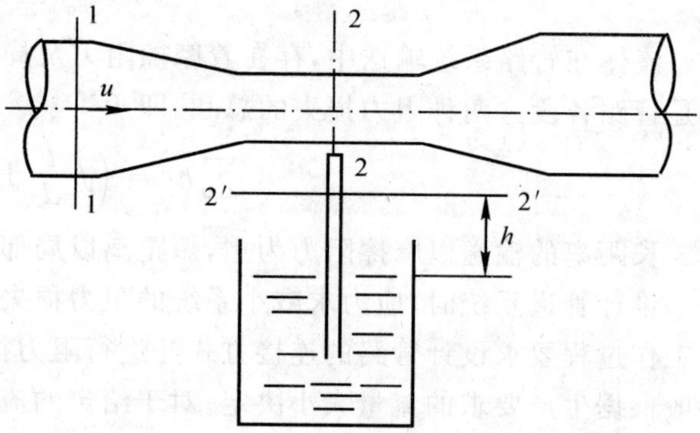

图 5.5

5. 如图 5.5 所示管道中，通过流量 $V_s = 3\ dm^3/s$ 的水，直径 $d_1 = 5$ cm，$d_2 = 2.5$ cm，测得收缩面上游 1—1 的压强 $P_1 = 0.1$ 个表压，从 1—1 到 2—2 断面间的压头损失较小可忽略不计，试求联接在该收缩断面 2′—2′ 的小管可将水自容器内吸上的高度 h 为多少？(P_1 为工程大气压)

6. 20℃ 的水以 0.565 m^3/min 的流量流过内径为 100 mm，长为 300 m 的水平钢管，钢管的粗糙度为 0.1 mm，管路里装有 5 个闸阀和 6 个 90° 的弯头，求该管道的阻力损失。

7. 用内径为 500 mm 的钢管将天然气输送到 22 km 处，输送量为 5000 Nm^3/h，管入口处加压到 0.52 MPa，求出口压力。管内壁粗糙度取 0.1 mm，温度为 25℃（天然气的主要成分为甲烷）。

8. 一电炉冷却水耗量为 8 t/h，所需水压力为 196.1 kPa(表压)，用总长 10 m，$d = 40$ mm 的水管接到位于同一高度的水源上，其间有 $R/d = 1$ 的 90° 弯头三个，开启角为 40° 的旋塞阀一个，若 $\xi = 0.04$，问水源水压最小应为多少？若加大管径，其他条件不变，水源水压应如何变化？

9. 无介质磨矿送风管道（钢管，绝对粗糙度 $\Delta = 0.2$ mm），长 $l = 30$ m，直径 $d = 750$ mm，在温度 $t = 20$℃ 的情况下，送风量 $V_s = 3\ 0000\ m^3/h$。$t = 2\ 0$℃ 时，空气的 $\nu = 0.157\ cm^2/s$。问：

(1) 此风管中的摩擦阻力损失为多少？

(2) 使用一段时间后，其绝对粗糙度增加到 $\Delta = 1.2\ \text{mm}$，其摩擦阻力损失又为多少？

10. 减少阻力损失的措施有哪些？

第 6 章　流体的流出

在工程技术及生产过程中，常有各种不同的流体流出问题。如容器内液体的向外流出；液体或气体通过容器孔口的流出；流体通过管路系统内节流孔的流出等。对这些问题可以根据动量传输的基本定律，对一定条件下流体的流出过程进行分析，从而确定出流体流出过程中的流速、流量、截面积等相关参数。

6.1　不可压缩流体自小孔的流出

液体自小孔流出时，一般视为不可压缩；气体则应视具体情况而定，如果气体由小孔流出的过程中压差变化很小以致于所引起的密度变化也很小时，则可视为不可压缩流体；否则视为压缩性流体。

不可压缩流体自小孔口的流出问题主要是计算流速和流量。对如图 6.1 所示的容器，流体从面积为 A_0 的小孔流出。设容器内外压力分别为 P_1，P_2，且 $P_1 > P_2$，不计浮力的作用，则流股呈水平流动。由于惯性作用使流股断面收缩为 A_2 后再慢慢扩张。

写出截面 1 及 2 间的伯努利方程为

$$z_1 + \frac{P_1}{\rho_1 g} + \frac{u_1^2}{2g} = z_2 + \frac{P_2}{\rho_2 g} + \frac{u_2^2}{2g} + h_1 \qquad (6.1)$$

对不可压缩流体 $\rho_1 = \rho_2 = \rho$；水平流动 $z_1 = z_2$；容器截面远大于孔口面积，$A_1 \gg A_2$，则设 $u_1 = 0$；$h_1 = \xi \frac{u^2}{2g}$；从而式(6.1)可简化为

$$P_1 - P_2 = (1 + \xi) \frac{u_2^2}{2} \rho \qquad (6.2)$$

式中，ξ 为孔口的阻力系数。

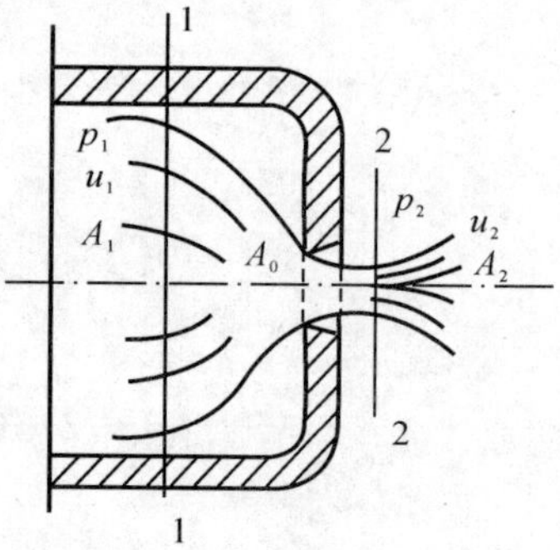

图 6.1　不可压缩性流体自小孔口的流出

由式(6.2) 推得流股收缩处的流速为

$$u_2 = \varphi \sqrt{\frac{2}{\rho}(P_1 - P_2)} \quad (\text{m/s}) \qquad (6.3)$$

式中，P_1，P_2 为容器内、外压力(Pa)；ρ 为流体密度(kg/m³)；φ 为速度系数，$\varphi = \frac{1}{\sqrt{1+\xi}}$。

由式(6.3) 根据连续线性方程可求出体积流量

$$V_s = u_2 A_2 = \varphi A_2 \sqrt{\frac{2}{\rho}(P_1 - P_2)} \quad (\text{m}^3/\text{s}) \qquad (6.4)$$

因面积 A_2 不易确定，常以 A_0 代替，令 $\varepsilon = A_2/A_0$，代入式(6.4)得

$$V_s = \varepsilon\varphi A_0\sqrt{\frac{2}{\rho}(P_1 - P_2)} = \mu A_0\sqrt{\frac{2}{\rho}(P_1 - P_2)} \quad (\mathrm{m^3/s}) \tag{6.5}$$

式中，$\mu = \varepsilon\varphi$ 为流量系数；$\varepsilon = A_2/A_0$ 为流股收缩系数。μ 及 ε 均由实验确定。

若液体自如图 6.2 所示的容器侧小孔流出时，此时流体的流出是由高度为 H 的位能所造成的。若为稳态流动，则 H 应保持不变。以 $O'O'$ 为基准面写出 OO，CC 截面的伯努利方程式得

$$H + \frac{P_0}{\rho g} + \frac{u_1^2}{2g} = \frac{P_2}{\rho g} + \frac{u_2^2}{2g} + h_1$$

将 $h_1 = \xi\dfrac{u_2^2}{2g}$ 代入上式则得

$$H + \frac{P_0 - P_2}{\rho g} + \frac{u_1^2}{2g} = (1 + \xi)\frac{u_2^2}{2g}$$

由于 $P_0 = P_2$ 为一大气压，又 $u_2 \gg u_1$，可以认为 $u_1 = 0$，从而上式可化简为

$$u_2 = \varphi\sqrt{2gH} \tag{6.6}$$

体积流量为

$$V_s = \varepsilon\varphi A_0\sqrt{2gH} \tag{6.7}$$

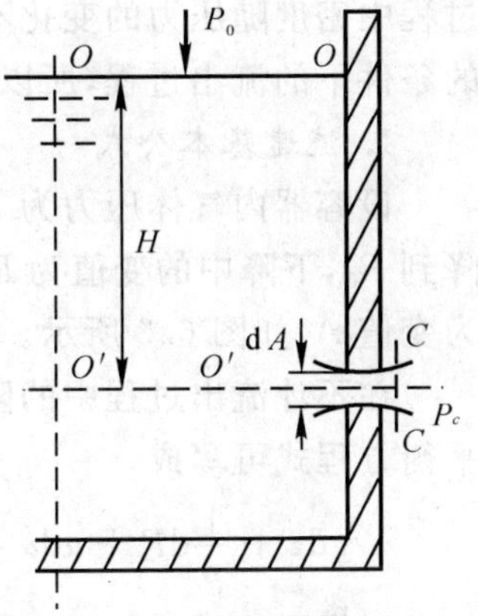

图 6.2　液体自容器小孔流出

由以上分析可以看出，在水平流动时，小孔流体的流出速度与容器内外压力差的平方根成正比；若容器外为大气压力时，流速则与容器内表压力的平方根成正比，计算时采用式(6.3)；液体自小孔流出时，流速则与容器内液面到小孔的垂直距离的平方根成正比，计算时应采用式(6.6)；但两者均忽略了流体在容器内的流速以及通过小孔的摩擦损失。流量则由式(6.5)、式(6.7)确定。速度系数 φ，收缩系数 ε，流量系数 μ 则由实验确定，见表 6.1。

表 6.1　几种常见的管嘴的 ε, φ, μ 值

	薄壁圆孔口	圆柱形外管嘴	圆柱形内管嘴	圆锥形扩张管嘴	圆锥形收缩管嘴	流线形管嘴
	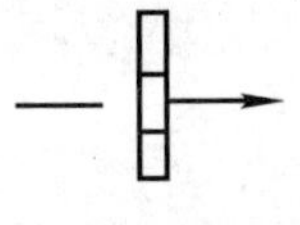	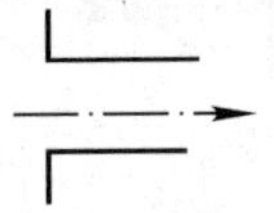	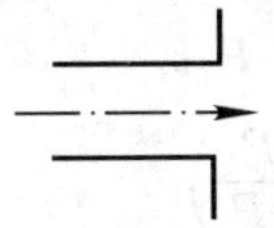	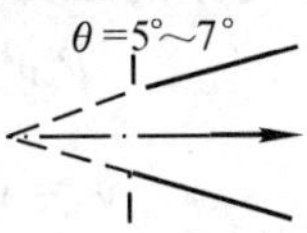	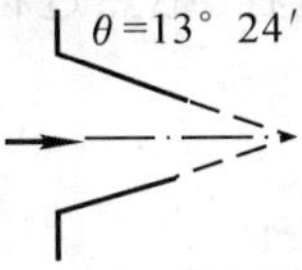	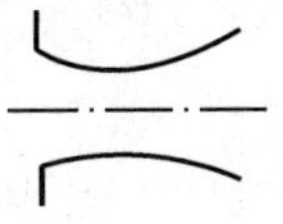
ε	0.64	1.0	1.0	1.0	0.98	1.0
φ	0.97	0.82	0.71	0.45～0.50	0.96	0.98
μ	0.62	0.82	0.71	0.45～0.50	0.94	0.98

例 6.1　设容器内空气的相对压力(对大气) $\Delta P = 150$ Pa，空气的密度 $\rho = 1.2\ \mathrm{kg/m^3}$，通过容器小孔流出，小孔的直径 $d = 0.5$ cm，小孔外装有长度 $l = 2.5$ cm 的管嘴。试求空气的流速及流量。

解　依照表 6.1，对圆柱形管嘴取 $\varphi = 0.82$，$\mu = 0.82$，有

$$u_2 = \varphi\sqrt{\frac{2}{\rho}(P_1 - P_2)} = 0.82 \times \sqrt{2 \times 150/1.2} = 12.97\ \mathrm{m/s}$$

$$V_s = \mu A\sqrt{\frac{2}{\rho}(P_1 - P_2)} = \frac{3.14}{4} \times 0.005^2 \times 0.82 \times \sqrt{2 \times 150/1.2} = 2.54 \times 10^{-4}\ \mathrm{m^3/s}$$

6.2 可压缩流体的流出

可压缩流体的流出问题与不可压缩流体相比有很多不同的特性，主要是因为流体在流动过程中密度随压力的变化不容忽视。这种流出往往是容器内流体(主要是气体)的压力比较高的条件下的流出过程，所以可压缩气体的流出过程又称为高压气体流出。

1. 流速基本公式

设容器内气体压力为 P_1，外部介质压力为 P_0，且 $P_1 \gg P_0$。气体自孔口流出后压力从 P 降到 P_0，下降中的变值为 P；容器内气体的流速为 u_1，流出后流股的流速为变值 u，流股的截面为变值 A，如图 6.3 所示。

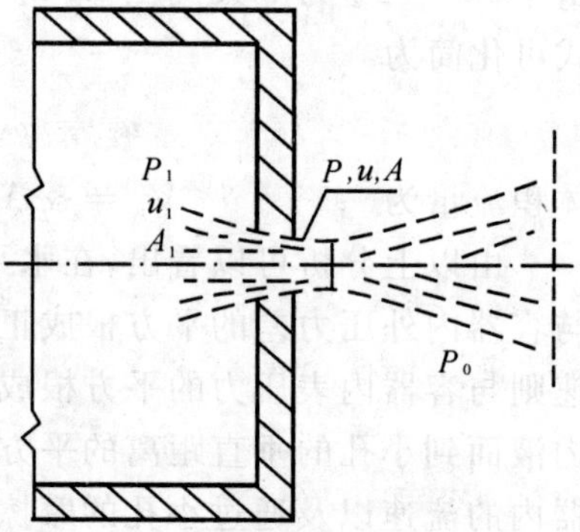

图 6.3　压缩性气体的流出

在不计流出过程中的阻力损失时，压缩性流体的动量平衡方程式可写成

$$g\mathrm{d}z + \frac{1}{\rho}\mathrm{d}P + u\mathrm{d}u = 0 \quad (\text{一维伯努利方程}) \tag{1}$$

对水平流动，$\mathrm{d}z = 0$；若再引入比容 $\nu = 1/\rho$，则式(1)可简化为

$$\nu\mathrm{d}P + u\mathrm{d}u = 0 \tag{2}$$

对式(2)在流出条件下积分得

$$\int_{u_1}^{u} u\mathrm{d}u = -\int_{P_1}^{P} \nu\mathrm{d}P \tag{3}$$

对于容器截面远远大于流股截面的情况，由于流股的速度 u 很高，因此可以认为 $u_1 = 0$，又由于流出的速度很高，流股来不及与周围介质进行热交换，故视为绝热过程。绝热过程中气体的压力与比容有如下关系：

$$P\nu^k = P_1\nu_1^k$$

或

$$\nu = \nu_1\left(\frac{P_1}{P}\right)^{1/k} \tag{4}$$

将式(4)代入式(3)，并在 $u_1 = 0$ 的条件下积分，得流速为

$$u = \sqrt{\frac{2k}{k-1}P_1\nu_1\left[1 - \left(\frac{P}{P_1}\right)^{\frac{k-1}{k}}\right]} \tag{6.8}$$

将状态方程式 $P_1\nu_1 = RT_1$ 带入式(6.8)得

$$u = \sqrt{\frac{2k}{k-1}RT_1\left[1 - \left(\frac{P}{P_1}\right)^{\frac{k-1}{k}}\right]} \tag{6.9}$$

式中，k 为绝热指数，$k = (c_p/c_V)$；c_p 为气体的定压比热容(kJ/(m³·℃))；c_V 为气体的定容比热容(kJ/(m³·℃))；P_1 为气体的流出压力(Pa)；P 为流股任一截面处气体的压力(Pa)；ν 为气体的比容(m³/kg)；ρ 为气体的密度(kg/m³)；R 为气体常数(J/(kg·K))；T_1 为气体的原始绝对温度(K)。

从流速公式可以看到，气体流出的速度随其本身压力下降而增加，在不受介质或其他因素

干扰时，则直到与介质压力 P_0 平衡为止。

2. 压缩性气体流出的临界值

在稳态流动条件下，由连续方程知气体在流出中质量流量不变，即有

$$w = A_1 u_1 \rho_1 = A_x u_x \rho_x$$

由此可得

$$A_x = \frac{w}{u_x \rho_x} \tag{5}$$

式中，w 为气体的质量流量（定值）(kg/s)；A_x，u_x，ρ_x 分别为气体流出后在流向任一坐标点 x 处的流股截面积、流速和气体密度。

将流速式(6.8)代入式(5)，并考虑 $\rho_x = \rho_1 \left(\frac{P_x}{P_1}\right)^{1/k}$（$P_x$ 为 A_x 面上的压力），则得

$$A_x = \frac{w}{\sqrt{\frac{2k}{k-1} P_1 \rho_1 \left[\left(\frac{P_x}{P_1}\right)^{2/k} - \left(\frac{P_x}{P_1}\right)^{\frac{k+1}{k}}\right]}} \tag{6}$$

对式(6)分析可知，当 w，P_1 及 ρ_1 为定值时，A_x 有极值存在，并将这个流股最小截面积称为压缩性气体流出的临界截面，以 A_c 表示。最小截面上的压力称临界压力，以 P_c 表示。

$$P_c = P_1 \left(\frac{2}{k+1}\right)^{\frac{k}{k-1}} \tag{7}$$

将式(7)代入式(5)、式(6)则得临界速度 u_c 为

$$u_c = \sqrt{\frac{2k}{k+1} P_1 \nu_1} \tag{6.10}$$

$$u_c = \sqrt{\frac{2k}{k+1} R T_1} \tag{6.11}$$

如将绝热过程方程 $\frac{P_c}{P_1} = \left(\frac{\nu_1}{\nu_c}\right)^k$ 及式(7)代入式(6.10)，整理后则有

$$u_c = \sqrt{k P_c \nu_c} = \sqrt{k R T_c} \tag{6.12}$$

式(6.12)为绝热过程的音速式，因此，压缩性气体流出的临界速度即为临界条件下该气体的音速。

例 6.2 空气在燃烧煤气的高压喷嘴内的压力 $P_1 = 1.21 \times 10^5$ Pa，喷嘴外介质压力 $P = 1.01 \times 10^5$ Pa，容器内温度 $t = 27$℃，空气的绝热指数 $k = 1.4$，气体常数 $R = 287 \mathrm{m^2/(s^2 \cdot K)}$，忽略容器内空气的流速。试求：(1) 空气流出速度；(2) 将容器内压力提高到 $P_1 = 2.02 \times 10^5$ Pa 时的流速；(3) 判断两种情况是否达到声速。

解 (1) 按式(6.9)得

$$u = \sqrt{\frac{2k}{k-1} R T_1 \left[1 - \left(\frac{P}{P_1}\right)^{\frac{k-1}{k}}\right]} =$$

$$\sqrt{\frac{2 \times 1.4}{1.4 - 1} \times 287 \times (273 + 27) \times \left[1 - \left(\frac{1.01 \times 10^5}{1.21 \times 10^5}\right)^{\frac{1.4-1}{1.4}}\right]} = 174.1 \text{ m/s}$$

(2) 当 $P_1 = 2.02 \times 10^5$ Pa 时

$$u = \sqrt{\frac{2k}{k-1} R T_1 \left[1 - \left(\frac{P}{P_1}\right) + \frac{k-1}{k}\right]} =$$

$$\sqrt{\frac{2\times1.4}{1.4-1}\times287\times(273+27)\times\left[1-\left(\frac{1.01\times10^5}{2.02\times10^5}\right)^{\frac{1.4-1}{1.4}}\right]}=329.07\ \text{m/s}$$

(3) 对绝热(等熵膨胀)过程有

$$P_c=P_1\left(\frac{2}{k+1}\right)^{\frac{k}{k-1}}=P_1\times\left(\frac{2}{1.4+1}\right)^{\frac{1.4}{1.4-1}}=0.528P_1$$

$$T_c=T_1\left(\frac{P_c}{P_1}\right)^{\frac{k-1}{k}}=300\times\left(\frac{0.528P_1}{P_1}\right)^{\frac{1.4-1}{1.4}}=249.96\ \text{K}$$

代入式(6.12)得

$$u_c=\sqrt{kRT_c}=\sqrt{1.4\times287\times249.96}=316.9\ \text{m/s}$$

计算结果说明,在第二种情况下,即容器内压力达到介质压力两倍时,流出速度达到临界值,气体流出后在临界截面上的温度约为250 K(即流出后下降50℃),而流出的临界速度即为该气体在该温度下的声速。

3. 压缩性气体的超声速流出及拉瓦尔管

(1) 超声速获得的条件为:原始压力 P_1 应大于至少应等于容器外介质压力 P_0 的两倍,而且流股截面先是收缩的,在最小截面处即临界截面处可获得临界条件下的声速。从能量观点看,如果 $P_1>2P_0$,则在临界截面处获得声速的同时还有剩余压力存在,这部分剩余压力要在一定条件下可以使流速继续增加,直到与介质压力相等时为止,从而获得超声速。

在可压缩气体的流出过程中,随着能量的转换还伴随着体积的膨胀。根据绝热膨胀的特点,在临界截面前气体密度下降较慢,流速增加较快,因此由连续性方程式可知,在临界截面以前流股收缩。在临界截面以后,为了使剩余压力进一步转化为动能,就要在保证提高流速的同时扩大截面,使流股有膨胀的条件(因为这时流速增加较慢而密度下降较快),否则就会出现拥塞而破坏流动。所以,为了获得超声速,管嘴应做成先收缩后扩张的形状,这种形状的管嘴称为拉瓦尔管,即获得超声速的几何条件。

因此,欲获得超声速,必须同时满足两个条件,即压力条件($P_1>2P_0$)和几何条件(管嘴为先收缩后扩张的拉瓦尔管)。

(2) 马赫数。式(6.11)表明,一定气体介质的声速,决定于它的绝对温度。在可压缩性气体流动过程中常以当地条件下的声速作为标准来表示气体流出的相对速度,该比值称为马赫数,用 M 表示,M 的定义式为

$$M=\frac{u}{u_s}\tag{6.13}$$

式中,u 为可压缩性气体流出的实际速度(m/s);u_s 为相同条件下气体介质的声速(m/s)。

显然,$M<1$,为亚声速区;$M=1$,为声速区;$M>1$,为超声速区。

根据波动理论及马赫数的概念,按稳定流条件下的连续性方程及一维流动的伯努利方程可推导出

$$\frac{\mathrm{d}u}{u}(M^2-1)=\frac{\mathrm{d}A}{A}\tag{6.14}$$

式(6.14)表明:

$M<1$ 时,$(M^2-1)<0$,则 $\frac{\mathrm{d}u}{u}$ 与 $\frac{\mathrm{d}A}{A}$ 的变化异号,这说明流速增加,截面积减小。所以亚声

速区为收缩段。

$M>1$ 时，$(M^2-1)>1$，则$\frac{du}{u}$与$\frac{dA}{A}$的变化同号，即流出速度增加流股面积也增加，所以超声速区为扩张段。

$M=1$ 时，$(M^2-1)=0$，$\frac{dA}{A}=0$，A 为极点，此时流股面积为从收缩到扩张的转变点，即临界点。

在拉瓦尔管出口处，流出气体的压力与介质压力相平衡(即 $P=P_0$) 时，马赫数可用下式计算

$$M_0=\sqrt{\frac{2}{k-1}\left[\left(\frac{P_1}{P_0}\right)^{\frac{k-1}{k}}-1\right]} \tag{6.15}$$

可压缩性气体流过拉瓦尔管时，气体各参数的变化如图 6.4 所示。

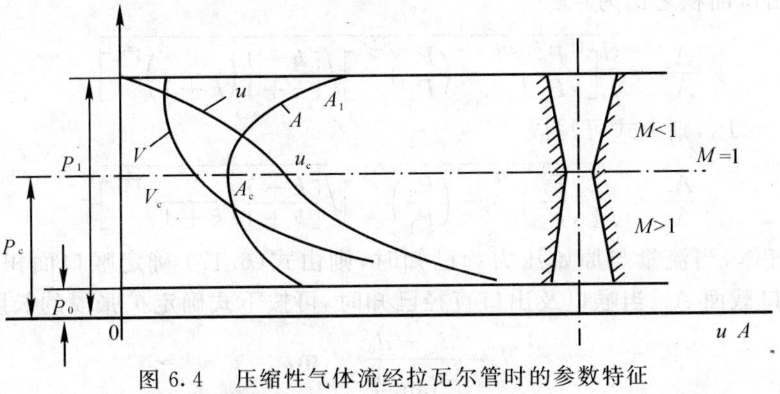

图 6.4　压缩性气体流经拉瓦尔管时的参数特征

根据上述讨论，对压缩性气体流出的特点综合归纳如下：

(1) 气体流出后其流速随本身压力的不断下降而增加。在不受介质干扰的情况下，能量转换过程直到流股压力与介质压力平衡为止。所谓不受介质干扰就是指按流股的扩张形状作成喷嘴。

(2) 流出气体的流股截面有极小值，即有临界截面存在。临界截面上的压力、温度分别称为临界压力、临界温度、临界速度等。临界速度是临界条件下声速。获得声速的条件为 $P_1 \geqslant P_0$。

(3) 欲获得超声速必须同时具备压力条件及几何条件，即 $P_1>2P_0$，使临界截面达到仍有剩余压力；喷嘴必须为先收缩后扩张的拉瓦尔管。

4. 压缩性气体流出的计算

压缩性气体流出的计算可归纳为：根据要求的流量及流速确定应具有的原始压力；按所给定的条件确定喷嘴尺寸；已知原始压力及喷嘴尺寸判定流速等。

实际应用计算中是按所要求的喷出速度来确定气体喷出前的原始压力，而气体的喷出速度又常用马赫数(出口处) M_0 来表示，所以气体的原始压力可按式(6.15) 导出

$$\left(\frac{P_1}{P_0}\right)^{\frac{k-1}{k}}=\frac{k-1}{2}M_0^2+1 \tag{6.16}$$

喷嘴尺寸的计算主要是根据流量、流速及原始压力来计算临界面积(常称喉口面积)。喷嘴

各部分的尺寸如图 6.5 所示。

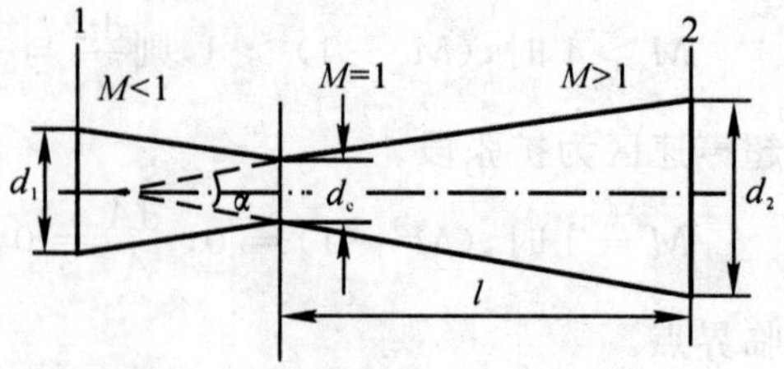

图 6.5　喷嘴结构尺寸示意图

在喉口处，气体的质量流量为

$$w_c = A_c u_c \rho_c = A_c \sqrt{kP_1\rho_1\left(\frac{2}{k+1}\right)^{\frac{k+1}{k-1}}} \quad (6.17)$$

喷嘴出口处气体的质量流量为

$$w_2 = A_2\rho_2 u_2 = A_2\left(\frac{P_2}{P_1}\right)^{1/k}\sqrt{\frac{2k}{k-1}P_1\rho_1\left[1-\left(\frac{P_2}{P_1}\right)^{\frac{k-1}{k}}\right]} \quad (6.18)$$

由稳定流连续方程可知

$$w_c = w_2$$

则喉口面积与出口面积之比为

$$\frac{A_c}{A_2} = \sqrt{\left[\left(\frac{P_2}{P_1}\right)^{2/k} - \left(\frac{P_2}{P_1}\right)^{\frac{k+1}{k}}\right]\Big/\left[\frac{k-1}{k+1}\left(\frac{2}{k+1}\right)^{\frac{2}{k-1}}\right]}$$

气体出口处 $P_2 = P_0$，则上式可写成

$$\frac{A_c}{A_2} = \sqrt{\left[\left(\frac{P_0}{P_1}\right)^{2/k} - \left(\frac{P_0}{P_1}\right)^{\frac{k+1}{k}}\right]\Big/\left[\frac{k-1}{k+1}\left(\frac{2}{k+1}\right)^{\frac{2}{k-1}}\right]} \quad (6.19)$$

对一定的气体，当流量与原始压力为已知时，则由式(6.17) 确定喉口面积，而后再由式(6.19) 计算出口截面 A_2。当喉口及出口直径已知时，可按下式确定扩张段的长度

$$l = \frac{d_2 - d_0}{2\tan\frac{\alpha}{2}} \quad (\mathrm{m}) \quad (6.20)$$

式中，d_2，d_0 为出口及喉口直径(m)；α 为扩张管的张角，一般推荐取 $6^\circ \sim 8^\circ$ 为宜。

收缩段的长度以 d_1 代 d_2 也可按式(6.20) 确定，根据实测收缩角可取 $30^\circ \sim 45^\circ$。

例 6.3　已知氧气喷枪出口直径 $d_2 = 5$ cm，枪内氧气压力 $P_1 = 9.8\times10^5$ Pa，温度 $T_1 = 300$ K，$R = 260\ \mathrm{m^2/(s^2\cdot K)}$，$k = 1.4$，枪外介质压力 $P_0 = 1.01\times10^5$ Pa，求喷枪出口氧气的马赫数及氧气流量。

解　出口马赫数可按式(6.15) 计算

$$M_0 = \sqrt{\frac{2}{k-1}\left[\left(\frac{P_1}{P_0}\right)^{\frac{k-1}{k}} - 1\right]} = \sqrt{\frac{2}{1.4-1}\times\left[\left(\frac{9.8\times10^5}{1.01\times10^5}\right)^{\frac{1.4-1}{1.4}} - 1\right]} = 2.14$$

氧气质量流量可按式(6.18) 计算

$$w = A_2\sqrt{\frac{2k}{k-1}P_1\rho_1\left[1-\left(\frac{P_0}{P_1}\right)^{\frac{k-1}{k}}\right]}\times\left(\frac{P_0}{P_1}\right)^{1/k} =$$

$$\frac{\pi}{4}d_2^2\sqrt{\frac{2k}{k-1}\frac{P_1^2}{RT_1}\left[1-\left(\frac{P_0}{P_1}\right)^{\frac{k-1}{k}}\right]}\times\left(\frac{P_0}{P_1}\right)^{1/k} =$$

$$\frac{3.14}{4}\times0.05^2\times\sqrt{\frac{2\times1.4}{1.4-1}\times\frac{(9.8\times10^5)^2}{260\times300}\times\left[1-\left(\frac{1.01\times10^5}{9.8\times10^5}\right)^{\frac{1.4-1}{1.4}}\right]}\times$$

$$\left(\frac{1.01\times10^5}{9.8\times10^5}\right)^{\frac{1}{1.4}} = 2.48\ \mathrm{kg/s}$$

标态下的体积流量为

$$V_s = \frac{w}{\rho_0} = \frac{2.48}{1.429} = 1.74\ \text{m}^3/\text{s}$$

习题与思考题

1. 临界压力的概念如何?有何实际应用价值?

2. 如何理解拉瓦尔管的纵断面形状变化。为什么临界截面以后扩大横截面,流速反而进一步增大?

3. 计算:

(1)45℃ 的氢气中声速为多少?

(2) 在20 000 m高空中飞行的飞机航速为2 400 km/h,该处气温−56.5℃,求飞机飞行的马赫数。

4. 已知压缩空气的原始压力 $P_0 = 117\,030$ Pa(绝压),密度 $\rho_0 = 1.32\ \text{kg/m}^3$,出口处压力 $P = 1\,013\,240$ Pa,求出口速度。若 P_0 增加到 234 100 Pa, $\rho_0 = 2.64\ \text{kg/m}^3$,出口压力不变,流速又为多少?

5. 某氧气转炉氧枪的压力 $P_1 = 1.08 \times 10^6$ Pa, $T_1 = 313$ K, $\rho_1 = 13.2\ \text{kg/m}^3$,炉内压力 $P_0 = 9.81 \times 10^4$ Pa,氧气流量 $w = 26.9$ kg/s,试求氧枪的临界半径、出口速度及出口直径。

6. 压力为 $P_0 = 1.92 \times 10^6$ Pa(绝压),$T_0 = 673$ K 的过热蒸气,经拉瓦尔管嘴流入压力 $P = 1.96 \times 10^5$ Pa(绝压)的空间,若要求过热蒸气质量流量 $\omega = 4$ kg/s,求拉瓦尔喷管的临界截面和出口截面尺寸。

7. 简述高压流出的特点及获得超声速流动的条件。

第7章　射　流

射流是指流体经由喷嘴流出到一个足够大的空间后，不再受固体边界限制而继续扩散流动的一种流动。如冶金工业中的各种气体、液体燃料的燃烧，转炉吹氧炼钢，炉外精炼和高炉喷吹等问题均属于射流过程。射流就其机理而言，主要分为自由射流、半限制射流和限制射流等。

7.1　自由射流

当流体自喷嘴流入无限大的自由空间中时称为自由射流。形成自由射流必须具备两个条件：一是周围静止的介质的物理性质（温度及密度等）与射流流体完全相同；二是空间中介质是静止不动的，且在射流流动过程中不受任何固体或液体表面的限制。绝大多数射流均属湍流射流，在射流内流体质点有不规则的脉动。

1. 自由射流的基本特点

根据对流场的显像及探测，自由射流的基本特性如图 7.1 所示。

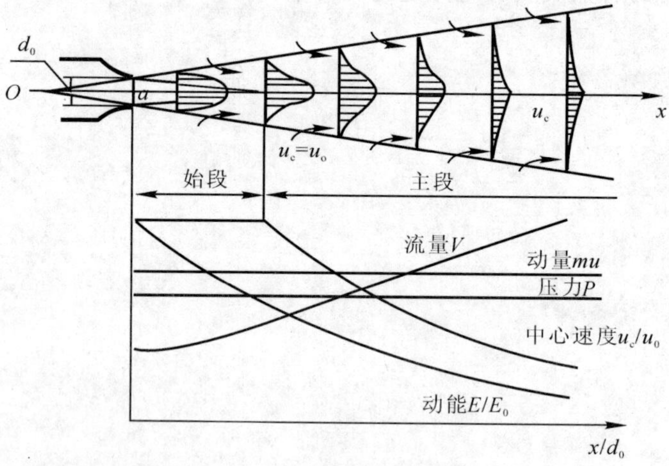

图 7.1　自由射流的特点

假如流体自直径为 d_0 的喷嘴以初速度 u_0 流出，在 x 方向流动。由于湍流质点的脉动扩散和分子的黏性扩散作用，使得流出介质质点与周围静止介质质点发生碰撞进行动量交换。喷出流体把自身的一部分动量传递给相邻的介质，从而带动周围介质向前流动形成射流流股（简称流股）。所以自由射流的实质就是喷出介质与周围静止介质进行动量及质量传输的过程，即混合过程。被带动的周围介质在流动过程中逐渐向中心扩散，流股断面不断扩大，被引射的气体量逐渐增多。

通常把速度等于零的边界线称为射流外边界线；气流速度保持初速度的边界称为射流内边界；射流内外边界之间的区域称为射流边界层。从图 7.1 可看出，射流边界层沿 x 方向逐渐扩宽，在某一处边界层扩展到轴心处，只有射流中心一点处的流速还保持着初始速度，射流的这一截面称转折截面。在转折截面以前射流的轴心速度还保持着初始速度，而在转折截面后则射流中心流速逐渐下降。自由射流可分为几个主要区域。

(1) 初始段，指从喷出口截面到转折面之间的区域。这一区域的特点是射流中心速度等于初始速度。

(2) 主要段，又称基本段，即转折面以后的区域。主段内射流中心沿流动方向不断降低，这一段为射流边界层所占据。

(3) 射流核心区。在射流始段中，具有初始速度的区域称为射流核心区。对于圆形喷嘴流出的轴对称射流，其射流核心区为一等速圆锥区，在这个区域以外，至射流外边界的区域称为混合区。

(4) 射流极点。射流外边界线逆流向延长线的交点 O 称为射流极点。O 点可理解为圆形喷嘴缩小为一点（扁形喷嘴为一条缝）喷出，所以射流极点又称为射流源。

2. 自由射流的动量守恒

自由射流中喷射介质与周围静止介质之间的动量交换可视为非弹性体的自由碰撞，即静止介质质点被运动着的流体质点碰撞后，随即获得了动量而开始运动。从自由射流的能量平衡可得出

$$\frac{m_0 u_0^2}{2} = (m_0 - m_0')\frac{u_1^2}{2} + m_0\left(\frac{u_0 - u_1}{2}\right)^2 + m_0'\frac{u_1^2}{2} \quad (\mathrm{N \cdot m/m^2}) \tag{7.1a}$$

式中，m_0 为喷射介质的质量(kg)；m_0' 为吸入介质的质量(kg)；u_0 为射流初始截面的平均流速(m/s)；u_1 为截面的平均速度(m/s)。

等号右侧第一项为某截面射流的动能；第二项为冲击损失的能量；第三项为吸入介质运动所需的能量。

将式(7.1a)化简后得

$$m_0 u_0 = (m_0 + m_0')u_1 = m_1 u_1 = C \tag{7.1b}$$

式(7.1b)表明任一截面上的动量相等，亦即动量守恒。由于动量相等，各截面上压力也将保持不变。

3. 速度分布

(1) 截面上速度分布 。理论推导和实践证明，自由射流主段不同截面上的速度场相似，即无因次坐标所表示的速度分布曲线是相同的，其关系式为

$$\frac{u}{u_s} = \left[1 - \left(\frac{y}{b}\right)^{1.5}\right]^2 \tag{7.2}$$

式中，u 为射流截面上某点距射流中心 y 处的流速；u_c 为射流同一截面上的流速；b 为射流的半宽度，对圆形截面为半径。

对圆形射流，可应用式(7.2)求出平均流速为

$$\bar{u} = \frac{\int_A u\,\mathrm{d}A}{A} = \frac{\int_0^r u\left[\left(1 - \frac{r_x}{r}\right)^{1/5}\right]^2 \cdot \pi r \mathrm{d}r}{\pi r^2} = k u_c = 0.257\ u_c \tag{7.3}$$

可见射流截面上流速分布极不均匀。

(2) 射流的中心速度。射流中心流速在主段是逐渐衰减的，如以射流中心速度 u_c 与出口初速度 u_0 之比为纵坐标，以射流沿程距离 x 与喷口直径 d_0 之比 x/d_0 为横坐标，将各种不同条件下的实验数据整理后，可以看出这些数据都落在同一条曲线上，如图 7.2 所示。这表明不同条件下自由射流中心线流速沿程衰减规律是一致的。

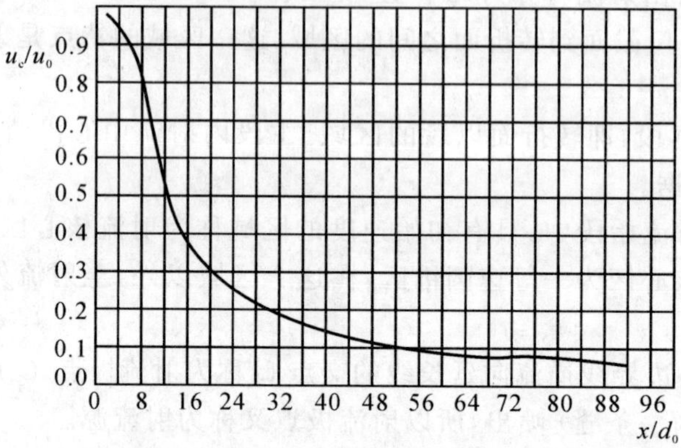

图 7.2　射流中心速度沿射程距离的变化规律

根据阿勃拉莫维奇的研究，湍流条件下圆形射流中心速度的衰减规律为

$$\frac{u_c}{u_0} = \frac{0.96}{\dfrac{ax}{r_0} + 0.29} \tag{7.4}$$

扁平射流为

$$\frac{u_c}{u_0} = \frac{1.2}{\sqrt{\dfrac{ax}{b_0}} + 0.41} \tag{7.5}$$

式中，a 为实验常数，对圆形射流为 0.07 ~ 0.08，对扁平射流为 0.10 ~ 0.11；x 为从极点到观察截面的距离；r_0 为喷口半径；b_0 为射流厚度的一半。

(3) 射流截面及流量。自由射流由于卷吸作用，所以流量沿流动方向不断增大。但射流边界难以确定，射流张角也不一定相同。射流张角取决于喷口形状及气体相对密度，若射流张角 $\alpha = 24° \sim 26.50°$，且主段边界为一条直线，则距离喷口 x 处射流截面的半径为

$$r_x = (0.212 - 0.23)x \tag{7.6}$$

若周围介质与喷出介质的物性不同，则

$$r_x = (0.212 \sim 0.23)x\sqrt{\frac{\rho_0}{\rho_{混}}} \tag{7.7}$$

式中，r_x 为距喷口 x 处射流的半径；ρ_0 为喷射介质的密度；$\rho_{混}$ 为该截面混合介质的密度。

主段距喷口 x 处($x/d_0 \gg 6$)，张角为 $24° \sim 26.5°$ 时，混合气体的流量为

$$V_x = (0.315 \sim 0.33)V_0 \frac{x}{d_0} \frac{\rho_0}{\rho_{混}} \tag{7.8}$$

式中，V_x 为混合介质的体积流量(m^3/s)；V_0 为喷射介质的体积流量，且 $V_0 = \frac{\pi}{4} d_0^2 u_0^2$。

对轴对称射流
$$\frac{V_x}{V_0}=2.20\left(\frac{ax}{r_0}+0.29\right)$$

对平面平行射流
$$\frac{V_x}{V_0}=1.18$$

7.2 半限制射流——射流与平面相遇

如果流体自喷嘴流出后有部分受到固体壁面的限制称为半限制射流。半限制射流实际上是附面层和射流的混合流动。半限制射流比自由射流要复杂得多，进行理论分析较为困难，目前主要靠实验测定。

1. 贴壁射流

流体自喷嘴流出时，流股的一面遇到一个与喷口轴线平行的平壁，使得射流沿平面壁流动扩展，这种流动称为贴壁射流。

因为沿平壁流动的射流与自由射流不同，它与周围介质的接触面减少，卷吸周围介质的量也就减少，随之吸入物质的制动作用影响也减少，故其射程比自由射流的射程长。射流顺着平面流动时，只有靠平壁的一侧发生变形，好像是顺着平壁逸散。与平壁接触处射流变扁，射流在平壁上铺开的张角增大，一般为30°(自由射流为18°～20°)，这就是射流的铺展性。

2. 冲击射流

当流体自喷嘴流出形成射流后，在射流流动方向遇到一个与轴线成一定角度的平面即形成冲击射流。实验表明，在射流与平面以任意交角相遇时，射流的方向即发生改变。流体喷出后，在没有遇到平面以前为自由射流，一旦与平面相遇，则在平面附近射流变得扁些、宽些。在射流两侧边缘上有一些流体分子分离出去，与平面相遇后，射流的截面上流速分布也发生变化，流速最大处移向平面附近，此点与贴壁射流相似。射流与水平面的交角越大，则射流朝垂直于其轴射方向逸散得越剧烈。射流在冲击点后的射程随着交角的增加而缩短。

3. 附壁效应(柯安达效应)

当射流从喷口流出遇到不对称的边界条件时，射流偏向固体壁侧流动，这种现象称为附壁效应。图7.3绘出了射流流出时遇到直角边界、斜面边界、圆弧边界所产生附壁效应的示意图。

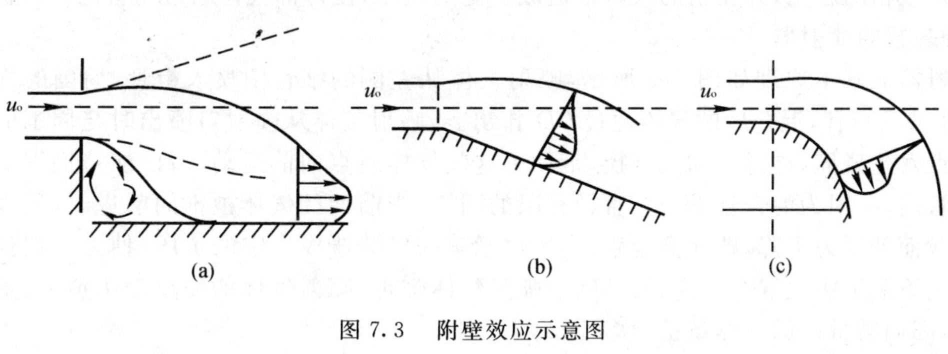

图7.3 附壁效应示意图

产生附壁效应的原因如下：由于射流对周围介质的卷吸作用，使射流周围介质从静止状态变为运动状态，其静压力也随之下降，所以射流外缘的压力相对较高，也就是射流流股附近形成低压区。在靠近固体壁一侧，周围介质被卷吸走后，没有流体补充，其压力将比另一侧更低，在此压差下使射流流股弯曲而贴向壁面。此压差一旦形成，附壁作用就一直保持下去。

7.3 限制射流

射流射向被四周固体壁所包围的限制空间称为限制射流。如果射流喷口截面比空间截面小很多，四周壁对流股起不到限制作用，则可看成是自由射流。若喷口面积很大，限制空间截面相对较小，则喷出流体立刻全部充满空间就成为管流了。下面所要讨论的是介于两者之间的流动，即流股既受到壁面限制又不充满空间的限制射流。

限制射流的基本特点如下：如图 7.4 所示，限制空间内的射流流动可分为三个区域，即射流本身的区域Ⅰ、射流周围的循环区（回流区）Ⅱ 和限制空间的死角处因空间的局部变形而产生的局部循环区（旋涡区）Ⅲ。

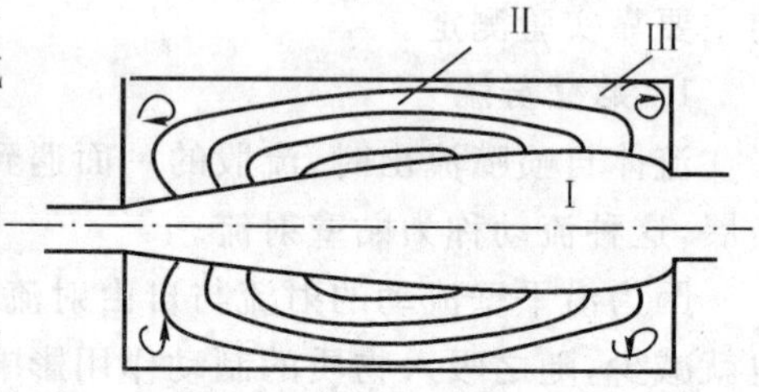

图 7.4　限制射流简图

Ⅰ— 射流本身；Ⅱ— 回流区；Ⅲ— 旋涡区

以水平方向分速度 $u_x=0$ 作为射流区与回流区的分界面。从喷口喷出的射流截面沿 x 方向逐渐扩大，但没有自由射流那么显著，最后由于流量减小使截面不再扩大，一直到流出该空间都不与壁面接触，似乎是穿透了整个界限空间。在射流从喷出口流出不远的一区段内，射流自回流区带入流体，流量增加使周边流速降低，速度沿 x 方向趋于不均匀化，与自由射流相似。后段由于从周围带入的流体介质受到限制，特别是在最后段射流还要分出一部分流体使流量减少，故速度趋于均匀化与自由流股射流速度分布显然不同。实验表明，射流本身张角只有 2.5° 左右，射流与壁面之间的回流区大小和旋转速度主要取决于射流与壁面之间的距离及射流的速度。

7.4　喷射器

如果一个气体喷口位于另外一个较粗管子的端部，则此喷射气体喷出时能将周围的喷射气体带入较粗的管内，并在粗的入口端造成一定的负压，使外部气体通过粗管的开口被吸入管内，这种装置叫喷射器。

喷射器的基本原理如图 7.5 所示，喷射气体从左侧的细管中喷入粗管，周围的气体通过 AB 截面进入粗管，混合后的气体通过 CD 排出。当喷射气体从喷射口喷出时与周围的被喷射气体质点发生碰撞，进行了动量交换，带动了这些气体质点向前运动，所以能将周围的气体带入混合管内。又因为混合管是一个直径有限的圆筒，当前面的气体被推向前进时，后面的气体变得稀薄而使压力下降，即在混合管（$ABCD$ 管）入口端造成一定的负压（抽力），促使外面的气体连续不断地吸入混合管内，又不断被喷射气体带走。喷射气体的喷射动头愈大，造成的负压愈大，因而被带入的气体量也愈多。

对 $ABCD$ 管，作用在其上的外力在 $x—x$ 轴方向上的分力为$(P_2-P_3)A_3$，其中 P_2，P_3 为作用在 AB 和 CD 面上的压力；A_3 为 CD 截面面积。

单位时间内通过 AB 和 CD 截面的气体动量分别为 $m_1u_1+m_2u_2$，m_3u_3。根据动量方程可得

$$m_3u_3-(m_1u_1+m_2u_2)=(P_2-P_3)A_3 \qquad (7.9)$$

式(7.9)就是喷射的基本方程式。

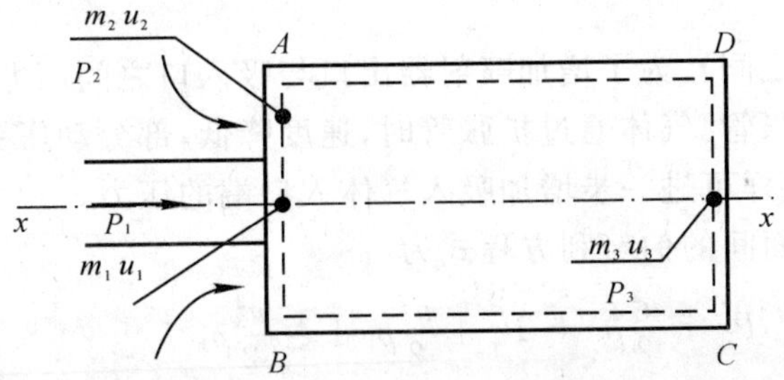

图 7.5　喷射器的基本原理

m_1, u_1 为喷射气体的质量流量(mg/s) 和流速(m/s);

m_2, u_2 为被喷射气体的质量流量(mg/s) 和流速(m/s);

m_3, u_3 为混合气体的质量流量(mg/s) 和流速(m/s)

上述喷射装置只是简化了的喷射器,实际上为了增加抽力、提高喷射效率,喷射器的组成(见图 7.6)包括四个部分:通入喷射气体的管子、喇叭形的气体吸入口、混合管、扩张管。

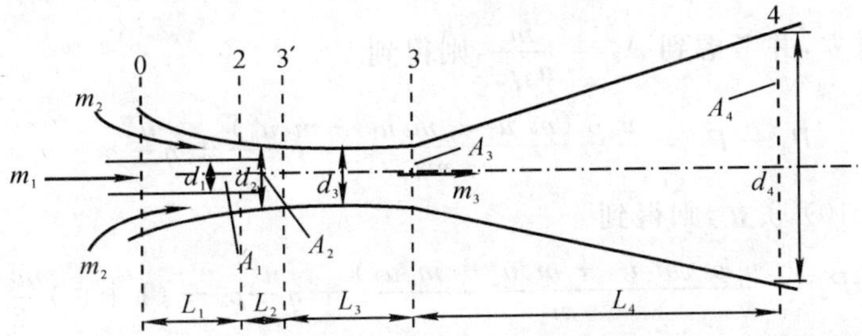

图 7.6　喷射器各组成部分

0—2 面为吸入面;2—3 面为混合管;3—4 面为扩张管

各部分的作用及能量变化如下:

(1) 通入喷射气体的管子。具有一定动能的喷射气体,通过喷射管子喷入混合管将被喷射气体吸入混合管内。

(2) 喇叭形的气体吸入口。在被喷射气体入口,喷射气体的速度,远远大于被喷射气体的速度。这种速度差使得喷射气体和被喷射气体之间发生质点冲击现象,因而造成能量损失,降低了喷射器的效率。为了减少气体质点的冲击作用,将喷射气体的吸入口做成喇叭形管口。这样喇叭形管的入口和出口处,被喷射气体的流速不等。设出口流速为 u_2,入口处流速较小,可忽略不计,则可列出 0 面和 2 面之间的伯努利方程式为

$$P_0 = P_2 + \frac{u_2^2}{2}\rho_2 + \xi_2 \frac{u_2^2}{2}\rho_2$$

$$P_2 - P_0 = -(1+\xi_2)\frac{u_2^2}{2}\rho_2 \tag{7.10}$$

式中,$\xi_2 \frac{u_2^2}{2}\rho_2$ 为 0—2 面之间的压力损失,ξ_2 为阻力系数。

(3) 混合管(截面 2 与 3 之间)。这是喷射器的最主要部分,其作用在于使喷射气体与被喷射气体之速度趋于均匀,因而使动量趋于降低,使混合管内产生了压力差。把混合管做成收缩

的形状，更有利于管内的均匀化。所以，一般的混合管包括一个收缩管（截面 2 与 3）和一个圆桶型管（截面 3′ 与 3）。

（4）扩张管（截面 3 与 4 之间）。为了增加喷射器出口与吸入口之间压力差，提高喷射效率，常在混合管后面安装一个扩张管。气体通过扩张管时，速度降低，部分动压头转变为静压头，扩张管末端一般与大气相通，这样可进一步增加吸入气体入口端的压力。

由图 7.6 列出 3 面至 4 面间的伯努利方程式为

$$P_3 + \frac{u_3^2}{2}\rho_3 = P_4 + \frac{u_4^2}{2}\rho_4 + \xi_3\,\frac{u_3^2}{2}\rho_3$$

考虑到 $u_4 A_4 = u_3 A_3$ 以及 $\rho_3 = \rho_4$，则上式可写为

$$P_4 - P_3 = \frac{u_3^2}{2}\rho_3\left[1 - \left(\frac{A_3}{A_4}\right)^2 - \xi_3\right]$$

令 $\eta = 1 - \left(\frac{A_3}{A_4}\right)^2 - \xi_3$，则上式为

$$P_4 - P_3 = \eta\,\frac{u_3^2}{2}\rho_3$$

将上式与式(7.9)联立，并考虑到 $A_3 = \frac{m}{u_3\rho_3}$，则得到

$$P_4 - P_2 = \frac{u_3\rho_3(m_1u_1 + m_2u_2 - m_3u_3)}{m_3} + \eta\,\frac{u_3^2}{2}\rho_3 \tag{7.11}$$

将式(7.11)与式(7.10)联立，则得到

$$P_4 - P_0 = \frac{u_3\rho_3(m_1u_1 + m_2u_2 - m_3u_3)}{m_3} + \eta\,\frac{u_3^2}{2}\rho_3 - (1+\xi_2)\,\frac{u_2^2}{2}\rho_2 \tag{7.12}$$

式中，P_0 为 0 面（喷射器入口端）压力；P_4 为 4 面（扩张管出口端）压力；m_1，m_2，m_3 为喷射气体，被喷射气体和混合气体的质量流量（kg/s）；u_1，u_2，u_3 为喷射气体，被喷射气体和混合气体的流速（m/s）；ρ_2，ρ_3 分别为被喷射气体和混合气体的密度（kg/m^3）；η 为扩张管效率，它代表扩张管所增加的抽力和扩张管入口端动头之比。

$\eta = 1 - \left(\frac{A_3}{A_4}\right)^2 - \xi_3$，$\xi_3$ 为扩张管阻力系数，实际应用中 ξ_3 通常是包括混合管阻力在内的阻力系数。考虑到扩张管和混合管的阻力损失，在通常的喷射器尺寸条件下，可参考表 7.1 中的数据。

表 7.1　扩张管效率

d_4/d_3	1	1.05	1.2	1.4	1.6	1.8	>2.0
η	−0.15	0	0.30	0.48	0.55	0.59	0.60

表中，d_3 为混合管直径；d_4 为扩张管末端直径。

在一般情况下扩张管的角度为 6°～8°，在设计喷射器时，一般取 d_4/d_3 为 1.5 左右，因而扩张管效率可取为 $\eta = 0.5$ 左右。

式(7.11)和式(7.12)都是计算喷射器所造成的压力差的基本方程式。前者是吸入气体入口处带喇叭形管时喷射器所造成的压力差；后者是吸入气体入口处带喇叭形管时，用于计算喷射器所造成的最大压力差。式(7.12)中表明了扩张管末端与混合管入口处的压力差与各参数

间的关系。在其他条件相同的情况下，喷射气体的流速愈大，$(P_4 - P_2)$ 的值也愈大。但$(P_4 - P_2)$ 的值与 u_3 之间的关系则不然。u_3 过大或过小都对喷射作用产生不利影响。

喷射器通常是用作排烟装置和喷射式煤气燃烧器。

习题与思考题

1. 什么是自由射流、半限制射流和限制射流？

2. 空气以 8 m/s 的速度从直径 200 mm 的圆柱形喷口喷出，求射程 1.5 m 处的射流直径、轴线流速和质量平均流速。

3. 圆形轴对称射流 $u_0 = 50$ m/s，在某处测知 $u_m = 5$ m/s，求该处截面上的气体流量为初始流量的几倍。

4. 圆形轴对称射流在距出口处 10 m 处测得的中心速度为出口速度的一半，求出口半径。

第二篇　热量传输

热量传输简称传热，是一种普遍的物理现象。以热形式进行的能量传输过程几乎是所有科学和工程领域涉及的问题。为了分析热量传输在生产过程中的应用，必须掌握热量传输过程的基本规律、计算方法和研究方法。

热量传输是物质运动的一种体现。研究不同物体之间或者同一物体的不同部分存在温差时进行热量传输的规律，包括热量传递的方式、传输速率以及热量传输中的分布规律，是本篇要讨论的内容。根据热力学定律，热能总是从高能物体向低能物体传输，凡是有温度差的地方一定有热量转移，温差越大，热量传输就越强烈。因此，在热量传输过程中，温度及其分布是主要因素，温度差是热量传输推动力。

热量传输与动量传输有着密切的关系，在研究方法上，二者有许多类似之处，热量传输与动量和质量传输有联系，因此本篇内容在本书中起着承上启下的作用。

热量传输通常以三种方式进行：即导热、对流传输和辐射传热。但根据具体情况，热量传输可以是一种方式进行，也可以是两种或三种方式进行。在热量传输过程中，有时还会有其他形式的能量同时出现，因此要全面描述各种能量之间的平衡关系需要应用微分能量衡算方程。

本篇主要论述三种传热方式的机理和相应的物理定律，推导能量方程及其在特定情况下的表达式。为便于学习，第 8 章介绍热量传输的基本概念和基本方式，在第 9～11 章分别介绍了导热、对流和辐射传热等三种基本热量传输的规律；第 12～13 章分别介绍了热量传输在工程中的一些应用。

第 8 章　热量传输的基本概念

热量传输实际上是能量以热的形式而进行的传递过程。热量传输的物理本质、速率和物体内部的温度分布是学习热量传输的首要问题。

8.1　热量传输方式

根据传热机理，热量传输一般有三种基本方式，即导热、对流和辐射。

1. 导热

热量从物体中温度较高的部分传递到温度较低的部分，或从高温物体传递到与之接触的低温物体的过程称为导热。导热是依靠物体中分子、原子以及自由电子等微观粒子的热运动进行热量传输，它发生在同一物体的两个部分之间，或彼此相接触的两种物体的接触面之间，而物体各部分之间不发生宏观的相对位移。因此导热可以在气体、液体及固体中发生，但单一的导热一般发生在致密固体中，例如：冶金炉炉衬温度高于炉墙外壳，则炉衬内侧向炉墙外壳传输热量；钢坯冷却时，钢坯内部的温度高于外界，则钢坯内部向其外侧传输热量等均属于导热。

2. 对流

对流传热是指流体流动时，冷热流体互相掺混所引起的热量传输过程。这种传热的方式是流体各部之间发生相对移动。对流不仅发生在流体流动中，而且伴随着导热。工程上经常遇到流体对流的同时，流体流过与本身温度不同的固(液)体表面并与该表面发生热量传递，这种综合的对流方式通常称为对流给热或对流换热。

对流换热一般分为自然对流和强制对流两大类。自然对流是由于流体中各部分温度不同引起密度变化而进行对流的传热过程。如冶金炉炉壳表面的散热、暖气片表面散热等。因流体在各种机械力作用下(如水泵、风机等)而产生的流动称为强制对流，强制对流时流体与表面间的换热称为强制对流换热。另外沸腾及冷凝也属于对流换热，熔化及凝固也常伴有对流换热，并且它们都是带有相变的对流换热现象。

3. 辐射

物体依靠电磁波的发射与吸收传递能量的过程称为辐射，物体会因各种原因发射辐射能。热辐射是由热引起物体内部的分子、原子或离子振动或电子激动而发射的辐射能，并以电磁波的形式向空间传播。自然界中各物体不停地向空间发射热辐射，同时也不断地吸收其他物体发出的热辐射，这种发射与吸收的综合效果就构成了物体间的辐射传热，当某一物体与周围环境达到热平衡时，辐射换热热量等于零，处于动态平衡状态，但发射与吸收的过程仍在进行。

辐射传热不同于导热和对流传热方式，热辐射不需要物体或质点的直接接触，可以在真空中传播，例如地球与太阳之间的热辐射；并且在辐射传热中不仅发生能量转移，而且还伴随着能量形式的转化，即发射时热能转换为辐射能，而吸收时又将辐射能转换为热能。

实际上，只有导热和辐射传热可以称为传热的基本方式，因为这两种传热方式的机理完全取决于温差的存在，而对流除了温差外还受到物质迁移的影响，但对流也能实现热量的传递，一般也作为热量传输的一种方式。

上述热量传输的三种基本方式，由于机理不同，遵循着不同的传热规律，分别论述是必要的。但应注意，在工程中，三种传热很少单独出现，多数情况是两种或三种传热方式同时存在的综合传热过程。

8.2 温度场、等温面和温度梯度

1. 温度场

传热物质体系内，温度在空间和时间上的分布状态称为该体系的温度场，它是时间和空间的函数，即

$$T = f(x, y, z, t) \tag{8.1}$$

式中，x，y，z 为空间直角坐标；t 为时间坐标。

物体中各点的温度随时间改变的温度场称为非稳态温度场；物体中各点的温度不随时间变化的温度场则为稳态温度场。

温度场可以是一维的，也可以是多维的，直角坐标系下的各温度场及其特点见表(8.1)。

表 8.1 温度场的类别及特点

	一维	二维	三维	特点
稳态	$T = f(x)$	$T = f(x,y)$	$T = f(x,y,z)$	$\frac{\partial T}{\partial t} = 0$
非稳态	$T = f(x,t)$	$T = f(x,y,z)$	$T = f(x, y, z, t)$	$\frac{\partial T}{\partial t} \neq 0$

2. 等温面

温度场中，同一瞬间相同温度各点构成的面称为等温面。一平面和一系列等温面相交可得一簇等温线，等温面(线)就是温度场中的等值面(线)，物体的温度场通常用等温线图或等温面图表示，不同温度的等温面(线)是不会相交的，因为空间的任何一点不可能同时具有两个温度值。

3. 温度梯度

温度场中任意一点沿等温面法线方向的温度增加率称为该点的温度梯度。温度梯度如图 8.1 所示，一般来讲，传输的热量、温度的变化都是具有方向的物理量，数学上称为矢量，对于矢量之间的关系必须采用矢量的形式才能完整地表示出来，而温度变化率是标量，它必须与单位矢量相乘才构成矢量。由于温度梯度是指在等温面法线方向上单位长度温度变化率，且该方向上温度变化最强烈，变化率最大，所以，温度梯度可表示为

$$\mathrm{grad}T = \lim_{\Delta n \to 0} \frac{\Delta T}{\Delta n} = \frac{\partial T}{\partial n}\boldsymbol{n} \tag{8.2}$$

式中，$\boldsymbol{n}$ 为法线方向单位矢量；$\frac{\partial T}{\partial n}$ 为表示温度在 n 方向上的导数。

温度梯度在空间三个坐标轴上的分量等于其相应的偏导数，即

$$\mathrm{grad}T=\frac{\partial T}{\partial x}\boldsymbol{i}+\frac{\partial T}{\partial y}\boldsymbol{j}+\frac{\partial T}{\partial z}\boldsymbol{k} \tag{8.3}$$

式中，$\boldsymbol{i}, \boldsymbol{j}, \boldsymbol{k}$ 分别表示坐标轴上的单位矢量。

图 8.2 表示了等温线与热流线的关系。热流线是表示热流方向的线，它与等温线垂直相交。

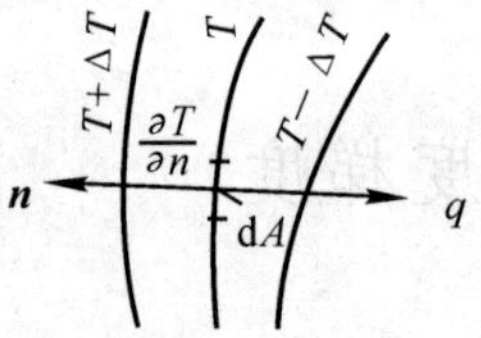

图 8.1　温度梯度概念

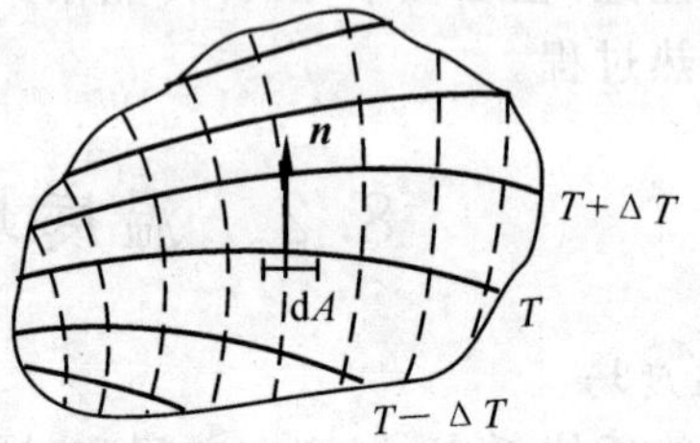

图 8.2　等温线与热流线的关系

4. 稳态传热与非稳态传热

稳态温度场下发生的传热过程称为稳态传热。以导热为例，发生稳态传热时物体各处温度不随时间变化，物体不吸热，也不放热，物体的热焓量不变，没有热量的积蓄，仅起导热的作用，同时物体的导热量为常数。

非稳态传热是指发生在非稳态温度场下的传热过程。非稳态传热时，物体因其温度的变化，进行吸热或放热的传热过程，有热量蓄积，导热量不再是常数。稳态传热可视为非稳定态传热的特例，实际中绝对的稳态传热是不存在的。但是在一些连续传热作用的过程中，即使其温度有些波动，仍可取其平均温度而近似地作为稳态传热处理。只有对周期性过程或物体的加热与冷却过程，视为非稳态传热。

8.3　傅里叶导热定律

傅里叶在综合了大量实验数据的基础上，提出了确定导热的基本方程式，即

$$Q=-\lambda\frac{\partial T}{\partial y}A \quad (\mathrm{W}) \tag{8.4}$$

$$q=-\lambda\frac{\partial T}{\partial y} \quad (\mathrm{W/m^2}) \tag{8.5}$$

式中，$\frac{\partial T}{\partial y}$ 为 Y 方向的温度梯度(℃/m)；A 为导热面积($\mathrm{m^2}$)；λ 为导热系数(W/m・℃)。

式(8.4)、式(8.5)即为傅里叶定律，是解决导热问题的基本定律。公式表明，导热热量 Q 或导热热通量 q 正比于温度梯度，负号表示导热方向和温度梯度方向相反。

8.4　导热系数与热量传输系数

1. 导热系数

由傅里叶导热定律得

$$\lambda = -\frac{Q}{\frac{\partial T}{\partial y}A} = -\frac{q}{\frac{\partial T}{\partial y}} \quad (\mathrm{W/(m \cdot ℃)}) \tag{8.6}$$

由此可知，导热系数是指当物体中温度梯度为 1 W/(m・℃) 时，单位时间通过单位面积的导热量。工程计算中采用的各种物质导热系数值均是用专门实验测定出来的。近年来，除了继续采用一些稳态测量方法之外，非稳态测量方法也有了很大的发展。

物体导热系数主要取决于物体的种类和温度，也与压力、密度等因素有关。就温度来说，在一定范围内，多数物体的导热系数与温度呈线性关系变化，即

$$\lambda = a + bT \tag{8.7}$$

式中，a 为 0℃ 时的导热系数(W/(m・℃))；b 为取决于物体本身性质的系数(W/m・(℃)^2)。

气体导热是借助于其分子的热运动和相互碰撞。根据分子动力学理论，可以证明导热系数与气体分子均方根速度 u 和分子平均自由行程 L 之积成正比。随温度升高 u 增大，λ 增大；只要压力不很高，λ 与压力无关。图 8.3 给出了某些气体导热系数与温度的关系。

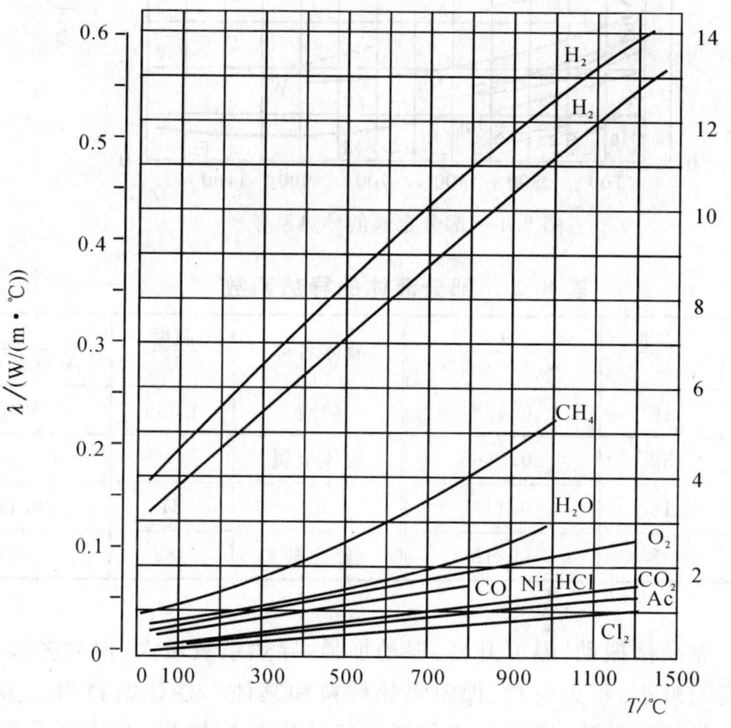

图 8.3　某些气体导热系数与温度的关系

混合气体的导热系数，严格说来只能由实验测定，但在缺乏实测数据时，工程上常用叠加法近似确定，即

$$\lambda = \sum_{i=1}^{n} \varepsilon_i \lambda_i M_i \Big/ \sum_{i=1}^{n} \varepsilon_i M_i \tag{8.8}$$

式中，ε_i 为混合气体中某气体的摩尔分数；λ_i 为混合气体中某气体的导热系数；M_i 为混合气体中某气体的分子量，即

液体分为单一成分的液体、多成分组成的溶液及乳化液等，其导热机理较复杂。从微观结构看，液体导热主要依靠分子振动，多数液体的导热系数随温度升高而降低。现将部分液体的导热系数列于表 8.2 中。固体中的导热是依靠晶格的弹性振动所产生的振波进行的，活动于晶格间的自由电子是导热的媒介。所以固体，特别是金属，导热能力强，导热系数大，且随温度升高而减小。合金和其他有杂质的金属的导热系数比纯金属小。这些性质和金属的导电性是一致的。部分金属的导热系数和温度的关系如图 8.4 所示。

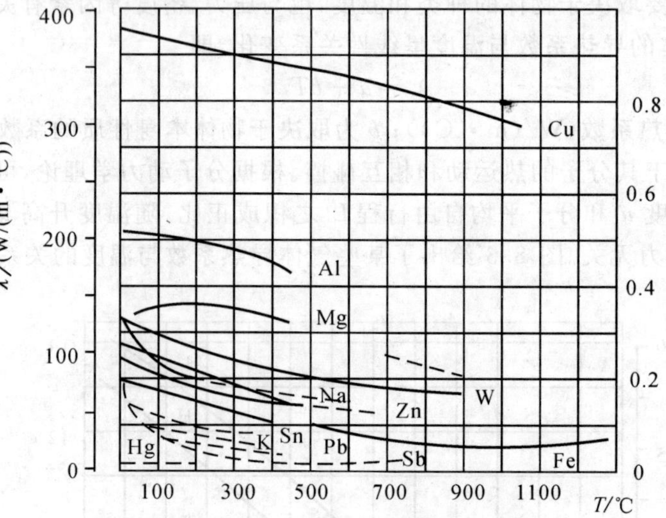

图 8.4　部分金属的导热系数

表 8.2　部分液体的导热系数

液体名称	温度/℃	λ/(W/(m·℃))	液体名称	温度/℃	λ/(W/(m·℃))
水	16	0.478	炉渣	1 539	3.450
水	38	0.546	液体金属		1.7 ～ 75
轻油	16	0.116	苯	81	0.125
轻油	38	0.119	氟化盐	482	4.758

非金属固体导热靠晶格振动。温度升高，振动加强，导热系数增大。但大多数金属氧化物的导热系数随温度升高而减小。耐火材料、保温隔热材料和其他一些建筑材料及多孔物体，它们的导热已不是材料本身的纯导热。这种导热包括了气孔中气体导热，对流和孔隙间的辐射，其导热系数与温度、孔隙度和密度有关，图 8.5 为部分金属氧化物和常用耐火、保温材料的导热系数。

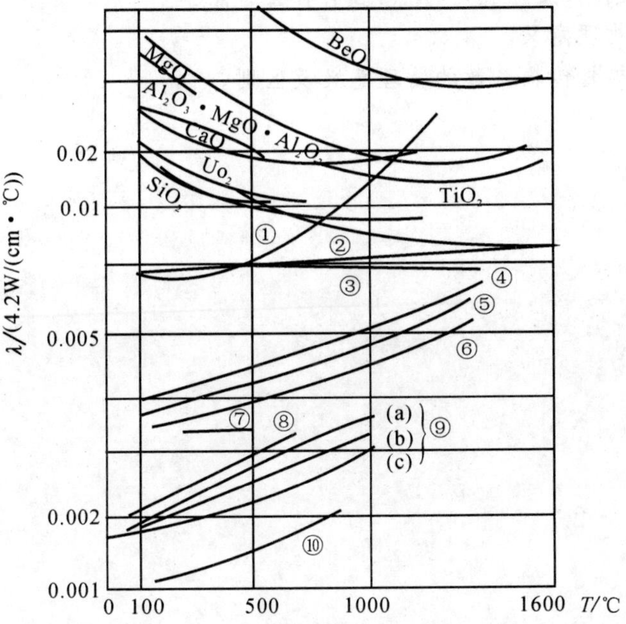

图 8.5 金属氧化物和常用耐火、保温材料的导热系数与温度的关系

① 熔融石英；② 稳定 ZrO_2；③ 高密度铬砖；④ 1 760℃ 绝热砖；
⑤ 1982℃ 绝热砖；⑥ 2 093℃ 绝热砖；⑦ 轻质混凝土；⑧ 多孔蛭石；
⑨ 硅藻土砖 (a) 大气孔，(b) 中气孔，(c) 小气孔；⑩ 散状 MgO 粉

2. 热量传输系数

将傅里叶定律表示为

$$q = -\frac{\lambda\partial(\rho cT)}{\rho c\partial y} = -a\frac{\partial(\rho cT)}{\partial y} \tag{8.9}$$

式中，c 为物体的比热容(J/kg·K)；ρ 为物体的密度(kg/m^3)；a 为热量传输系数(m^2/s)。

且

$$a = \frac{\lambda}{c\rho} \tag{8.10}$$

称为物体热量传输系数或热扩散率。它是表征物体热量传输能力的重要参数。热量传输系数 a 与导热系数成正比，与物体的密度 ρ 和比热容 c 成反比。热量传输系数概括了物体在导热时的导热能力和物体自身的热焓变化。在非稳态导热中，物体的热焓随时间变化，同时又有热量的传导，热量传输系数把这两者有机地统一起来了。a 值大，表明物体导热时的导热量大，吸收的热量少，传播热量的能力就强，热量传输就快；反之，a 值小，热量传输能力弱，传输速度就慢。稳态导热时物体热焓不变，热量传输和导热系数入相关。

习题与思考题

1. 热量传输有哪几种基本方式？各有什么特点？
2. 什么是温度场？并说明温度场的类别及特点。

3. 什么是稳态传热?什么是非稳态传热?各有什么特点?

4. 说明温度梯度的物理意义。

5. 说明导热系数与热量传输系数的物理意义及区别。

第 9 章　传导传热

传导传热，简称导热，是介质无宏观运动时的热量传输过程。在固体、液体和气体中均能发生。严格地讲，只有在固体内部才完全不存在质点的宏观运动。而在流体中，由于温度梯度存在，即使是静止流体，也会产生自然对流，从而对流与导热总是同时发生。本章仅讨论固体的导热问题，重点讨论稳态和非稳态导热方程的求解，并结合实际讨论导热理论在实际中的应用。

9.1　傅里叶-克希荷夫导热微分方程

傅里叶定律揭示了热流密度与温度梯度的关系，一些简单的一维导热问题，直接应用傅里叶定律就可解决。但是，实际中常会遇到复杂的导热问题，虽然傅里叶定律仍然适用，但须采用求解导热微分方程的解析法，或数值解法，粗略估算时亦可用图解法。以便确定导热体在一定边界条件下的温度场，进而确定其传热热量。本节用微元体分析法研究物体的热量平衡关系，得出了包括导热和对流的热量传输方程。

一、导热微分方程

在推导导热方程之前，为了使问题简化，作下列假定：

(1) 无内热源(如化学反应热效应) 的体系；

(2) 忽略由流体黏性引起的摩擦热损；

(3) 常物性物体，即 λ, C, ρ 等均不随温度和压力而变化。

根据能量守恒定律，在传热体系中任意截取的微元体，其热量平衡关系可表达为

$$\text{微元体热量收入} - \text{微元体热量支出} = \text{微元体热焓变化} \tag{9.1}$$

在流体流动情况下，总热量传输包括对流和导热，从体系中任取一微元体 $du = dxdydz$，如图 9.1 所示。为了分析方便，将任意方向的流体流速 u 分解成三个坐标分量 u_x, u_y, u_z，下面分别讨论三个方向的热传输量。

1. 微元体热量收支差

(1) 微元体的对流热传输量。以 x 方向为例，如图 9.1 所示，通过微元体 A 面的流体流速为 u_x，进入微元体的体积流量是 $u_x dydz$。设流体的比热容为 c，密度为 ρ，在 A 面流体温度为 T，则通过流体带入微元体热量为

$$dQ_{x-\text{conv}}' = c\rho T u_x dydz \tag{9.2}$$

当流经 B 面时，速度为

$$u_x + \frac{\partial u_x}{\partial x}\mathrm{d}x$$

温度为

$$T + \frac{\partial T}{\partial x}\mathrm{d}x$$

所以，经 B 面带出的热量为

$$\mathrm{d}Q_{x-\mathrm{conv}}'' = c\rho\left(T + \frac{\partial T}{\partial x}\mathrm{d}x\right)\left(u_x + \frac{\partial u_x}{\partial x}\mathrm{d}x\right)\mathrm{d}y\mathrm{d}z \quad (9.3)$$

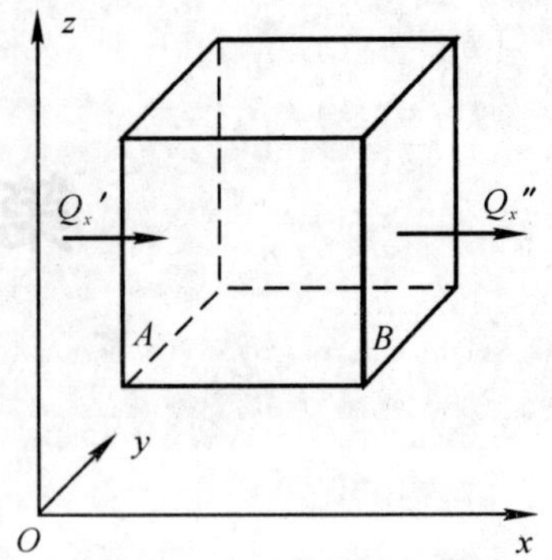

图 9.1　微元体的热平衡

展开式(9.3)后略去二阶增量 $\mathrm{d}x^2$ 项得

$$\mathrm{d}Q_{x-\mathrm{conv}}'' = c\rho\left(Tu_x + T\frac{\partial u_x}{\partial x}\mathrm{d}x + u_x\frac{\partial T}{\partial x}\mathrm{d}x\right)\mathrm{d}y\mathrm{d}z \quad (9.4)$$

由式(9.2)、式(9.4)得 x 方向微元体得到的对流热量收支差为

$$\mathrm{d}Q_{x-\mathrm{conv}} = -c\rho\left(u_x\frac{\partial T}{\partial x} + T\frac{\partial u_x}{\partial x}\right)\mathrm{d}x\mathrm{d}y\mathrm{d}z \quad (9.5)$$

(2) 微元体导热热传输量。由傅里叶定律可得微元体 A 面导热热量为

$$\mathrm{d}Q_{x-\mathrm{conv}}' = -\lambda\frac{\partial T}{\partial x}\mathrm{d}y\mathrm{d}z \quad (9.6)$$

所以，经 B 面导出微元体热量为

$$\mathrm{d}Q_{x-\mathrm{conv}}'' = -\lambda\frac{\partial}{\partial x}\left(T + \frac{\partial T}{\partial x}\mathrm{d}x\right)\mathrm{d}y\mathrm{d}z \quad (9.7)$$

由式(9.6)、式(9.7)得微元体导热收支差量为

$$\mathrm{d}Q_{x-\mathrm{conv}} = \lambda\frac{\partial^2 T}{\partial x^2}\mathrm{d}x\mathrm{d}y\mathrm{d}z \quad (9.8)$$

(3) 微元体热量收支差量。由式(9.5)＋式(9.8)得 x 方向微元体热量收支差量为

$$\mathrm{d}Q_x = \left[\lambda\frac{\partial^2 T}{\partial x^2} - c\rho\left(u_x\frac{\partial T}{\partial x} + T\frac{\partial u_x}{\partial x}\right)\right]\mathrm{d}x\mathrm{d}y\mathrm{d}z \quad (9.9)$$

同理可得 y，z 两方向微元体热量收支差量为

$$\mathrm{d}Q_y = \left[\lambda\frac{\partial^2 T}{\partial y^2} - c\rho\left(u_y\frac{\partial T}{\partial y} + T\frac{\partial u_y}{\partial y}\right)\right]\mathrm{d}x\mathrm{d}y\mathrm{d}z \quad (9.10)$$

$$\mathrm{d}Q_z = \left[\lambda\frac{\partial^2 T}{\partial z^2} - c\rho\left(u_z\frac{\partial T}{\partial x} + T\frac{\partial u_z}{\partial z}\right)\right]\mathrm{d}x\mathrm{d}y\mathrm{d}z \quad (9.11)$$

则微元体三个坐标方向的热量总收支差量为

$$\mathrm{d}Q = \mathrm{d}Q_x + \mathrm{d}Q_y + \mathrm{d}Q_z \quad (9.12)$$

根据假定(3)，在常物性流体 $\rho = \mathrm{const}$ 条件下，应用不可压缩流体的连续性方程

$$\frac{\partial u_x}{\partial x} + \frac{\partial u_y}{\partial y} + \frac{\partial u_z}{\partial z} = 0$$

得微元体的热量总收支差量为

$$\mathrm{d}Q = \left[\lambda\left(\frac{\partial^2 T}{\partial x^2} + \frac{\partial^2 T}{\partial y^2} + \frac{\partial^2 T}{\partial z^2}\right) - c\rho\left(u_x\frac{\partial T}{\partial x} + u_y\frac{\partial T}{\partial y} + u_z\frac{\partial T}{\partial z}\right)\right]\mathrm{d}x\mathrm{d}y\mathrm{d}z \quad (9.13)$$

2. 微元体的热焓变化

微元体的热焓变化，表现为温度随时间的变化率 $\frac{\partial T}{\partial t}$ 上，故微元体的热焓变化为

$$\mathrm{d}Q = c\rho \frac{\partial T}{\partial t}\mathrm{d}x\mathrm{d}y\mathrm{d}z \tag{9.14}$$

根据热平衡，则式(9.13) 和式(9.14) 右边相等，整理后以 a 代$\frac{\lambda}{c\rho}$ 得

$$\frac{\partial T}{\partial t} + u_x \frac{\partial T}{\partial x} + u_y \frac{\partial T}{\partial y} + u_z \frac{\partial T}{\partial z} = a\left(\frac{\partial^2 T}{\partial x^2} + \frac{\partial^2 T}{\partial y^2} + \frac{\partial^2 T}{\partial z^2}\right) \tag{9.15}$$

式(9.15) 称为傅里叶-克希荷夫导热微分方程，或微元体热量平衡微分方程。这个方程适用于无内热源的常物性流体在低流速下流动且具有传导和对流的非稳态传热。

式(9.15) 实质上表示了流体在流动过程中的能量平衡关系。该式左侧第一项$\frac{\partial T}{\partial t}$ 是微元体热焓变化，或称微元体热量蓄积，体现了热量传输的非稳态特征；等号左侧其余三项是对流传输的热量；等号右侧三项是导热传输的热量。

求解式(9.15) 可得到温度场的数学表达式。从式中可知，要求解温度场，必须先求得速度场，为此求解该式必须与奈斯托克斯方程和连续性方程联立求解。故温度场与速度场有关，对流热量传输和动量传输有关。

对于固体导热，由于 $u = 0$，则式(9.15) 简化为

$$\frac{\partial T}{\partial t} = a\left(\frac{\partial^2 T}{\partial x^2} + \frac{\partial^2 T}{\partial y^2} + \frac{\partial^2 T}{\partial z^2}\right) \tag{9.16}$$

固体稳态导热时

$$\frac{\partial^2 T}{\partial x^2} + \frac{\partial^2 T}{\partial y^2} + \frac{\partial^2 T}{\partial z^2} = 0 \tag{9.17}$$

固体一维(设为 x 方向) 稳态导热时

$$\frac{\partial^2 T}{\partial x^2} = 0 \tag{9.18}$$

以上讨论的导热微分方程都是认为导热系数为常数，在许多传热问题中是适应的。但是，有些实际问题必须把导热系数作为温度的函数而不能当作常量来处理。这类问题称为变导热系数的导热问题，其方程为变导热系数的导热方程。在直坐标系中，非稳态、有内热源的变导热系数的导热方程为

$$\rho c \frac{\partial T}{\partial t} = \frac{\partial}{\partial x}\left(\lambda \frac{\partial T}{\partial x}\right) + \frac{\partial}{\partial y}\left(\lambda \frac{\partial T}{\partial y}\right) + \frac{\partial}{\partial z}\left(\lambda \frac{\partial T}{\partial z}\right) + Q \tag{9.19}$$

应注意：导热方程式是描述导热过程的数学表达式，对于任何导热问题都适用，是求解所有导热问题的基础。

二、导热微分方程的定解条件

导热问题的求解就是对导热微分方程求解，上述导热方程有无穷多个解，即通解。为了获得符合给定条件的特解，必须补充单值性条件。实际工程导热问题求解，既要满足导热方程的通解，又能满足问题单值性条件的特解。

导热问题的单值性条件，包括说明物体形状尺寸的几何条件，物体物性参数和其他物理因素的条件以及初始条件和边界条件。一般地，求解的问题一旦给出，材料种类和形状就已确定，则几何条件和物理条件为已知，而初始条件和边界条件是要特别强调的单值性条件。因此，导热方程，初始条件和边界条件就构成了某一导热问题的所谓定解问题。通常把初始条件和边界

条件称为定解条件。

初始条件是指物体开始时刻内部温度分布，可表示为

$$T=0,\ T=f(x、y、z) \quad 或 \quad T=0,\ T=\text{const}$$

边界条件是指在导热过程中物体边界界面上的温度分布或界面温度与周围介质的关系。边界条件可分为三类：

(1) 第一类边界条件，直接给定物体界面上温度随时间变化规律或数值，即

$$t>0,\ T_W=f(t)$$

常见的有 $$T_W=\text{const} \quad 和 \quad T=T_0+C$$

(2) 第二类边界条件，给出界面上热流与时间关系，表示为

$$t>0, \quad q_W=-\lambda\left(\frac{\partial T}{\partial n}\right)_W=f(t)$$

式中，$\left(\frac{\partial T}{\partial n}\right)_W$ 为表示边界上的温度梯度。

(3) 第三类边界条件，给出周围介质温度 T_f 及其特点。最常见的有

$$T_f=\text{const}; \quad -\lambda\left(\frac{\partial T}{\partial n}\right)_W=h(T_W-T_f)$$

式中，T_f 为介质温度(℃)；h 为介质和物体表面间的表面传热系数(W/(m^2·℃))。

9.2 一维稳态导热

稳态导热是指热传导物体内温度场不随时间变化的导热过程。大量具有工程实际意义的问题，在一定条件下可近似地简化成一维稳态导热，即温度仅沿一个空间方向发生变化。常见的一维稳态导热有大平扳、长圆筒、球壁等几何形态规则物体的导热问题。对于这类问题，不仅可用傅里叶导热定律直接求解，也可以用导热微分方程，采用直接积分法可得到其解。

一、平壁导热

设一均匀材质组成的大平壁，其厚度为 δ，导热系数为 λ 且认为与温度无关，两壁面温度分别为 T_1 和 T_2，且 $T_1>T_2$。大平壁面如图 9.2 所示，若平壁很大，可忽略侧面和端面的导热。所以，可认为大平壁是一维稳态导热。

在壁内任取一微元厚层 dx，该层温度为 dT，则由傅里叶定律得

$$q=-\lambda\frac{\mathrm{d}T}{\mathrm{d}x} \tag{9.20}$$

分离变量，在 $x=0$ 时，$T=T_1$；$x=\delta$ 时，$T=T_2$ 的边界条件下积分得

$$q=\frac{\lambda}{\delta}(T_1-T_2) \quad (\text{W/m}^2) \tag{9.21}$$

$$Q=\frac{\lambda A}{\delta}(T_1-T_2) \quad (\text{W}) \tag{9.22}$$

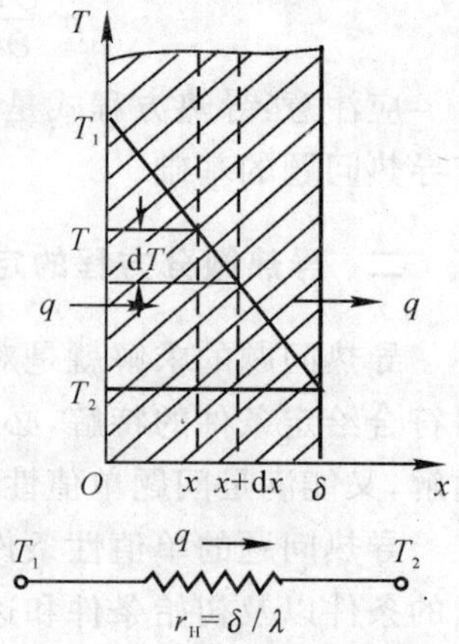

图 9.2 单层平壁导热及其模拟电路

式(9.21)、式(9.22)为单层平壁导热计算公式，其中认为

$r_H = \dfrac{\delta}{\lambda}$，$R_H = \dfrac{\delta}{\lambda A}$ 为平壁导热热阻，由此，根据热量传递与电量传递的类似性可得出单层平壁导热的模拟电路图，如图 9.2 所示。

若平壁内任一截面 x，温度为 T，由傅里叶定律得

$$q = \frac{\lambda}{\delta}(T_1 - T) \tag{9.23}$$

式(9.23) 与式(9.21) 比较，消去 q，则壁内温度场表达式为

$$\frac{T_1 - T}{T_1 - T_2} = \frac{x}{\delta} \tag{9.24}$$

式(9.24) 表明，当导热系数 λ 不随温度变化时，壁内温度场是线性分布的。

实际上，工程中经常遇到有两层以上不同材料组成的多层平壁。如冶金炉炉墙，由多层耐火材料和保温材料组成，如图 9.3 所示。设各层导热系数分别为 λ_1，λ_2，λ_3，…，λ_n，且与温度无关；各层厚度为 δ_1，δ_2，δ_3，…，δ_n，且假定层间紧密接触，无接触热阻，界面温度分别为 T_1，T_2，T_3，…，T_n。由图 9.3 所示的导热模拟电路可知这是一个串联热阻问题。所以根据电学中的欧姆定律，可写出 n 层平壁导热的计算公式为

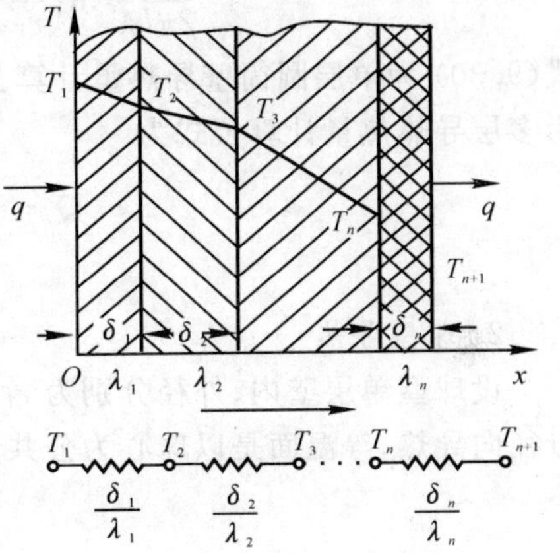

图 9.3　多层平壁导热

$$q = \frac{T_1 - T_{n+1}}{\sum\limits_{i=1}^{n} \dfrac{\delta_i}{\lambda_i}} \quad \text{W/m}^2 \tag{9.25}$$

$$Q = \frac{T_1 - T - n + 1}{\sum\limits_{i=1}^{n} \dfrac{\delta_i}{\lambda_i A_i}} \quad \text{W} \tag{9.26}$$

式中

$$\sum_{i=1}^{n} \frac{\delta_i}{\lambda_i} = \frac{\delta_1}{\lambda_1} + \cdots + \frac{\delta_n}{\lambda_n} = r_H$$

$$\sum_{i=1}^{n} \frac{\delta_i}{\lambda_i A_i} = \frac{\delta_1}{\lambda_1 A_1} + \frac{\delta_2}{\lambda_2 A_2} + \cdots + \frac{\delta_n}{\lambda_n A_n} = R_H$$

r_H 和 R_H 均为导热热阻。

若导热热通量已知，则可按式(9.25) 和式(9.26) 求得各界面温度为

$$T_{n+1} = T_1 - q\sum_{i=1}^{n} \frac{\delta_i}{\lambda_i} \tag{9.27}$$

$$T_{n+1} = T_1 - Q\sum_{i=1}^{n} \frac{\delta_i}{\lambda_i A_i} \tag{9.28}$$

二、曲壁导热

各种圆筒形炉壁、容器、管道以及球形容器壁的导热均属曲壁导热。曲壁因导热面变化其导热通量为变值。但导热热流量仍为常数。

1. 圆筒壁导热

在圆筒壁的导热过程中，只要筒壁的长度 L 远大于其外径，便可忽略筒壁两端导热的影响，认为是一维稳态导热，如图 9.4 所示。

设圆筒壁的内、外径分别为 r_1，r_2，内、外表面温度为 T_1，T_2，若壁中取一微元薄层 $\mathrm{d}r$，则温度梯度为$\dfrac{\mathrm{d}T}{\mathrm{d}r}$，根据傅里叶定律有

$$Q = -\lambda \frac{\mathrm{d}T}{\mathrm{d}r} 2\pi r L \tag{9.29}$$

分离变量后积分，得

$$\int_{T_1}^{T_2} \mathrm{d}T = \int_{r_1}^{r_2} -\frac{Q}{2\pi L\lambda} \frac{\mathrm{d}r}{r}$$

故

$$Q = \frac{T_1 - T_2}{\dfrac{1}{2\pi L\lambda} \ln\left(\dfrac{r_2}{r_1}\right)} \ (\mathrm{W}) \tag{9.30}$$

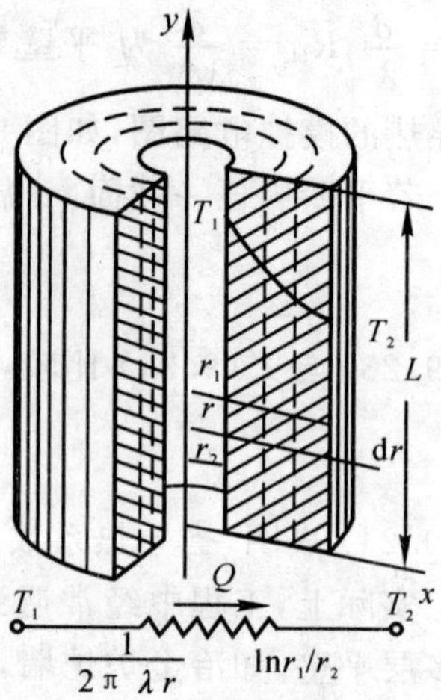

图 9.4　单层圆筒壁导热

式(9.30)为单层圆筒壁导热量计算公式，按其模拟电路可推广为多层导热热量计算公式为

$$Q = \frac{T_1 - T_{n+1}}{\dfrac{1}{2\pi L} \displaystyle\sum_{i=1}^{n} \frac{1}{\lambda_i} \ln\left(\frac{r_{i+1}}{r_i}\right)} \ (\mathrm{W}) \tag{9.31}$$

2. 球壁导热

设球型单层壁内、外径分别为 r_1，r_2，内、外壁温度为 T_1，T_2，导热系数为 λ，以球心为对称点径向导热，等温面是以球心为公共圆心的一系列球面。根据傅里叶定律得

$$Q = -\lambda \frac{\mathrm{d}T}{\mathrm{d}r} 4\pi r^2 \tag{9.32}$$

分离变量后积分得

$$T = \frac{Q}{4\pi\lambda} \frac{1}{r} + C \tag{9.33}$$

由边界条件 $r = r_1$ 时，$T = T_1$；$r = r_2$ 时，$T = T_2$，代入式(9.33)，消去积分常数 C 的单层球壁导热热量计算公式为

$$Q = \frac{4\pi\lambda}{\dfrac{1}{r_1} - \dfrac{1}{r_2}} (T_1 - T_2) \ (\mathrm{W}) \tag{9.34}$$

推广到多层球壁，可得多层球壁的导热热量计算公式为

$$Q = \frac{4\pi(T_1 - T_{n+1})}{\displaystyle\sum_{i=1}^{n} \frac{1}{\lambda_i}\left(\frac{1}{r_i} - \frac{1}{r_{i+1}}\right)} \ (\mathrm{W}) \tag{9.35}$$

三、平均导热面积与壁内温度的实际分布线

1. 平均导热面积

若将圆筒壁导热热量计算公式(9.31)变换为

$$Q = \frac{T_1 - T_2}{\dfrac{1}{2\pi L\lambda} \ln\left(\dfrac{r_2}{r_1}\right)} = \frac{T_1 - T_2}{\dfrac{1}{2\pi L\lambda} \dfrac{r_2 - r_1}{r_2 - r_1} \ln \dfrac{2\pi L r_2}{2\pi L r_1}} =$$

$$\frac{T_1 - T_2}{\frac{r_2 - r_1}{\lambda} \frac{1}{2\pi L(r_2 - r_1)} \ln \frac{2\pi L r_2}{2\pi L r_1}} = \frac{(T_1 - T_2)(2\pi L r_2 - 2\pi L r_1)}{\frac{r_2 - r_1}{\lambda} \ln \frac{2\pi L r_2}{2\pi L r_1}}$$

令 $\delta = r_2 - r_1$，为壁厚；$A_1 = 2\pi L r_1$，为内壁面积；$A_2 = 2\pi L r_2$，为外壁面积，则

$$Q = \frac{T_1 - T_{n+1}}{\frac{\delta}{\lambda A_M}} \quad (\mathrm{W}) \tag{9.36}$$

式中，$A_M = \dfrac{A_2 - A_1}{\ln \dfrac{A_2}{A_1}}$ 为导热面积的对数平均值。

同理，若对球壁导热式作变换，同样可得到式(9.36)。只是 $A_M = \sqrt{A_1 A_2}$，称为导热面积的几何平均值。根据平均导热面积的概念，一维稳态导热热量的计算公式为

$$Q = \frac{T_1 - T_{n+1}}{\sum_{i=1}^{n} \frac{\delta_i}{\lambda_i A_{Mi}}} \quad (\mathrm{W}) \tag{9.37}$$

平壁时 $A_{Mi} = A_i$（实际壁面积）；圆筒壁或球壁时 $A_{Mi} = A_M$，为导热面的对数平均值或几何平均值。

2. 壁内温度的实际分布

实际计算中壁内各处的导热系数 λ 不为常数，是随温度而变化。但是，求解以上的稳态导热问题时，都是假设 λ 与温度无关，故应对壁内实际温度分布进行分析。以平壁为例，如果 $\lambda = a + bT$，在单层平壁的条件下对傅里叶定律积分可得出平壁内实际温度分布为

$$T = \left[\left(\frac{a}{b} + T_1\right)^2 - \frac{2qx}{b}\right]^{\frac{1}{2}} - \frac{a}{b} \tag{9.38}$$

若将 T 对 x 求导得

$$\frac{\mathrm{d}T}{\mathrm{d}x} = \frac{q}{b\left[\left(\frac{a}{b} + T_1\right)^2 - \frac{2qx}{b}\right]^{\frac{1}{2}}}$$

当 $b > 0$ 时，导热系数 λ 随温度升高而增大，$\left|\dfrac{\mathrm{d}T}{\mathrm{d}x}\right|$ 随 x 的增加而增加，故温度分布线呈向下弯的曲线；当 $b < 0$ 时，导热系数 λ 随温度升高而减小，$\left|\dfrac{\mathrm{d}T}{\mathrm{d}x}\right|$ 随 x 的增加而减小，温度分布线呈向上弯的曲线；当 $b = 0$ 时壁内温度分布呈直线。如图 9.5 所示。

例 9.1 某炉墙平壁内层为 230 mm 厚的普通黏土砖，外层为 115 mm 的轻质黏土砖，内表面的温度 $T_1 = 1\,200$℃，外表面的温度 $T_3 = 100$℃。求炉墙的导热通量即中间温度 T_2。已知普通黏土砖和轻质黏土砖的导热系数分别为 $\lambda_1 = 0.84 + 0.58 \times 10^{-3} T$ W/(m·℃)；$\lambda_2 = 0.29 + 0.26 \times 10^{-3} T$ W/(m·℃)。

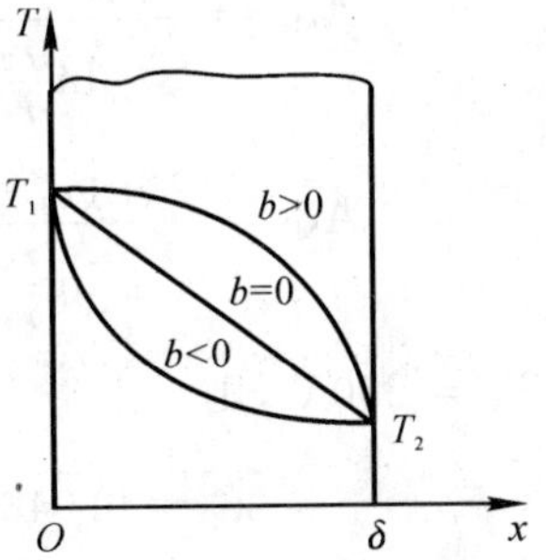

图 9.5 平壁的温度分布

解 用试算逼近法，先假设中间温度 $T_2 = 700$℃，则

$$\lambda_1 = 0.84 + 0.58 \times 10^{-3} \times \frac{T_1 + T_2}{2} =$$

$$0.84 + 0.58 \times 10^{-3} \times \frac{1\,200 + 700}{2} = 1.391\ \text{W/(m} \cdot ℃)$$

$$\lambda_1 = 0.29 + 0.26 \times 10^{-3} \times \frac{T_2 + T_3}{2} =$$

$$0.29 + 0.26 \times 10^{-3} \times \frac{700 + 100}{2} = 0.394\ \text{W/(m} \cdot ℃)$$

则
$$q = \frac{T_1 - T_3}{\frac{\delta_1}{\lambda_1} + \frac{\delta_2}{\lambda_2}} = \frac{1\,200 - 100}{\frac{0.23}{1.391} + \frac{0.115}{0.394}} = 2\,405.809\ \text{W/m}^2$$

校验中间温度 T_2 得

$$T_2 = T_1 - q\frac{\delta_1}{\lambda_1} = 1\,200 - 2\,405.809 \times \frac{0.23}{1.391} = 802\ ℃$$

或
$$T_2 = T_3 + q\frac{\delta_2}{\lambda_2} = 100 + 2\,405.809 \times \frac{0.115}{0.394} = 802\ ℃$$

这与原假设的700℃相差较大，另设 $T_2 = 802℃$，则

$$\lambda_1 = 1.421\ \text{W/(m} \cdot ℃), \quad \lambda_2 = 0.407\ \text{W/(m} \cdot ℃)$$

$$q = \frac{1\,200 - 100}{\frac{0.23}{1.421} + \frac{0.115}{0.407}} = 2\,475.175\ \text{W/m}^2$$

再校验 T_2 得

$$T_2 = 1\,200 - 2\,475.175 \times \frac{0.23}{1.421} = 799℃$$

与假设值很接近，故第二次假设值及计算结果有效。

例 9.2 某热风管外径为812 mm，厚5 mm。为了保温，热风管内砌有厚115 mm的硅藻土砖，且砖间垫有20 mm厚的石棉板。已知热风温度为700℃，风管外表面温度为50℃，求每米热风管的导热量。已知硅藻砖及石棉板导热系数分别为 $\lambda_1 = 0.048 + 0.20 \times 10^{-3}\,T$ W/(m·℃)；$\lambda_2 = 0.157 + 0.19 \times 10^{-3}\,T$ W/(m·℃)。

解 因钢的导热系数大且管壁薄，可忽略其热阻。所以，热风管可看做由硅藻土砖和石棉板组成的双层圆筒壁导热。

已知 $\delta_1 = 0.115$ m，$\delta_2 = 0.02$ m；$r_1 = 0.266$ m，$r_2 = 0.381$ m，$r_3 = 0.401$ m，则平均传热面积为

$$A_{M1} = \frac{2\pi L(r_2 - r_1)}{\ln\frac{r_2}{r_1}} = \frac{2 \times 3.14 \times L(0.381 - 0.266)}{\ln\frac{0.381}{0.266}} = 2.011L\ (\text{m}^2)$$

$$A_{M2} = \frac{2\pi L(r_3 - r_2)}{\ln\frac{r_3}{r_2}} = \frac{2 \times 3.14 \times L(0.401 - 0.381)}{\ln\frac{0.401}{0.381}} = 2.456L\ (\text{m}^2)$$

设 $T_2 = 250℃$，则

$$\lambda_1 = 0.048 + 0.20 \times 10^{-3} \times \frac{700 + 250}{2} = 0.576\ \text{W/(m} \cdot ℃)$$

$$\lambda_2 = 0.157 + 0.19 \times 10^{-3} \times \frac{250 + 50}{2} = 0.185\ \text{W/(m} \cdot ℃)$$

得 $$Q=\frac{T_1-T_2}{\frac{\delta_1}{\lambda_1 A_{M1}}+\frac{\delta_2}{\lambda_2 A_{M2}}}=\frac{700-500}{\frac{0.115}{0.576\times 2.011L}+\frac{0.02}{0.185\times 2.456L}}=4\ 536L\ (\text{W})$$

$$T_2=T_1-Q\frac{\delta_1}{\lambda_1 A_{M1}}=700-4\ 536L\times\frac{0.115}{0.576\times 2.011L}=249℃$$

与假设值 $T_2=250℃$ 相近，计算结果有效，故每米热风管导热量为

$$q=\frac{Q}{L}=4\ 536\ \text{W/m}$$

9.3 二维稳态导热

实际问题中，经常存在着多维稳态导热。稳态导热的温度分布是两个与多个空间坐标的函数，称为二维或三维稳态导热，描述其导数方程是包含两个或三个自变量的偏微分方程。

多微稳态导热有多种分析求解方法，最常用的是分离变量法，是典型数学分析求解偏微分方程的方法。本节主要讨论二维稳态导热问题，采用分离变量法求解。以半无限大平板为例进行说明。

半无限大平板内的温度分布如图 9.6 所示。半无限大平板是指平板位于 x—y 平面内，其中 x 方向为有限尺寸 L，y 方向一直延伸至 $y\to\infty$ 的平板。

因平板很薄，认为$\frac{\partial T}{\partial z}=0$，温度均匀。显然，这是典型二维稳态导热问题。

根据傅里叶-克希荷夫导热微分方程，半无限大平板稳态导热微分方程为

$$\frac{\partial^2 T}{\partial x^2}+\frac{\partial^2 T}{\partial y^2}=0 \tag{9.39}$$

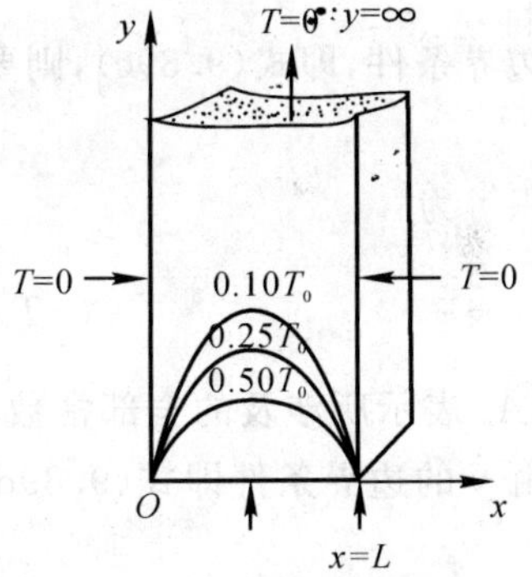

图 9.6 半无限大平板的温度分布

其边界条件为

(1) 当 $x=0$ 时，$T=0$ (9.39a)

(2) 当 $x=L$ 时，$T=0$ (9.39b)

(3) 当 $y=\infty$ 时，$T=0$ (9.39c)

(4) 当 $y=0$ 时，$T=T_0$（均匀） (9.39d)

应用分离变量法求解时，首先需要求出下列形式的乘积解

$$T(x,\ y)=X(x)Y(y) \tag{9.40}$$

式中，X 仅是 x 的函数，Y 仅是 y 的函数。把式(9.40)代入式(9.39)，则

$$Y\frac{\mathrm{d}^2X}{\mathrm{d}x^2}+X\frac{\mathrm{d}^2Y}{\mathrm{d}y^2}=0 \tag{9.41}$$

式(9.41)变量分离得

$$-\left(\frac{1}{X}\right)\frac{\mathrm{d}^2X}{\mathrm{d}x^2}=\left(\frac{1}{Y}\right)\frac{\mathrm{d}^2Y}{\mathrm{d}y^2} \tag{9.42}$$

由于 Y 仅是 y 的函数，X 仅是 x 的函数，故式(9.42)右端与 x 无关，其左端与 y 无关。所以，要使等式成立，两端等于一个与 x，y 均无关的常数（设为 λ^2），这个常数 λ^2 称为分离常数，于是

$$\frac{\mathrm{d}^2X}{\mathrm{d}x^2}+\lambda^2X=0 \tag{9.43}$$

$$\frac{d^2Y}{dy^2}-\lambda^2Y=0 \tag{9.44}$$

式(9.43)和式(9.44)称为常系数齐次线性方程。令 $X=e^{ax}$ 和 $Y=e^{by}$，分别代入式(9.43)和式(9.44)，可求得这类方程的解。对于式(9.43)，$a=\pm j\lambda$，其通解为

$$X=C_1'e^{j\lambda x}+C_2'e^{-j\lambda x} \tag{9.45}$$

利用恒等式，$e^{\pm j\lambda x}=\cos\lambda x\pm j\sin\lambda x$，则通解可写成更为通用的形式为

$$X=C_1\cos(\lambda x)\pm C_2\sin(\lambda x) \tag{9.46}$$

对于式(9.44)，$b=\pm\lambda$，其通解为

$$Y=C_e e^{\lambda y}+C_4e^{-\lambda y} \tag{9.47}$$

按最初的假定，此拉普拉斯方程式的通解为式(9.46)和式(9.47)的乘积。

由边界条件，当 $x=0$ 时，X 必须为0，则 $C_1=0$；同样，当 $x=L$ 时 X 必须为0。于是

$$\sin(\lambda L)=0 \tag{9.48}$$

式(9.48)要求 $\lambda L=0,\ \pi,\ 2\pi,\ 3\pi,\ \cdots$，即 $\lambda_n=\frac{n\pi}{L}$，其中 $n=0,\ 1,\ 2,\ 3\ \cdots$。

所以，由 x 两个边界条件可得

$$X=C_2\sin\frac{n\pi x}{L} \tag{9.49}$$

对于任何 λ_n 值，显然式(9.49)均能满足式(9.43)；$\sin(\lambda L)=0$ 值之和也应满足式(9.43)。于是

$$X=\sum_{n=0}^{\infty}C_n\sin\frac{n\pi x}{L} \tag{9.50}$$

由 y 边界条件，即式(9.39c)，则要求式(9.47)中的 $C_3=0$。于是

$$Y=C_4e^{-\lambda y}=C_4e^{-(n\pi/L)y}$$

故乘积解为

$$T=XY=\sum_{n=0}^{\infty}A_ne^{-(n\pi/L)y}\sin\frac{n\pi x}{L} \tag{9.51}$$

式中，A_n 表示所涉及的全部常数。

由 y 的边界条件即式(9.39d)，可将式(9.51)写成

$$T_0=\sum_{n=0}^{\infty}A_n\sin\frac{n\pi x}{L} \tag{9.52}$$

为了确定所有的 A_n 值，可在式(9.52)两边同乘以 $\sin(m\pi x/L)$（m 为 n 的一个特定积分值），然后在 $x=0$ 和 $x=L$ 之间积分得

$$T_0=\int_{x/L=0}^{L}\sin\left[m\pi\left(\frac{x}{L}\right)\right]d\left(\frac{x}{L}\right)=$$
$$\int_{x/L=0}^{L}\sum_{n=0}^{\infty}A_n\sin\left[n\pi\left(\frac{x}{L}\right)\right]\sin\left[m\pi\left(\frac{x}{L}\right)\right]d\left(\frac{x}{L}\right)$$

由定积分表可知，上式右边的所有积分，除 $n=m$ 外，对所有 n 值均为0；当 $n=m$ 时其值为 $A_n/2$。左边的积分值为 $2/(n\pi)$，$n=1,3,5,\cdots$。

故 $A_n=\frac{4T_0}{n\pi}$，n 为奇数。

最终解为
$$\frac{T}{T_0}=\sum_{n=0}^{\infty}\frac{4}{n\pi}\mathrm{e}^{-(n\pi/L)y}\sin\frac{n\pi x}{L} \tag{9.53}$$

与式(9.53)相应的等温线绘于图9.6中。对于同样的半无限大平板，如果边界条件不同，则平板内的温度分布也不相同。

上述的分离变量法，还可推广应用到三维导热的情况。其方法也是假设 $T(x, y) = X(x)Y(y)Z(z)$，并将它代入适当的微分方程式中。当这三个变量进行分离后，可得到三个二次常微分方程式，在给定的边界条件下对其积分，即可得分析解。但在实际中，由于导热体几何形状和边界条件较复杂，采用分离变量法求解很困难。所以，分离变量法求解多维导热问题有一定的局限性，多维导热问题求解通常采用数值解法。

9.4 非稳态导热的基本概念

一、非稳态导热过程

物体被加热或冷却时，温度不仅随空间位置发生变化，而且在内部任一点处的温度也随时间变化，这种传热过程属于非稳态导热。在某些生产工艺过程中，非稳态导热起着主导作用，如蓄热式热风炉的工作，金属在加热炉内的加热及冷却、金属淬火等都是非稳态导热过程，因此有必要分析、研究任意时刻物体内温度的分布，以及任意点的温度随时间的变化。

物体在非稳态传热过程中，其内部热焓也随时间变化，表现为
$$\left.\begin{aligned}&T=f(x,\ y,\ z,\ t)\\&\frac{\partial T}{\partial t}\neq 0\end{aligned}\right\} \tag{9.54}$$
物体的导热过程大体可划分为三个阶段：第一阶段称为开始阶段，特点是温度扰动逐渐地由表面向物体中心扩展。此阶段物体内温度分布及各点温度变化速率受物体开始状态的影响很大，没有固定规律。故此阶段又称为不规则状态阶段。第二阶段，物体经过一段时间传热后，初始温度的影响已消失，内部各点温度随时间变化的速率具有一定的规律，并且由物体物性及外部传热条件所决定。这一阶段称为正常状态阶段。再经过长时间的传热，物体各点温度不再随时间而变，即达到稳定或热平衡状态，这就是第三阶段。

非稳态导热问题的求解，其目的就是要确定物体温度场随时间变化的规律，从而得出一定条件下物体加热或冷却所需要时间的计算方法。例如金属加热或冷却的非稳态传热过程，就是要确定在给定条件和给定的时间内，其内部温度分布规律，求得在给定条件下物体某点达到指定温度所需要的时间。

二、非稳态导热解法

在非稳态传热过程中，由于影响温度场的因素很多，求解这类问题比较复杂。利用导热微分方程与单值条件联立求解，应对实际问题加以适当简化，使问题不过分复杂而又能抓住最主要的因素，达到求解问题的目的。但分析方法仅对一些形状简单而规则的物体（如平板、圆柱、球体等）才有解析可能，且求解结果也只是某种程度的近似。故分析解法有很大的局限性。因此，非稳态传热过程的求解，特别对形状比较复杂物体，可利用数值解法、图解分析法等方法。

三、非稳态导热相似准数

求解非稳态导热方程，所得到解的函数式，都可以表示成毕欧准数或傅里叶准数的一般形式。因此在非稳态导热中，毕欧准数或傅里叶准数是很重要的相似准数。

对物体边界热平衡式$\left.\frac{\partial T}{\partial x}\right|_{W}=h(T_{W}-T_{f})$作相似转换，可得到毕欧准数为

$$Bi=\frac{hL}{\lambda} \tag{9.55}$$

或

$$Bi=\frac{L/\lambda}{1/h}=\frac{\text{物体内部导热热阻}}{\text{物体外部传热热阻}}$$

式中，L为物体定型尺寸(m)；λ为物体导热系数(W/(m·℃))。

毕欧准数Bi表示了加热或冷却系统中，物体内外热阻的相对大小。Bi小，说明物体内部热阻小，导热能力强，物体温度均匀；Bi大，说明外部热阻小，物体表面温度和介质温度越接近，物体内外温差越大。

若对导热微分方程式(9.15)作相似转换，可得到傅里叶准数为

$$Fo=\frac{at}{L^{2}} \tag{9.56}$$

或

$$Fo=\frac{t}{L^{2}/a}=\frac{\text{物体加热或冷却时间}}{\text{温度扰动传播整个物体的总时间}}$$

式中，a为物体热量传输系数(m^2/s)；t为时间(s)。

从物理意义上讲，Fo是表征温度场随时间变化特征的相似准数，Fo也可以理解为在给定的时间t内，温度扰动传播深度$t\frac{a}{L}$与物体的定型尺寸L之比，Fo大，说明温度扰动传播到物体内部的深度越大，因而物体内部各点温度就越接近介质或表面温度，也就越趋于稳定状态。

另外，若以$a=\frac{\lambda}{c\rho}$代入傅里叶准数，则得

$$Fo=\frac{\lambda/L^{2}}{\rho c/t}=\frac{\text{单位体积物体的导热速率}}{\text{单位体积物体的蓄热速率}}$$

表明Fo是物体导热速率与蓄热速率之比，Fo大，说明物体导热速率大，热量传播快且范围大。Fo小则说明物体蓄热速率大，温度扰动传播范围小。

四、非稳态导热中的“薄材”与“厚材”

物体的薄厚本是对几何尺寸而言。但在非稳态导热中，薄材与厚材有特定的含义。从物体加热或冷却的观点出发，以物体内外温度差定义薄材与厚材。温差较小或趋近零者称为薄材，否则视为厚材。

毕欧准数Bi是表征物体加热或冷却过程中内部热阻与外部热阻之比。Bi值越小，物体内部热阻相对较小，物体内温度分布越均匀。因此，依据毕欧准数Bi判断薄材与厚材。通常规定当$Bi<0.25$时为薄材，当$Bi>0.5$时为厚材，当$0.25<Bi<0.5$时，根据被加热材料的种类和形状而定。

五、非稳态导热中的“有限厚”与“无限厚”

非稳态导热中的“有限厚”与“无限厚”是对温度场函数的数学特性描述，是指温度场函数

的取值范围的“有界”与“无界”；而并不是物体厚度的有限与无限。按解析非稳态导热的边界条件及所用的坐标系，非稳态温度场有两种情况：① 有限厚，即温度取值两面均有界；② 半无限厚，即一面有界一面无界，半无限也称为无限厚。一维非稳态导热温度场 $T=f(x,t)$ 如图 9.7 所示，其中，图(a) 为有限厚，温度取值范围在 $-\delta<x<\delta$，图(b) 为无限厚，$0\leqslant x<\infty$。

从物理意义讲，有限厚是指物体在非稳态导热过程中，其内部各点温度均随时间而变化，即透热深度超过物体的实际厚度 δ 时，为有限厚的温度场。反之为无限厚温度场，即透热深度小于物体的实际厚度 δ，物体内部存在未变区域。

有限厚与无限厚的温度场区分，不仅与物体的几何厚度有关，而且主要取决于物体内部的导热、蓄热以及外部换热，通常由 Fo，Bi 而定，Fo 和 Bi 越大，越易形成有限厚温度场。

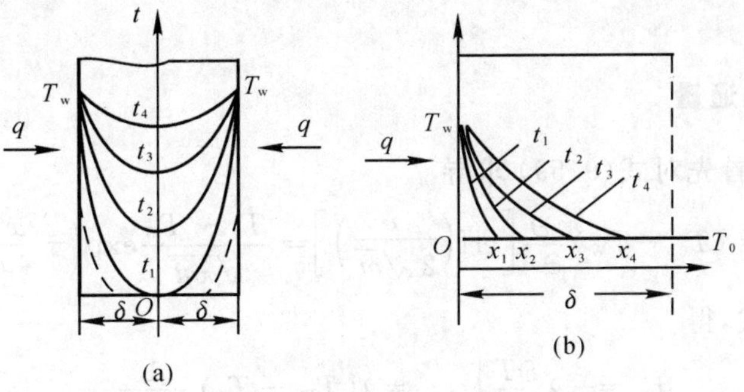

图 9.7　有限厚与无限厚的概念

(a) 有限厚；(b) 无限厚

9.5　第一类边界条件——表面温度为常数时半无限厚大平板的非稳态导热

一、温度场的求解

微分方程为
$$\frac{\partial T}{\partial t}=a\frac{\partial^2 T}{\partial x^2} \tag{9.57}$$

初始条件 $t=0$ 时，$T=T_0$，即导热过程开始以前，物体处于一定的环境温度 T_0；$t>0$ 时，$T=T_W$，即过程开始时，壁表面温度瞬时升高并维持在恒定的温度 T_W。

微分方程式在上述初始及边界条件下的解为
$$\frac{T_W-T}{T_W-T_0}=\mathrm{erf}\left(\frac{x}{2\sqrt{at}}\right)=\mathrm{erf}(N) \tag{9.58}$$

或
$$T=T_W+(T_0-T_W)\mathrm{erf}(N) \tag{9.59}$$

式中，$N=\dfrac{x}{2\sqrt{at}}$，$\mathrm{erf}(N)$ 为高斯误差函数，其数值可按 N 值从附录 11 中查出。通过式(9.57)、式(9.58) 可计算某时刻 t、定点 x 处的温度；亦可计算 x 处达到某一温度 T 所需的时间。

按式(9.59) 所描绘处的不同时刻半无限大物体内的温度场如图 9.7(b) 所示。随着时间的增大，表面温度变化所涉及的深度不断增加。高斯误差函数的性质示于图 9.8 中。由图可以看出，当 $N=2.0$ 时，$(T_W-T)/(T_W-T_0)\approx 1$。即 $T=T_0$。因此，可以认为，由 $N=2$ 确定的 x 点处温度尚未发生变化。从 $N=\dfrac{x}{2\sqrt{at}}=2.0$ 的关系可得

$$t=\frac{x^2}{16a}=0.0625\frac{x^2}{a} \tag{9.60}$$

即 x 被选定时，x 点未受表面温度变化涉及的时间 t 可由式(9.60) 确定。这段时间 t 称为 x 点的惰性时间。式(9.60) 表明：惰性时间与表面温度 T_W 无关，它与深度 x 的平方成正比而与热量传输系数 a 成反比。热量传输系数越小，惰性时间越大。

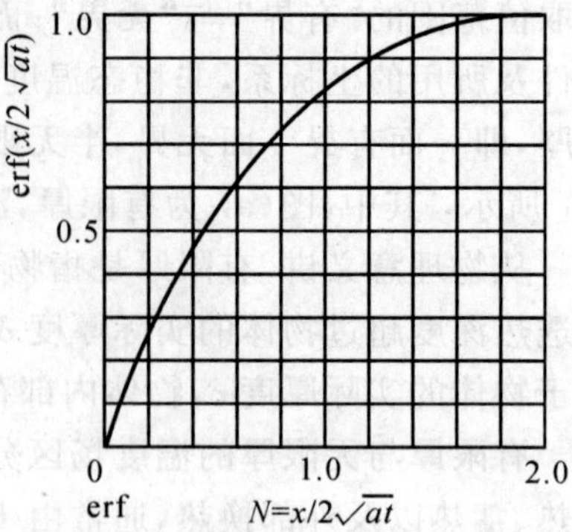

图 9.8　高斯误差函数的示意图

二、表面的瞬时热通量

根据傅里叶定律，首先对式(9.59) 求导

$$\frac{\partial T}{\partial x}=(T_0-T_W)\frac{\partial}{\partial x}\left[\mathrm{erf}\left(\frac{x}{2\sqrt{at}}\right)\right]=\frac{T_0-T_W}{\sqrt{\pi at}}\exp\left(-\frac{x^2}{4at}\right)$$

代入傅里叶定律表达式，得

$$q_W=-\lambda\left.\frac{\partial T}{\partial x}\right|_{x=0}=\lambda(T_W-T_0)\frac{1}{\sqrt{\pi at}} \tag{9.61}$$

显然，q_W 随时间 t 的增加而递减。

如果在 $0\sim t$ 一段时间内 T_W 保持不变，则式(9.61) 中除 t 以外都是常量。将 q_W 在 $0\sim t$ 范围内积分，即得到整段时间内消耗于加热每平方米半无限大物体的热量 Q_W（亦称累计热量，单位为 $\mathrm{J/m^2}$）为

$$Q_W=\int_0^t q_W\mathrm{d}t=\lambda(T_W-T_0)\frac{1}{\sqrt{\pi a}}\int_0^t\frac{\mathrm{d}t}{\sqrt{t}}=2\lambda(T_W-T_0)\sqrt{\frac{t}{\pi a}} \tag{9.62}$$

可以看出，Q_W 与时间 t 的平方根成正比，即随时间增加而递增，但增加的趋势逐渐减小，这与温度梯度的变化相对应。

在式(9.62) 中，材质不同的影响体现在 $\lambda/\sqrt{a}$ 上，物性的这种组合可表示成

$$\frac{\lambda}{\sqrt{a}}=\sqrt{\lambda c\rho}=b \tag{9.63}$$

式中，b 称为蓄热系数，取决于材料的物性。它反映了材料的蓄热能力，是一个物性参数。表 9.1 中列出了铸铁和铸型蓄热系数 b 的参考值。

表 9.1　铸铁和铸型的物性

材料 \ 物性	热导系数 λ $\mathrm{W/(m\cdot ℃)}$	比热容 c $\mathrm{J/(kg\cdot ℃)}$	密度 ρ $\mathrm{kg/m^3}$	热量传输系数 a $\mathrm{m^2/s}$	蓄热系数 b $\mathrm{J/(m^2\cdot ℃\cdot s^{1/2})}$
铸　铁	46.5	753.6	7 000	8.82×10^{-6}	15 600
砂　型	0.314	963.0	1 350	2.41×10^{-7}	2 030
金属型	61.64	544.3	7 100	1.58×10^{-5}	15 500

瞬时热通量 q_W 和 t 时间内每平方米物体的蓄热量 Q_W 用蓄热系数 b 表示时有

$$q_W = \frac{b}{\sqrt{\pi t}}(T_W - T_0) \tag{9.64}$$

$$Q_W = \frac{2b}{\sqrt{\pi}}(T_W - T_0)\sqrt{t} \tag{9.65}$$

蓄热系数 b 是个综合衡量材料蓄热和导热能力的物理量。因为常数 $1/\sqrt{\pi} = 0.56$，故由式(9.64) 可知，$0.56b$ 就等于单位温升，每单位时间的瞬时热通量值；而由式(9.65) 可知，$1.12b$ 就是单位温升、单位时间物体的蓄热量。蓄热系数的物理意义从日常生活经验中也很容易理解。例如冬天用手握铁棍和木材时，尽管它们温度相同，但总是感觉铁棒比叫凉，这是因为铁的蓄热系数比木材的大 30 倍左右，铁从手取走的热量远大于木材的缘故。

由于砂型的导热系数较小，型壁较厚，所以平面砂型壁可按半无限厚大平板处理。本节得到的公式可以计算砂型中特定点在 t 时可达到的温度，以及铸件传入砂型的瞬时热流通量和 $0 \sim t$ 时间内传入砂型的累计热量。瞬时热通量 q_W 和累计热量 Q_W 都与蓄热系数成正比，所以选用不同造型材料，即改变蓄热系数，就成为控制凝固过程和铸件质量的重要手段。

例 9.3 某平板形状铸钢件在砂型中凝固冷却。测得砂型内侧表面温度为 1 400℃ 不变，砂型初始温度为 30℃。已知热量传输系数为 $a = 2.52 \times 10^{-7}\ \mathrm{m^2/s}$，试求浇注后 1.2 h 砂型中离内侧表面 60 mm 处的温度。

解
$$N = \frac{x}{2\sqrt{at}} = \frac{60 \times 10^{-3}}{2\sqrt{2.52 \times 10^{-7} \times 1.2 \times 3\ 600}} = 0.630$$

从附录 11 中查得 $\mathrm{erf}(0.63) = 0.627$，代入式(9.59)，得

$$T = T_W + (T_0 - T_W)\mathrm{erf}(N) = [1\ 673 + (303 - 1\ 673) \times 0.627]\mathrm{K} = 814\ \mathrm{K}$$

9.6 第三类边界条件——薄材在恒温介质中的加热

根据薄材的定义，物体在任何时刻的内外温差均为零，物体表面温度就是其整体温度，介质传给物体表面的热量亦是物体整体的吸热量。因此薄材的加热或冷却计算大为简化，这是不稳定态导热问题中比较简单的情况。

设有一薄材物体，其体积为 V，表面积为 A，温度为 T，将其置于温度为 T_f 的恒温介质中加热(或冷却)，周围介质与物体表面的传热系数为 h，并假定 h 不随物体表面温度而变，各物性均为常数。根据对流传热过程，传热热量为

$$Q = hA(T_f - T) \tag{9.66}$$

在传热同时，将引起物体热焓变化

$$Q = \rho c V \frac{\mathrm{d}T}{\mathrm{d}t} \tag{9.67}$$

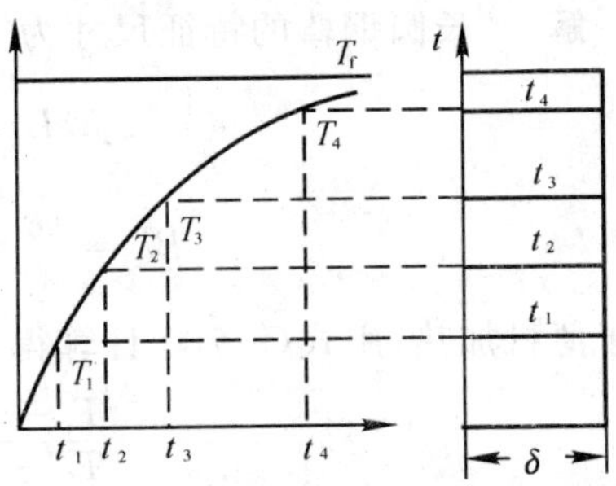

图 9.9 薄材在恒温介质中加热

热平衡关系

$$hA(T_f - T)\mathrm{d}t = \rho c V \mathrm{d}T \tag{9.68}$$

分离变量，在 $t = 0, T = T_0; t = t, T = T_e$ 条件下积分得

$$\int_{T_0}^{T_e}\frac{\mathrm{d}T}{T_f - T} = \frac{hA}{\rho c V}\int_0^t \mathrm{d}t$$

$$t = \frac{\rho c}{h}\frac{V}{A}\ln\frac{T_f - T_0}{T_f - T_e} \tag{9.69}$$

即

$$\frac{T_f - T_e}{T_f - T_0} = \exp\left(-\frac{h}{\rho c}\frac{A}{V}t\right) \tag{9.70}$$

式中，T_0 为物体开始温度(℃)；T_e 为物体终了温度(℃)。

令 $Q_e = T_f - T_e$，$Q_0 = T_f - T_0$，并设 $L = \frac{V}{A}$ 为薄材特征尺寸，将式(9.70)无因次化得

$$\frac{Q_e}{Q_0} = \exp\left(-\frac{hL}{\lambda}\frac{\lambda}{\rho c}\frac{t}{L^2}\right) = \exp(-BiFo) \tag{9.71}$$

式中，$Bi = \frac{hL}{\lambda}$ 为毕欧准数；$Fo = \frac{at}{L^2}$ 为傅里叶准数；$a = \frac{\lambda}{c\rho}$ 是物体的热量传输系数(m^2/s)；λ 是物体的导热系数(W/m·℃)。

对于不同形状的物体，应用式(9.71)时，应以各物体的特征尺寸代入计算。工程上常见的三种形体作为薄材时特征尺寸计算如下：

厚度为 2δ 的大平板双面对称加热(或冷却)时，有

$$L = \frac{V}{A} = \frac{2\delta f}{2f} = \delta \quad (f\text{ 为平板的一个侧面面积})$$

直径为 $2R$ 的长圆柱四周对称加热(或冷却)时，有

$$L = \frac{V}{A} = \frac{\pi R^2 H}{2\pi RH} = \frac{R}{2} \quad (H\text{ 为圆柱高})$$

直径为 $2R$ 的球体四周对称加热(或冷却)时，有

$$L = \frac{V}{A} = \frac{\frac{4}{3}\pi R^3}{4\pi R^2} = \frac{R}{3}$$

例 9.4 一圆钢棒长为 0.8 m，直径为 0.04 m，在初温为 20℃ 时，放入炉内加热。已知炉内温度为 1 200℃，表面传热系数 $h = 150$ W/(m^2·℃)，钢的 $\lambda = 36$ W/(m·℃)，$c = 0.5$ kJ/(kg·℃)，$\rho = 7\,800$ kg/m^3，求加热到 1 000℃ 时需要的时间。

解 长圆钢棒的特征尺寸为

$$L = \frac{V}{A} = \frac{R}{2} = \frac{0.02}{2} = 0.01$$

$$Bi = \frac{h\delta}{\lambda} = \frac{150 \times 0.01}{36} = 0.041\,6 < 0.25$$

属于薄材加热，用式(9.70)计算得

$$\frac{T_f - T_e}{T_f - T_0} = \frac{1\,200 - 1\,000}{1\,200 - 20} = 0.169$$

由式(9.71)得

$$0.169 = \exp(-BiFo)$$

得

$$BiFo = 1.778,\quad Fo = \frac{1.778}{0.041\,6} = 42.74$$

故

$$t = Fo\frac{L^2}{a} = 42.74 \times \frac{0.01^2}{36/(0.5 \times 10^3 \times 7\,800)} = 463\ \text{s}$$

9.7 第三类边界条件——周围介质温度为常数时有限厚物体的加热与冷却

加热炉中金属材料的恒温加热或空气中金属高温件的冷却等过程均属于此类非稳态导热过程。本节主要讨论无限大平板对称加热或冷却过程。

如图9.10所示，无限大平板厚度为2δ(长宽很大)，平板与介质的表面换热系数h为常数，平板两侧具有相同的边界条件，两面对称冷却，平板开始即$t=0$时，断面上温度均匀且为T_0。则适应的导热方程及初始条件和边界条件为

$$\frac{\partial\theta}{\partial t}=a\frac{\partial^2\theta}{\partial x^2} \tag{9.72}$$

初始条件 $t=0$ 时，$\theta=\theta_0$ (9.72a)

边界条件 $t>0$ 时，$x=\delta$ 处，$-\frac{\partial\theta}{\partial x}=\frac{h}{\lambda}\theta$

$x=0$ 处，$\frac{\partial\theta}{\partial x}=0$ (9.72b)

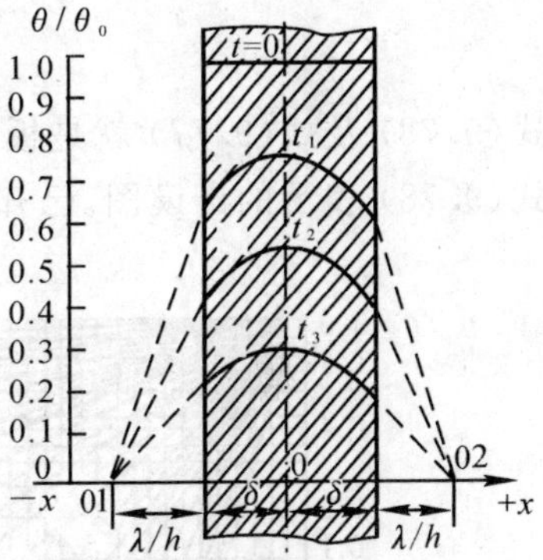

图 9.10 无限大平板在冷却过程中的温度分布

在这里应注意，对于第三类边界条件下冷却，为了使边界条件齐次化及表达上的简单，习惯上采用以周围介质温度T_f为起点基准的过余温度θ(即$\theta=T-T_f$)，而不直接用T_0；而且，由于平板是对称冷却，导热微分方程式及定解条件可表示为半个平板厚度。

第三类边界条件下其他简单几何形状物体问题的分析解，可采用分离变量法求解。这类问题的分析解也已经被整理成便于应用的线算图，即称为诺谟图。

诺谟图的坐标及参变量都是无量纲的综合量。无量纲的综合量被称为相似准则，简称准则。在物理现象中，物理量不是单个地起作用，而是以准则这种组合量发挥其作用的。下面的分析将以第三类边界条件下的一维非稳态导热问题为例，说明微分方程及其定解条件下的解可以表达成几个准则之间的关系式。

如选取平板的半厚δ为长度的基准量，变量x与δ之比为无量纲长度$X=x/\delta$。推广到方程式中其他变量θ和t，选取θ_0和t_0为基准量的无量纲温度和无量纲时间为

$$\Theta=\frac{\theta}{\theta_0}\qquad T=\frac{t}{t_0}$$

采用这些无量纲变量，微分方程式(9.72)～(9.72b)可转换成为

$$\frac{\partial\Theta}{\partial T}=\frac{at_0}{\delta^2}\frac{\partial^2\Theta}{\partial X^2} \tag{9.73}$$

$$T=0\text{ 时}\quad\Theta=1 \tag{9.73a}$$

$T>0$ 时，$X=1$ 处
$$-\left(\frac{\partial\Theta}{\partial X}\right)_{x=1}=\frac{h\delta}{\lambda}\Theta\bigg|_{x=1} \tag{9.73b}$$

方程组中的式(9.73)实现了原来的方程式(9.72)的无量纲化。无量纲转换改变了表达形式，但没有改变其所描述的物理现象的本质。其中$Fo=at/\delta^2$为傅里叶准数，$Bi=h\delta/\lambda$为毕欧准

数，则式(9.73)的解，应具有下列形式

$$\Theta = f_1(Fo,\ X,\ T) \tag{9.74}$$

在选定的点，X 为定值，即 $X = C$，方程式(9.74)简化为

$$\Theta_{X=C} = f_2(Fo,\ T) \tag{9.75}$$

从方程式(9.73b)可得

$$\Theta_{X=C} = f_3(Bi,\ T) \tag{9.76}$$

从式(9.76)可推知 $T = f_4(Bi,\ \Theta_{X=1})$，代入式(9.75)可得

$$\Theta_{X=1} = f_5(Fo,\ Bi) \tag{9.77}$$

式(9.77)就是平板表面过余温度 θ 的解。同理可得平板中心过余温度 θ_m 的解，原则上具有下列形式

$$\frac{\theta_m}{\theta_0} = \Theta_{X=0} = f_6(Fo,\ Bi) \tag{9.78}$$

式(9.78)及式(9.77)就是板内定点温度场解的准则关系式。图 9.11 为中心过余温度的解按式(9.78)表示的诺谟图。已知 Fo 和 Bi，从图上可以得到 θ_m/θ_0 值。

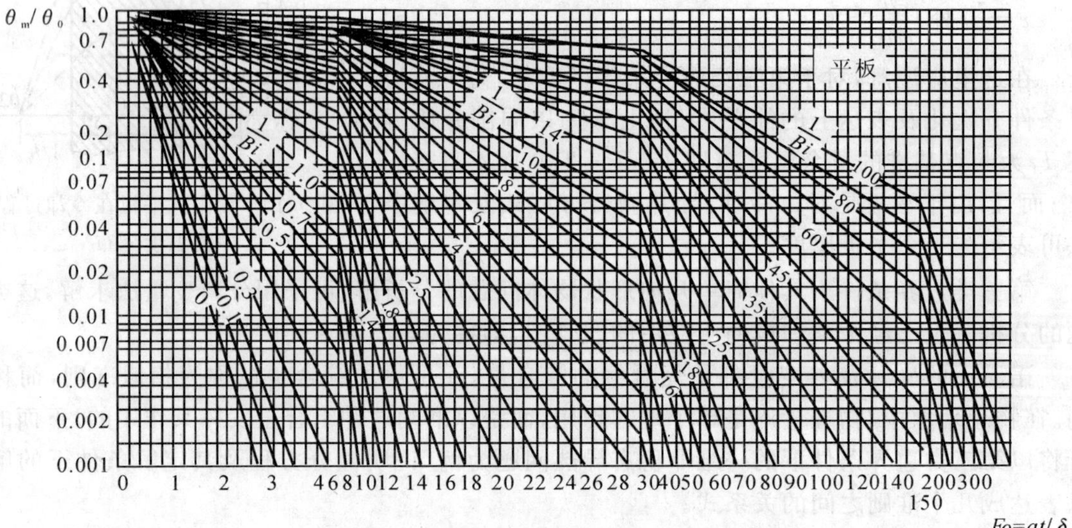

图 9.11 无限大平板中心温度的诺谟图

同样，已知中心过余温度 θ_m，任意点 x 的过余温度 θ 可从下列准关系式中计算出来

$$\frac{\theta}{\theta_m} =- \frac{\theta}{\theta_0}\frac{\theta_0}{\theta_m} = f_7(Bi,\ X) \tag{9.79}$$

图 9.12 是以式(9.79)形式绘出的诺谟图。图上纵坐标为 θ/θ_m，横坐标为 $1/Bi$，X 为参变量。

在时间 $0 \sim t$ 内传给物体热量可以根据固体内能的变化来计算。若设 $T = T_f$ 时物体内能为起点，则无限大平板每平方米截面的初始内能为

$$Q_0 = V\rho c(T_0 - T_f) = 2\delta \times 1 \times 1 \times \rho c(T_0 - T_f) = 2\delta\rho c\theta_0 \tag{9.80}$$

式中，V 为每平方米截面平板的体积。平板的内能正比于过余温度，已知 $0 \sim t$ 时间内平板的积分平均过余温度 $\bar{\theta}$，即可推算出累计热量 Q 为

$$Q = 2\delta\rho c\bar{\theta} = 2\delta\rho c\theta_0\frac{\bar{\theta}}{\theta_0} = Q_0\frac{\bar{\theta}}{\theta_0} \tag{9.81}$$

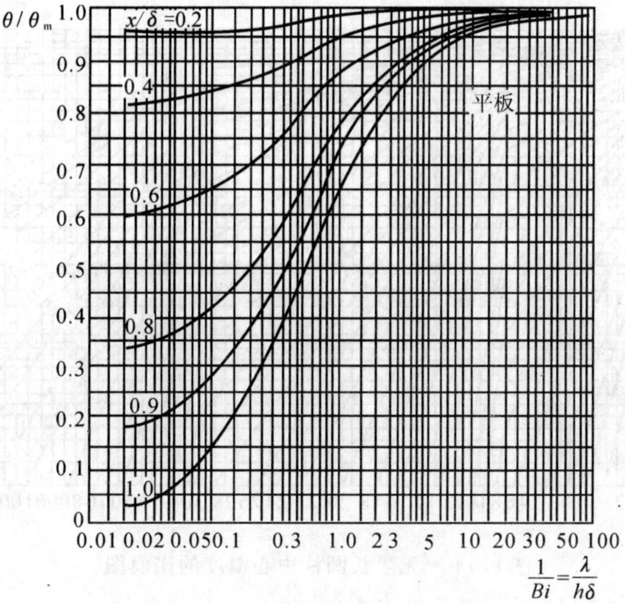

图 9.12　无限大平板的 θ/θ_m 曲线

由于物体内各点温度是 Fo 和 Bi 两准数的函数，$\dfrac{\bar{\theta}}{\theta_0}$ 也是 Fo 和 Bi 的函数。于是可得

$$\frac{Q}{Q_0} = f_8(Fo, Bi) \tag{9.82}$$

图 9.13 为无量纲累计热量 Q/Q_0 与 t 的诺谟图。为了读图的方便，横坐标取 Bi^2Fo 的组合。图 9.14 ~ 9.16 分别是无限长圆柱的诺谟图。

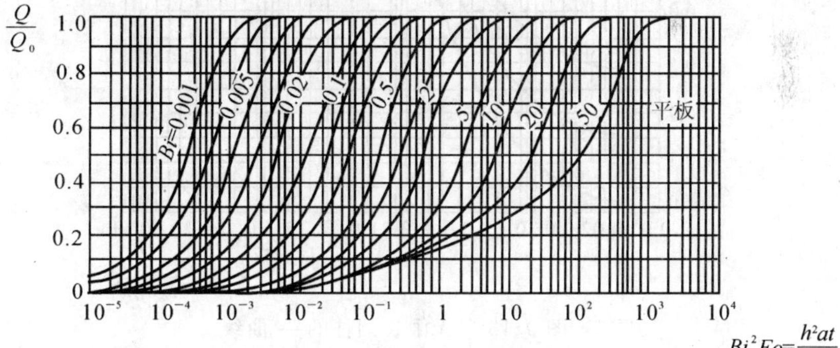

图 9.13　无限大平板(厚 2δ) 中累计热量 $\dfrac{Q}{Q_0}$ 与时间 t 的诺谟图

例 9.5　一块厚 200 mm 的钢板初始温度为 30℃，放入 1 200℃ 高温加热炉内两面对称加热。已知钢板的 $\lambda = 34.8\ \text{W/(m}\cdot℃)$，$a = 0.555 \times 10^{-5}\ \text{m}^2/\text{s}$，加热过程中的平均表面传热系数 $h = 174\ \text{W/(m}^2\cdot℃)$。试求：(1) 钢板表面温度达到 800℃ 时所需的时间；(2) 此段时间内每平方米截面传热热量。

解　(1) 由于钢板半厚 $\delta = 100$ mm，于是表面上

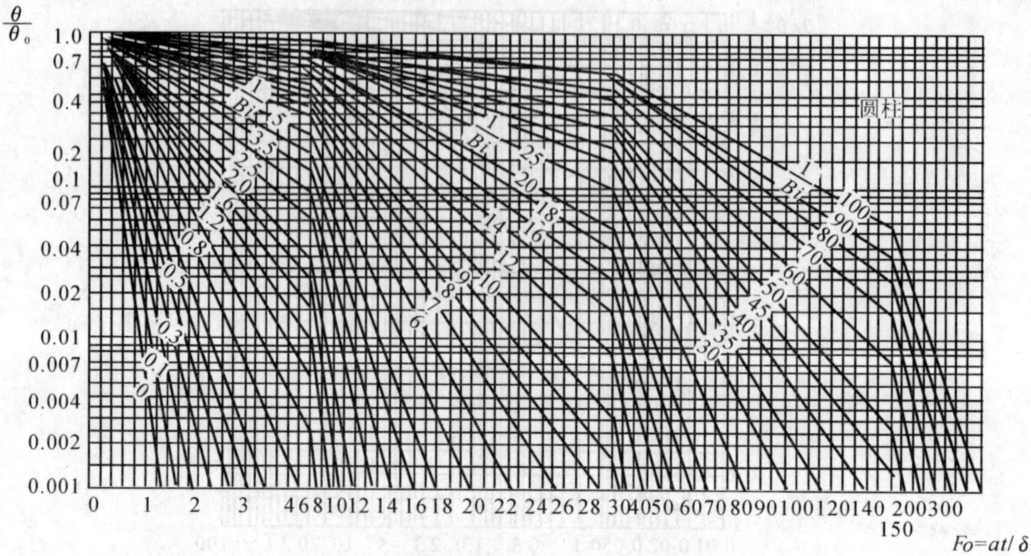

图 9.14　无限长圆柱中心温度的诺谟图

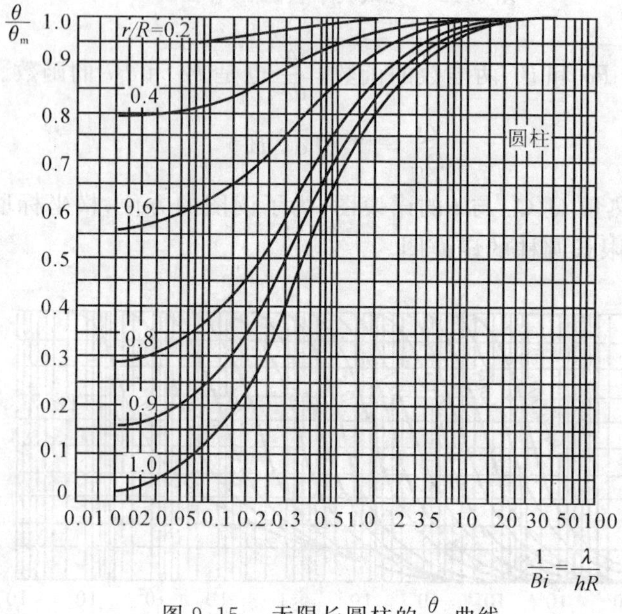

图 9.15　无限长圆柱的$\dfrac{\theta}{\theta_m}$曲线

$$\frac{x}{\delta} = 1$$

先算出 Bi 为

$$Bi = \frac{h\delta}{\lambda} = \frac{174 \times 0.1}{34.8} = 0.5$$

从图 9.12 查得，在平板表面上$\dfrac{\theta}{\theta_m} = \dfrac{\theta_W}{\theta_m} = 0.80$（此处 θ_W 为表面上的过余温度）。根据已知条件，表面上的无量纲过余温度$\dfrac{\theta_W}{\theta_m}$ 为

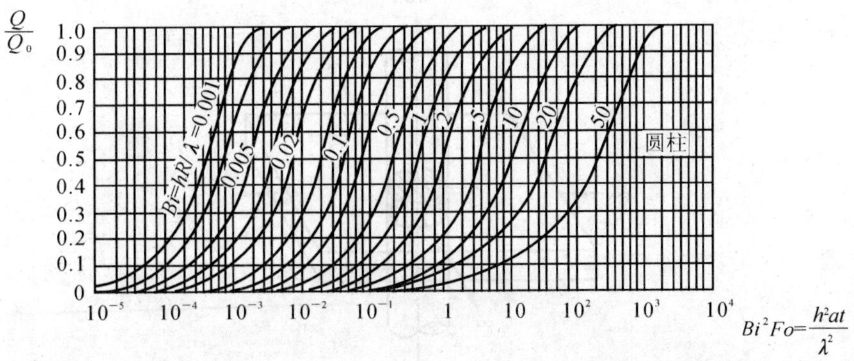

图 9.16　无限长圆柱(半径 R)中累计热量$\frac{Q}{Q_0}$与时间 t 的诺谟图

$$\frac{\theta_W}{\theta_0}=\frac{T_W-T_f}{T_0-T_f}=\frac{1\ 073-1\ 473}{303-1\ 473}=0.34$$

平板中心无量纲过余温度$\frac{\theta_m}{\theta_0}$为

$$\frac{\theta_m}{\theta_0}=\frac{\theta_W}{\theta_0}\frac{\theta_m}{\theta_W}=\frac{0.34}{0.80}=0.425$$

由$\frac{\theta_m}{\theta_0}$及 Bi 之值，从图 9.11 中查得 $Fo=1.6$，由此推算出

$$t=1.6\frac{\delta^2}{a}=1.6\times\frac{0.1^2}{0.555\times10^{-5}}=2\ 880\ \text{s}=0.8\ \text{h}$$

(2) 由已知条件得

$$Bi^2Fo=\frac{h^2at}{\lambda^2}=\frac{(174)^2\times0.555\times10^{-5}\times2\ 880}{(34.8)^2}=0.40$$

从图 9.13 中查得 $Q/Q_0=0.88$，再从已知条件得 $\rho c=\frac{\lambda}{a}=6.27\times10^6$，于是每平方米截面的累计热量为

$$Q=0.88Q_0=0.88\times2\times0.1\times6.27\times10^6\times(30-1\ 200)=-1.29\times10^9\quad\text{J}$$

负号表示热量从炉子传入钢板。

9.8　简单多维非稳态导热

在实际中经常会遇到二维和三维的非稳态导热问题，例如有限长度的圆柱体、平行六面体等。这些形状较规则的物体可以看成是由平板与圆柱垂直相交构成，或有几块平板垂直相交构成。如图 9.17 所示平板与圆柱垂直相交构成有限长度的圆柱；如图 9.18 所示两个平板垂直相交构成无限长矩形截面的棱形体；如图 9.19 所示三个平板垂直相交构成的平行六面体。对于这些形状的物体，在第三类边界条件和表面温度为常数的第一类边界条件下的导热问题，数学上已经证明：该类多维问题的解等于各个坐标上一维解的乘积。也就是说，当以过余温度的形式表达时，多维问题的解等于各坐标一维解的乘积。若以物体中心过余温度为例，其表达式为

二维
$$\frac{\theta_m}{\theta_0}=\left(\frac{\theta_m}{\theta_0}\right)_x\left(\frac{\theta_m}{\theta_0}\right)_y \tag{9.83}$$

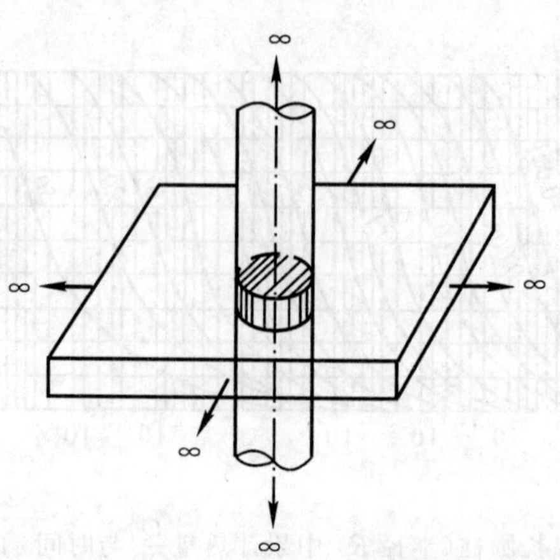

图 9.17　无限长圆柱与无限大平板正交形成的有限长圆柱

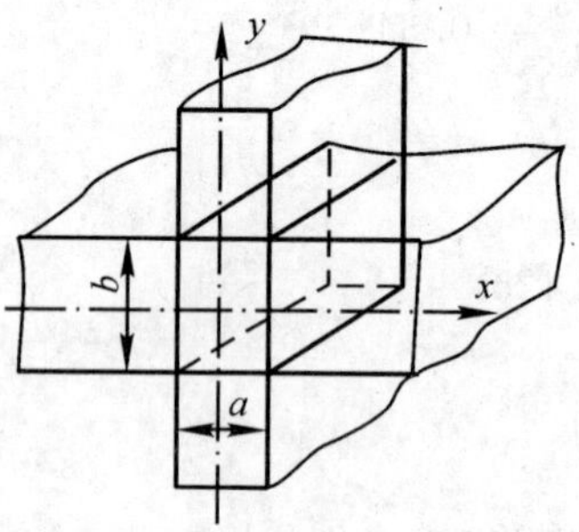

图 9.18　两块无限大平板正交形成的无限长棱形体

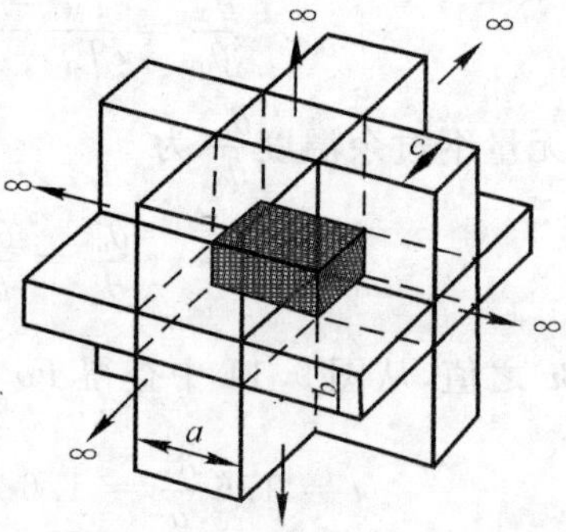

图 9.19　三块无限大平板正交形成的平行六面体

三维

$$\frac{\theta_{\mathrm{m}}}{\theta_0}=\left(\frac{\theta_{\mathrm{m}}}{\theta_0}\right)_x\left(\frac{\theta_{\mathrm{m}}}{\theta_0}\right)_y\left(\frac{\theta_{\mathrm{m}}}{\theta_0}\right)_z \tag{9.84}$$

式中，x，y，z 表示不同坐标。采用这种方法，能够利用无限大平板和无限长圆柱体的一维解求解二维和三维物体的导热，简化了多维问题的求解。

例 9.6　三边尺寸为 $2\delta_1=0.4\ \mathrm{m}$，$2\delta_2=0.6\ \mathrm{m}$，$2\delta_3=0.8\ \mathrm{m}$ 的钢锭(见图 9.19)，初温 $t_0=20℃$，在炉温为 1 200℃ 的加热炉内加热，求 4 h 后钢锭的最低温度与最高温度。已知钢锭的 $\lambda=40.5\ \mathrm{W/(m\cdot ℃)}$，热量传输系数 $a=0.722\times10^{-5}\ \mathrm{m^2/s}$，边界上的表面传热系数 $h=280\ \mathrm{W/(m^2\cdot ℃)}$。

解　问题的解可由三块相应的无限大平板的解得出。最低温度位于钢锭的中心，及三块无限大平板中心截面的交点上，而最高温度则位于钢锭的顶角上，即三块平板表面的公共交点上。

取钢锭中心为原点，板 1,2,3 的法线方向为坐标轴 x，y，z，则有

$$(Bi)_x=\frac{h\delta_1}{\lambda}=\frac{280\times0.2}{40.5}=1.38$$

$$(Fo)_x=\frac{at}{\delta_1^2}=\frac{0.722\times10^{-5}\times4\times3\ 600}{0.2^2}=2.60$$

$$(Bi)_y=\frac{h\delta_2}{\lambda}=\frac{280\times0.3}{40.5}=2.07$$

$$(Fo)_y = \frac{at}{\delta_2^2} = \frac{0.722 \times 10^{-5} \times 4 \times 3\,600}{0.3^2} = 1.155$$

$$(Bi)_z = \frac{h\delta_3}{\lambda} = \frac{280 \times 0.4}{40.5} = 2.765$$

$$(Fo)_z = \frac{at}{\delta_3^2} = \frac{0.722 \times 10^{-5} \times 4 \times 3\,600}{0.4^2} = 0.650$$

令 θ_W 表示表面过余温度，根据以上准数查图 9.11 和图 9.12，得

$$\left(\frac{\theta_m}{\theta_0}\right)_x = 0.11 \quad \left(\frac{\theta_m}{\theta_0}\right)_y = 0.27 \quad \left(\frac{\theta_m}{\theta_0}\right)_z = 0.46$$

$$\left(\frac{\theta_W}{\theta_0}\right)_x = 0.07 \quad \left(\frac{\theta_W}{\theta_0}\right)_y = 0.11 \quad \left(\frac{\theta_W}{\theta_0}\right)_z = 0.18$$

钢锭中心的过余温度准则为

$$\frac{\theta_m}{\theta_0} = \left(\frac{\theta_m}{\theta_0}\right)_x \left(\frac{\theta_m}{\theta_0}\right)_y \left(\frac{\theta_m}{\theta_0}\right)_z = 0.11 \times 0.27 \times 0.46 = 0.0133\,66$$

故钢锭的最低温度为

$$T_m = 0.013\,66\theta_0 + T_f = [0.013\,66 \times (293 - 1\,473) + 1\,473]\text{K} = 1\,457\text{ K}$$

为求钢锭的最高温度，先求三块平板表面的过余温度准则为

$$\left(\frac{\theta_W}{\theta_0}\right)_x = \left(\frac{\theta_m}{\theta_0}\right)_x \left(\frac{\theta_W}{\theta_m}\right)_x = 0.11 \times 0.07 = 0.007\,7$$

$$\left(\frac{\theta_W}{\theta_0}\right)_y = \left(\frac{\theta_m}{\theta_0}\right)_y \left(\frac{\theta_W}{\theta_m}\right)_y = 0.27 \times 0.11 = 0.029$$

$$\left(\frac{\theta_W}{\theta_0}\right)_z = \left(\frac{\theta_m}{\theta_0}\right)_z \left(\frac{\theta_W}{\theta_m}\right)_z = 0.46 \times 0.18 = 0.082\,8$$

钢锭顶角的过余温度准则为

$$\frac{\theta}{\theta_0} = \left(\frac{\theta_W}{\theta_0}\right)_x \left(\frac{\theta_W}{\theta_0}\right)_y \left(\frac{\theta_W}{\theta_0}\right)_z = 0.007\,7 \times 0.029 \times 0.082\,8 = 1.839 \times 10^{-5}$$

故钢锭的最高温度为

$$T = 0.001\,81\theta_0 + T_f = [\,1.849 \times 10^{-5} \times (293 - 1\,473) + 1\,473]\text{ K} = 1\,472\text{ K}$$

习题与思考题

1. 大平壁厚度为 δ，两侧温度分别为 T_1，T_2，若其导热系数为 $\lambda = \lambda_0(1 + bT^2)$，试推导其导热通量。

2. 试推导有内热源的、变导热系数的一维稳态导热微分方程。

3. 非稳态传热中薄材是如何确定的？判定薄材或厚材有何意义？

4. 某熔炼炉的平壁炉墙面积为 50 m^2，有两层耐火材料构成，内层为镁砖，外层为黏土砖，两层厚度均为 250 mm。假设两层紧密接触，若已知炉内为 1 300℃，外表面温度为 100℃，求炉墙散失热量及两层间温度。

5. 某加热炉的平壁炉墙面积为 120 m^2，有三层耐火材料构成，内层硅砖厚为 200 mm，中层黏土砖厚为 300 mm，外层钢板厚度为 8 mm，假设三层紧密接触，若已知炉内为 1 250℃，外表面温度为 100℃，求炉墙散失热量及两层中间温度。

6. 某平壁炉墙，厚度为 200 mm，两表面温度分别为 500℃ 与 60℃，炉墙导热系数 $\lambda = 0.65 + 0.50 \times 10^{-3} T$，试求单位面积热阻和导热通量。

7. 圆筒形炉壁由两层耐火材料组成，内层为镁砖，外层为黏土砖，层间密接触，内层内、外直径分别为 3 m 和 3.6 m，外层的外直径为 3.9 m，表面温度分别为 1 250℃ 与 100℃，求导热通量与中间温度。

8. 一蒸汽管外敷两层隔热材料，厚度相同，若外层的平均直径为内层平均直径的二倍，而内层材料的导热系数为外层材料的二倍。现若将两种材料的位置对换，其他都不变，问两种情况下的散热热通量有何变化？

9. 某热风管道的内、外直径分别为 160 mm 和 170 mm，管外包扎厚度为 60 mm 的石棉隔热层。若已知管道内表面温度为 280℃，石棉隔热层外表面温度为 48℃；且已知管壁和石棉的导热系数分别为 56.5 W/(m·℃) 和 0.12 W/(m·℃)。求每米长管道的热损失和两层接触界面温度。

10. 外径为 100 mm 的蒸汽管道，要求散热量小于 180 W/m^2，试确定矿渣棉作隔热材料包扎层的最小厚度。设蒸汽管外表面温度为 450℃，隔热层外表面温度为 50℃。

11. 直径 100 mm。的铜棒，在 900℃ 的恒温炉内加热，初始温度为 20℃，若已知表面综合传热系数为 149$W/(m^2 \cdot ℃)$，将钢棒加热到表面温度为 600℃ 要多少时间？（物性参数 $\lambda = 56$ W/(m·℃)，$C = 0.42$ kJ/(kg·℃)，$\rho = 8\,360$ (kg/m^3)）

12. 厚 200 mm 的钢板坯在 1 300℃ 恒温下两面对称加热，板坯初温为 30℃，表面综合传热系数为 180 $W/(m^2 \cdot ℃)$。已知 $\lambda = 56$ W/(m·℃)，$a = 7 \times 10^{-6}$ m^2/s，试确定：(1) 钢板加热 1 h 后的表面温度及断面温度差；(2) 钢板表面加热到 1 200℃ 时的加热时间及断面温差。

第 10 章　对流传热

运动着的流体微元以内能的形式携带能量由一处移向另一处，此类热量传递过程称为对流传热。在对流传热过程中，流体的运动、温度场和速度场将发生互相作用。对流传热的问题必然涉及动量传输的基本知识。

本章将在前文讨论的运动方程、连续性方程和能量方程基础上，运用边界层和湍流理论，解释对流传热的机理和无量纲数。重点研究对流传热系数的确定方法。

10.1　对流传热的基本概念

一、概　述

流体流动的条件下，两种流体之间或流体与其接触的壁面之间发生的传热过程称为对流传热（或对流换热）。对流传热通常有以流体宏观位移、掺混而引起的对流传热，也有以分子微观运动为基础，取决于温度梯度的导热传热。流体流动的起因、流动性质、流体物性、表面几何特征等均对对流传热有重要的影响。按流体流动的起因，有强制对流传热和自然对流传热；按流体的流动性质，有层流对流传热和湍流对流传热；此外，流体在传热中有无相变时有沸腾或冷却等传热过程。强制对流与自然对流由于对流的起因不同，描述其流动的微分方程式就不同，相应地有各自的传热规律。所以，在对流传热问题中，对强制对流传热和自然对流传热两大类进行讨论。

二、牛顿冷却公式

对流传热计算采用牛顿冷却公式，即

$$Q = h(T_f - T_W)A \quad \text{W} \tag{10.1}$$

或

$$q = h(T_f - T_W) \quad \text{W/m}^2 \tag{10.2}$$

式中，T_f，T_W 分别为流体和表面温度（℃）；A 为传热面积（m^2）；h 为对流传热系数（$W/m^2 \cdot C$）。

牛顿冷却公式实质上仅为对流传热系数 h 给出了定义式，其物理意义是每单位面积、单位时间和单位温度差的对流传热量，它对对流传热这一复杂过程没有作到实质性的描述，只是将所有影响对流传热的因素都集中在对流传热系数上。因此，研究对流传热主要任务就是确定不同条件下对流传热系数。

三、热边界层概念与对流传热机理

1. 层流与湍流热边界层

当流体流过一平面时，在靠近表面附近会形成一层具有速度梯度的速度边界层(动量附面层)，同时，若由于流体与表面温度不同而发生对流传热，此时，在靠近表面附近，将会形成一个具有温度梯度的热边界层(热附面层)。

热边界层有层流与湍流之分，其厚度是随流体流入表面的距离增加而加厚，随雷诺数 Re 的增加而减薄。在热边界层外为等温区，温度梯度为零，热边界层内温度分布因边界层性质不同而不同，层流热边界层内温度分布为线性，且流体与表面间对流传热主要是靠传导传热；而湍流热边界层内温度分布比较复杂，传热机理也要复杂得多。

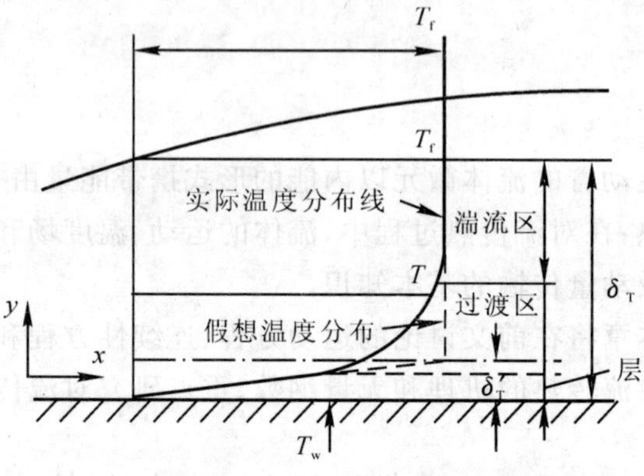

图 10.1　热边界层的三个区域

2. 湍流热边界层的三个区域

沿流体流动的法线方向，湍流热边界层可以依次划分为湍流区，过渡区，层流底层区，如图 10.1 所示。湍流区靠近主流，流体湍流涡动强烈，y 方向的分速度 u_y 甚大，故质点对流热量传输作用远大于分子微观运动的导热作用，且因湍流扰动强列，流体掺混作用也大，所以认为该区为热阻极小的等温区；过渡区湍流已减弱，u_y 的减小使得质点对流传热作用和导热作用相当，热阻明显增加，温度梯度不可忽视；靠近表面的层流底层区，u_y 趋于零，对流作用消失，传热几乎全靠导热，故热阻大，温度梯度大，因此，在对流传热中，该层是限制传热的重要环节。

3. 对流传热的简化模型

为了强调靠近表面一层流体层的导热作用，根据上述热边层的三个区域在对流传热中的作用，提出如下假定：流体流过表面并与之发生对流传热时，只有湍流核心区和层流区，且核心区温度均匀，不存在热阻；层流区集中了对流传热全部的热阻，且层内温度呈线性分布，只有导热作用，甚至可认为该层为附于表面上的一停滞的流体层，对流传热是通过该停滞层的导热过程。该流层的厚度相当于过实际温度分布线的两切线交点到平面的距离 δ_T'，如图 10.1 中虚线所示，即该线为对流传热简化模型的假想度分布线，δ_T' 称为有效热边界层厚度。

由于假定对流传热为停滞层的导热，则根据单层平壁导热算式，得对流传热量为

$$Q = \frac{\lambda}{\delta_T'}(T_f - T_W)A \tag{10.3}$$

与牛顿冷却公式比较得

$$h = \frac{\lambda}{\delta_T'} \tag{10.4}$$

式(10.4)是根据对流传热简化模型得到的对流传热系数，由式(10.4)可知，对流传热系数 h 仅与流体导热系数 λ 和有效边界厚度 δ_T' 有关，似乎与其他因素无关。实际上是将流体流动性质、流动起因、流速大小、流体物性和表面形状、大小及方向等因素的影响都归于有效热边界

层厚度 δ_T' 中。因此在对流传热中，研究 δ_T' 是很重要的。

四、对流传热系数

流体在表面($y=0$)处，速度降到零，故通过该处的对流传热为导热，由傅里叶定律，导热量为

$$q = -\lambda \frac{\partial T}{\partial y}\bigg|_{y=0} \tag{10.5}$$

由牛顿冷却公式，该热量是

$$q = h(T_f - T_W) \tag{10.6}$$

故

$$h = \frac{-\lambda \dfrac{\partial T}{\partial y}\bigg|_{y=0}}{T_f - T_W} = \frac{-\lambda \dfrac{\partial T}{\partial y}\bigg|_{y=0}}{\Delta T} \tag{10.7}$$

式(10.7)称为对流传热系数的计算公式，或称边界给热微分方程。该方程概括了边界导热这一主要因素，确定了边界温度和对流传热系数的关系。因此，只要求得热边界层温度场，根据式(10.7)可得到对流传热系数 h，这是精确法和近似积分法求解传热系数的依据。

五、对流传热系数的求解方法

确定对流传热系数有多种方法，常用有下面几种方法。

1. 数学分析法

精确解法：根据能量平衡原理，通过分析微元体对流传热，建立描述对流传热的微分方程，然后再与边界给热微分方程联解求得对流传热系数。此法仅适用于求解一些较简单的对流传热问题。

近似积分法：分析控制体对流传热，建立积分方程，并在求得温度场的近似关系后，联解积分方程和边界微分方程得到对流传热系数。

数值解法：采用数值方法求解能量微分方程，以确定对流数。

2. 相似原理 —— 模型实验法

根据相似原理，进行模型实验，确定对流传热系数。此法对数学分析法无法求解的复杂对流传热问题是行之有效的方法。因此这种求解方法得到了广泛应用。

4. 比拟法

在动量传输与热量传输过程相似的基础上，通过动量传输相关关系确定对流传热系数。也可进行动量、热量和质量的三传过程的比拟。

10.2 流体流过平板时的强制对流传热

一、层流边界层对流传热微分方程

在平板稳态层流边界层条件下，由傅里叶-克希荷夫导热微分方程式(9.15)简化得层流边界微分方程，以二维为例：

能量方程

$$u_x \frac{\partial T}{\partial x} + u_y \frac{\partial T}{\partial y} = a \frac{\partial^2 T}{\partial y^2}$$

动量方程
$$u_x \frac{\partial u_x}{\partial x} + u_y \frac{\partial u_y}{\partial y} = v \frac{\partial^2 u_x}{\partial y^2}$$

连续性方程
$$\frac{\partial u_x}{\partial x} + \frac{\partial u_y}{\partial y} = 0$$

组成平板层流边界层微分方程组。理论上讲解此方程组可得到边界层温度场，再由式(10.7)就可求得对流传热系数 h，这就是精确解法，这里不作介绍。从方程组看，能量方程和动量方程非常相似。如果热量传输系数 a 和动量传输系数 v 在数值上相等，则速度场和温度场在形式上也将相似；如果 $a \neq v$ 时，则速度场分布和温度场分布不相同。但 a 和 v 的相对值对对流传热有重要影响，因为温度场和速度场密切相关。

二、近似积分法求对流传热系数

卡门在 1921 年提出了一种近似求对流传热的方法，称为边界层积分方程组法。为了区别于边界层微分方程组的解，把积分方程组的解称为近似积分解或近似解。在求解动量传输问题时近似积分法已有了成功的例子。近似积分法求解对流传热系数时有两个要点：一是通过边界层控制体热平衡建立能量积分方程；二是从经验出发，假设一个温度场的近似方程。在此基础上求解积分方程，进而求得对流传热系数。

1. 边界层能量积分方程

假定在稳定的、无内热源的常物性流体中，且流体流速不高，可忽略流体黏性引起的热耗散，流体以层流流过平板，其动量边界层和热边界层厚度分别为 δ 和 δ_T，且 $\delta > \delta_T$，边界层外主流速度为 u_0，温度为 T_f，平板表面温度为 T_W，取控制体 $\Delta x, L, 1$，且 $L > \delta$，如图 10.2 所示。

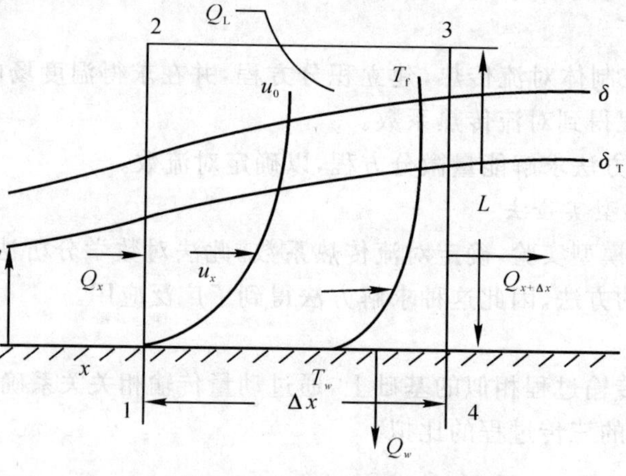

图 10.2 层流边界层控制体

根据能量守恒定律，控制体的能量平衡方程式为

$$\text{进入控制体的热量} = \text{流出控制体的热量} \tag{10.8}$$

由 1—2 面流体带进控制体的热量为

$$Q_x = \int_0^L \rho c u_x T \mathrm{d}y \tag{10.9}$$

由 3—4 面流体带进控制体的热量为

$$Q_{x+\Delta x} = \int_0^L \rho c u_x T \mathrm{d}y + \frac{\mathrm{d}}{\mathrm{d}x}\left[\int_0^L \rho c u_x T \mathrm{d}y\right]\Delta X \tag{10.10}$$

通过 2—3 带入控制体的热量为

$$Q_L = \left[\int_0^L \rho c u_x T_f \mathrm{d}y + \frac{\mathrm{d}}{\mathrm{d}x}\left(\int_0^L \rho c u_x T_f\right)\Delta x\right] - \int_0^L \rho c u_x T_f \mathrm{d}y = \frac{\mathrm{d}}{\mathrm{d}x}\left(\int_0^L \rho c u_x T_f\right)\Delta x \tag{10.11}$$

因边界层外流体温度为 T_f，故 Q_L 中温度为 T_f。

由平板表面 1—4 进入微元体的热量可由傅里叶定律得到

$$Q_W = -\lambda \frac{\partial T}{\partial y}\bigg|_{y=0} \Delta x \tag{10.12}$$

由式(10.8) 热平衡式得

$$Q_x + Q_L + Q_W = Q_{x+\Delta x}$$

即

$$\int_0^L \rho c u_x T \mathrm{d}y + \frac{\mathrm{d}}{\mathrm{d}x}\left(\int_0^L \rho c u_x T_f \mathrm{d}y\right)\Delta x - \lambda \frac{\partial T}{\partial y}\bigg|_{y=0} \Delta x = \int_0^L \rho c u_x T \mathrm{d}y + \frac{\mathrm{d}}{\mathrm{d}x}\left(\int_0^L \rho c u_x T \mathrm{d}y\right)\Delta x$$

经整理得

$$\frac{\mathrm{d}}{\mathrm{d}x}\left[\int_0^L (T_f - T)u_x \mathrm{d}y\right] = a\frac{\partial T}{\partial y}\bigg|_{y=0} \tag{10.13}$$

把式(10.13) 积分限分为$(0 \sim \delta_T)$ 和$(\delta_T \sim L)$ 两段，即$\int_0^L = \int_0^{\delta_T} + \int_{\delta_T}^L$，而在$(\delta_T \sim L)$ 段由于 $T = T_f$，则$\int_{\delta_T}^L = 0$，故简化为

$$\frac{\mathrm{d}}{\mathrm{d}x}\left[\int_0^{\delta_T} (T_f - T)u_x \mathrm{d}y\right] = a\frac{\partial T}{\partial y}\bigg|_{y=0} \tag{10.14}$$

式(10.14) 为常物性，无内热源体系的层流边界层能量积分方程。把该式与层流边界层动量积分方程相比

$$\frac{\mathrm{d}}{\mathrm{d}x}\left[\int_0^{\delta} (u_0 - u_x)u_x \mathrm{d}y\right] = v\frac{\partial u_x}{\partial y}\bigg|_{y=0}$$

可看到对流传热与动量传输的类似性。

2. 层流边界层温度场方程

设温度场方程为

$$T = a_1 + a_2 y + a_3 y^2 + a_4 y^3 \tag{10.15}$$

要确定该方程 4 个待定系数，需要 4 个已知的，且符合边界层特点的条件，即

$$y = 0 \text{ 时}, \quad T = T_W$$

$$y = \delta_T \text{ 时}, \ T = T_f, \text{且} \ \frac{\partial T}{\partial y} = 0$$

$y = 0$ 时，$u_x = u_y = 0$，由式

$$u_x\frac{\partial T}{\partial x} + u_y\frac{\partial T}{\partial y} = a\frac{\partial^2 T}{\partial y^2}$$

得$\frac{\partial^2 T}{\partial y^2}$，据此解得

$$a_1 = T_W, \quad a_2 = \frac{3}{2}\ \frac{T_f - T_W}{\delta_T}$$

$$a_3 = 0, \quad a_4 = -\frac{1}{2}\frac{T_f - T_W}{\delta_T^3}$$

代入式(10.15)，得温度场方程

$$\Theta = \frac{Q}{Q_f} = \frac{T - T_W}{T_f - T_W} = \frac{3}{2}\left(\frac{y}{\delta_T}\right) - \frac{1}{2}\left(\frac{y}{\delta_T}\right)^3 \tag{10.16}$$

层流边界层速度场方程为

$$\frac{u_x}{u_0} = \frac{3}{2}\left(\frac{y}{\delta}\right) - \frac{1}{2}\left(\frac{y}{\delta}\right)^3 \tag{10.17}$$

可见温度场方程与速度场方程也是十分类似的。

3. 能量积分方程的解

将温度场方程和速度场方程代入能量积分方程式(10.14)，然后进行积分得

$$\frac{\mathrm{d}}{\mathrm{d}x}\left\{\Theta u_0 \delta\left[\frac{3}{20}\left(\frac{\delta_T}{\delta}\right)^2 - \frac{3}{280}\left(\frac{\delta_T}{\delta}\right)^4\right]\right\} = \frac{3}{2}a\frac{\Theta}{(\delta_T/\delta)\delta} \tag{10.18}$$

因 $\delta_T/\delta \leqslant 1$，故可忽略其四次方项，然后利用 $\delta = 4.64\left(\frac{v}{u_0 x}\right)^{\frac{1}{2}}$ 消去式(10.18)中的 δ，同时又保留(δ_T/δ)，于是

$$\left(\frac{\delta_T}{\delta}\right)^3 + \frac{4}{3}x\frac{\mathrm{d}(\delta_T/\delta)^3}{\mathrm{d}x} = \frac{13}{14}\frac{a}{v} \tag{10.19}$$

若平板存在着 $0 < x < x_0$ 的未受热段，且当 $x \geqslant x_0$ 时，平板温度保持在 T_W。所以当 $x \leqslant x_0$ 时，温度边界层厚度 $\delta_T = 0$，即 $\delta_T/\delta = 0$，在此条件下，对式(10.19)分离变量得

$$\int_0^{\delta_T/\delta}\left[\frac{13}{14}\frac{a}{v} - \left(\frac{\delta_T}{\delta}\right)^3\right]^{-1}\mathrm{d}\left(\frac{\delta_T}{\delta}\right)^3 = \frac{3}{4}\int_{x_0}^{x}\frac{\mathrm{d}x}{x}$$

经积分得

$$\frac{\delta_T}{\delta} = \frac{1}{1.026}\left(\frac{a}{v}\right)^{\frac{1}{3}}\left[1 - \left(\frac{x_0}{x}\right)^{\frac{3}{4}}\right]^{\frac{1}{3}} \tag{10.20}$$

如果不存在未受热段，即整个平板温度保持在 T_W 时，则 $x_0 = 0$，并且令 $Pr = \frac{v}{a}$ 于是

$$\frac{\delta_T}{\delta} = \frac{1}{1.026}Pr^{-\frac{1}{3}} \tag{10.21}$$

其中 $Pr = \frac{v}{a}$ 称为普兰特准数。由式(10.21)可知，它是表征温度边界层和速度边界层相对厚度的一个重要准数，此准数将两种边界层紧密地联系起来了。若 $Pr = 1$，即 $a = v$，则 $\delta_T = \delta$，速度场与温度一致。

4. 对流传热系数

由动量边界层方程式得

$$\delta = 4.64\left(\frac{v}{u_0 x}\right)^{\frac{1}{2}} = 4.64xRe_x^{-1/2} = \left(\frac{280}{13}\right)^{\frac{1}{2}}xRe_x^{-1/2}$$

代入式(10.21)得

$$\frac{\delta_T}{x} = 4.522Pr^{-\frac{1}{3}}Re_x^{-1/2} \tag{10.22}$$

式(10.22)为热边界层厚度计算式。由此可知，热边界层随流体流入平板距离的增加而加厚，

而随雷诺数的增加而减薄。

由对流传热系数表达式

$$h = \frac{-\lambda \left.\frac{\partial T}{\partial y}\right|_{y=0}}{T_f - T_W} \tag{10.23}$$

将$\left.\frac{\partial T}{\partial y}\right|_{y=0} = \frac{3}{2}\frac{T_f - T_W}{\delta_T}$(由式(10.16)得来),和式(10.22)代入式(10.23)得

$$h_x = 0.332\lambda x^{-1} Pr^{\frac{1}{3}} Re_x^{1/2} \tag{10.24}$$

经整理得到无因次准数式

$$Nu_x = 0.332 Pr^{1/3} Re_x^{1/2} \tag{10.24a}$$

或

$$St_x Pr^{2/3} = 0.332 Re_x^{-1/2} \tag{10.24b}$$

其中

$$Nu_x = \frac{h_x x}{\lambda} \quad 称为努塞尔特准数$$

$$St_x = \frac{Nu_x}{Re_x Pr} = \frac{h_x}{\rho c u_0} \quad 称为史坦顿准数$$

下标 x 表示距板端为 x 处的局部值。

求平板长为 L 的平均传热系数可按下式计算:

$$h = \frac{1}{L}\int_0^L h_x \mathrm{d}x$$

把式(10.24)代入得

$$h = 0.664\lambda L^{-1} Pr^{1/3} Re^{1/2} \tag{10.25}$$

或

$$Nu = 0.664 Pr^{1/3} Re^{1/2} \tag{10.25a}$$

$$St \cdot Pr^{2/3} = 0.664 Re^{-1/2} \tag{10.25b}$$

式中,$Nu = \frac{hL}{\lambda}$; $Re = \frac{u_0 L}{v}$; $St = \frac{Nu}{RePr} = \frac{h}{\rho u_0 c}$。

式(10.22)~(10.25)只适用于 $\delta_T < \delta$,即 $Pr > 1$ 的流体。一般液体 $Pr = 1 \sim 50$,适用;气体 $Pr = 0.6 \sim 1.0$,近似适用;液体金属 $Pr = 0.001 \sim 0.2$,不适用。另外,以上各式只能用于平板层流边界层对流传热,即 $Re < Re_c = 5 \times 10^5$,$Re > Re_c$ 后,已转入湍流边界层,就不适用了。

在使用各准数时,应注意以下两个问题:一是定型尺寸,即对研究物体或体系有决定性影响的特征尺寸,如平板绕流是以沿流动方向的长度作定型尺寸,管内流动用内径等,通常准数方程的定型尺寸是固定的。二是定性温度,即用以确定各准数中相关物性参数的温度,定性温度的选取主要取决于准数方程的来源,如方程的导出过程或数据整理方法,多数采用 T_W 和 T_f 的平均值,即 $T_m = \frac{T_f + T_W}{2}$。

例 10.1 一个大气压下 20℃ 的空气,以 1.5 m/s 的速度流过温度为 100℃ 的平面炉墙表面,炉宽 1.0 m,长 2.0 m,若不计自然对流影响,求炉墙表面上热边界层厚度及对流传热量。

解 $$T_m = \frac{1}{2}(T_f + T_W) = \frac{1}{2}(100 + 20) = 60\ ℃$$

从附表 2 查得,在 60℃ 下空气的有关物性为

$$v = 18.97 \times 10^{-6}\ \mathrm{m^2/s};\ \lambda = 2.90 \times 10^{-2}\ \mathrm{W/(m \cdot ℃)};\ Pr = 0.696$$

对长 $L = 2.0$ m 的平板有

$$Re_L = \frac{u_0 L}{v} = \frac{1.5 \times 2.0}{18.97 \times 10^{-6}} = 1.58 \times 10^5 < 5 \times 10^5$$

则为层流对流，故由式(10.22)得

$$\delta_T = 4.552 \times Pr^{-1/3} Re_x^{-1/2} = 4.552 \times 2.0 \times 0.696^{-1/3} \times (1.58 \times 10^5)^{-1/2} = 2.6 \times 10^{-2} \text{ m}$$

由式(10.25)得平均传热系数为

$$h = 0.664 \lambda L^{-1} Pr^{1/3} Re_x^{1/2} =$$

$$0.664 \times \frac{2.90 \times 10^{-2}}{2.0} \times 0.696^{-1/3} \times (1.58 \times 10^5)^{-1/2} = 3.39 \text{ W/(m}^2 \cdot ℃)$$

于是传热热量为

$$Q = h(T_W - T_f)A = 3.39 \times (100 - 20) \times 2.0 \times 1.0 = 542.4 \text{ W}$$

10.3　流体在管内流动的强制对流传热

一、管内流动时对流传热的特点

流体在管内流动时，不论是层流或湍流，由于流体黏性的作用，总会出现动量边界层。把流体自管口起到边界层汇合之前的一段距离称为入口段，汇合后的流动称为完全发展流动或定型段流动。同样，也存在着热边界层，也有入口段和定型段即热稳定段之分。但是由于传热的结果，在定型段的温度将继续变化，只是温度分布的特点保持不变，图 10.3 所示为 $T_f > T_W$ 时层流温度沿轴向分布的示意图。

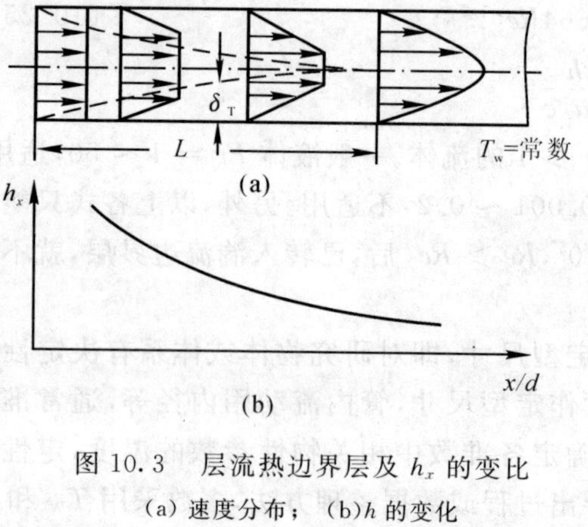

图 10.3　层流热边界层及 h_x 的变比

(a) 速度分布；(b) h 的变化

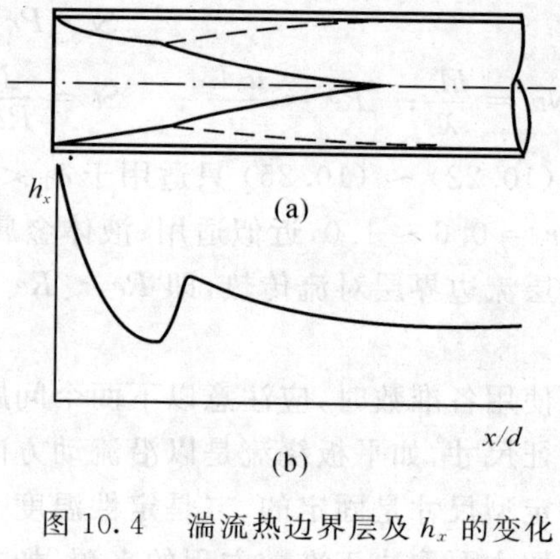

图 10.4　湍流热边界层及 h_x 的变化

(a) 速度边界层；(b) h 的变化

层流时，随着热边界层的变化管内局部对流传热系数 h 沿管长也在不断变化。在入口段由于层流热边界层逐渐增加厚，局部传热系数将逐渐减小，直到边界层汇合后局部传热系数才成为常数，若层流边界层在汇合之前已发展为湍流边界层，从转变点开始，局部传热系数将回升，到热稳定段才变为常数。其变化趋势如图 10.4 所示。一般情况下，层流时，入口段长约为管径的 100 倍；湍流下情况较复杂，与雷诺数 Re 有关，当 Re 足够大时，入口段约为管径的 20 倍。在热稳定段，边界层厚度逐渐增加已在管轴线处汇合，整个管内全被边界层所占据，管内没有速度和温度均匀的主流区。故严格说来，管内流动是不符合前述边界层定义的流动，所以不能用前面介绍的边界层微分方程和积分方程求管内对流传热问题。

二、圆管内层流对流传热

1. 层流微分方程

流体流过半径为R的圆管时，由于流体与管壁之间温度不同而进行热交换。假设流体为不可压缩的常物性流体；无内热源的稳态层流流动；速度、温度分布均已达完全发展的稳定段。

如图10.5所示，在管内截取一与圆管同轴的环形微元体流体层，厚为dr，与轴的距离为r、长为dx，由于管内是层流流动，所以在管子轴方向上流体的轴向导热与对流相比可忽略不计，而在管子径向上只有导热，故管内层流对流传热是轴向对流与径向导热的平衡。

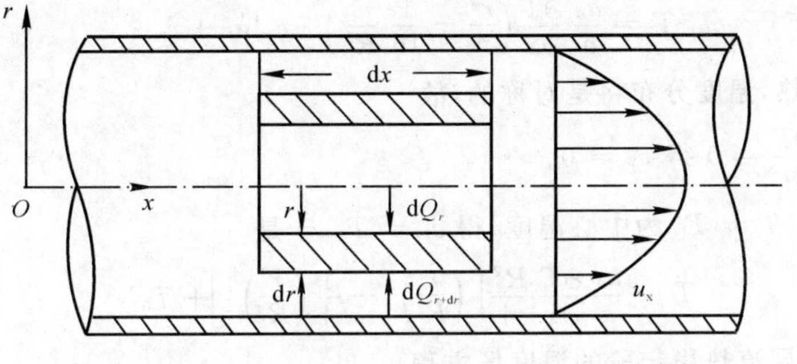

图10.5　圆管内层流对流传热微元体示意图

径向导热传出微元体的热量为

$$dQ_r = -\lambda 2\pi r dx \frac{\partial T}{\partial r} \tag{10.26}$$

径向导热传出微元体的热量为

$$dQ_{r+dr} = -\lambda 2\pi (r+dr) dx \frac{\partial}{\partial x}\left(T + \frac{\partial T}{\partial r}dr\right) \tag{10.27}$$

展开式(10.27)，略去二阶增量 dr^2 项，得

$$dQ_{r+dr} = -\lambda 2\pi \left[r\frac{\partial T}{\partial r} + \frac{\partial}{\partial r}\left(r\frac{\partial T}{\partial r}\right)dr \right] dx \tag{10.28}$$

由式(10.26) 减去式(10.28) 得微元体径向导热收支差量为

$$dQ_{r-\mathrm{cond}} = 2\pi\lambda \frac{\partial}{\partial r}\left(r\frac{\partial T}{\partial r}\right) dr dx \tag{10.29}$$

轴向对流传热微元体的热量收支差量为

$$dQ_{r-\mathrm{conv}} = 2\pi r dr u_x c\rho \frac{\partial T}{\partial x} dx \tag{10.30}$$

由式(10.29) = 式(10.30)，整理得

$$\frac{1}{u_x r}\frac{\partial}{\partial r}\left(r\frac{\partial T}{\partial r}\right) = \frac{1}{a}\frac{\partial T}{\partial x} \tag{10.31}$$

式(10.31) 为圆管内层流热稳定段能量平衡微分方程，求解该方程可得温度场方程。其中方程中 u_x 可用下式代换：

$$u_x = u_0\left[1 - \left(\frac{r}{R}\right)^2\right] \tag{10.32}$$

式中
$$u_0 = u_{\max} = \frac{1}{4\mu}\frac{P_1 - P_2}{L}R^2$$

可以证明，在传热通量 $q_x = \text{const}$ 的条件下，轴向单位距离温度变化$\frac{\partial T}{\partial x}$为常数，则式(10.31) 中仅有一自变量 r，该方程实际上是温度 T 对于径向距离 r 的常微分方程。

2. 温度场的求解

把速度场方程式(10.32) 代入式(10.31) 得

$$\frac{\partial}{\partial r}\left(r\frac{\partial T}{\partial r}\right) = \frac{r}{a}\frac{\partial T}{\partial x}u_0\left[1 - \left(\frac{r}{R}\right)^2\right] \tag{10.33}$$

积分两次

$$T = \frac{u_0}{a}\frac{\partial T}{\partial x}\left(\frac{r^2}{4} - \frac{1}{16}\frac{r^4}{R^2}\right) + c_1\ln r + c_2 \tag{10.33a}$$

设圆管四周对称传热，温度分布将是对称的，故

当 $r = 0$ 时，$\frac{\partial T}{\partial r} = 0$ 得 $c_1 = 0$。

又当 $r = 0$ 时，$T = T_0$ 为中心温度，得 $c_2 = T_0$。于是

$$T = \frac{u_0}{a}\frac{\partial T}{\partial x}\frac{R^2}{4}\left[\left(\frac{r}{R}\right)^2 - \frac{1}{4}\left(\frac{r}{R}\right)^4\right] + T_0 \tag{10.33b}$$

式(10.33b) 为圆管层流热稳定段的温度场方程。

3. 对流传热系数

利用温度场方程和边界对流传热微分方程，可求得对流传热系数。但因管内不存在温度均匀的主流区，故对流传热系数表达式中的流体温度 T_f 必须另行定义，即定义流体平均温度作为管内流动流体的温度为

$$T_f = \overline{T} = \frac{\int_0^R \rho 2\pi r u_x c T \mathrm{d}r}{\int_0^R \rho 2\pi r u_x c \, \mathrm{d}r} \tag{10.34}$$

这一温度相当于温度不均匀时流体混合后的温度，它表示流体在整个截面上的平均温度。

将温度场式(10.33b) 和速度场式(10.32) 代入式(10.34) 得

$$T_f = T_0 + \frac{7}{96}\frac{u_0 R^2}{a}\frac{\partial T}{\partial x} \tag{a}$$

当 $r = R$ 时，$T = T_W$ 为壁面温度，由式(10.33b) 得

$$T_W = T_0 + \frac{3}{16}\frac{u_0 R^2}{a}\frac{\partial T}{\partial x} \tag{b}$$

式(10.33b) 对 r 求导得

$$\left.\frac{\partial T}{\partial r}\right|_{r=R} = \frac{u_0 R}{4a}\frac{\partial T}{\partial x} \tag{c}$$

由对流传热系数表达式

$$h = \frac{-\lambda \left.\frac{\partial T}{\partial r}\right|_{r=R}}{T_f - T_W} \tag{10.35}$$

将式(a)、式(b)、式(c) 代入式(10.35) 得

$$h = \frac{24}{11}\frac{\lambda}{R} = 4.36\frac{\lambda}{d} \tag{10.36}$$

或
$$Nu = \frac{hd}{\lambda} = 4.36 \tag{10.37}$$

式中，$d = 2R$ 为圆管内径。

对于其他不同情况下的管内层流流动的对流传热，同样可得到类似的 $Nu = \text{const}$ 的结果。这些结果反映了管内层流对流传热的实质是流体的导热。

4. 管内层流对流传热的经验式

管内层流对流传热虽然能用式(10.37)来计算，但该式实验结果有较大的偏差，主要是由于该式的解析条件与实际有较大差异，没有考虑流体管内流动中入口段的影响，而问题只是限定在热稳定段，并且忽略了由于流体内部温差引起的附加自然对流传热和流体黏性变化的影响。因此，在实际中，管内层流对流传热常用实验式来计算。其中常用的实验公式如下：

管内层流传热经验式 1 为

$$Nu_{\mathrm{f}} = 0.15Re_{\mathrm{f}}^{0.32}Pr_{\mathrm{f}}^{0.33}(Gr \cdot Pr)_{\mathrm{f}}^{0.1}\left(\frac{Pr_{\mathrm{f}}}{Pr_{\mathrm{W}}}\right)^{0.25}\varepsilon_{\mathrm{L}} \tag{10.38}$$

式中，Gr 为格拉晓夫准数，表示自然对流对传热的影响。

$$Gr = \frac{\beta g d^3}{v^2}\Delta T$$

β 为膨胀系数(1/℃)，对理想气体 $\beta = 1/\mathrm{K}$；g 为重力加速度($\mathrm{m/s^2}$)；ΔT 为温度差(℃)；d 为管内径(m)；v 为流体运动黏度；ε_{L} 为管长修正系数，可由表 10.1 查得。

表 10.1　管长修正系数(ε_{L})

L/d	1	2	5	10	15	20	30	40	750
ε_L	1.90	1.70	1.44	1.28	1.18	1.13	1.05	1.02	1.00

L 为管长。

管内层流传热经验式 2 为

$$Nu = 1.75\left[RePr\frac{d}{L} + 0.012\left(RePr\frac{d}{L}Gr^{1/3}\right)^{3/4}\right]^{1/3}\left(\frac{\mu_{\mathrm{f}}}{\mu_{\mathrm{W}}}\right)^{0.14} \tag{10.39}$$

自然对流较弱时，可用下式计算：

$$Nu_{\mathrm{f}} = 1.86\left(RePr\frac{d}{L}\right)_{\mathrm{f}}^{\frac{1}{3}}\left(\frac{\mu_{\mathrm{f}}}{\mu_{\mathrm{W}}}\right)^{0.14} \tag{10.40}$$

使用以上各式时应注意，式(10.38)和式(10.40)是以 T_{f} 作为定性温度。式(10.39)的定性温度是 T_{m}；各式适用条件为在管内层流下，即 $Re < 2\,300$，并且式(10.39)还要求在 $10^{-2} < Pr\frac{d}{L} < 1$，式(10.40)要求在 $RePr\frac{d}{L} > 10$ 的范围内使用。

例 10.2　水在内径 $d = 0.03$ m，长度 $L = 2.0$ 的水平直管中流动，管内水流速 $u = 0.04$ m/s，平均温度 $T_{\mathrm{f}} = 20$℃，当管壁温度为 $T_{\mathrm{W}} = 60$ ℃ 时，求对流传热系数。

解　$T_{\mathrm{f}} = 20$℃ 时，水的物性参数为

$$v = 1.006 \times 10^{-6}\,(\mathrm{m^2/s});\quad \lambda = 0.599\ \mathrm{W/(m \cdot ℃)}$$
$$\beta = 1.82 \times 10^{-4}\ 1/℃;\quad Pr_{\mathrm{f}} = 7.02$$

当 $T_W = 60℃$ 时，$Pr_W = 2.98$， $\mu_W = 4.699 \times 10^{-4}$ kg/(m·s)

$$Re_f = \frac{ud}{v} = \frac{0.04 \times 0.03}{1.006 \times 10^{-6}} = 1\ 192 < 2\ 300 \quad \text{层流}$$

$$Gr_f = \frac{\beta g d^2 \Delta T}{v^2} = \frac{1.82 \times 10^{-4} \times 9.81 \times 0.03^3 \times (60-20)}{(1.006 \times 10^{-6})^2} = 1.9 \times 10^6$$

可选用式(10.38)计算，其中 $L/d = 66$，$\varepsilon_L = 1$，则

$$Nu_f = 0.15 Re_f^{0.32} Pr_f^{0.33} (GrPr)_f^{0.1} \left(\frac{Pr_f}{Pr_W}\right)^{0.25} \varepsilon_L =$$

$$0.15 \times 1\ 192^{0.32} \times 7.02^{0.33} (1\ 900\ 000 \times 7.02)^{0.1} \times \left(\frac{7.02}{2.98}\right)^{0.25} \times 1 = 19.39$$

故

$$h = Nu \frac{\lambda}{d} = 19.39 \times \frac{0.599}{0.03} = 387.2\ \text{W/(m·℃)}$$

三、管内湍流对流传热

前面用数学分析的方法，求解了层流对流传热的问题。但在工程实际中，湍流比层流对流传热更为普遍。湍流对流传热问题，由于在数学处理上的困难，其数学分析解法还仅限于少数问题，因此湍流对流传热常借助于实验方法来解决，相似原理-模型实验法和比拟法是求解湍流对流传热有效而实用的方法。

1. 相似原理-模型实验法求解对流传热

相似原理-模型实验法的基本原理在第4章已详细论述，现将这种方法用于解决管内湍流对流传热问题。相似原理-模型实验法，首先是导出描述对流传热的相关相似准数，即在描述对流传热微分方程的基础上，通过相似转换得到相关准数。通常对流传热的有关微分方程有：傅里叶-克希荷夫导热微分方程，边界给热微分方程以及奈维-斯托克斯方程和连续性方程。其次是建立适应传热过程的准数方程，再进行实验得到准数方程中待定常数，最后获得对流传热的实验公式。下面说明这种方法的具体过程。

(1) 相似转换。相似转换是将描述对流传热的各微分方程，通过相似转换，得到表征对流传热主要特征的热相似准数。相似转换时，各微分方程互不相干，可分别转换。

奈维-斯托克斯方程

$$Re = \frac{uL}{v} = \frac{u\rho L}{\mu} \quad \text{表征速度场相似的雷诺准数}$$

$$Gr = \frac{\beta g L^3}{v^2} \Delta T \quad \text{表征浮升力相似的格拉晓夫准数}$$

下面介绍傅里叶-克希荷夫导热微分方程和边界微分方程相似转换。

设有相似的 A，B 两传热系统。对 A 系统有

$$\frac{\partial T_1}{\partial t_1} + u_{x1} \frac{\partial T_1}{\partial x_1} + u_{y1} \frac{\partial T_1}{\partial y_1} + u_{z1} \frac{\partial T_1}{\partial z_1} = a_1 \left(\frac{\partial^2 T_1}{\partial x_1^2} + \frac{\partial^2 T_1}{\partial y_1^2} + \frac{\partial^2 T_1}{\partial z_1^2}\right)$$

和

$$h_1 = \frac{-\lambda_1 \frac{\partial T_1}{\partial y_1}}{\Delta T_1}$$

对 B 系统有

$$\frac{\partial T_2}{\partial t_2} + u_{x2} \frac{\partial T_2}{\partial x_2} + u_{y2} \frac{\partial T_2}{\partial y_2} + u_{z2} \frac{\partial T_1}{\partial z_2} = a_2 \left(\frac{\partial^2 T_2}{\partial x_2^2} + \frac{\partial^2 T_2}{\partial y_2^2} + \frac{\partial^2 T_2}{\partial z_2^2}\right)$$

和
$$h_2 = \frac{-\lambda_2 \frac{\partial T_2}{\partial y_2}}{\Delta T_2}$$

令
$$\frac{x_2}{x_1} = \frac{y_2}{y_1} = \frac{z_2}{z_1} = \frac{L_2}{L_1} = C_L$$
$$\frac{u_{x2}}{u_{x1}} = \frac{u_{y2}}{u_{y1}} = \frac{u_{z2}}{u_{z1}} = \frac{u_2}{u_1} = C_u$$
$$\frac{T_2}{T_1} = \frac{\Delta T_2}{\Delta T_1} = C_T$$
$$\frac{t_2}{t_1} = C_t;\ \frac{a_2}{a_1} = C_a;\ \frac{h_a}{h_1} = C_h;\ \frac{\lambda_2}{\lambda_1} = C_\lambda$$

将 B 系统量用 A 系统量表示
$$x_2 = C_L x_1,\quad y_2 = C_L y_1,\cdots,L_2 = C_L L_1$$
$$u_{x_2} = C_u u_{x_1},\quad u_{y_2} = C_u u_{y_1},\cdots,u_2 = C_u u_1$$
$$T_2 = C_T T_1,\quad \Delta T_2 = C_T \Delta T_1,\quad t_2 = C_t t_1$$
$$a_2 = C_a a_1,\quad h_2 = C_h h_1,\quad \lambda_2 = C_\lambda \lambda_1$$

并代入 B 系统方程
$$\frac{C_T}{C_t}\frac{\partial T_1}{\partial t_1} + \frac{C_u C_T}{C_L}\left(u_{x_1}\frac{\partial T_1}{\partial x_1} + u_{y_1}\frac{\partial T_1}{\partial y_1} + u_{z_1}\frac{\partial T_1}{\partial z_1}\right) = \frac{C_a C_T}{C_L^2} a_1 \left(\frac{\partial^2 T_1}{\partial x_1^2} + \frac{\partial^2 T_1}{\partial y_1^2} + \frac{\partial^2 T_1}{\partial z_1^2}\right)$$
$$C_h h_1 = -\frac{C_\lambda}{C_L}\frac{\lambda_1 \frac{\partial T_1}{\partial y_1}}{\Delta T_1}$$

当 A,B 两系统相似时,应遵循同一方程,则与原 A 系统比较,应有
$$\frac{C_T}{C_t} = \frac{C_u C_T}{C_L} = \frac{C_a C_T}{C_L^2} = 1$$
$$C_h = \frac{C_\lambda}{C_L}$$

由此可得相似常数的制约关系
$$\frac{C_T}{C_t} = 1;\quad \frac{C_u C_T}{C_L} = 1;\quad \frac{C_a C_T}{C_L^2} = 1$$

即
$$\frac{C_T}{C_t} = \frac{C_a C_T}{C_L^2};\quad \frac{C_u C_T}{C_L} = \frac{C_a C_T}{C_L^2}$$

把各相似常数用相应的物理量代换
$$\frac{a_1 t_1}{L_1^2} = \frac{a_2 t_2}{L_2^2} = \frac{at}{L^2} = Fo \quad \text{称为傅里叶准数}$$
$$\frac{u_1 L_1}{a_1} = \frac{u_2 L_2}{a_2} = \frac{uL}{a} = Pe \quad \text{称为皮克列准数}$$
$$\frac{h_1 L_1}{\lambda_1} = \frac{h_2 L_2}{\lambda_2} = \frac{hL}{\lambda} = Nu \quad \text{称为努塞尔特准数}$$

相关准数的物理意义如下:

① 傅里叶准数:$Fo = \frac{at}{L^2}$ 是表征温度场随时间变化特征的非稳态传热准数。因稳态导热

时 $\frac{\partial T}{\partial t}=0$，所以对稳态导热来说无意义。

② 皮克列准数：$Pe=\frac{uL}{a}=\frac{uL}{v}\frac{v}{a}=Re\cdot Pr$ 是表示温度场空间分布特征的准数；也可以表示为 $Pe=\frac{uc\rho}{\lambda/L}$，该式分子表示流体带入系统的总热量，分母为流体单位长度导热。该准数越大，说明进入系统热量大，导出热量少。也可从 $Pe=Re\cdot Pr$ 说明，Pe 大，可认为 Re 大，流体湍动程度强烈，温度均匀。

③ 努塞尔特准数：$Nu=\frac{hL}{\lambda}$ 是表征对流传热边界上导热特征的准数。该数越大，说明对流传热相对导热较强。该准数中包括对流传热系数 h，故为待决定准数。

④ 斯坦顿准数：$St=\frac{Nu}{RePr}=\frac{h}{\rho uc}$ 是派生准数，用以代替 Nu 准数，它表示对流传热量与流体带入系统总热量之比，该数越大，对流传热越强烈。

⑤ 普兰特准数：$Pr=\frac{v}{a}=\frac{c\rho v}{\lambda}$ 是流体物性的无因次组合，故又称为物性准数。该准数表示流体动量传输能力与热量传输能力之比，从边界层概念出发，可以说是热边界层和动量边界层相对厚度指标。

从上述对各准数的介绍可知，每个准数表示了一物理过程某一方面的特征，这就使问题讨论范围缩小了，避免了对物理过程中所涉及的每一个物理量的分析，从而简化了问题。

(2) 准数方程的建立。导出对流传热的相似准数后，就可建立准数方程，首先把待决定准数 Nu 表示为其他准数的函数，稳态对流传热准数函数式可表示为

$$Nu=f(Re,Gr,Pr) \tag{10.41}$$

强烈湍流对流传热时，表征自然对流的 Gr 数可忽略，则

$$Nu=f(Re,Pr) \tag{10.42}$$

自然对流传热时，可不计雷诺数 Re，则

$$Nu=f(Gr,Pr) \tag{10.43}$$

具体应用时，准数方程表示为幂函数形式

$$Nu=CRe^n\cdot Pr^m \tag{10.44}$$

式(10.44)的待定常数 C,n,m 可通过实验求得。首先固定某一因素，如 Re，通过实验找到不同 Pr 与 Nu 数之间的对应关系。将其标绘在双对数坐标纸上，可得到一条 Nu 和 Pr 准数的关系曲线，由此可定出指数 m。第二步以 Nu/Pr 对 Re 做实验，将 Nu/Pr^m 与 Re 对应点也标绘在双对数坐标纸上，获得另一条实验关系线，进而可求得 n,C 的值。这样式(10.44)就成了经验公式，图 10.6 为实验得到的试验点及关系曲线，其中 $C=0.023,n=0.8,m=0.4$，则经验式为

$$Nu=0.023Re^{0.8}Pr^{0.4}$$

以上是用相似原理模型法求得传热经验关系式的基本过程，这种方法具有重要的实用价值。

(3) 管内湍流对流传热的经验公式。在管内强制湍流对流传热的经验式中，最著名的是迪多斯-布叶尔特公式，其为

$$Nu_f=0.023Re_f^{0.8}Pr_f^n \tag{10.45}$$

式中，n 为液体被加热或气体被冷却时取 0.4，液体被冷却或气体被加热时为 0.3；f 为表示定性温度为流体平均温度。

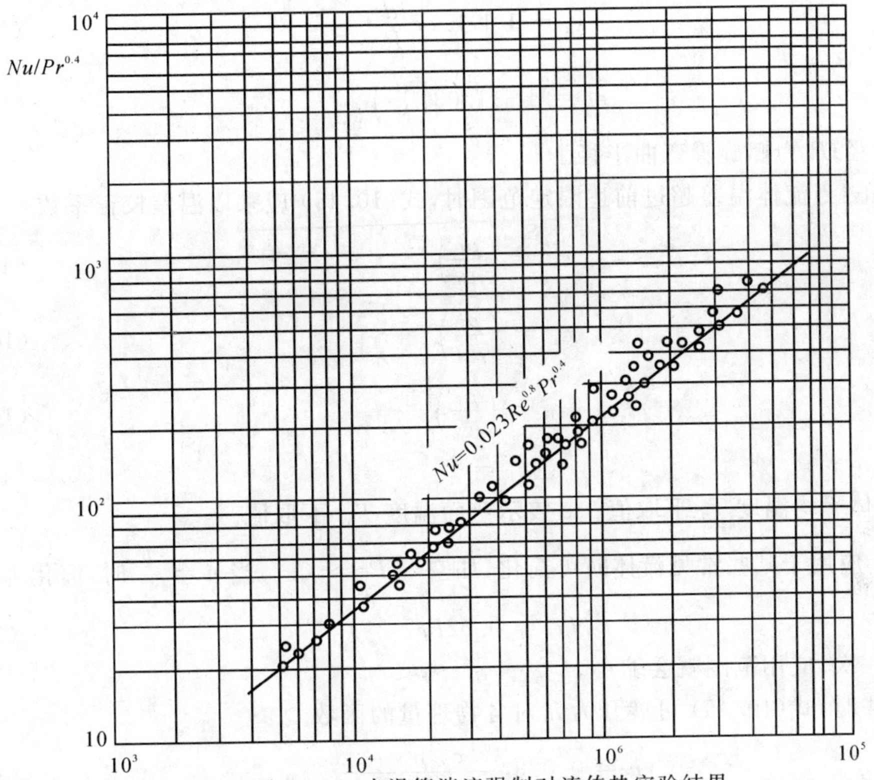

图 10.6　光滑管湍流强制对流传热实验结果

式(10.45)的使用范围如下：

① 强制对流湍流光直管

$$10^4 \leqslant Re \leqslant 1.2\times10^5,\quad L/d \geqslant 50$$

② 普兰特准数：$0.6 \leqslant Pr \leqslant 120$；

③ 定型尺寸：管内径 d，非圆管用当量直径；

④ 温度差限制：$(T_w - T_f = \Delta T)$，气体 $\Delta T \ngtr 50$℃，水 $\Delta T \ngtr 30$℃，油类 $\Delta T \ngtr 20$℃。若超出上述范围，可另予校正。

管长校正：当 $L/d < 50$ 时，式(10.45)应乘以管长校正系数，其值由表 10.2 确定。

表 10.2　管长校正系数

ε_L \ L/d \ Re_f	1	2	5	10	15	20	30	40	50
1×10^4	1.65	1.50	1.34	1.23	1.17	1.13	1.07	1.03	1.00
2×10^4	1.51	1.40	1.27	1.18	1.13	1.10	1.05	1.02	1.00
5×10^4	1.34	1.27	1.18	1.13	1.10	1.08	1.04	1.02	1.00
1×10^5	1.28	1.22	1.15	1.10	1.08	1.06	1.03	1.02	1.00
1×10^6	1.14	1.11	1.08	1.05	1.04	1.03	1.02	1.01	1.00

螺旋管校正：流体在螺旋管内流动时，会产生二次环流，二次环流强化了对流传热，故式(10.45)用于螺旋管传热时，应乘以弯曲校正系数。

气体
$$\varepsilon_R = 1 + 1.77\frac{d}{R} \tag{10.45a}$$

液体
$$\varepsilon_R = 1 + 1.03\left(\frac{d}{R}\right)^3 \tag{10.45b}$$

式中，d 为管内径；R 为螺旋管弯曲半径。

大温差校正：当流体温差超过前述限定范围时，式(10.45)应乘以温差校正系数 ε_T。

液体加热
$$\varepsilon_T = \left(\frac{\mu_f}{\mu_W}\right)^{0.11} \tag{10.45c}$$

液体冷却
$$\varepsilon_T = \left(\frac{\mu_f}{\mu_W}\right)^{0.25} \tag{10.45d}$$

气体加热
$$\varepsilon_T = \left(\frac{\mu_f}{\mu_W}\right)^{0.5} \tag{10.45e}$$

气体冷却
$$\varepsilon_T = 1 \tag{10.45f}$$

式中，f 表示流体平均温度 T_f 下取值；w 表示壁面温度 T_W 下取值。

式(10.45)应用于某些常见流体时可简化，如空气 $Pr \approx 0.7$，当 $n = \frac{1}{3}$ 时，简化为

$$Nu_f = 0.02Re^{0.8} \tag{10.46}$$

应注意每简化一次，应用范围就会缩小。

在 $n = 0.4$ 时，式(10.45)可展开为 h 对各物理量的函数

$$h = 0.023\frac{\lambda^{0.6}c_p^{0.4}\rho^{0.8}u^{0.8}}{\mu^{0.4}d^{0.2}} \tag{10.47}$$

从式(10.47)可见，当流体种类一定后，h 主要取决于速度 u 和管内径 d 两个因素。故要强化管内对流传热可采取提高流速，或减小管径的方法来强化传热，因 u 指数方次高，强化传热效果显著。为了减小管子的当量直径，可将圆管改为椭圆管，在传热面积不变的条件下当量直径减小了。但是，因管径的减小，流速的提高，虽可显著强化传热，但应注意 u 的增大和 d 的减小必将增加流体输送泵的功率，所以，应权衡得失，适当选择。

(3) 过渡流对流传热经验公式。雷诺数在 $2\,300 \sim 1\times10^4$ 时，管流为过渡状态流动，过渡流状态很不稳定，即使是同一雷诺数下也可能因外界扰动条件而出现不同的流体形态，因而，对其对流传热难于准确计算。根据有关资料，可应用下列实验公式进行计算。

气体：
$$Nu_f = 0.021\,4(Re_f^{0.8} - 100)Pr_f^{0.4}\left[1 + \left(\frac{d}{L}\right)^{\frac{2}{3}}\right]\left(\frac{T_f}{T_s}\right)^{0.45} \tag{10.48}$$

适用范围：$Pr_f = 0.6 \sim 1.5$；$\frac{T_f}{T_f} = 0.5 \sim 1.5$；$Re_f = 2\,300 \sim 10^6$。

液体：
$$Nu_f = 0.012(Re_f^{0.87} - 280)Pr_f^{0.4}\left[1 + \left(\frac{d}{L}\right)^{\frac{2}{3}}\right]\left(\frac{Pr_f}{Pr_s}\right)^{0.11} \tag{10.49}$$

适用范围：$Pr_f = 1.5 \sim 500$；$\frac{Pr_f}{Pr_W} = 0.05 \sim 20$；$Re_f = 2\,300 \sim 10^4$。

2. 比拟法求解对流传热

湍流中的热量传输和动量传输的机理均为流体微团的移动和涡流混合，从描述这两种传

输过程的基本微分方程和积分方程类似性出发，利用动量传输和热量传输的比拟，可推知表征这两种传输过程的系数，即阻力系数和对流传热系数，比拟法是在此基础上寻找阻力系数与对流传热系数之间的关系，进而由阻力系数推知对流传热系数的计算式。比拟理论主要用于湍流，与分析解法相比其用途更为广泛，但它必须已知阻力数据才能推算出传热过程有关数据。

(1) 雷诺比拟。雷诺提出了热量传输过程与动量传输过程之间存在着一定的关系，并得出了这两个过程的简单关系式。在湍流流动中，总切应力为

$$\tau=(\mu+\mu_{\mathrm{T}})\frac{\mathrm{d}u_x}{\mathrm{d}y} \tag{10.50a}$$

或

$$\tau=(v+v_{\mathrm{T}})\frac{\mathrm{d}(\rho u_x)}{\mathrm{d}y} \tag{10.50b}$$

式中，μ，μ_{T} 分别为动力黏度系数和涡动动力黏度系数；v 为运动黏性系数和涡动运动黏性系数；ρ 为流体的密度。

同样，可定义总热量传输通量为

$$q=-(h+h_{\mathrm{T}})\frac{\mathrm{d}(c\rho T)}{\mathrm{d}y} \tag{10.51}$$

式中，h，h_{T} 分别为热量传输系数和涡动热量传输系数；c 为流体比热容。

h_{T} 和 v_{T} 相类似，主要取决于流体流动状态，且随流场位置而异，一般 $h\leqslant h_{\mathrm{T}}$，$v\leqslant v_{\mathrm{T}}$，由此有 $Pr_{\mathrm{f}}=\dfrac{v_{\mathrm{T}}}{h_{\mathrm{T}}}$ 为湍流普兰特准数，Pr_{T} 与流体物性无关，如果假定 $v_{\mathrm{T}}=h_{\mathrm{cT}}$，即 $Pr_{\mathrm{T}}=1$，将式(10.50b)与式(10.51)相除得

$$\frac{q}{\tau}=-\left(\frac{h+h_{\mathrm{T}}}{v+v_{\mathrm{T}}}\right)c\frac{\mathrm{d}T}{\mathrm{d}u} \tag{10.52}$$

令 τ 与 q 和表面的距离 y 呈线性关系，则$\dfrac{q}{\tau}$为常数，把式(10.52)分离变量，从表面到主流积分有

$$\int_0^{u_0}\frac{q}{\tau}\mathrm{d}u=-\int_{T_{\mathrm{W}}}^{T_{\mathrm{f}}}c\mathrm{d}T$$

得

$$q=\frac{\tau c(T_{\mathrm{W}}-T_{\mathrm{f}})}{u_0}$$

对流传热量又可由牛顿冷却公式表示，即

$$q=h(T_{\mathrm{W}}-T_{\mathrm{f}})$$

令两式相等，得

$$h=\frac{\tau c}{u_0} \tag{10.53}$$

式(10.53)称为雷诺比拟定律，是把对流传热系数和流动切应力联系起来的表达式。只要找到不同条件下的流动切应力 τ 的关系式，即可得到相应条件下的对流传热系数。

① 平板对流传热雷诺比拟的应用。根据牛顿黏性定律，切应力为

$$\tau=\mu\left.\frac{\partial u}{\partial y}\right|_{y=0}=\rho\nu\left.\frac{\partial u}{\partial y}\right|_{y=0} \tag{10.54}$$

由平板层流边界层速度场方程，即

$$\left.\frac{\partial u}{\partial y}\right|_{y=0}=\frac{3}{2}\frac{u_0}{\delta} \tag{10.54a}$$

由式(3.14a)得边界层厚度为

$$\frac{\delta}{x} = 0.464 Re_x^{-1/2} \tag{10.54b}$$

式(10.54)～式(10.54b)联解得

$$\tau = 0.323 Re_x^{-1/2} \rho u_0^2 \tag{10.55}$$

若切应力表示为摩擦阻力系数和动量之积的形式,则

$$\tau = K_x \frac{\rho u_0^2}{2} \tag{10.55a}$$

比较式(10.55)与式(10.55a)得

$$K_x = 0.646 Re_x^{-1/2} \tag{10.55b}$$

将式(10.55a)代入式(10.55b)得

$$St_x = \frac{h}{\rho u_0 c} = \frac{K_x}{2} = 0.323 Re_x^{-1/2} \tag{10.56}$$

或

$$Nu_x = 0.323 Re_x^{1/2} \tag{10.57}$$

② 管内对流传热雷诺比拟应用。比拟法只与动量传输与热量传输的物理过程相关,并不涉及边界层概念,故可用于不符合边界层定义的管内对流传热。如图10.7所示,设流体在水平等径直管内流动,根据切应力与流体压力的平衡得

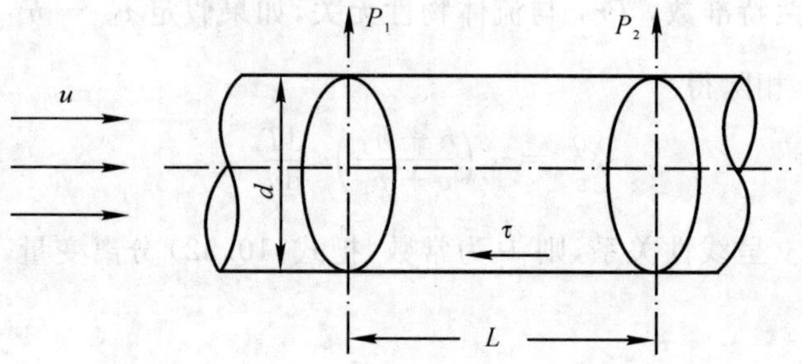

图 10.7　管流切应力与压差的平衡

$$\pi\tau d L = (P_1 - P_2)\frac{\pi d^2}{4}$$

化简

$$\tau = \frac{1}{4}\frac{d}{L}\Delta P$$

而

$$\Delta P = \xi \frac{L}{d}\frac{\rho u^2}{2}$$

故

$$\tau = \frac{1}{8}\xi\rho u^2 \tag{10.58}$$

将式(10.58)代入式(10.53)得

$$St = \frac{h}{\rho u c} = \frac{\xi}{8} \tag{10.59}$$

若将不同流体条件下管流摩擦阻力系数代入式(10.59),便可得用于各种条件下的计算式。

由于光滑管湍流流动时,摩擦阻力系数为

$$\xi = 0.315\,4 Re^{-1/4} \quad (5\times10^3 < Re < 2\times10^5) \tag{10.62}$$

将式(10.60)代入式(10.59)得

$$St = 0.039\ 55 Re^{-1/4} \quad (5 \times 10^3 < Re < 2 \times 10^5) \tag{10.61}$$

应注意，由于雷诺比拟把问题作了过分的简化，以上所得到的公式只适于 $Pr = 1$ 的流体。

（2）普兰特比拟。雷诺比拟把流体的运动视为高度湍动状态，忽略了湍流中存在的层流底层，只有在 $Pr = 1$ 时，才比较符合实际情况，给应用带来了很大局限性，普兰特对此做了改进，把流动看做层流底层和湍流核心两部分，得到下列表达式：

$$h = \frac{\tau c}{u_0} \frac{1}{1 + \frac{u_\delta}{u_0}(Pr - 1)} \tag{10.62}$$

式中，u_δ 为层流底层与湍流核心交界面流速；u_0 为湍流核心流速。

可以看出，式(10.65)是用 $\frac{1}{1 + \frac{u_\delta}{u_0}(Pr - 1)}$ 修正雷诺比拟，当 $Pr \approx 1$ 时，流体处于高度湍动状态，层流底层已不存在，$u_\delta = 0$，故式(10.65)就简化为式(10.55)。

比拟关系局限于摩擦阻力与对流传热，比拟关系对于有形体阻力时就不存在，应予注意。由比拟法得到的对流传热关系式，一般都是以 $T_m = \frac{1}{2}(T_W - T_f)$ 作定性温度，管内对流传热式中 St 准数以 T_f 作定性温度；但 Re，Pr 准数仍以 T_m 为定性温度。另外，有关 K，ξ 的限制条件，比拟法关系也必须遵守。

例 10.3 一直管内径为 0.08 m，管长为 5 m，管壁温度保持 60℃，水与空气分别从管中流过。试分别计算水和空气从 20℃ 加热到 40℃ 时对流传热系数。已知管中流速为 0.3 m/s，空气流速为 4.5 m/s。

解

$$T_f = (T_{f1} + T_{f2}) = \frac{1}{2}(20 + 40) = 30\ ℃$$

$$\Delta T = T_W - T_f = 60 - 30 = 30\ ℃$$

故

$$\varepsilon_r = 1$$

对于直管且 $L/d = 5/0.08 = 62.5 > 50$，故

$$\varepsilon_R = 1, \quad \varepsilon_L = 1$$

30℃ 时水的有关物性参数为

$$v = 0.805 \times 10^{-6}\ \mathrm{m^2/s}, \quad \lambda = 0.618\ \mathrm{W/(m \cdot ℃)}, \quad Pr = 5.42$$

30℃ 时空气的有关物性参数为

$$v = 22.9 \times 10^{-6}\ \mathrm{m^2/s}, \quad \lambda = 2.67 \times 10^{-2}\ \mathrm{W/(m \cdot ℃)}, \quad Pr = 0.701$$

水：

$$Re = \frac{ud}{v} = \frac{0.3 \times 0.08}{0.805 \times 10^{-5}} = 29\ 813$$

空气：

$$Re = \frac{ud}{v} = \frac{4.5 \times 0.08}{22.9 \times 10^{-6}} = 15\ 720$$

均满足式(10.45)的条件，故对水

$$h = \frac{\lambda}{d} 0.023 Re_f^{0.8} Pr_f^{0.4} = \frac{0.618}{0.08} \times 0.023 \times 29\ 813^{0.8} \times 5.42^{0.4} = 1326.6\ \mathrm{W/(m^2 \cdot ℃)}$$

对空气

$$h = \frac{\lambda}{d} 0.023 Re_f^{0.8} Pr_f^{0.3} = \frac{2.67 \times 10^{-2}}{0.08} \times 0.023 \times 15\ 720^{0.8} \times 0.701^{0.3} = 15.7\ \mathrm{W/(m^2 \cdot ℃)}$$

10.4 自然对流传热

一、自然对流传热的特点

当静止流体与某一固体表面接触，且温度不同时，靠近表面的部分流体因受热或冷却与静止的主流体之间形成温度差，由此温度差造成流体的密度差，使得轻重不同的流体发生上下相对运动即自然对流，这种情况下伴随的热量传输叫自然对流传热。

自然对流流动实质上是由温度差引起的，所以，不同于强制对流传热中速度场对温度场的影响，但是两者仍然是相互影响、相互制约的。自然对流传热中，包括有温度差这一重要因素的格拉晓夫准数 Gr，它起着相当于强制对流传热中 Re 准数一样重要的作用。

自然对流发生时，在表面附近也形成边界层。自然对流流速较低，边界层较厚，自然对流边界层也有层流与湍流之分，边界层开始部分为层流，如果发展空间足够大，其后发展到一定程度就可转化为湍流。从层流到湍流的过渡既取决于温度差，也与流体的物性有关，通常以格拉晓夫准数 Gr 决定。以大空间中垂直平板表面自然对流为例，图 10.8 表明了边界层发展过程的基本特征：随着自然对流边界层在高度上的发展变化，沿高度上的局部对流传热系数 h，也随之发生变化，变化趋势如图 10.8 所示。

在自然对流中，边界层外的流体主体是静止的，温度是均匀的，而边界层中，表面处速度为零，因此自然对流边界层中的温度场与强制对流边界层的温度场的变化基本相似，但自然对流边界层中速度场的分布与强制对流有较大差异，速度场有极大值存在。图 10.9 为边界层的速度场及温度场。

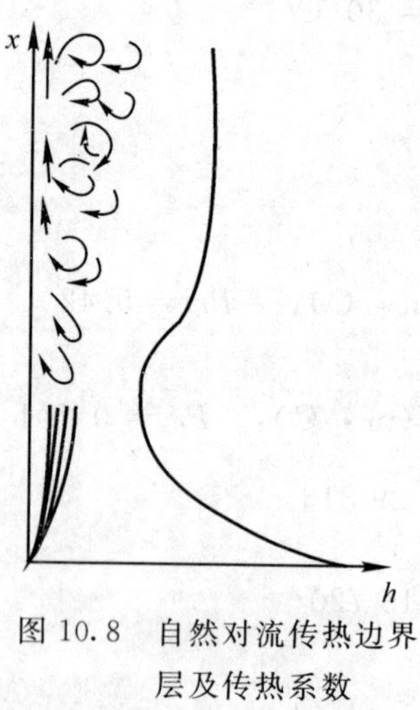

图 10.8　自然对流传热边界层及传热系数

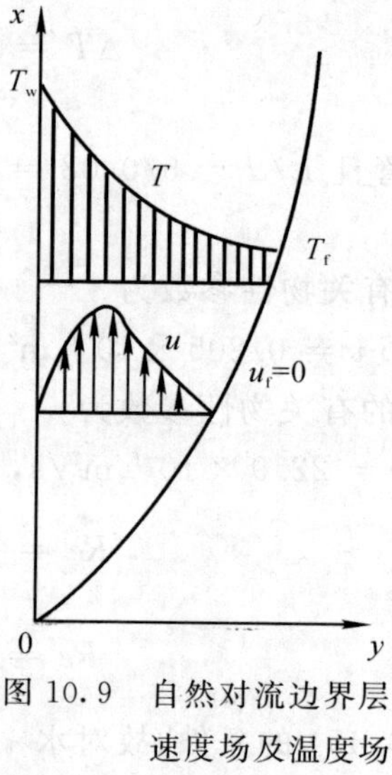

图 10.9　自然对流边界层的速度场及温度场

二、自然对流传热的经验公式

自然对流传热的准数关系一般表示为

$$Nu = C(Gr \cdot Pr)^n \tag{10.62}$$

式中，常数 C，n 取决于流动性质、物体表面形状、放置方式及朝向，通常采用实验方法得到。表 10.3 为某些实验值图表。按式(10.63) 和图 10.10 及图 10.11 决定的 C，n 仅适用于等温表面，即 T_m 为常数的自然对流传热。因此要将此准数式推广使用于其他形体自然对流传热，可由表 10.3 选择 C 和 n 的值。

表 10.3　实验得到的 C, n 值

表面状况	定型尺寸	流态及 C,n 值			
		$Gr\,Pr$ 范围	流态	C	n
垂直平板或垂直圆柱	板或柱高度 H	$10^{-1} \sim 10^4$		由图 10.10 决定	由图 10.10 决定
		$10^4 \sim 10^9$	层流	0.95 湍流	$\frac{1}{4}$
		$10^9 \sim 10^{13}$	湍流	0.10	$\frac{1}{3}$
水平圆柱	外径 d	$10^{-5} \sim 10^4$		由图 10.11 决定	由图 10.11 决定
		$10^4 \sim 10^9$	层流	0.53	$\frac{1}{4}$
		$10^9 \sim 10^{12}$	湍流	0.13	$\frac{1}{3}$
水平板热面向上或水平板冷面向下	矩形板取两边长平均值 L，圆板取 $0.9d$	$2\times10^4 \sim 8\times10^6$	层流	0.54	$\frac{1}{4}$
		$8\times10^6 \sim 10^{11}$	湍流	0.15	$\frac{1}{3}$
水平板热面向下或水平板冷面向上	矩形板取两边长平均值 L，圆板取 $0.9d$	$10^5 \sim 10^{11}$	层流	0.58	$\frac{1}{5}$

非对称平板，定型尺寸的计算式为

$$L = \frac{A}{S} \tag{10.64}$$

式中，A 为平板面积；S 为平板周长。

块状物体，且水平面、侧面同时又自然对流传热时，式(10.63) 中 $C = 0.60$，$n = \frac{1}{4}$。

长方体物体，定型尺寸的计算式为

$$L = \frac{1}{L_n} + \frac{1}{L_u} \tag{10.65}$$

式中，L_n，L_u 分别为水平面和垂直表面的尺寸。

大气压下，表面对空气的自然对流传热式经过简化，可直接用于计算对流传热系数，其简化公式列于表 10.4。但应注意使用条件，温度应在中等水平即 $T_m = 50℃$；当压力不足标准大气压时，应乘以压力修正系数：层流 $\left(\frac{P}{1.013\times10^5}\right)^{\frac{1}{2}}$，湍流 $\left(\frac{P}{1.013\times10^5}\right)^{\frac{2}{3}}$。其中 P 为实际压力(N/m^2)。

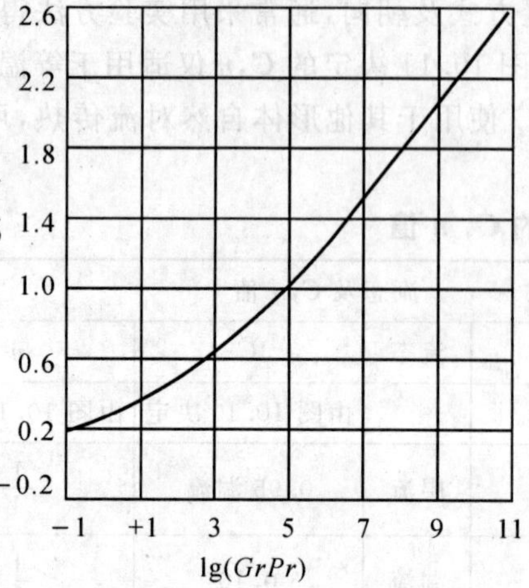

图 10.10　垂直平板自然对流传热关系

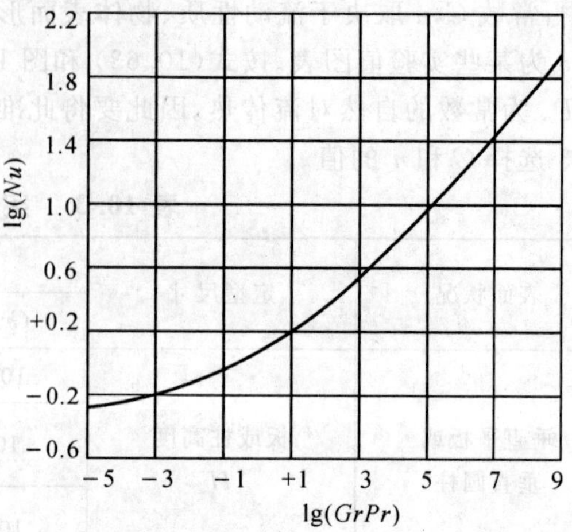

图 10.11　水平圆柱自然对流传热关系

表 10.4　自然对流传热系数简化公式

表面及朝向	层流($10^4 < GrPr < 10^9$)	湍流($GrPr > 10^9$)
垂直平板或垂直圆柱	$h = 1.49\left(\dfrac{\Delta T}{H}\right)^{\frac{1}{4}}$	$h = 1.13(\Delta T)^{1/3}$
水平圆柱	$h = 1.33\left(\dfrac{\Delta}{d}\right)^{\frac{1}{4}}$	$h = 1.47(\Delta T)^{1/3}$
水平板,热面朝上或冷面朝下	$h = 1.36\left(\dfrac{\Delta T}{L}\right)^{\frac{1}{4}}$	$h = 1.70(\Delta T)^{1/3}$
水平板,热面朝下或冷面朝上	$h = 0.59\left(\dfrac{\Delta T}{L}\right)^{1/5}$	

例 10.4　长 12 m,外径 0.3 m 的垂直蒸汽管外表面温度为 60℃,试求在 20℃ 的空气中此管单位管长的散热量。

解
$$T_m = \frac{1}{2}(T_W + T_f) = \frac{1}{2}(60 + 20) = 40℃$$

由此查得:$v = 16.96 \times 10^{-6}\ \mathrm{m^2/s}$, $\lambda = 0.027\,6\ \mathrm{W/(m \cdot ℃)}$, $Pr = 0.699$。

垂直圆柱管,定型尺寸为管长 $L = 12$ m。

$$GrPr = \frac{\beta g \Delta T}{v^2} L^3 Pr = \frac{9.81 \times (60 - 20) \times 12^3}{(273 + 40) \times (16.96 \times 10^{-6})^2} \times 0.699 =$$
$$5.25 \times 10^{12} > 10^9,\ (\text{湍流})$$

由表 10.3 可查得:$C = 0.1$, $n = \dfrac{1}{3}$,则

$$Nu = 0.1(Gr\ Pr)^{1/3} = 0.1(5.25 \times 10^{12})^{1/3} = 1\,739$$

$$h = Nu\,\frac{\lambda}{H} = 1\,739 \times \frac{0.027\,6}{12} = 4.0\ \mathrm{W/(m^2 \cdot ℃)}$$

故　　$Q = h(T_W - T_f)\pi d = 4 \times (60 - 20) \times 3.14 \times 0.3 = 150.72\ \mathrm{W/m}$

也可用简化式计算,由表 10.4 得

$$h = 1.13(\Delta T)^{1/3} = 1.13 \times (60-20)^{1/3} = 3.86 \quad W/(m^2 \cdot ℃)$$

对比简化式与实验式所得结果，误差在5%之内。

习题与思考题

1. 对流传热与导热有什么联系和区别？

2. 能否直接用边界层传热微分方程求解传热系数，为什么？

3. 管内湍流对流传热系数与哪些因素有关？

4. 相似准数有什么特点？是否任意两个同类性质的量相比就可构成准数？

5. 准数方程与一般物理量方程相比有什么本质的不同？为什么要将实验结果整理成准数方程的形式？

6. 自然对流与强制对流传热的机理有哪些不同？

7. 25℃的空气以6 m/s的速度流入平板，板长宽均为1 m，板温为50℃，试计算距板端0.1 m，0.5 m，1m各点的平板与空气的对流传热量。

8. 常压空气在管径20 mm的管中流动，壁温为30℃。试计算当空气流速为3 m/s，从150℃冷却到80℃时对流传热量。

9. 水以2 m/s的流速在管径为25 mm的管中流过，试计算当管壁温为100℃时，水从20℃加热到60℃所需管长。

10. 热风炉外径为8 m，高度为40 m，当其外表面温度为150℃时，若周围空气温度为30℃，求自然对流散热量。

11. 某一长为1 m，宽0.5 m热板，在空气中进行冷却（热面朝上）。试求当热板表面温度为300℃，环境空气20℃时热板自然对流散热量。

第 11 章　辐射传热

辐射传热是物体之间通过相互辐射和吸收进行的热量传输。它与热传导和对流传热有着本质的区别。本章主要介绍关于辐射传热的基本概念、基本定律和计算方法。

11.1　辐射传热的基本概念

一、热辐射的本质

辐射传热是依靠电磁波的发射与吸收传递能量的过程，它不需要借助于任何传热介质便可将热量向外传播。辐射传热与传导、对流的传热方式有本质的区别。任何物体，只要温度在绝对零度以上都会以电磁波的形式发射能量。按电磁波的波长，电磁波分为无线电磁波、红外线、可见光、紫外线、X 射线、γ 射线和宇宙射线等 7 类，从无线电波到宇宙射线，波长逐渐减少。各射线因来源不同，其物理性质也有很大的差异。传热学研究的范围主要是物体因发射或吸收后能转变为热的这一部分射线。研究的内容也只限于辐射的热效应，主要是指波长为 0.84 μm 到 40 μm 的波段范围。

热辐射是自然界中一切物体的固有属性，物体只要有温度就会发生热辐射，物体在发生热辐射的同时，也在不断吸收来自其他物体的热辐射，并将其转化为自身的内能，两个互不接触物体表面间相互辐射与吸收，就构成了辐射传热过程。若两物体表面温度不同，高温表面辐射的能量多于吸收的能量，是辐射能的净输出者，低温物体是辐射能的净收入者。若两物体温度相同，辐射传热过程仍在进行，只是两物体辐射和吸收相抵消，辐射热交换量为零，并且两物体处于热量的动态平衡状态。物体以发射辐射能方式传播热能时，必须将热能转化为辐射能。同样物体在吸收辐射能时，也一定会把辐射能转变为热能。因此物体间辐射传热一定会伴随着能量形式的转换。

一、黑体、白体和透热体

一束热辐射线投射到一物体表面后，被分成三部分，一部分被物体吸收，一部分被表面反射出去，另一部分透过物体，如图 11.1 所示，设投射的总辐射能量为 Q，被物体吸收的为 Q_a，反射的为 Q_r，透过的为 Q_d，根据能量守恒定律得

$$Q = Q_a + Q_r + Q_d \tag{11.1}$$

或

$$\frac{Q_a}{Q} + \frac{Q_r}{Q} + \frac{Q_d}{Q} = 1 \tag{11.2}$$

其中$\frac{Q_a}{Q}=a$称为物体的吸收率；$\frac{Q_r}{Q}=r$称为物体的反射率；$\frac{Q_d}{Q}=d$称为物体的透过率。则式(11.2)可写成

$$a+r+d=1 \tag{11.3}$$

若$a=1$,则$r=d=0$,表明物体把投射来的辐射能完全吸收,物体称为“绝对黑体”,简称“黑体”。

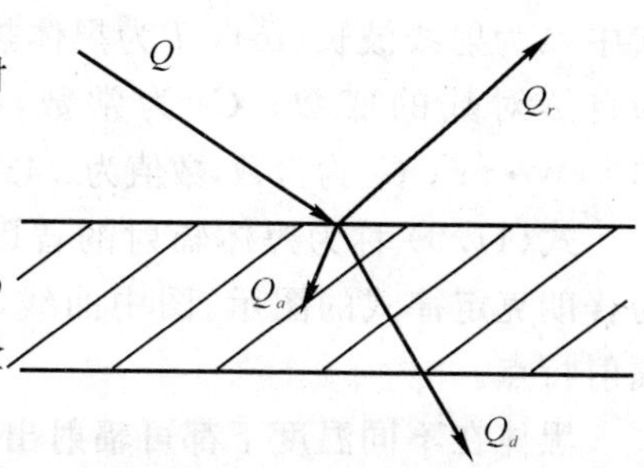

图 11.1　辐射能分配

若$r=1$，$a=d=0$时,物体将投入的辐射能全部反射出去,该物体称为“白体”。

$d=1$，$a=r=0$时,表明全部的辐射能透过物体,该物体称为“透热体”或“透体”。

实际物体中并不存在绝对的黑体、白体或透体。任何一种物体,a,r,d只能在$0\sim1$范围内取值,其值大小不仅取决于物体的性质,而且还与温度和投入射线的组成有关。

大多数固体和液体都是非透体。对热辐射线,除了反射一部分外,其余大部都在表面0.000 3～0.1 mm的薄层中吸收,故一般认为固、液体是$a+r=1,d=0$。由此可知,固、液体,吸收能力强的,则反射能力必弱,吸收能力弱的,则反射能力必强。

气体对辐射能几乎没有反射能力,即$a+d=1,r=0$。因此,透过能力大的气体,吸收能力就小,反之亦然。

同一物体对不同射线具有不同的透射率和反射率,如普通玻璃可透过可见光而不能透过红外线及紫外线,白颜色的表面对可见光具有较高的反射率,但对红外线却有很高的吸收率。另外,影响热辐射线的反射和吸收的不仅仅是表面的颜色,还与表面的特性有关。平滑的、磨光的表面反射率总比粗糙表面的反射率高,相反,物体表面越粗糙吸收率就越高,反射率就越低,也就越接近黑体。

绝对黑体是不存在的,是理想概念的物体,但它的辐射特性有重要的理论价值,是研究辐射传热的基础。若在某空腔上开一小孔,热辐射线投入小孔后,在腔体内多次反射与吸收,最后经小孔再反射出来的射线能量已小到可以忽略,故小孔吸收可看作$a=1$的物体,具有黑体辐射特点,这种小孔可作人造黑体模型。

11.2　辐射传热的基本定律

一、普朗克定律

普朗克根据量子理论得出了黑体在不同温度下,辐射能按波长分布的规律。若在一定的热射线波长下,其辐射能量为E,则辐射强度为

$$I_\lambda=\lim_{\Delta\lambda\to0}\frac{\Delta E}{\Delta\lambda}=\frac{\mathrm{d}E}{\mathrm{d}\lambda} \tag{11.4}$$

式中,I_λ称为物体在波长λ时的辐射强度或单色辐射能力。由此可知,辐射强度是表示物体表面单位面积上,在单位时间内辐射出某波长射线的能量。普朗克从理论上推导出了黑体的辐射强度$I_{\Delta\lambda}$与波长及热力学温度T之间的关系,即

$$I_{\Delta\lambda}=\frac{C_1\lambda^{-5}}{\mathrm{e}^{C_2/\lambda T}-1}\quad(\mathrm{W/m^2}) \tag{11.5}$$

式中，λ 为射线波长(m)；T 为黑体热力学温度(K)；e 为自然对数的底数；C_1 为常数，数值为 3.743×10^{-16} W·m²；C_2 为常数，数值为 $1.438\,7 \times 10^{-2}$ m·K。

式(11.5)称为黑体辐射的普朗克定律，图 11.2 为普朗克定律式的图示。图中曲线，显示出了黑体的辐射特点。

黑体在不同温度下都可辐射出波长从 $0 \sim \infty$ 的各种射线，在一般工业高温范围内，辐射波长是从 $0.8 \sim 40\ \mu$m 范围，在该区段内，单色辐射强度先随着波长的增加而增加，过一峰值后随波长的增加而减小。若对式(11.5)求极值可得单色辐射强度峰值的波长 λ_m 与热力学温度之间关系为

$$\lambda_m T = 2.897\,6 \times 10^{-3}\ \text{m}\cdot\text{K} \tag{11.6}$$

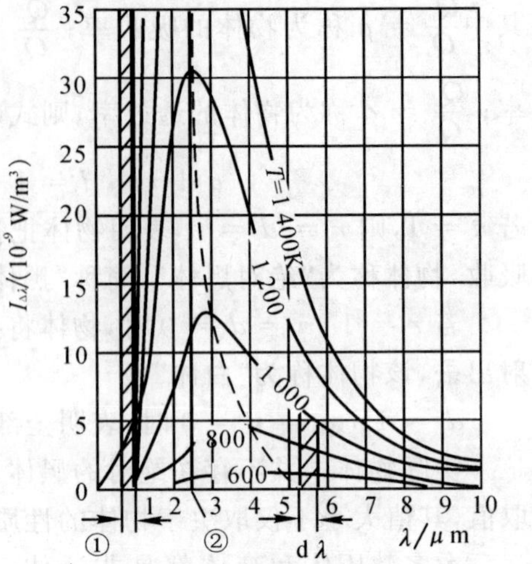

图 11.2 普朗克定律

① 可见光波长范围； ② λ_m(1 200 K)

式(11.6)称为维恩定律，表明最大辐射强度的波长与热力学温度成反比的规律。

利用该定律，由最大辐射强度的波长可估算出辐射体表面的温度。如果将式(11.6)代入式(11.5)，可得最大辐射强度与热力学温度的关系式

$$I_{om} = 1.2875 \times 10^{-5}\ T^5 \quad (\text{W/m}^2) \tag{11.7}$$

二、斯蒂芬-波尔兹曼定律

单位面积上单位时间内物体发射出各种波长的辐射能量的总和称为该温度下物体的辐射能力。黑体的辐射能力

$$E_0 = \int_0^\infty I_{\Delta\lambda}\mathrm{d}\lambda = \int_0^\infty \frac{C_1\lambda^{-5}}{e^{C_2/\lambda T} - 1}\mathrm{d}\lambda$$

积分得

$$E_0 = \sigma_0 T^4 = C_0\left(\frac{T}{100}\right)^4 \quad (\text{W/m}^2) \tag{11.8}$$

式中，σ_0 为黑体的辐射常数，其值为 5.675×10^{-8} W/m²；C_0 为黑体的辐射系数，其值为 5.675 W/(m²·K⁴)。

式(11.8)称为斯蒂芬-波尔兹曼定律，或简称四次方定律。

11.3 灰体及实际物体的辐射与吸收

一、黑体

实际物体与黑体的辐射能力存在着不同程度的差异，如果某种物体在各温度下所辐射出各种波长的辐射强度恰好都是同温度下黑体辐射强度的某一分率，如图 11.3 所示。即该物体辐射光谱与黑体辐射光谱完全相似，且存在下述关系：

$$\frac{I_{\lambda_1}}{I_{0\lambda_1}} = \frac{I_{\lambda_2}}{I_{0\lambda_2}} = \cdots = \frac{I_{\lambda_n}}{I_{0\lambda_n}} = \frac{E}{E_0} = \varepsilon \tag{11.9}$$

则该物体称为理想灰体，简称灰体。比例常数 ε 为灰体黑度。

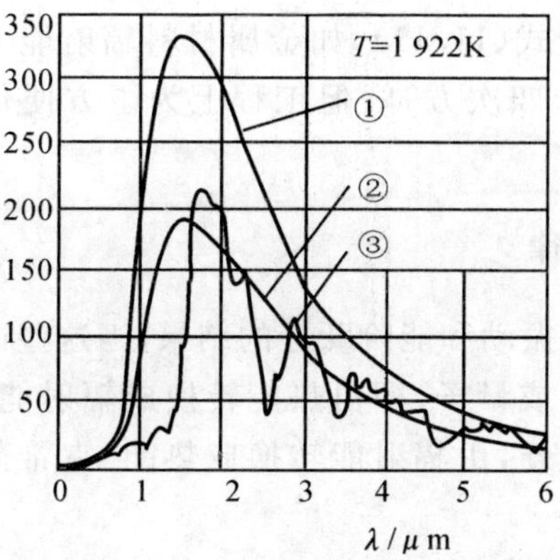

图 11.3 黑体、灰体、实际物体的辐射强度

① 黑体；② ε = 0.6 的灰体；③ 实际物体

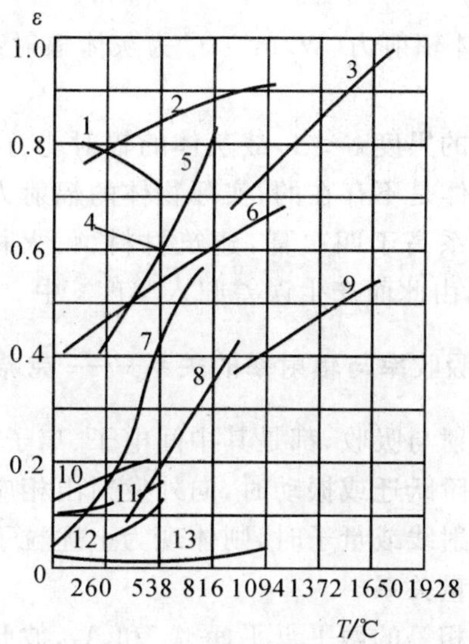

图 11.4 材料黑度与温度的关系

1— 表面粗糙的碳棒；2— 表面有氧化膜的铁；3— 氧化铍，黑色圆盘；4— 表面有氧化膜的黄铜；5— 表面有氧化膜的铜；6— 石墨；7— 表面抛光的阿姆可铁；8— 表面抛光的铬；9— 氧化铍，白色圆盘；10— 表面抛光的铝镁合金；11— 表面经 600℃ 氧化的铝；12— 表面抛光的铜；13— 表面抛光的金

从图 11.3 可看出，灰体的辐射光谱是连续的，并且任何波长的辐射强度与同温度下同波长的黑体辐射强度之比恒为常数。由于实际物体的辐射和吸收存在一定的选择性，即对不同波长射线的辐射强度随波长不同而不同，黑度不是常数。故此，定义物体在同一温度下，某波长的两辐射强度之比，即

$$\frac{I_\lambda}{I_{0\lambda}} = \varepsilon_\lambda \tag{11.10}$$

为该物体的单色黑度。

实际物体黑度值与许多因素有关，通常是由实验测定。黑度值主要取决于材料性质、表面温度、表面粗糙度等因素。附录中附表 8 列出了一些常用材料的黑度值。材料不同，温度不同时，黑度值就不同，图 11.4 给出了一些材料黑度和温度之间的关系。相同材料，表面粗糙度不同，黑度值也不同。表面越粗糙，黑度值越高，如光滑的金属表面氧化后，黑度值就增大。另外，材料的黑度也会因辐射方向不同而不同，如非导体表面黑度，当辐射方向偏离表面线 60° 时黑度急剧减小；金属导体偏离表面法线较小角度时黑度不变，而随角度继续增加黑度急速增加。通常工程计算中使用的黑度为全波长的各个方向上的平均黑度值。

二、灰体的辐射能力

由灰体定义式(11.9)，得

$$E = \varepsilon E_0$$

当灰体和黑体温度相同时，应用斯蒂芬-波尔兹曼定律得灰体辐射能力计算式，即

$$E = \varepsilon C_0 \left(\frac{T}{100}\right)^4 = C\left(\frac{T}{100}\right)^4 \quad (\mathrm{W/m^2}) \tag{11.11}$$

式中，E 为灰体辐射力($\mathrm{W/m^2}$)；C 为灰体辐射系数，$C = \varepsilon C_0$($\mathrm{W/(m^2 \cdot K)}$)；T 为灰体热力学温度(K)。

由于灰体的黑度 $\varepsilon < 1$，故灰体的辐射能力总是小于同温度下黑体的辐射能力。严格地讲，在实际中是灰体是不存在的，实际物体的辐射力不遵守式(11.11)，如金属材料辐射能力与热力学温度的关系高于四次幂，建筑材料、耐火材料低于四次方幂。但工程上为了方便仍按式(11.11)计算，由此而产生误差归入黑度 ε 中。

三、物体吸收率与辐射率的关系 —— 克希荷夫定律

物体的辐射与吸收，都是其中间电子、离子、原子的振动和能阶跃迁的结果。当这些微粒由高能阶向低能阶跃迁或振动时，向外发射出相应的射线或量子，即由热能转换成辐射能；当物体吸收同样的射线或量子时，则体现为上述粒子反向跃迁，由辐射能转换成热能。克希荷夫导出了其间的定量关系。

设有面积相等的两平行平面 A_1 和 A_2，彼此靠近，以致一个面的辐射线能全部落在另一个平面上，如图 11.5 所示。假定 A_1 平面为黑体，A_2 平面为任意物体，黑体 A_1 投射到任意物体 A_2 的辐射能为 $E_0 A_1$，被 A_2 吸收的为 $\alpha E_0 A_1$ 而余下的 $E_0 A_1 (1-\alpha)$ 反射回黑体，被全部吸收。同时 A_2 面吸收 A_1 面的辐射能为 EA_2 被 A_1 面吸收。两表面换热结果，对 A_2 平面的辐射换热量为

$$Q = \alpha E_0 A_1 - EA_2$$

如果两平面温度 $T_1 = T_2$，且 $A_1 = A_2$ 表示处于热辐射的平衡状态，即 $Q = 0$，故有

$$\alpha E_0 = E$$

$$E_0 = \frac{E}{\alpha} \tag{11.12}$$

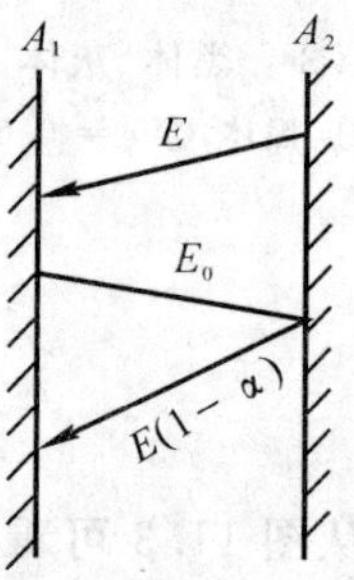

图 11.5 克希荷夫定律推导示意图
A_1 为黑体；
A_2 为任意物体

平衡条件下式(11.12)对任何物体都成立，则

$$\frac{E_1}{\alpha_1} = \frac{E_2}{\alpha_2} = \frac{E_3}{\alpha_3} = \cdots = E_0 = f(T) \tag{11.13}$$

式(11.13)就是克希荷夫定律的表达式。它表明任何物体的辐射能力与其吸收率之比，恒等于同温度下黑体的辐射能力，并且仅与温度有关而与物体性质无关。

式(11.12)可改写为

$$\alpha = \frac{E}{E_0}$$

由黑度定义式得

$$\varepsilon = \frac{E}{E_0}$$

$$\alpha = \varepsilon \tag{11.14}$$

式(11.14)是克希荷夫定律的另一种形式。它表明在辐射平衡条件下，物体对黑体辐射的吸收率等于其黑度。由此可见，吸收能力强的物体，其辐射能力也强，黑体吸收率最大，$\alpha = 1$，

其黑度也最大。克希荷夫定律也适用于任何物体单色吸收与辐射，物体对某一波长射线的吸收率等于同温度下该物体发射同一射线的黑度。由此可推知，选择吸收的物体，能吸收的热射线必能辐射，不能吸收的也不能辐射。

就灰体而言，黑度只取决于物体本身固有的性质，是与温度无关的常数，故其吸收率也是常数，且不论辐射是否来自黑体，是否平衡。在工程计算中，近似地把各种材料作为灰体，用黑度代替吸收率，并视为常数，可简化计算。然而，黑度与吸收率毕竟是两个不同的概念，吸收率表征物体对外来辐射能吸收的百分数，与辐射源温度和光谱组成有关。如有一辐射源只发射波长为 λ_1 的射线，而对仅吸收波长为 λ_2 的物体来说，吸收率就为零。若辐射源温度改变后，各波长区间射线的能量在总辐射能中的比例随之改变，也会引起选择吸收率的变化，这对具有选择吸收与辐射的气体是十分重要的。

11.4 固体表面间的辐射传热

一、距离平方定律

在辐射传热体系中，受热面离辐射源的距离不同，单位受热面所得到的辐射能量也不同。如果辐射源的面积比辐射距离小到可以忽略不计，则辐射源可视为点热源。已经证明，点辐射源与受热物体之间的关系为

$$e = \frac{Q}{4\pi r^2} \quad (\mathrm{W/m^2}) \tag{11.15}$$

式中，Q 为总辐射能量(W)；e 为射力($\mathrm{W/m^2}$)；r 为点辐射源与受热体之间距离(m)。

式(11.15)称为距离平方定律，它表明，e 与 r^2 成反比，即点辐射源对某表面辐射力与该表面至点辐射源距离平方成反比。但是，若辐射源的尺寸比辐射能传输距离不可忽略时，则上述定律不适用。当辐射源面积无限大时，发射出的热射线呈平行光束，此时辐射力大小与距离无关。在实际传热体系中，距离的影响如何，要根据距离与辐射源的相对大小确定。

二、余弦定律

辐射源向外辐射的总能量可用四次方定律确定，但随辐射源不同其辐射能在半球空间各方向上分布不同。对于点辐射源，不论从任何方向来看，点本身毫无差别，所以由它发射的总辐射在任意方向都是相同的；但对一个平面辐射源，在不同方向上的总辐射能如何变化分布，由余弦定律表示。

1860 年，兰贝特通过对黑体辐射研究表明，一黑体微元面发出的辐射能，在空间各个方向分布以其法线方向最大，其他方向的辐射能与其偏离法线方向的夹角余弦成正比。如图 11.6 所示，设微元面 $\mathrm{d}A_1$ 法线方向辐射力为 E_n，m 是与法线夹角为 φ_1 的任一方向，则 m 方向辐射能力为

$$E_m = E_n \cos\varphi_1$$

m 方向的辐射能为

$$\mathrm{d}Q_m = E_m \mathrm{d}A_1 = E_\mathrm{n} \cos\varphi_1 \mathrm{d}A_1$$

设 $\mathrm{d}A$ 是 m 方向上距 $\mathrm{d}A$ 为 r 的球面上的微元面，根据距离平方定律得

$$dQ_{12} = dQ_m \frac{dA_2}{r^2}$$

即
$$dQ_{12} = E_n \cos\varphi_1 dA_1 \frac{dA_2}{r^2} \tag{11.16}$$

式(11.16)称为余弦定律或兰贝待定律。式中，$\frac{dA_2}{r^2} = \omega$ 为以 dA 为球心的空间立体角(单位为球面度)。因该式 E_n 值未确定，无法用于计算，故此应设法找到 E_n 与 E_1 的关系，用 E_1 代替 E_n。

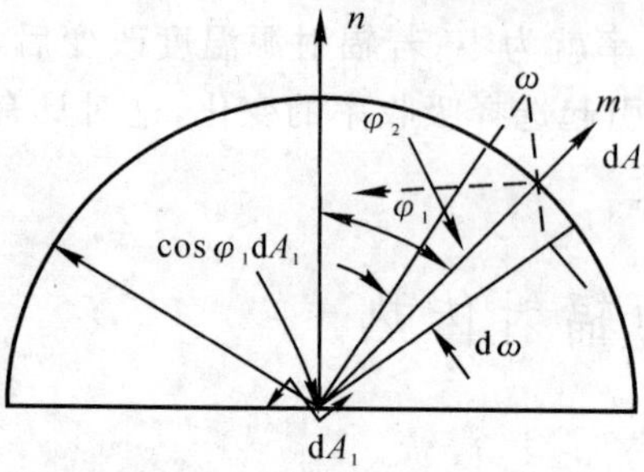

图 11.6　余弦定律

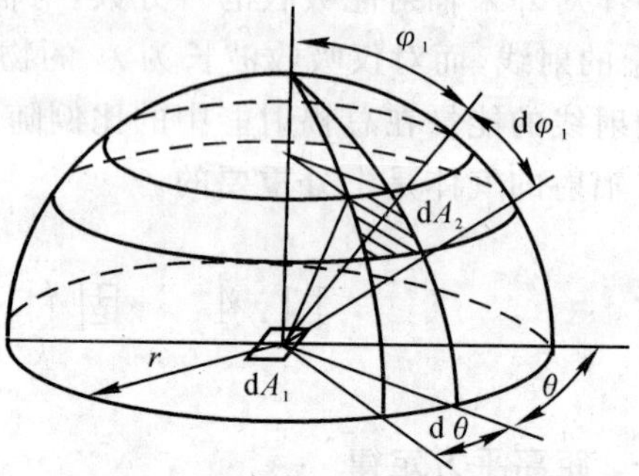

图 11.7　dA_1 对半球空间的辐射

以 dA_1 为球心，r 为半径作一半球面，dA_2 是球面上的微元面，如图 11.7 所示。若设 dA_1 与 dA_2 法线的交角为 φ_1，且 dA_2 用微分弧长 $rd\varphi_1$ 和 $r\sin\varphi_1 d\theta$ 的乘积表示，则

$$dA_2 = r^2 \sin\varphi_1 d\varphi_1 d\theta$$

得空间立体角为

$$d\omega = \frac{dA_2}{r^2} = \sin\varphi_1 d\varphi_1 d\theta$$

代入式(11.16)得

$$dQ_{12} = E_n \cos\varphi_1 \sin\varphi_1 d\theta d\varphi_1 dA_1$$

沿整个半球面积分，得 dA_1 向上部半球空间辐射的总能量为 dQ_1，即

$$dQ_1 = E_n dA_1 \int_0^{2\pi} d\theta \int_0^{\frac{\pi}{2}} \cos\varphi_1 \sin\varphi_1 d\varphi_1 = \pi E_n dA_1$$

按辐射热量与辐射能力的关系知

$$dQ_1 = E_1 dA_1$$

比较得
$$E_1 = \pi E_n$$

或
$$E_n = \frac{E_1}{\pi} \tag{11.17}$$

式(11.17)说明，黑体微元面沿法线方向的辐射能力为半球空间总辐射的$\frac{1}{\pi}$。

将式(11.7)代入式(11.6)得

$$dQ_{12} = \frac{E_1 \cos\varphi_1 dA_1 dA_2}{\pi r^2} \tag{11.18}$$

若 dA_2 并非是球面一部分，而是任意位置，则当其法线与两微元面联线的夹角为 φ_2 时，式(11.18)应为

$$dQ_{12} = \frac{E_1 \cos\varphi_1 \cos\varphi_2 \, dA_1 \, dA_2}{\pi r^2} \tag{11.19}$$

式(11.19)是余弦定律的普遍表达式，严格讲，该定律只适用于黑体和灰体。

三、角度系数

由余弦定律可知，空间任意两表面辐射传热时，一表面发射的辐射能不会全部投射到二表面，故此，把一表面发射出的辐射总能量中投射到二表面的能量所占百分数，叫一表面对二表面的角度系数，记为 φ_{12}。二表面对一表面的角度系数记为 φ_{21}，即

$$\varphi_{12} = \frac{Q_{12}}{E_1 A_1} \tag{11.20}$$

若两表面均服从余弦定律，则

$$\varphi_{21} = \frac{Q_{21}}{E_2 A_2} \tag{11.21}$$

对式(11.19)沿 A_1 与 A_2 进行积分得

$$Q_{12} = E_1 \int_{A_1} \int_{A_2} \frac{\cos\varphi_1 \cos\varphi_2 \, dA_1 \, dA_2}{\pi r^2} \tag{11.22}$$

将式(11.22)代入式(11.20)得

$$\varphi_{12} = \frac{1}{A_1} \int_{A_1} \int_{A_2} \frac{\cos\varphi_1 \cos\varphi_2 \, dA_1 \, dA_2}{\pi r^2} \tag{11.23}$$

同理

$$\varphi_{21} = \frac{1}{A_2} \int_{A_1} \int_{A_2} \frac{\cos\varphi_1 \cos\varphi_2 \, dA_1 \, dA_2}{\pi r^2} \tag{11.24}$$

从式(11.23)和式(11.24)可看出，角度系数是一个综合的几何参数，其值仅与两表面大小、形状、距离和相互位置有关，不受温度与黑度影响。

角度系数有如下重要性质：

(1) 自变关系。一个由若干表面组成的封闭体系，根据能量守恒原理，角度系数有下列关系：

$$\varphi_{11} + \varphi_{12} + \varphi_{13} + \cdots + \varphi_{1n} = \sum_{i=1}^{n} \varphi_{1i} = 1 \tag{11.25}$$

这一关系适用于任意表面，$\varphi_{11}, \varphi_{22}, \cdots, \varphi_{mn}$ 为各自表面对自身的角度系数。

(2) 互变关系：

$$A_1 \varphi_{12} = A_2 \varphi_{21} \tag{11.26}$$

由角度系数定义式可证明。只要辐射表面服从余弦定律，式(11.26)就成立。

(3) 可分性。一表面对另一表面的角度系数，可表示为一表面对另一表面各部分角度系数之和，称之角度系数可分性。如图 11.8 所示的两种情况有：

$$\varphi_{1(2,3)} = \varphi_{12} + \varphi_{13} \tag{11.27}$$

一些简单的由两个表面组成的封闭体系的角度系数，可由上述角度系数的性质得到。如图 11.9 所示的情况。

① 两个不可自见面，如图 11.9(a) 所示两个无限大平行平面，则有 $\varphi_{11} = \varphi_{22} = 0$，$\varphi_{12} = \varphi_{21} = 1$。

② 一可自见面和一不可自见面，如图 11.9(b)、(c) 所示凹面与一平面或凸面，则有

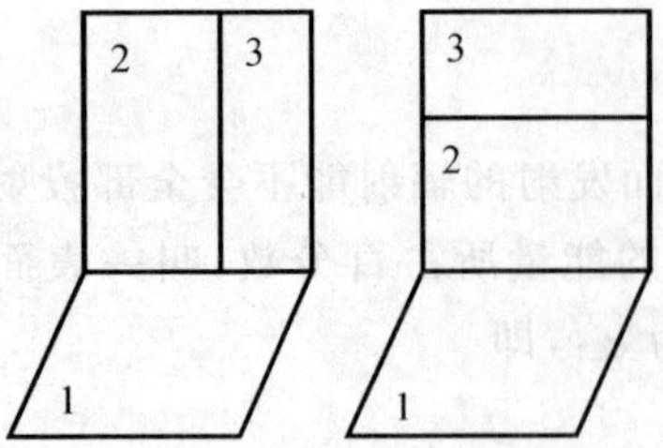

图 11.8　角度系数的可分性

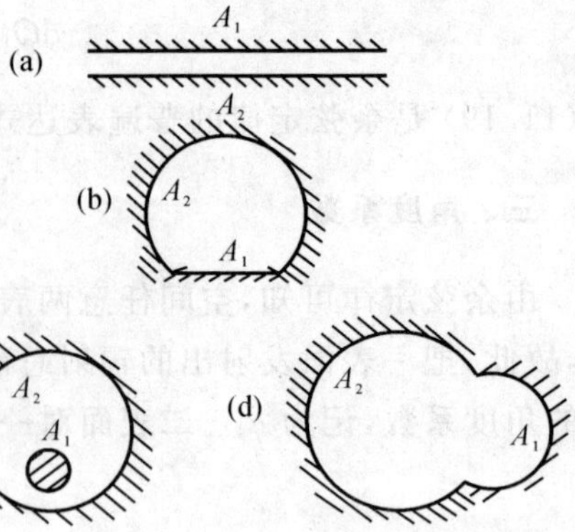

图 11.9　两表面组成简单封闭体系

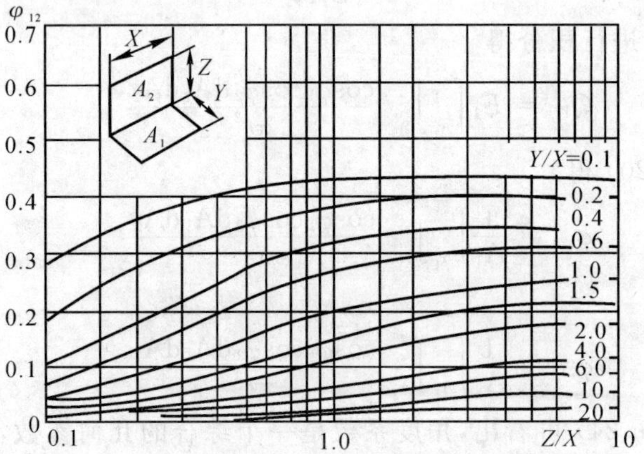

图 11.10　两垂直矩形面

$$\varphi_{11}=0,\quad \varphi_{12}=1,\quad \varphi_{21}=\frac{A_1}{A_2},\quad \varphi_{22}=1-\frac{A_1}{A_2}$$

③ 两可自见面，如图 11.9(d) 所示两凹面，则

$$\varphi_{11}=\frac{A_1}{A_1+A_2},\quad \varphi_{12}=\frac{A_2}{A_1+A_2},\quad \varphi_{21}=\frac{A_1}{A_1+A_2},\quad \varphi_{22}=\frac{A_2}{A_1+A_2}$$

角度系数的计算，由于应用角度系数积分式，计算较繁琐。工程计算中，为了使用方便，已将常用的角度系数制成线图，以供查用，如图 11.10 所示。

四、两表面间的辐射传热

在辐射传热中，即使由两表面组成的封闭体系的传热过程，也因相互间的辐射、吸收、反射、再吸收以及角度系数等，使问题显得相当复杂。要计算出两表面间的净热传输量，一般有两种方法：一种是按辐射 → 吸收 → 反射 → 吸收的无限循环追计下去，列出无穷递减等比数列，求该级数的和，再按各平面热平衡式便可求得净热量，这种方法较繁琐。另一种方法是有效辐射法，这是一种经常采用的较简单的方法。下面介绍这种分析方法。

设有任意表面 S 作为被讨论对象，如图 11.11 所示，提出以下概念：

(1) 自身辐射：S 表面按四次方定律发射的辐射能取决于表面自身的性质和温度，即

$$Q_s=\varepsilon C_0\left(\frac{T}{100}\right)^4 A \tag{11.28}$$

(2) 吸收辐射：S 表面吸收的辐射能 Q_α。

(3) 反射辐射：S 表面反射的辐射能略 Q_r。

(4) 投入辐射：投到 S 表面的辐射能 Q_i。

显然
$$Q_i = Q_\alpha + Q_r \tag{11.29}$$
因
$$Q_\alpha = \alpha Q_i = \varepsilon Q_i \tag{11.30}$$
得
$$Q_r = (1-\varepsilon)Q_i \tag{11.31}$$

(5) 有效辐射：自 S 表面发出的辐射能之和，即
$$Q_J = Q_s + Q_r \tag{11.32}$$

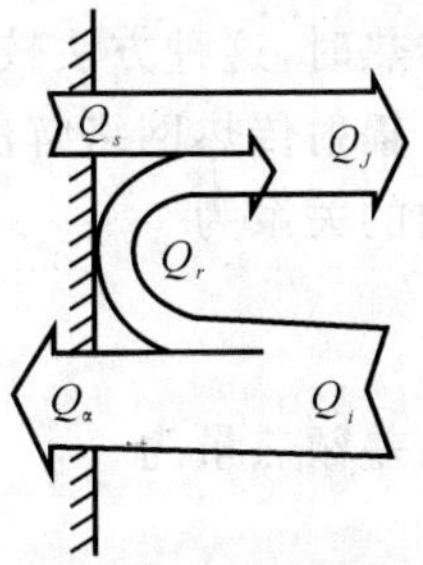

图 11.11　有效辐射的概念

(6) 差额热量：S 表面与另一表面间辐射传热的净热量收入 Q。

为了使问题简化，假定：

① 体系仅由两表面组成；

② 两表面温度、黑度均匀一致；

③ 两表面间的介质为介热体，既不吸收又不辐射。

在辐射传热中，根据热平衡原理，表面 S 的差额热量为
$$Q = Q_\alpha - Q_s = \varepsilon Q_i - \varepsilon C_0\left(\frac{T}{100}\right)^4 A \tag{11.33}$$
和
$$Q = Q_i - Q_J$$
消去 Q 得
$$Q_J = \left(\frac{1}{\varepsilon} - 1\right)Q + C_0\left(\frac{T}{100}\right)^4 A \tag{11.34}$$
从式(11.34)可见，若一表面的差额热量 $Q = 0$，则其有效辐射等于同温度下黑体辐射。

将式(11.34)应用于封闭体系两表面间辐射，可得
$$Q_{J1} = \left(\frac{1}{\varepsilon_1} - 1\right)Q_1 + C_0\left(\frac{T_1}{100}\right)^4 A_1 \tag{11.35}$$
$$Q_{J2} = \left(\frac{1}{\varepsilon_2} - 1\right)Q_2 + C_0\left(\frac{T_2}{100}\right)^4 A_2 \tag{11.36}$$
表面 1 的差额热量为
$$Q_1 = Q_{J2}\varphi_{21} - Q_{J1}\varphi_{12} \tag{11.37}$$
将式(11.35)和式(11.36)代入式(11.37)，并考虑到 $Q_2 = Q_1$，$A_1\varphi_{12} = A_2\varphi_{21}$ 并整理得
$$Q_1 = C\left[\left(\frac{T_2}{100}\right)^4 - \left(\frac{T_1}{100}\right)^4\right]A_1\varphi_{12} \quad \text{W} \tag{11.38}$$
式中
$$C = \frac{C_0}{\left(\frac{1}{\varepsilon_1} - 1\right)\varphi_{12} + 1 + \left(\frac{1}{\varepsilon_2} - 1\right)\varphi_{21}} \quad \text{W/(m}^2\cdot\text{K}^2\text{)}$$
C 称为综合辐射系数，式(11.38)是用于计算任意两封闭表面辐射传热公式。严格地讲，只适应两灰体表面。

五、固体表面间辐射传热的网络解法

基于热量传递与电量传递的类似性，把辐射传热系统看成直流等效电路，并借助电路网络原理求出物体间辐射传热热量的方法，称辐射传热的网络解法。在分析求解多个表面之间的辐

射传热时，这种方法较为简便明。

辐射传热网络解法仍以有效辐射概念为基础，由式(11.34)，即表示差额热流与有效辐射之间的关系为

$$Q_J = \left(\frac{1}{\varepsilon} - 1\right)Q + C_0\left(\frac{T}{100}\right)^4 A \tag{11.39}$$

解出差额热量为

$$Q = \frac{Q_J - E_0 A}{\dfrac{1-\varepsilon}{\varepsilon}} \tag{11.40}$$

或

$$Q = \frac{Q_J - E_0}{\dfrac{1-\varepsilon}{A\varepsilon}} \tag{11.41}$$

式中，$\frac{1-\varepsilon}{A\varepsilon}$ 为辐射热阻；$(Q_J - E_0)$ 为辐射传热的热势差。

于是两表面间差额热量为

$$Q = Q_{J_1}\varphi_{12} - Q_{J_2}\varphi_2 \quad \text{或} \quad Q = q_{J_1}A_1\varphi_{12} - q_{J_2}A_2\varphi_{21} \tag{11.42}$$

若以 $A_1\varphi_{12}$ 代替 $A_2\varphi_{21}$ 或以 $A_2\varphi_{21}$ 代替 $A_1\varphi_{12}$，可得

$$Q = \frac{Q_{J_1} - Q_{J_2}}{\dfrac{1}{A_1\varphi_{12}}} = \frac{Q_{J_1} - Q_{J_2}}{\dfrac{1}{A_2\varphi_{21}}} \tag{11.43}$$

式中$\frac{1}{A_1\varphi_{12}}$或$\frac{1}{A_2\varphi_{21}}$称为辐射传热的空间热阻，其值取决于角度系数和表面。将式(11.41)和式(11.43)表示辐射传热差额热量计算式，绘成如图 11.12 所等效电路，这个等效电路是复杂辐射传热网络的基本电路，称为辐射传热网络单元。

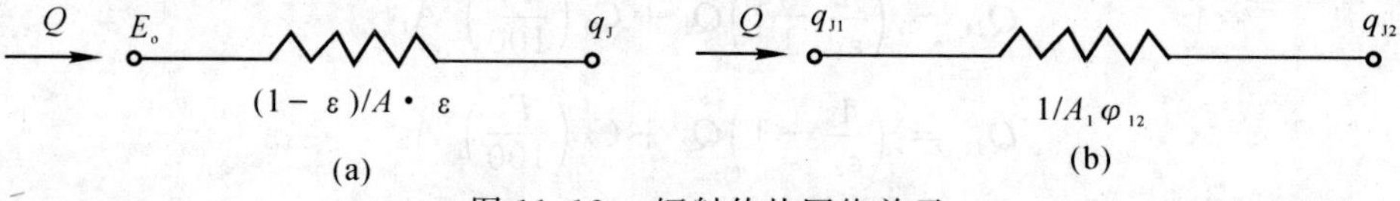

图 11.12　辐射传热网络单元

(a) 表面网络单元；(b) 空间网络单元

两表面的封闭体系辐射传热计算式(11.38)可改写为

$$Q = \frac{E_{01} - E_{02}}{\dfrac{1-\varepsilon_1}{A_1\varepsilon_1} + \dfrac{1}{A_1\varphi_{12}} + \dfrac{1-\varepsilon_2}{A_2\varepsilon_2}} \tag{11.44}$$

式(11.44)表示两表面的封闭体系辐射传热量，等于两表面温度下，两黑体表面热势差和总辐射热阻之商。总辐射热阻为两表面的表面热阻和一个空间热阻之和。其等效电路如图 11.13 所示。由图可知，两表面间的辐射传热是由两个表面网络单元和一个空间网络单元组成。因此对多个表面封闭体系的辐射网络可模仿得到。如图 11.14 就是三个表面间的辐射网络图。

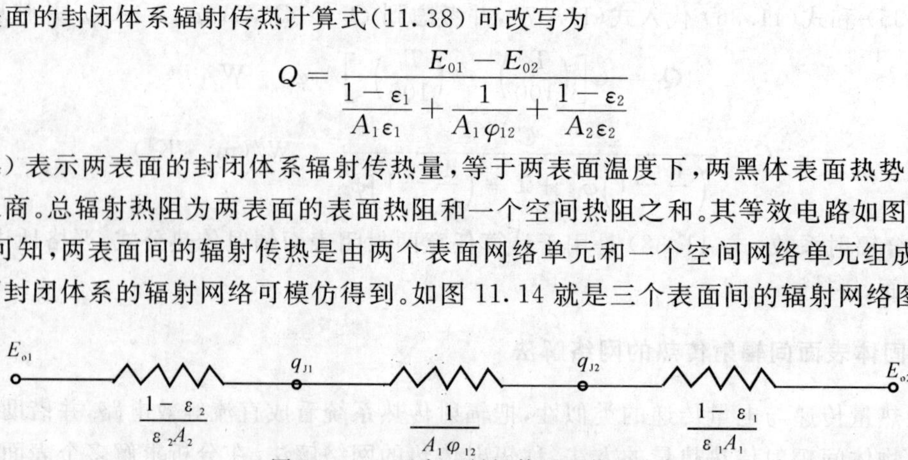

图 11.13　两表面封闭体系网络图

三表面间的辐射传热量计算式为

$$Q_{12}=\frac{q_{J_1}-q_{J_2}}{\dfrac{1}{A_1\varphi_{12}}}$$

$$Q_{13}=\frac{q_{J_1}-q_{J_2}}{\dfrac{1}{A_1\varphi_{13}}}$$

$$Q_{23}=\frac{q_{J_1}-q_{J_2}}{\dfrac{1}{A_2\varphi_{23}}}$$

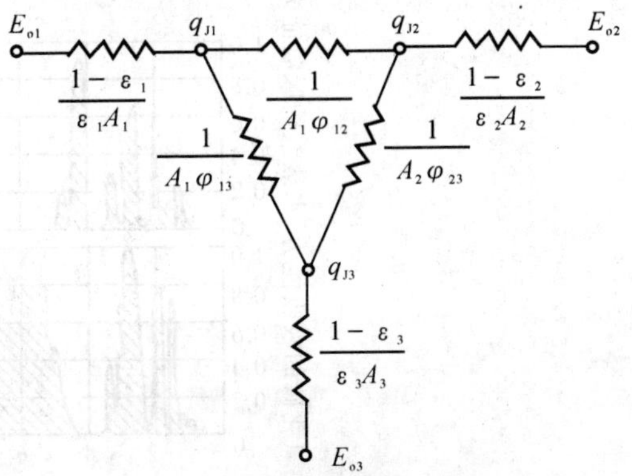

图 11.14　三表面间的辐射网络图

由电路学中的基尔霍夫定律，可列出三个结点方程：

结点 q_{J_1}

$$\frac{E_{01}-q_{J_1}}{\dfrac{1-\varepsilon_1}{A_1\varepsilon_1}}+\frac{q_{J_2}-q_{J_1}}{\dfrac{1}{A_1\varphi_{12}}}+\frac{q_{J_2}-q_{J_1}}{\dfrac{1}{A_1\varphi_{13}}}=0$$

结点 q_{J_2}

$$\frac{E_{21}-q_{J_2}}{\dfrac{1-\varepsilon_2}{A_2\varepsilon_2}}+\frac{q_{J_1}-q_{J_2}}{\dfrac{1}{A_1\varphi_{12}}}+\frac{q_{J_3}-q_{J_2}}{\dfrac{1}{A_2\varphi_{23}}}=0$$

结点 q_{J_3}

$$\frac{E_{03}-q_{J_3}}{\dfrac{1-\varepsilon_3}{A_3\varepsilon_3}}+\frac{q_{J_1}-q_{J_3}}{\dfrac{1}{A_1\varphi_{13}}}+\frac{q_{J_3}-q_{J_3}}{\dfrac{1}{A_2\varphi_{23}}}=0$$

解上列方程组，可求得 q_{J_1}，q_{J_2}，q_{J_3} 即可计算出辐射传热量 Q_{12}，Q_{13}，Q_{23}。

11.5　气体辐射

一、气体辐射特点

气体辐射与吸收的规律与固、液体有较大的差别，其主要特点如下：

(1) 气体没有反射能力而有透过能力，即

$$a+d=1,\quad r=0$$

(2) 不同成分气体的辐射与吸收能力差别很大。如单原子气体(He, Ar 等)，对称二原子气体(N_2，O_2，H_2 等)的辐射与吸收能力很小，一般工程中可忽略，视为透热体；不对称的二原子气体(CO, HCl 等)也只有较小的辐射吸收能力。所以凡是二原子气体都可视为不辐射也不吸收的介热体；三原子和多原子气体如(CO_2，H_2O，SO_2)具有较强的辐射和吸收能力。

(3) 气体辐射与吸收有较强的选择性。与固、液体基本连续的辐射和吸收光谱不同，气体只是在某些特定的波长范围内辐射和吸收，这种辐射和吸收的波段称为气体的光带，图 11.15 表示了厚层二氧化碳及水蒸汽的吸收光谱。从图中可看出气体光谱不连续这个重要特征。因此为了工程计算方便，对不同气体可归纳为几个主要光带，以 CO_2 和 H_2O(汽) 为例。

	CO_2	H_2O(汽)
第一光带	2.64 ～ 2.84 μm	2.55 ～ 2.84 μm
第二光带	4.13 ～ 4.49 μm	5.6 ～ 7.6 μm

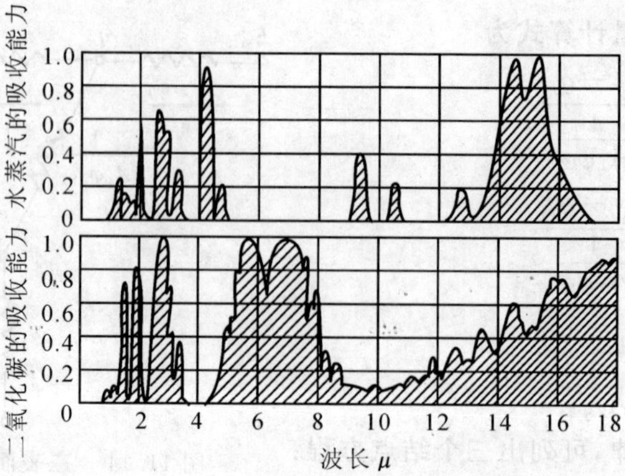

图 11.15　厚层 CO_2 与 H_2O(汽) 对黑体辐射的吸收

第三光带　　　$12 \sim 17\ \mu m$　　　　$12 \sim 25\ \mu m$

另外，两光谱有重叠的波段，会影响混合气体辐射或吸收，使混合气体的辐射或吸收能力小于单成分气体辐射，但这种影响一般较小，只有在混合气体各成分辐射能力都很强时才考虑修正。

(4) 气体的辐射和吸收是在整个容积中进行的，称为体积辐射。气体的辐射与固、液的表面辐射不同，在整个体积内任何位置发出的辐射线都能部分或大部分到达表面而向外辐射；外界投射到气体内的射线是穿过整个体积逐渐被吸收而减弱的，减弱的速率取决于射线在穿过途中碰到的气体分子的多少。故气体吸收的能力与其温度、分压以及射线行程有关。

二、气体的吸收率与黑度

1. 气体吸收率

设穿过气体的射线的波长位于该气体光带范围内，则射线强度将随穿过距离 l 而逐渐减弱，气体分压 P 越大，减弱越快，可表示为

$$\frac{dI_\lambda}{I_\lambda} = -k_\lambda P\,dL \tag{11.45}$$

式中，I_λ 为波长为 λ 的射线的辐射强度(W/m^3)；k_λ 为射线的减弱系数，由实验确定。

负号表示辐射强度随行程距离增加而减小。若已知 $l = 0$ 时，$I_\lambda = I_{\lambda 0}$；$l = l$ 时，$I_\lambda = I_{\lambda l}$，把式(11.45) 在 $0 \sim l$ 区间积分，得

$$\int_{I_{\lambda 0}}^{I_{\lambda l}} \frac{dI_\lambda}{I_\lambda} = -k_\lambda P \int_0^l dl$$

即
$$I_{\lambda l} = I_{\lambda 0}\, e^{-k_\lambda P l} \tag{11.46}$$

按照吸收率定义

$$\alpha_\lambda = \frac{I_{\lambda 0} - I_{\lambda l}}{I_{\lambda 0}} = 1 - e^{-k_\lambda P l} \tag{11.47}$$

式(11.47) 说明，气体的吸收率随其分压 P 与行程 l(或气层厚) 乘积的增大而提高。若 Pl 的乘积趋于 ∞ 时，α 趋于 1，这一关系只对该气体光带之内的射线成立。

2. 气体黑度

根据物体黑度概念，气体黑度

$$\varepsilon_g = \frac{E_g}{E_0} \tag{11.48}$$

式(11.48) 表明，气体黑度是其辐射能力与同温度下黑体辐射能力之比。任何气体的辐射能力均由实验的方法测定。工业中常见的三原子气体（如 CO_2，H_2O，SO_2 等）已有比较详细的测定数据，并根据实验数据也综合出了一些近似公式

$$E_{CO_2} = 3.5(P_{CO_2} l)^{1/3}\left(\frac{T}{100}\right)^{3.5} \quad (W/m^2) \tag{11.49}$$

$$E_{H_2O} = 3.5(P_{H_2O}^{0.8} l^{0.6})^{1/3}\left(\frac{T}{100}\right)^{3.0} \quad (W/m^2) \tag{11.50}$$

式中，P 为辐射气体组分的分压，大气压；l 为气体有效平均射线行程(m)。

为了统一计算，仍以四次方定律形式计算气体辐射能力，而 P, l, T 等因素合并在气体的黑度中，故有

$$E_g = \varepsilon_g C_0\left(\frac{T}{100}\right)^4 \quad (W/m^2) \tag{11.51}$$

比较式(11.51) 和式(11.49)，式(11.50)，可知气体黑度是其分压 P、平均射线行程 l 以及温度 T 的函数，即

$$\varepsilon_g == f(T, P, l)$$

为了使用方便，已将测定数据绘成线图。例如，图 11.16 给出了 CO_2 的黑度线图。

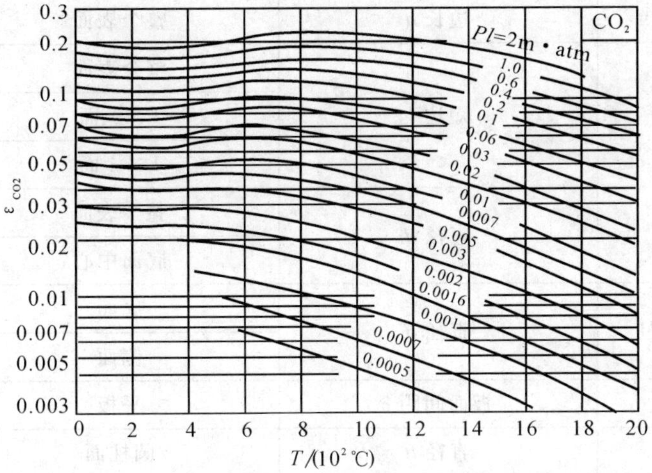

图 11.16　CO_2 黑度与温度、射线行程及压力的关系

混合气体的黑度可由各组分黑度叠加确定。但应考虑各组光带重叠而产生的干扰。如对含有 CO_2，H_2O，SO_2 的混合气体，其黑度

$$\varepsilon = \varepsilon_{CO_2} + \beta\varepsilon_{H_2O} + \varepsilon_{SO_2} - \Delta\varepsilon \tag{11.52}$$

式中，β 为蒸汽分压对 ε_{H_2O} 影响的补正系数；为各组分互相干扰的修正量。一般冶金炉中，此值较小，不超过 4% ～ 6%，故常忽略不计。另外，当气体与灰体辐射近似时，则可利用克希荷夫定律；将黑度与吸收率视为相等，利用式(11.47) 即

$$\varepsilon = \alpha = 1 - e^{-k_\lambda Pl} \tag{11.53}$$

式(11.53) 是计算气体黑度的另一种形式。

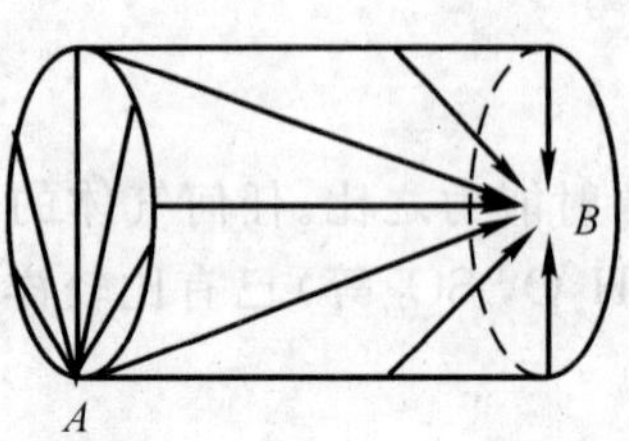

图 11.17 圆柱形容器中两点辐射的线行程

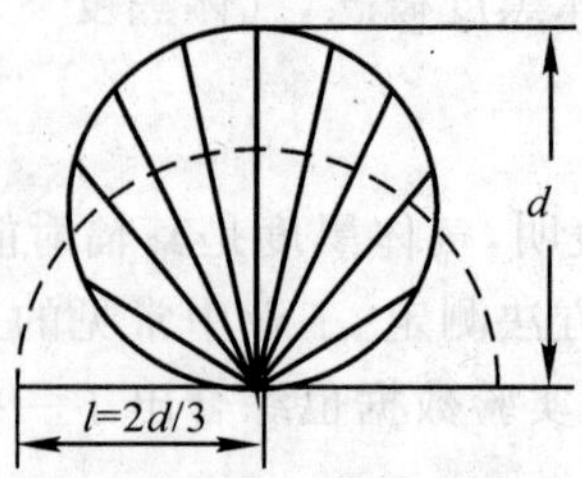

图 11.18 球的当量半径

气体黑度公式及图表中的有效平均射线行程 l 是确定气体黑度的重要参数。由于气体容器形状,大小不同,射线穿过其行程必然不同。同一容器,射线进入方向不同,射线行程也不同。图 11.17 表示了圆柱形容器中气体对 A,B 两点辐射时不同线行程。对于球体,若从半球形容器中气体对球心的辐射考虑,各方向射线行程均等于半球半径。当某容器中气体温度、压力、组成与一半球气体一样,该半球中气体对球心的辐射恰好等于此容器中气体对指定部位的辐射时,该半球半径就是此容器的当量半球半径,称为平均射线行程。图 11.18 表示一球形容器中气体对球面上某点辐射的平均射线行程,即其当量半球半径等于其直径的 2/3。

表 11.2 不同容器中气体辐射的平均射线行程

容器形状	特征尺寸	受辐射部位	平均射线行程
球体	直径 d	整个球面或球面任意部位	$0.6d$
立方体	边长 a	整个表面	$0.6a$
1×1×4 的长方体	短边 b	整个表面	$0.81b$
		1×1 面	$0.71b$
		1×4 面	$0.82b$
高等于直径的圆柱	直径 d	整个表面	$0.6d$
		底面中心	$0.77d$
高等于直径两倍的圆柱	直径 d	底面	$0.6d$
		侧面	$0.76d$
两无限大平行平板	板面间距 δ	平板	1.8δ
无限长圆柱	直径 d	圆柱面	$0.9d$
叉排管束	管间距 $s=$ 管径 d	管束表面	$3.0d$
	$s=2d$	管束表面	$3.8d$
顺排管束	管间距 $s=$ 管径 d	管束表面	$3.5d$

表 11.2 中列出了一些形状容器中,气体对指定部位辐射的平均射线行程。其他形状容器里的平均射线行程的计算式为

$$l=\eta\frac{4V}{A}\quad(\text{m})\tag{11.54}$$

式中,V 为容器的容积(m^3);A 为容器外表面积(m^2);η 为减弱系数,常取 0.85～0.95,容器几

何尺寸大、气体分压高时，取低限。

3. 气体黑度与吸收率的关系

气体温度与容器外壳表面温度相等时，即二者处于热平状态，此时表面的差额热流为零，按公式(11.34) 的概念，容器表有效辐射与黑体辐射相等，根据克希荷夫定律，这时气体吸收率与黑度相等，即

$$T_g = T_W, \quad \alpha_g = \varepsilon_g \tag{11.55}$$

当气体与容器外壳表面进行辐射传热时，二者温度不同，式(11.55) 的关系不成立。但根据克希荷夫定律导出的条件，认为当温度为 T_g 与温度为 T_W 的表面进行辐射传热时，气体的吸收率 $\alpha_{g(T_g)}$ 与该气体在 T_W 下的黑度相等，即

$$\alpha_{g(T_g)} = \varepsilon_{g(T_W)} \tag{11.56}$$

实践中，通过对气体的吸收率与黑度进行的理论和实验研究，提出了二者之间有如下近似关系

$$\alpha_{g(T_g)} = \varepsilon_{g(T_W)} \left(\frac{T_g}{T_W}\right)^n \tag{11.57}$$

式中，n 为实验值，H_2O(汽) 取 0.45，CO_2 取 0.65，不含灰的烟气取 0.4。

4. 火焰黑度

在冶金炉中，各种燃料燃烧时，因燃料种类及燃烧方法差异，通常会产生两类热辐射性能不同的火焰，一种是近乎无色或淡兰色的火焰，称为暗焰。这种火焰一般是各种气体混合燃烧产生的火焰，其 辐射性能和一般含 H_2O, CO_2 蒸汽等混合气体的辐射性能相同，可按前述方法计算其黑度和吸收率。另一种是液体燃料和固体燃料燃烧时产生的火焰，称为亮焰或辉焰，辉焰中或多或少含有悬浮固体微粒，如高温分解形成的碳黑，焦粒和其他灰粒等。因固体微粒的存在，不仅引起密度增加使火焰辐射能力增强，而且改变了气体辐射的选择特性，使其向连续光谱靠拢。随着火焰中固体微粒量增加，火焰黑度增大，辐射提高，形成高亮度的发光火焰。

暗焰和辉焰的黑度有很大差别，暗焰黑度一般在 0.2 以下；辉焰黑度依燃料和燃烧方法的不同而变化，一般在 0.4 ～ 0.8 之间。如重油火焰黑度为 0.8；粉煤火焰黑度为 0.5。

在冶金炉热工实践中，为了强化炉子传热，常常设法提高火焰黑度，如向含碳较低(如高炉煤气、发生炉煤气等) 的火焰中渗入适量的重油、煤焦油、粉煤等以提高火焰的黑度，称为火焰渗碳；冷的天然气与焦炉煤气，虽然含碳量不算低，但由于燃烧过程缺乏裂解的条件，其火焰黑度仍然不高，若在燃烧前对燃料预热，产生的火焰黑度将会明显提高。

三、气体与表面间的辐射传热

气体与表面间的辐射传热，其主要特点是：① 气体无反射而只有透过；② 气体与固体表面之间只有一个共同的传热表面(即固体表面)。因此，可以从气体与表面之间进行的发射、透过、再吸收、反射、…… 的无限循环的基本辐射传热过程出发，导出其辐射传热计算公式。

设某容器中充满温度为 T_1 的辐射气体，容器表面温度为 T_2，且 $T_1 > T_2$，气体吸收率为 a_1，黑度为 ε_1，若容器表面为灰体，则 $\varepsilon_2 = a_2$，容器内表面为 A_2，若假定气体和表面最初的辐能力分别为 E_1，E_2，则两者传热过程可表示为

气体辐射 E_1	表面辐射 E_2
表面吸收 $\alpha_2 E_1$	气体吸收 $\alpha_1 E_2$
表面反射$(1 - \alpha_2)E_1$	气体透过$(1 - \alpha_1)E_2$

气体吸收 $\alpha_1(1-\alpha_2)E_1$	表面吸收 $\alpha_2(1-\alpha_1)E_2$
气体透过 $(1-\alpha_1)(1-\alpha_2)E_1$	表面反射 $(1-\alpha_1)(1-\alpha_2)E_2$
表面吸收 $\alpha_2(1-\alpha_1)(1-\alpha_2)E_1$	气体吸收 $\alpha_1(1-\alpha_1)(1-\alpha_2)E_2$
表面反射 $(1-\alpha_1)(1-\alpha_2)^2E_1$	气体透过 $(1-\alpha_1)^2(1-\alpha_2)E_2$
气体吸收 $\alpha_1(1-\alpha_1)(1-\alpha_2)^2E_1$	表面吸收 $\alpha_2(1-\alpha_1)^2(1-\alpha_2)E_2$
……	……
气体吸收 $(1-\alpha_1)^2(1-\alpha_2)^2E$	气体吸收 $\alpha_1(1-\alpha_1)^2(1-\alpha_2)^2E_2$
……	……

归纳气体吸收项后发现，两种情况下气体吸收率均按等比级数规律变化，公比为

$$k=(1-\alpha_1)(1-\alpha_2)<1$$

把气体吸收项全部相加，可得气体吸收总能量为

$$q_\alpha=(1+k+k^2+\cdots)[\alpha_1(1-\alpha_2)E_1+\alpha_1E_2] \tag{11.58}$$

其中

$$1+k+k^2+\cdots=\frac{1}{1-k}=\frac{1}{\alpha_1+\alpha_2-\alpha_1\alpha_2}$$

则气体的差额热流量

$$q=E_1-q_\alpha \tag{11.59}$$

将式(11.58)代入式(11.59)，且考虑到

$$E_1=\varepsilon_1C_0\left(\frac{T_1}{100}\right)^4,\quad E_2=\varepsilon_2C_0\left(\frac{T_2}{100}\right)^4$$

及

$$\varepsilon_2=\alpha_0$$

整理得

$$q=\frac{C_0}{\dfrac{1}{\alpha_1}+\dfrac{1}{\varepsilon_2}-1}\left[\frac{\varepsilon_1}{\alpha_1}\left(\frac{T_1}{100}\right)^4-\left(\frac{T_2}{100}\right)^4\right]\quad (\mathrm{W/m^2}) \tag{11.60}$$

当 T_1 与 T_2 相近时，气体可视为灰体，则

$$q=\frac{C_0}{\dfrac{1}{\varepsilon_1}+\dfrac{1}{\varepsilon_2}-1}\left[\left(\frac{T_1}{100}\right)^4-\left(\frac{T_2}{100}\right)^4\right]\quad (\mathrm{W/m^2}) \tag{11.61}$$

或

$$Q=\frac{C_0}{\dfrac{1}{\varepsilon_1}+\dfrac{1}{\varepsilon_2}-1}\left[\left(\frac{T_1}{100}\right)^4-\left(\frac{T_2}{100}\right)^4\right]A\quad (\mathrm{W}) \tag{11.62}$$

习题与思考题

1. 物体黑度与吸收率有什么关系和区别？
2. 灰体和实际物体有什么关系和区别？
3. 表面的黑度和温度变化是否影响表面间的角度系数，为什么？
4. 气体与火焰的辐射有何差别？火焰黑度受哪些因素影响？
5. 计算黑体在 3 000 K 时最大单色辐射力的波长。
6. 计算如图 11.19 所示平面间的角度系数 φ_{12}。

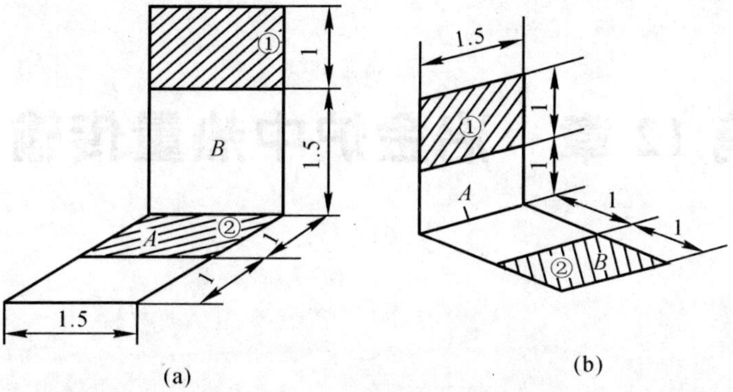

图 11.19

7. 两块平行放置的钢板，其间距远小于长和宽。已知钢板的温度分别为500℃和25℃，黑度均为0.8。若将钢板视为灰体，试计算：

(1) 钢板两表面间的自身辐射；(2) 有效辐射；(3) 投射辐射及净传热量。

8. 一箱式电炉，炉膛尺寸为1 m×1 m×1.2 m。已知内表面温度为1 000℃，黑度为0.8。试计算直径为20 mm窥视孔的热辐射散失量，并说明计算结果。

9. 某一辐射换热器，内径1.2 m，长2.5 m，内表面黑度0.85，壁面温度650℃，流过烟气温度为950℃，烟气成分CO_2 13%，H_2O 11%，求辐射传热量。

10. 一敞口面积为2 m^2钢液包，满钢水后，装有200 t的钢液。已知开始液面温度为1 600℃，钢液表面黑度0.35，钢液平均热熔700 J/(kg·℃)。试计算：(1) 开始瞬间钢包口辐射散热为多少？(2) 开始时钢液因辐射引起的降温速率为多少？

11. 某隔火焰加热熔锌炉，炉膛由炉顶墙、壁墙和熔池组成。已知炉顶墙内表面温度为900℃，熔池液态锌表面温度为600℃，炉顶墙与熔池液面面积均为3.8 m^2，表面黑度分别为0.85和0.2，炉膛空间高0.5 m。若忽略炉壁墙散热损失而视为绝热壁，试求在热稳态下炉顶和炉壁墙辐射热量及炉壁内表面温度。

第 12 章　冶金炉中热量传输

热量传输是讨论传热过程中的基本理论和基本规律。在实际传热现象中，一种传热方式很少单独存在，通常是两种或三种基本传热方式同时发生的综合传热。冶金炉这种热设备，热量传输过程遵循基本规律，但也有其具体的传热特点。冶金炉有多种类型，不同类型的冶金炉传热过程不同，各有其特点。冶金炉内的传热过程大多数都是综合传热，这就使其传热过程显得比较复杂。对冶金炉进行热量传输的研究、分析和计算，实质上是传热的基本理论和基本规律在冶金炉上的应用。下文主要讨论典型火焰炉、竖炉及换热设备中的传热过程。

12.1　火焰炉炉膛内的热交换

在火焰炉炉膛内的热交换过程中，热源是火焰或高温气流，受热体为被加热物料。则加热物料得到的热量应为

$$Q = Q_r + Q_a \quad (\mathrm{W})$$

式中，Q_a 为对流传热热量(W)；Q_r 为辐射传热热量(W)。

火焰炉炉膛内热交换如图 12.1 所示。由图看出，火焰炉炉膛内参与热交换的有火焰、炉墙及炉顶的内表面。炉顶及炉墙内表面统称炉壁。通常认为，炉膛内主要是辐射换热过程，进行辐射换热有三种物体，分别为炉气、炉料和炉壁，并且三种物体的温度和物性不同(炉气温度 T_g，炉料温度 T_m 及炉壁温度 T_w)。

一、火焰炉炉膛内传热

为了推导公式方便起见，作如下假设：

(1) 火焰充满炉膛，且其温度与黑度各处均匀，并认为黑度与吸收率相等。

(2) 炉料布满炉底，其表面不能“自见”，并且温度与黑度均匀。

(3) 炉壁内表面温度与黑度均匀，炉壁内表面不吸收热量，即投射到炉壁表面的辐射热量全部返回炉膛；以对流方式传给内表面的热量等于炉壁向外散失的热量。

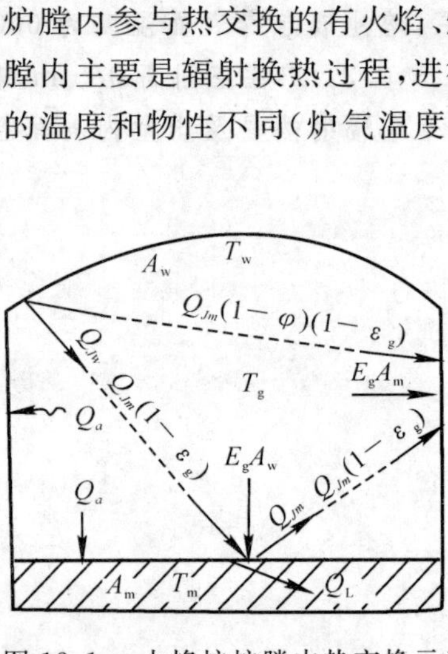

图 12.1　火焰炉炉膛内热交换示意图

根据有效辐射概念，进行物料表面热平衡，则物料表面获得的净热量 Q 为

$$Q = E_g A_m + Q_{Jw}(1-\varepsilon_g)\varphi - Q_{Jm} \quad (\mathrm{W}) \tag{12.1}$$

式中，φ 为 炉壁对物料的辐射角度系数，且 $\varphi = A_m/A_w$；A_m 为炉料表面积(m^2)；ε_g 为气体黑

度；Q_{Jw} 为炉壁内表面有效辐射(W)；Q_{Jm} 为炉料有效辐射(W)；E_g 为炉气辐射能力(W/m^2)。

由条件(3) 炉壁不吸收辐射热，炉壁有效辐射 Q_{Jw} 应等于炉壁的投射辐射，即

$$Q_{Jw} = Q_{Gw} \tag{12.2}$$

而

$$Q_{Gw} = E_g A_m + Q_{Jm}(1-\varepsilon_g) + Q_{Jw}(1-\varphi)(1-\varepsilon_g) \tag{12.3}$$

则由式(12.2) 和式(12.3) 得

$$Q_{Jw} = \frac{E_g A_m + Q_{Jm}(1-\varepsilon_g)}{1-(1-\varphi)(1-\varepsilon_g)} \tag{12.4}$$

物料表面的有效辐射包括：物料自身的辐射 $E_m A_m$；物料对炉气辐射的反射 $E_g A_m(1-\varepsilon_m)$，以及对炉壁辐射的反射三部分；则炉料的有效辐射 Q_{Jm} 为

$$Q_{Jm} = E_m A_m + E_g A_m(1-\varepsilon_m) + Q_{Jw}\varphi(1-\varepsilon_g)(1-\varepsilon_m) \tag{12.5}$$

将式(12.4) 和式(12.5) 联解且注意 $\varphi A_m = A_m$，得

$$Q_{Jw} = \frac{E_g A_w + E_g A_m(1-\varepsilon_g)(1-\varepsilon_m) + E_m A_m(1-\varepsilon_g)}{\varepsilon_g + \varphi(1-\varepsilon_g)[\varepsilon_g + \varepsilon_m(1-\varepsilon_g)]} \tag{12.6}$$

$$Q_{Jm} = \frac{E_g A_m[(1-\varepsilon_m) + \varphi(1-\varepsilon_g)(1-\varepsilon_m)] + E_m A_m[\varepsilon_g + \varphi(1-\varepsilon_g)]}{\varepsilon_g + \varphi(1-\varepsilon_g)[\varepsilon_g + \varepsilon_m(1-\varepsilon_g)]} \tag{12.7}$$

将式(12.6) 和式(12.7) 代入式(12.1) 整理且注意 $E_m = \varepsilon_m C_0\left(\frac{T_m}{100}\right)^4$，得

$$Q = C\left[\left(\frac{T_g}{100}\right)^4 - \left(\frac{T_m}{100}\right)^4\right]A_m \tag{12.8}$$

式中

$$C = \frac{C_0\varepsilon_g\varepsilon_m[1+\varphi(1-\varepsilon_g)]}{\varepsilon_g + \varphi(1-\varepsilon_g)[\varepsilon_g + \varepsilon_m(1-\varepsilon_g)]}$$

若令 $w = \frac{1}{\varphi}$，即 $\omega = \frac{A_w}{A_m}$(w 称为炉围开展度)，则可得

$$C_L = \frac{C_0\varepsilon_m[\omega + (1-\varepsilon_g)]}{\omega + \frac{1-\varepsilon_g}{\varepsilon_g}[\varepsilon_g + \varepsilon_m(1-\varepsilon_g)]} \quad (W/(m^2\cdot K^4)) \tag{12.9}$$

式中，C_L 称为火焰、炉壁对物料的辐射导热系数，简称综合辐射系数。

综合辐射系数与各因素的关系如图 12.2 所示(其中取 $\varepsilon_m = 0.8$ 并视为常数)。从图中可知，当炉膛尺寸一定时，ω 一定，ε_g 越大 C_L 值亦随之加大；但当 $\varepsilon_g = 0.4$ 时，ε_g 再增大，C_L 增加的趋势减弱。由此可见，采用火焰增碳以加强火焰的辐射只在一定范围内有效。适当提高炉膛高度(即增大 ω)，并能保证炉气充满炉膛，即使火焰黑度不变也能提高综合辐射系数。特别是 $\varepsilon_g < 0.5$ 的范围内，效果明显。但当 ε_g 趋近 1 时，不再影响。

二、炉膛热交换分析

1. 火焰温度 T_g

火焰炉内火焰(即炉气) 温度实际上是不均匀的，利用式(12.6) 计算时，可根据实际炉型结构以及炉内温度分布状况，只能是某一区域的平均温度，而且平均温度也是近似的，所以从理论上准确地计算比较困难。另外炉内燃烧过程不同，温度分布也不同，而且 C_L 的改变也会影响温度分布。从获得相同的辐射传热效果出发，可按下式计算火焰的平均温度，即

$$\left(\frac{T_g}{100}\right)^4 = \sqrt{\left[\left(\frac{T_g'}{100}\right)^4 - \left(\frac{T_m'}{100}\right)^4\right]\left[\left(\frac{T_g''}{100}\right)^4 - \left(\frac{T_m''}{100}\right)^4\right]} + \left(\frac{T_m}{100}\right)^4 \quad (K) \tag{12.10}$$

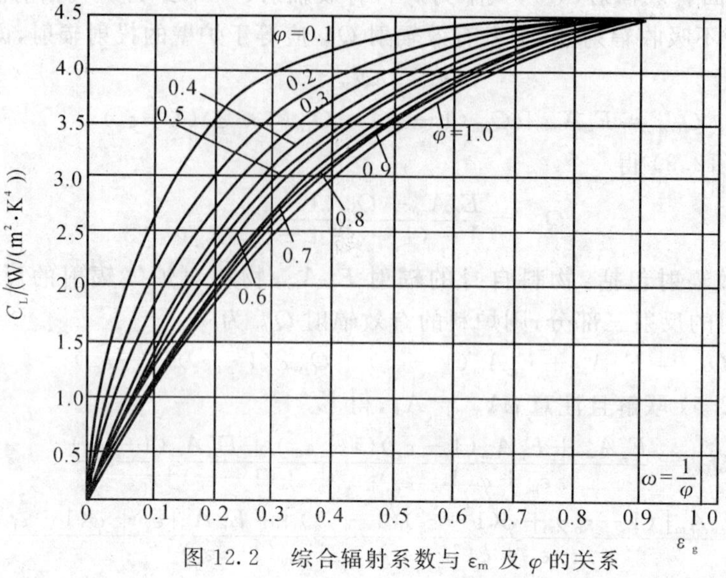

图12.2　综合辐射系数与 ε_m 及 φ 的关系

式中，T_g，T_m 为炉气及物料的平均温度(K)；T_g'，T_g'' 为炉气始端及终端的温度(K)；T_m'，T_m'' 为物料始端及终端的温度(K)。其中

$$\sqrt{\left[\left(\frac{T_g'}{100}\right)^4-\left(\frac{T_m'}{100}\right)^4\right]\left[\left(\frac{T_g''}{100}\right)^4-\left(\frac{T_m''}{100}\right)^4\right]}=\left(\frac{\Delta T}{100}\right)^4$$

称为几何平均温压。如果物料受热面温度为定值，也可采用平方平均温压，即

$$\Delta T^4=(T_g')^2(T_g'')^2-T_m^4\quad(\mathrm{K})\tag{12.11}$$

2. 物料的平均温度 T_m

温度变化不大的炉子(如熔炼炉)，可采用始、终端的算术平均值或四次方算术平均值，即

$$T_m^4=\frac{1}{2}[(T_m')^4+(T_m'')^4]\quad(\mathrm{K})\tag{12.12}$$

温度变化较大的炉子(如连续加热炉)，应分成若干区段分别计算各区段的物料平均温度。有时近似计算沿炉长方向的物料平均温度时，可取抛物线平均值，即

$$T_m=T_m'+\frac{2}{3}(T_m''-T_m')\quad(\mathrm{K})\tag{12.13}$$

由此可见，为了较准确地计算传热量，T_g 及 T_m 的平均值是很重要的参数。显然，分的区段数越多，计算结果就越准确。

3. 火焰黑度及综合辐射系数

火焰黑度在热量传输中已有说明，火焰黑度越大炉内综合辐射系数越高。但是，在计算火焰黑度时只考虑了 CO_2，H_2O 的辐射作用。实际的火焰中，由于火焰的燃烧情况不同以及火焰增碳，使其黑度变大，综合辐射系数增大。因此，按式(12.8)计算总辐射系数值会偏低。另外，火焰燃烧时常有小碳粒析出，也会增强了火焰的辐射能力。

4. 炉壁传热作用

炉顶及炉墙内表面统称炉壁。在推导式(12.8)及式(12.9)过程中，假定炉壁作为中间物体参加炉内辐射，不吸收净辐射热，即投射到炉壁上的辐射热又全部返回炉膛。所以，式(12.8)和式(12.9)中没有出现炉壁温度及炉壁黑度。

对炉壁应用有效辐射的概念得

$$Q_{Jw} = Q_w\left(\frac{1}{\varepsilon_w} - 1\right) + \frac{E_w}{\varepsilon_w}A_w \tag{12.14}$$

因假定炉壁吸收的净辐射热(差额热量)为零,即 $Q_w = 0$,则有

$$Q_{Jw} = \frac{E_w}{\delta_w}A_w = C_0\left(\frac{T_w}{100}\right)^4 A_w \tag{12.15}$$

将式(12.15)代入式(12.6)整理,且注意 $A_w = \frac{A_m}{\varphi}$,得炉壁温度为

$$T_w^4 = \frac{T_g{}^4\varepsilon_g[1+\varphi(1-\varepsilon_g)(1-\varepsilon_m)] + T_m^4\varepsilon_m\varphi(1-\varepsilon_g)}{\varepsilon_g + \varphi(1-\varepsilon_g)[\varepsilon_g + \varepsilon_m(1-\varepsilon_g)]} \tag{12.16}$$

或

$$T_w = \frac{\omega + (1-\varepsilon_g)(1-\varepsilon_m)}{\omega + \frac{1-\varepsilon_g}{\varepsilon_g}[\varepsilon_g + \varepsilon_m(1-\varepsilon_g)]}[T_g^4 - T_m^4] + T_m^4 \tag{12.17}$$

从式(12.17)中可以看出,T_w 介于 T_g 与 T_m 之间。在 T_g,T_m,ε_m 一定时,炉壁温度 T_w 与火焰黑度 ε_g 关系如图 12.3 所示。ε_g,ω 越大,则炉壁温度越高。ε_g 一定时,ω 越大,则 T_w 越接近 T_g。

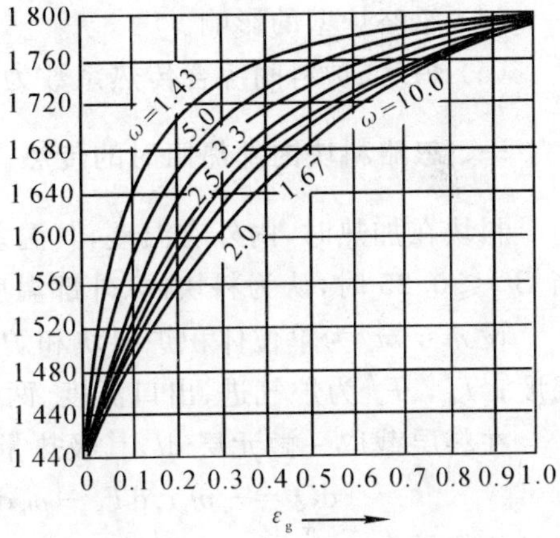

图 12.3 T_w 与 ε_g 及 w 的关系

$T_g = 1\,800$℃;$T_m = 1400$℃;$\varepsilon_m = 0.8$

实际上火焰炉的工作条件不完全满足上述各项条件,例如炉气未充满炉膛,炉气温度分布不均匀,炉壁热损失较大而不等于对流热量,这时炉壁的温度不完全遵守上述公式,而且炉壁温度将直接对传热量产生影响。在保证炉壁材料寿命的条件下,一般而言,提高炉壁温度对炉内传热有利。

5. 炉温的概念

通常所说炉温,实际上是测温装置所显示的特定温度,它随测温方式与测温点不同而异,笼统地说炉温而不说明测定条件是不确切的。因此,炉温的定义,有两种认识:① 炉温是指炉气与炉壁的综合温度。炉温的测定方法是,将测温热电偶放在物料表面附近,并用热屏蔽装置将热电偶的测量端与物料隔开。热电偶可以自由地"看见"炉壁且不直接受物料温度的影响。其炉温值表示为

$$T_f = [\varepsilon_g T_g^4 + (1-\varepsilon_g)T_m^4]^{0.25} \tag{12.18}$$

但受测量条件的限制,炉温在实际中不易测得。② 炉温是将炉气、炉壁、物料和测温热电偶四者综合的温度称为炉温。它没有规定测温的位置,所以会测出不同的炉温值。例如测温热电偶测量端靠近物料面而不采取热屏蔽装置与物料隔开时,热电偶可以"看到"温度为 T_f 的上部炉温,也可与温度较低的物料 T_m 进行热交换,这时的炉温显然低于 T_f。若测温点靠近炉壁,则热电偶将更多地受 T_w 的影响,而 T_m 的影响减弱,炉温 T_f 将与炉壁温度 T_w 接近。

12.2 散料层内的热交换

散料层内的热交换是气、固两相流的热量传输现象。冶金工业生产中，高炉、化铁炉、竖式焙烧炉等炉内的热交换过程均属此类，故亦称竖炉热交换。

固定料层两相流中，相对气流速度而言，料块可视为固定的，气流通过料块间隙时与料块表面间进行对流、辐射的综合传热，即外部传热；同时也有不同温度料块间的辐射与传导，即内部传热。处于工作状态的炉子中，由于物料物理、化学而引起的炉气、炉料物理性质和料块尺寸都将发生变化，因而，使这一传热过程十分复杂。为揭示其一般规律，使问题求解成为可能，作如下假设：

(1) 炉料层结构均匀，炉气均匀流过料层。

(2) 炉气、炉料的热物性为常数。

(3) 炉料块大小及物态不变，无化学反应发生。

(4) 忽略炉壁的影响。

(5) 炉气、炉料间综合传热系数为常数。

一、忽略料块内部热阻时的传热

料块在加热时，内外有温差，其温差的大小与内、外传热能力有关。可以用毕欧准数判断，当 $Bi \leqslant 0.25$ 时，认为料块内、外部温度是均匀的。

设 m_s，m_g 为单位体积炉料块和炉气的质量，c_s，c_g 为其比热容；T_s'，T_s'' 为料块进、出口的温度；T_g'，T_g'' 为炉气进、出口温度。两物体温度变化如图 12.4 所示。

在料层截取一微元层 dl，其吸热量为

$$dQ = -m_s c_s dT_s - \omega_s dT_s \tag{12.19}$$

炉气放热量为

$$dQ = -m_g c_g dT_g = -\omega_g dT_g \tag{12.20}$$

式中，$\omega_s = m_s c_s$，$\omega_g = m_g c_g$ 分别为单位体积料层中料块、气体的水当量。负号表示随换热量的增加温度降低(以气体入口为准)。料块下行 dl，需要时间 dt，则得到热量为

$$dQ = h(T_g - T_s)A_v dt \tag{12.21}$$

设料块下行速度为 u，以 $dt = \dfrac{dl}{u}$ 代入式(12.21)得

$$dQ = (T_g - T_s)\frac{hA_v}{u}dl \tag{12.22}$$

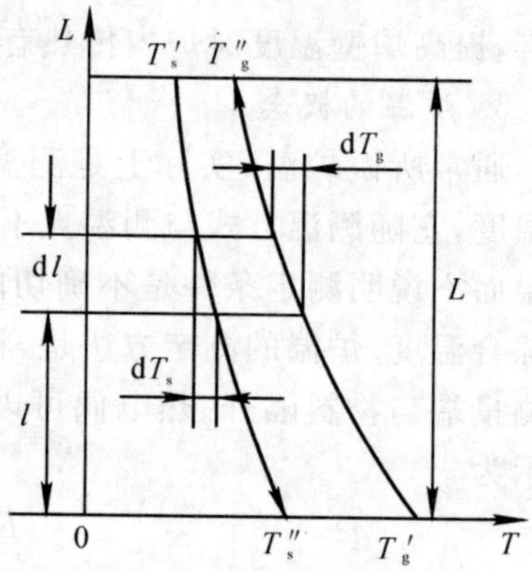

图 12.4 固定料层的温度分布

式中，h 为气体料块间综合传热系数(W/(m^2·℃))；A_v 为单位体积料层的比表面积(m^2/m^3)。

将式(12.19)，式(12.20)，式(12.22)中消去 dQ 得

$$\frac{d(T_g - T_s)}{T_g - T_s} = -\frac{hA_v}{u}M dl \tag{12.23}$$

其中

$$M = \frac{1}{\omega_g} - \frac{1}{\omega_s}$$

当 $l = 0$ 时，$T_g - T_s = T'_g - T''_s$；$l = l$ 时，$T_g - T_s = T''_g - T'_s$，积分式(12.23) 得

$$T_g - T_s = (T'_g - T''_s)\exp\left(-M\frac{hA_v}{u}l\right) \tag{12.24}$$

当 $l = L$ 时，则得

$$T''_g - T'_s = (T'_g - T''_s)\exp\left(-M\frac{hA_v}{u}L\right) \tag{12.25}$$

这一关系可用于一般竖炉计算。

为了确定料块、气体的温度分布情况，列出如下两热平衡式：

$0 \sim l$ 间 $$\omega_g(T'_g - T_g) = \omega_s(T''_s - T'_s) \tag{12.26}$$

$0 \sim L$ 间 $$\omega g(T'_g - T''_g) = \omega_s(T''_s - T'_s) \tag{12.27}$$

联解式(12.24) ~ 式(12.27) 得气体、料块的温度分布式为

$$T_g = T'_g - (T'_g - T'_s)E_1 \tag{12.28}$$

$$T_s = T'_s + (T'_g - T'_s)E_2 \tag{12.29}$$

式中
$$E_1 = \frac{1 - \exp\left(-M\frac{hA_v}{u}l\right)}{1 - \frac{\omega_g}{\omega_s}\exp\left(-M\frac{hA_v}{u}L\right)}$$

$$E_2 = \frac{1 - \exp\left(M\frac{hA_v}{u}l\right)}{1 - \frac{\omega_s}{\omega_g}\exp\left(M\frac{hA_v}{u}L\right)}$$

对式(12.28) 来说，当 $L \to \infty$ 时，若 $\omega_g < \omega_s$（$\omega_g > \omega_s$无意义）得

$$T_g = T'_g - (T'_g - T'_s)\left[1 - \exp\left(-M\frac{hA_v}{u}l\right)\right] \tag{12.30}$$

可见只要换热高度足够，即 $l \to \infty$，则 $T_g = T''_g \to T'_s$。从图 12.5(a) 中可以看出这一结论。

以式(12.29) 而论，当 $L \to \infty$，如果 $\omega_g > \omega_s$（$\omega_g < \omega_s$无意义）得

$$T_s = T'_s + (T'_g - T'_s)\left[1 - \exp\left(M\frac{hA_v}{u}l\right)\right] \tag{12.31}$$

可见，只要换热高度足够，$T_s = T''_s \to T'_g$。从图 12.5(b) 中可以得出这一结论。

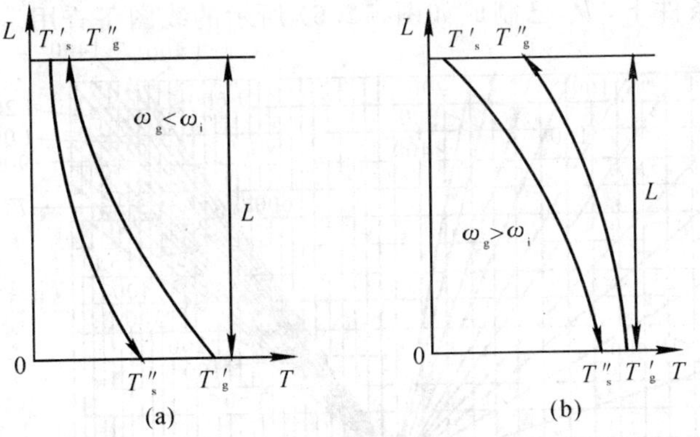

图 12.5　炉气、炉料的温度分布

例 12.1　利用烟气余热把废钢由 20℃ 加热到 700℃。现用 900℃ 的烟气自竖炉下部送入，废钢自上而下以 $u = 5$ m/h 的速度排出，问炉中废钢至少应装多高？

解 废钢比表面积 $A_v = 60\ m^2/m^3$，烟气废钢间表面传热系数 $h = 100\ W/(m^2 \cdot ℃)$。废钢水当量 $\omega_s = 3\ 400\ kJ/℃$，烟气水当量 $\omega_g = 4\ 200\ kJ/℃$。

由
$$\omega_g(T_g' - T_g'') = \omega_s(T_s'' - T_s')$$
$$4\ 200 \times 10^3(900 - T_g'') = 3\ 400 \times 10^3(700 - 20)$$
得
$$T_g'' = 350\ ℃$$

代入式(12.25)得

则
$$\frac{T_g'' - T_s'}{T_g' - T_s''} = \exp\left(-M\frac{hA_v}{u}L\right)$$

$$\frac{350 - 20}{900 - 700} = 1.65 \quad 则 \quad -M\frac{hA_v}{u}L = 0.5$$

$$L = -\frac{0.5u}{MhA_v} = -\frac{0.5 \times \dfrac{5}{3\ 600} \times 10^3}{\left[\dfrac{1}{4\ 200} - \dfrac{1}{3\ 400}\right] \times 100 \times 60} = 2.07\ m$$

二、炉气与料块间的传热系数

固定料层两相传热有如下重要的经验式：

$$h_v = 1.613\ K\frac{u_{0g}^{0.9}T^{0.3}}{d_p^{0.25}}B \quad (W/(m^3 \cdot ℃)) \tag{12.32}$$

式中，h_v 为单位体积的传热系数$(W/(m^3 \cdot ℃))$；u_{0g} 为标准状态下的自由断面速度(m/s)；T_s 为料块表面温度(K)；d_p 为料块平均直径(m)；K 为和料块种类有关的系数，如

铁矿石 160；　烧结矿 150；　焦炭 170；

无烟煤 140；　石灰石 166；　黏土砖块 135

B 为和料层孔隙度 ε 有关的常数，由下式确定：

$$B = 10^{1.68\varepsilon - 3.56\varepsilon^2} \tag{12.32a}$$

无粉料球形粉块 $B = 1$，含粉料 20% 时 $B = 0.5$。

h_v 和 h 的关系为 $\qquad h = \dfrac{h_v}{A_v} \quad (W/(m^2 \cdot ℃))$

在 $K = 165$，$B = 1$ 的条件下，h_v 已制成如图(12.6)所示的线图备查用。

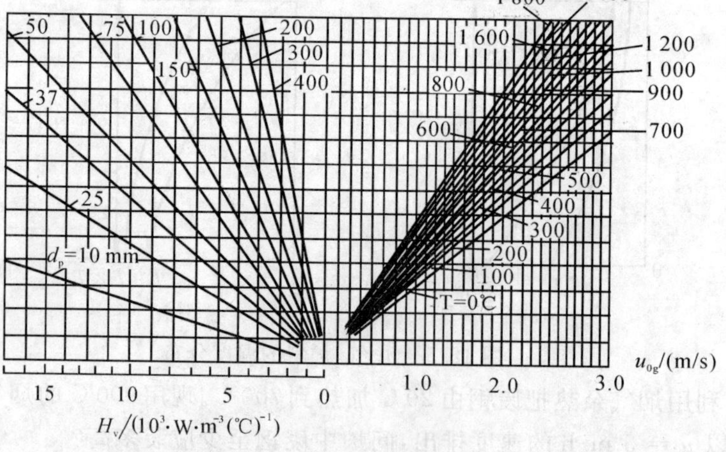

图 12.6　决定 h_v 的线图

三、估计料块内部热阻时的传热

料块外部传热热阻为 $1/h_v$，内部传热热阻以 $\dfrac{kr}{A_v\lambda}$ 表示。由此，炉气料块间综合传热系数就是

$$K_v = \frac{1}{\dfrac{1}{h_v} + \dfrac{kr}{A_v\lambda}} \quad (\mathrm{W/(m^3 \cdot ℃)}) \tag{12.33}$$

式中，r 为料块半径(m)；λ 为料块导热系数(W/(m·℃))；k 为系数，球体时 $k=\dfrac{1}{5}$，圆柱体时 $k=\dfrac{1}{3.5}$。

对 $\varepsilon = 0.4$，$A_v = \dfrac{6(1-\varepsilon)}{d} = \dfrac{1.8}{r}$ 的球体料块，式(12.33)变为

$$K_v = \frac{1}{\dfrac{1}{h_v} + \dfrac{r^2}{9\lambda}} \quad (\mathrm{W/(m^3 \cdot ℃)}) \tag{12.34}$$

根据式(12.34)，制成了确定 K_v 的线图，如图 12.7 所示。

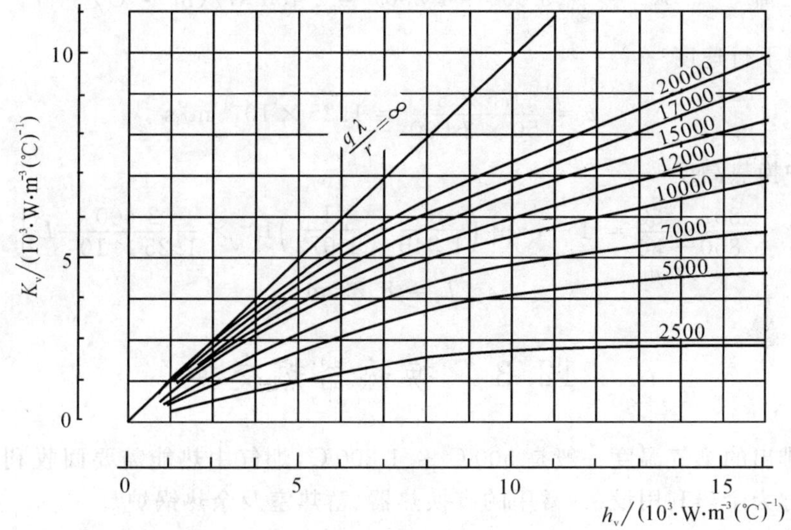

图 12.7　固定料层的综合传热系数

例 12.2　横截面积 50 m²，容积 1 370 m³ 的高炉，产铁量 75 t/h，炼一吨铁需炉料 3 m³，生成高炉煤气 3 000 m³/t(标态)。计算炉气温度为 850℃ 以上的炉子上部换热高度。炉料热容 1 072 kJ/(m³·℃)，煤气热容 1.34 kJ/(m³·℃)。

解　以每平方米炉料为计算基准可得：

煤气水当量　　$\omega_g = 3\,000 \times 1.34/3 = 1\,340$　kJ/(m³·℃)

炉料水当量　　$\omega_s = 1\,072$　kJ/(m³·℃)

$\omega_g > \omega_s$，可按式(12.31)计算。

(1) T_s'' 与 T_s'：实际料层高度有限，T_s'' 不可能无限接近 T_g'，令

$$T_s'' = 0.95T_g' = 0.95 \times 850 = 807\ ℃，取\ T_s' = 30\ ℃$$

(2) 确定 h_v:煤气自由断面速度

$$u_{0g} = \frac{3\ 000 \times 75}{50 \times 3\ 600} = 1.25\ \mathrm{m/s}$$

设煤气平均温度为 550℃,料块平均直径 $d_p = 75$ mm,根据以上三个参数查图 12.6 得

$$h_v = 6\ 200\ \mathrm{W/(m^3 \cdot ℃)}$$

(3) 求 K_v:炉料为铁矿石和焦炭的混合料(不计石灰石),设其平均温度为 420℃,该温度下 $\lambda_1 = 1.163\ \mathrm{W/(m \cdot ℃)}$；$\lambda_2 = 0.442\ \mathrm{W/(m \cdot ℃)}$ (λ_1,λ_2 为铁矿石和焦炭的导热系数),有

$$\frac{9\lambda_1}{r^2} = \frac{9 \times 1.163}{(0.075/2)^2} = 7\ 443\ \mathrm{W/(m^3 \cdot ℃)}$$

$$\frac{9\lambda_2}{r^2} = \frac{9 \times 0.442}{(0.075/2)^2} = 2.818\ \mathrm{W/(m^3 \cdot ℃)}$$

根据 $h_v = 6\ 200\ \mathrm{W/(m^3 \cdot ℃)}$ 和上两值分别查图 12.8 得:

煤气铁矿石间综合传热系数 $K_{v1} = 3\ 600\ \mathrm{W/(m^3 \cdot ℃)}$

煤气焦炭间综合传热系数　$K_{v2} = 1\ 200\ \mathrm{W/(m^3 \cdot ℃)}$

煤气炉料间综合传热系数取两者平均值,得

$$K_v = \frac{1}{2}(3\ 600 + 1\ 200) = 2\ 400\ \mathrm{W/(m^3 \cdot ℃)}$$

(4) 炉料下行速度

$$u = \frac{75 \times 3}{50 \times 3\ 600} = 1.25 \times 10^{-3}\ \mathrm{m/s}$$

(5) 高炉换热高度

$$\frac{807 - 30}{850 - 30} = 1 - \exp\left[\left(\frac{1}{1\ 340} - \frac{1}{1\ 072}\right)10^3 \times \frac{2\ 400}{1.25 \times 10^{-3}} L\right]$$

解得

$$L = 8.23\ \mathrm{m}$$

12.3　换热器热交换

冶金炉排出的烟气温度一般是 500℃ ～ 1 200℃,烟气中热能需要回收利用。通常把回收热量的设备称为余热利用设备,常用的有换热器、蓄热室及余热锅炉。

在冶金炉中,高温烟余热用设备主要是用于预热空气及煤气。其一,为了节约燃料。空气及煤气预热温度越高,燃料节约的百分数越大,燃料的发热量越低,节约效果也越显著。其二,是为了提高燃烧温度。某些冶金炉特别是高温熔炼炉,工艺要求温度很高,必须预热空气及煤气才能达到燃烧温度。

换热器是以把热流体的热能传给冷流体为目的。由于换热方式不同,换热器有多种类型。这里仅讨论间壁式换热器。即热流体(热烟气)与冷流体(空气或煤气)在壁的两侧流动,通过间壁进行热交换,热流体逐渐被冷却而冷流体逐渐被加热的一种连续工作的换热器。

一、换热器的种类和流体流动方式

换热器按材质分,有金属和陶瓷两类换热器。金属换热器多由铸铁或钢件制成,又有列管

式、套管式、针状管式、辐射式等多种形式。这类换热器密封性好，传热效率高，但受材质限制使用温度不高。陶瓷换热器的使用温度高，但体积大，密封性差。

换热器按流动方式分，有顺流、逆流、叉流等形式，如图 12.8 所示。

流体在换热器中流动，随着传热过程的进行，热流体逐渐被冷却而冷流体逐渐被加热，空间各点温度虽不随时间变化，却因位置而异，故这种传热称为定态变温综合传热。

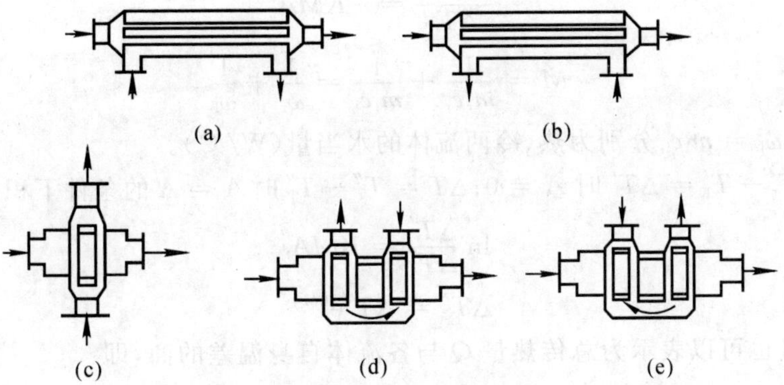

图 12.8　换热器的不同流动方式

(a) 顺流；(b) 逆流；(c) 叉流；(d) 叉逆流；(e) 叉顺流

二、换热器的平均温差

换热器中，由于两流体的热容量不同，温度也因位置而变化，故不同部位流体温差不同。设流体平均温差为 ΔT_m，则换热量可表示为

$$Q = K\Delta T_m A \quad (\mathrm{W}) \tag{12.35}$$

式中，K 为换热器综合传热系数 W/(m²·℃)；A 为换热器的传热面积(m²)。

图 12.9 表明了顺流和逆流两情况的流体温度变化。

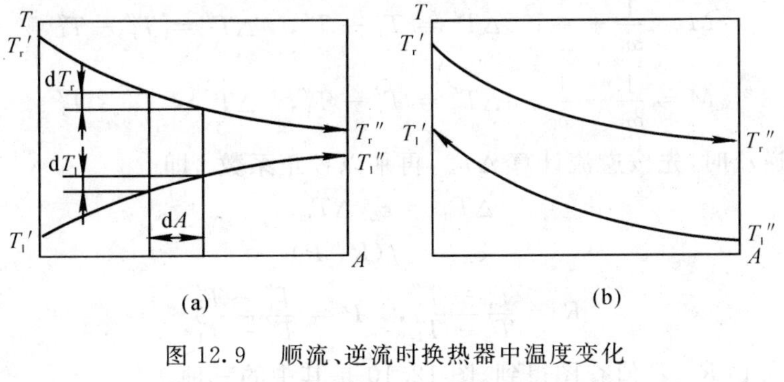

图 12.9　顺流、逆流时换热器中温度变化

(a) 顺流；(b) 逆流

以顺流为例，在换热器中截取一微元换热面 dA，通过该微元面的换热量为

$$dQ = K\Delta T dA \tag{12.36}$$

式中，$\Delta T = T_r - T_l$ 为热、冷两流体的温差。

dQ 为热流体的放热量和冷流体的吸热量，可表示为

$$dQ = -m_r c_r dT_r \tag{12.37}$$

$$dQ = m_l c_l dT_l \tag{12.38}$$

式中，m_r，m_l 分别为热、冷流体的质量流量(kg/s)；c_r，c_l 分别为热、冷两流体的比热容J/(kg·℃)。

由式(12.36)～式(12.38)消去 dQ,得

$$\frac{d(\Delta T)}{\Delta T} = -KMA \tag{12.39}$$

式中

$$M = \frac{1}{m_r c_r} + \frac{1}{m_l c_l} = \frac{1}{\omega_r} + \frac{1}{\omega_l} \tag{12.39a}$$

$\omega_r = m_r c_r$，$\omega_l = m_l c_l$ 分别为热、冷两流体的水当量(W/℃)。

在 $\Delta T = T'_r - T'_l = \Delta T'$ 时 $A = 0$；$\Delta T = T''_r - T''_l$ 时 $A = A$ 的条件下积分式(12.39)，得

$$\ln \frac{\Delta T'}{\Delta T''} = KMA \tag{12.40}$$

或

$$\Delta T' = \Delta T'' e^{KMA} \tag{12.41}$$

两流体的水当量也可以表示为总传热量 Q 与各流体自身温差的商，即

$$\omega_r = m_r c_r = \frac{Q}{T'_r - T''_r},\quad \omega_l = m_l c_l = \frac{Q}{T''_l - T'_l} \tag{12.42}$$

将式(12.42)代回式(12.39a)式再代入式(12.40)得

$$Q = K\frac{\Delta T' - \Delta T''}{\ln \frac{\Delta T'}{\Delta T''}} A = K\Delta T_m A \tag{12.43}$$

式中

$$\Delta T_m = \frac{\Delta T' - \Delta T''}{\ln \frac{\Delta T'}{\Delta T''}}$$

ΔT_m 即为换热器的对数平均温差。逆流换热时(12.42)和式(12.43)式同样适用。但 M，$\Delta T'$，$\Delta T''$ 不同。

顺流： $M = \frac{1}{\omega_r} + \frac{1}{\omega_l}$；$\Delta T' = T'_r - T'_l$，$\Delta T'' = T''_r - T''_l$

逆流： $M = \frac{1}{\omega_r} - \frac{1}{\omega_l}$，$\Delta T' = T'_r - T''_l$，$\Delta T'' = T''_r - T'_l$

若为非简单顺、逆流时，先按逆流计算 ΔT_m，再乘以校正系数，即

$$\Delta T_m = \varepsilon_{\Delta T} \Delta T_{m逆} \tag{12.44}$$

式中

$$\varepsilon_{\Delta T} = f(R, P) \tag{12.44a}$$

其中

$$R = \frac{T'_r - T''_r}{T''_l - T'_l},\quad P = \frac{T''_l - T'_l}{T'_r - T'_l} \tag{12.44b}$$

不同情况的 $\varepsilon_{\Delta T}$ 可由 R，P 值查图得到。图 12.10 是其中的三种。

三、换热器热工计算

换热器的热工计算一般分为两类。一种是设计计算，其目的是根据实际需要所给出的换热器条件及要求，确定换热器的型式，计算出换热面积和结构尺寸。另一种是校核计算，根据现运行的换热器，校核其是否满足要求，即求出平均温差 ΔT_m，再求出流体出口温度和换热量。这

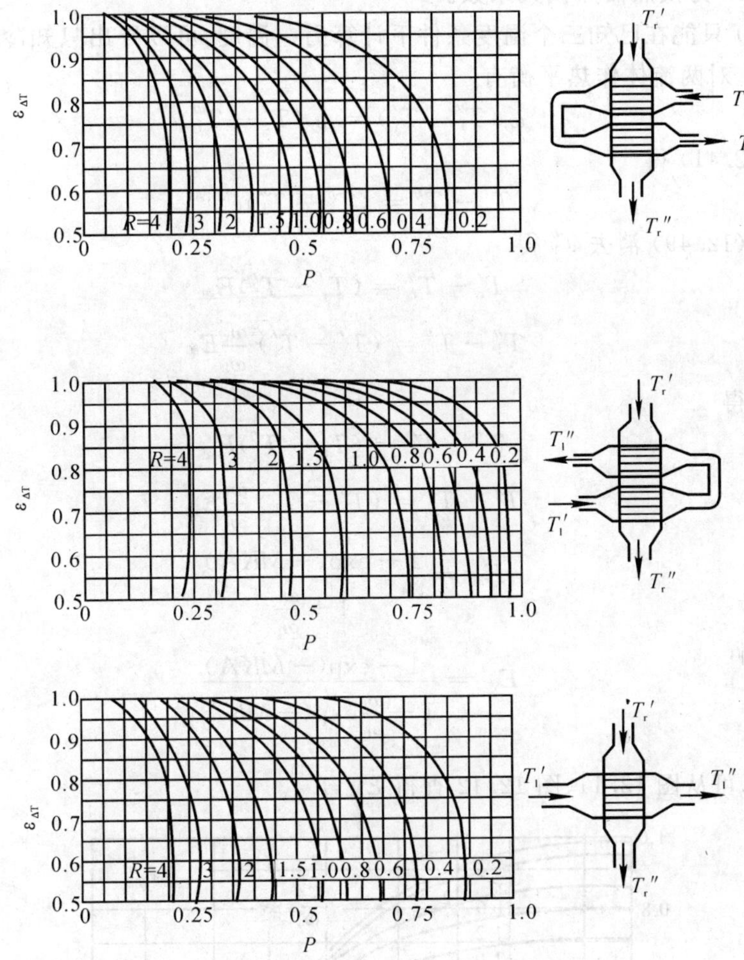

图 12.10　对数平均温差的校正系数

里介绍第 1 种计算。

1. 换热量的确定

换热量以冷流体的吸热量为计算基准,即

$$Q = m_1(T_1''c_1' - T_1'c_1') \quad (\mathrm{W}) \tag{12.45}$$

实际设计计算时,应考虑乘以富余系数 1.1 ～ 1.2。

2. 综合传热系数

当流体温度变化较大时,应分段计算各段传热系数,再按下式取平均值

$$K = \frac{\sum K_i A_i}{\sum A_i} \tag{12.46}$$

式中,K_i 为与之对应的 A_i 段面积的传热系数。

3. 换热器的效率及流体终温

流体终温可由冷、热流体平衡式确定,即

$$m_1(T_1''c_1'' - T_1'c_1') = m_r(T_r'c_r' - T_r'' - c_r'')\eta \tag{12.47}$$

$\eta = 0.9 \sim 0.95$ 为换热器热损失系数。

式(12.47) 只能在已知三个温度条件下计算另一温度。可以导出只知冷、热两流体初温计算终温的关系。对两流体作热平衡有

$$\omega_l(T_l'' - T_l') = \omega_r(T_r' - T_r'') \tag{12.48}$$

顺流时由式(12.41) 得

$$T_r' - T_l' = (T_r'' - T_l'')e^{MKA} \tag{12.49}$$

式(12.48),式(12.49) 消去 T_l'' 得

$$T_r' - T_r'' = (T_r' - T_l')E_{顺} \tag{12.50}$$

消去 T_r'' 得

$$T_l'' - T_l' = (T_r' - T_l')\frac{\omega_r}{\omega_l}E_{顺} \tag{12.51}$$

逆流时同样可得

$$T_r' - T_r'' = (T_r' - T_l')E_{逆} \tag{12.52}$$

$$T_l'' - T_l' = (T_r' - T_l')\frac{\omega_r}{\omega_l}E_{逆} \tag{12.53}$$

其中

$$E_{顺} = \frac{1 - \exp(-MKA)}{1 + \frac{\omega_r}{\omega_l}} \tag{12.54}$$

$$E_{逆} = \frac{1 - \exp(-MKA)}{1 - \frac{\omega_r}{\omega_l}\exp(-MKA)} \tag{12.55}$$

根据 $\frac{KA}{\omega_r}$ 和 $\frac{\omega_r}{\omega_l}$,可从图 12.11、图 12.12 查得 $E_{顺}$,$E_{逆}$。

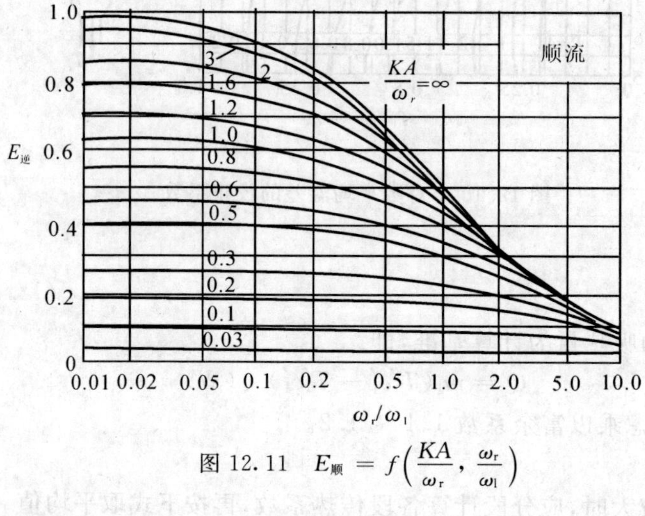

图 12.11 $E_{顺} = f\left(\frac{KA}{\omega_r}, \frac{\omega_r}{\omega_l}\right)$

在式(12.54) 和(12.55) 中,不管是 ω_r 还是 ω_l,以 ω_{min} 表示较小的水当量,ω_{max} 表示较大的水当量。并把该两式分别改写为

$$\varepsilon_{顺} = \frac{1 - \exp\left[-NTU\left(1 + \frac{\omega_{min}}{\omega_{max}}\right)\right]}{1 + \frac{\omega_{min}}{\omega_{max}}} \tag{12.56}$$

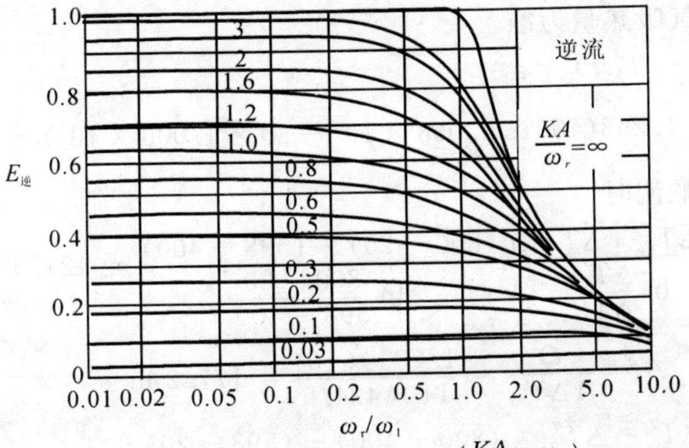

图 12.12 $E_{逆}=f\left(\frac{KA}{\omega_r},\frac{\omega_r}{\omega_l}\right)$

$$\varepsilon_{逆}=\frac{1-\exp\left[-NTU\left(1+\frac{\omega_{\min}}{\omega_{\max}}\right)\right]}{1-\frac{\omega_{\min}}{\omega_{\max}}\exp\left[-NTU\left(1+\frac{\omega_{\min}}{\omega_{\max}}\right)\right]} \tag{12.57}$$

式中，$NTU=\frac{KA}{\omega_{\min}}$ 为传热单元数。ε 称做换热器的传热效率，它表示了换热器实际换热效果和最大可能换热效果之比，也可表示为换热器实际产生的最大温度变化与两流体的初温差（可能产生的最大温度变化）之比，即

$$\varepsilon=\frac{(T'-T'')_{\max}}{T'_r-T'_l} \tag{12.58}$$

当 $\omega_r>\omega_l$ 时，$(T'-T'')_{\max}=T''_r-T'_r$；当 $\omega_r<\omega_l$ 时，$(T'-T'')_{\max}=T'_r-T''_r$。

函数 $\varepsilon_{顺}$ 和 $\varepsilon_{逆}$ 及其他不同情况下的 ε 有专门线图供查用。得到 ε，代入式(12.58) 就可算得流体终温。

例 12.3 用一换热器将空气自 20℃ 预热到 400℃。已知空气流量为 $u_l=7\ 200\ m^3/h$（标态），烟气初温为 800℃，流量 10 800 m^3/h（标态），总传热系数 $K=14\ W/(m^2\cdot ℃)$，损失系数 $\eta=0.95$。试计算在简单顺、逆流时换热面积应为多少？

解 (1) 计算烟气终温。

空气有关特性如下：

0 ℃ 时，$\rho_l=1.293\ kg/m^3$；20 ℃ 时，$c'_l=1.005\ kJ/(kg\cdot ℃)$；400 ℃ 时，$c''_l=1.068\ kJ/(kg\cdot ℃)$。

烟气有关物性如下：

0℃ 时，$\rho_r=1.295\ kg/m^3$；800℃ 时，$c'_r=1.265\ kJ/(kg\cdot ℃)$。由

$$m_l(T''_lc''_l-T'_lc'_l)=m_r(T'_rc'_r-T''_rc''_r)\eta$$

$$7\ 200\times1.293\times(400\times1.068\times10^3-20\times1.005\times10^3)\ T''_rc''_r=$$
$$10\ 800\times1.295\times(800\times1.264\times10^3-T''_rc''_r)\times0.95$$

解出
$$T''_rc''_r=725\ 950\ J/kg$$

再由附表 3 查得 $T''_r=500$ ℃ 时，$T''_rc''_r=592\ 500$；$T''_r=600$℃ 时，$T''_rc''_r=728\ 400$

由内插法得
$$T''_y=598℃$$

(2) 求换热量。以空气吸热量为准

$$Q = m_1(T_1''c_1'' - T_1'c_1') =$$

$$\frac{7\ 200}{3\ 600} \times 1.293(400 \times 1.068 \times 10^3 - 20 \times 1.005 \times 10^3) = 1.053 \times 10^6\ \text{W}$$

(3) 计算传热面积。顺流时

$$\Delta T_m = \frac{\Delta T' - \Delta T''}{\ln \dfrac{\Delta T'}{\Delta T''}} = \frac{(800-20)-(598-400)}{\ln \dfrac{800-20}{598-400}} = 424.5\ ℃$$

则

$$A = \frac{Q}{A \Delta T_m} = \frac{1.053 \times 10^6}{14 \times 424.5} = 177.2\ \text{m}^2$$

逆流时

$$\Delta T_m = \frac{\Delta T' - \Delta T''}{\ln \dfrac{\Delta T'}{\Delta T''}} = \frac{(800-400)-(598-20)}{\ln \dfrac{800-400}{598-20}} = 483.6\ ℃$$

则

$$A = \frac{Q}{K \Delta T_m} = \frac{1.053 \times 10^6}{14 \times 483.6} = 155.5\ \text{m}^2$$

12.4 冶金炉热平衡

热平衡是以热力学第一定律为基础，遵守能量守衡原则，研究体系的能量进、出平衡关系，反映能量消耗和有效利用、能量损失之间的平衡。可用热平衡方程、热平衡表及热流图表示。冶金炉热平衡是指冶金炉体系热量收、支平衡，能量消耗和有效利用、能量损失之间的平衡关系；是冶金炉热工常用的分析方法。冶金炉热平衡计算的目的如下：

(1) 通过现场测试，编制热平衡表，分析炉子的热工状况，判断热量的利用是否合理，找出提高热效率的途径。

(2) 在设计炉子时，通过计算编制热平衡表，由热平衡关系中找出燃料消耗量等未知量。把热收入及热支出各项与现有炉子进行比较，帮助设计者判断设计方案的优缺点。

一、热平衡区域划定

热平衡计算中能量收、支的项目是随选取的体系所决定的，所以必须首先划定热平衡体系区域，把进入该区域的热量作为热收入。反之为热支出。热平衡区域的划分视需要而定，通常有炉膛区域，预热区域及全炉区域。有时，可将炉子某一特定区域作为热平衡计算所划定的区域，例如可以将炉膛沿炉长方向划定几个区域分别作区域热平衡计算。

划定的区域不同，热收入及热支出项就有所不同。例如某炉由炉膛及空气换热器两部分组成，如图 12.13 所示。

炉膛区域热平衡式为

$$Q_c + Q_a = Q_s + Q_{cp} + Q_w \tag{12.59}$$

式中，热量收入项：Q_c 为燃料的燃烧热；Q_a 为空气预热所带入的物理热。热量支出项：Q_s 为加热炉料的有效热；Q_{cp} 为烟气所带走的热；Q_w 为炉膛内各项热损失。

换热器区域热平衡式为

$$Q_{cp} = Q_p + Q_a + Q_{cw} \tag{12.60}$$

式中，热量收入项：Q_{cp} 为炉堂烟气所带入的热。热量支出项：Q_a 为空气预热的物理热；Q_{cw} 为换

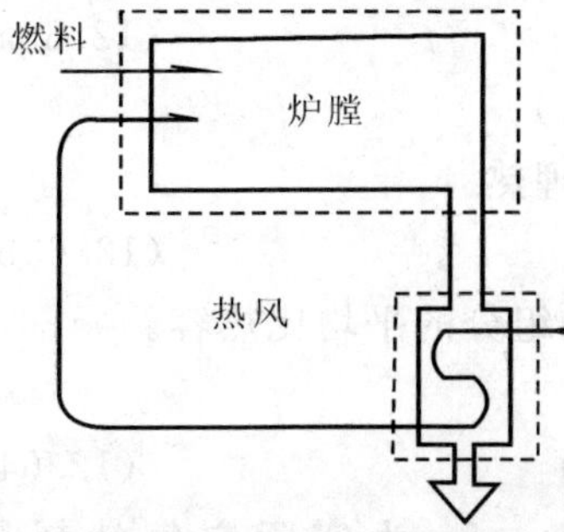

图 12.13　热平衡区域的划分

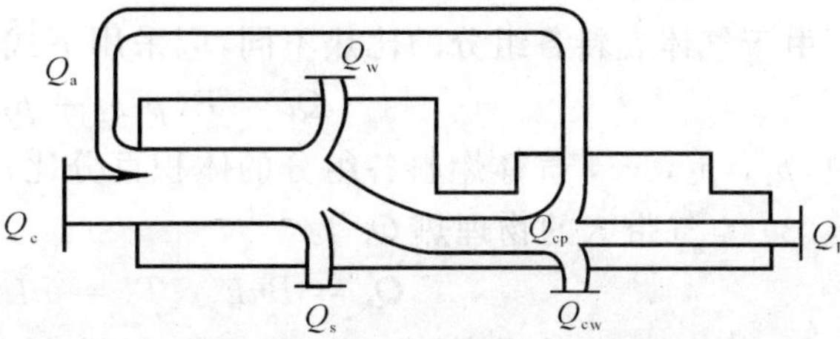

图 12.14　全炉子热平衡模型

热器各项热损失；Q_p 烟气所带走的热。

全炉热平衡式为

$$Q_c = Q_s + Q_p + (Q_w + Q_{cw}) \tag{12.61}$$

式中，$(Q_w + Q_{cw})$ 为全炉热损失项。

不难看出炉膛热平衡与全炉热平衡的差别。由于区域不同，对炉膛来说 Q_a 是热收入；但对全炉来说，热收入不包括 Q_a，是其内部的循环热量，因为供给炉子的是冷空气，Q_a 是来自换热器从炉膛烟气回收的热，而不是另外供给的热。全炉子热平衡模型如图 12.13 所示。

二、热平衡中热量的表示方法

热平衡中热量的表示方法有几种不同情况。连续工作的炉子，通常以单位时间（如 1 h）为基准进行计算，其中热量单位为 kJ/h。周期工作的炉子则以周期为计算单位。也可以用单位产品的质量为基准进行计算。无论基准如何选定，在同一个热平衡计算中，各项热收入及热支出的单位应一致。

三、热平衡计算中的基准温度

热平衡计算中的基准温度通常有多种取法。如 0℃，25℃ 大气温度和环境温度。我国热工设备能量平衡通则国家标准规定采用环境温度作为基准温度。环境温度是指在环境温度下的干球温度，可直接测得。采用环境温度比较符合实际，并且计算较为简单，因为通常工质、燃料物料等都处于环境温度。

四、物料平衡

物料平衡是热平衡的前提。在进行热平衡时，首先应进行物料平衡。物料平衡一般与冶金炉生产的产品以及产品工艺有关，这里不作赘述。

五、加热炉炉膛热平衡计算

1. 收入项计算

(1) 燃料燃烧的化学热 Q_c 为

$$Q_c = BQ_{dw} \quad (\text{kJ/h}) \tag{12.62}$$

式中，B 为燃料消耗量（$\text{kg}(\text{m}^3)/\text{h}$）；$Q_{dw}$ 为燃料的发热量（$\text{kJ/kg}(\text{m}^3)$）。

(2) 燃料带入的物理热 Q_f 为

$$Q_f = Bc_fT_f = B \quad (KJ/h) \tag{12.63a}$$

式中，c_f 为燃料的平均比热容(kJ/(m^3 · ℃))；T_f 为燃料温度(℃)。

由于气体燃料各组分的比热不同，应采用下式计算燃料的物理热

$$Q_f = B(p_1c_1 + p_2c_2 + \cdots)T_f \tag{12.63b}$$

式中，p_1，p_2，…，气体燃料各组分的体积百分比；c_1，c_2，…，各组分的平均比热容。

(3) 空气带入的物理热 Q_a 为

$$Q_a = BnL_0c_aT_a = BL_nC_aT_a \quad (kJ/h) \tag{12.64}$$

式中，n 为空气消耗系数；L_0 为理论空气消耗量(m^3/kg(m^3))；L_n 为实际空气消耗量(m^3/kg(m^3))；T_a 为空气温度(℃)。

(4) 金属带入的物理热 Q_m

$$Q_m = Gc_mT_m \quad (kJ/h) \tag{12.65}$$

式中，G 为炉子生产率(kg/h)；c_m 为钢料的比热容(kJ/(kg · ℃))；T_m 为金属入炉温度(℃)。

(5) 金属氧化放出的热 Q_0 为

$$Q_0 = 5\ 652\ Ga \quad (kJ/h) \tag{12.66}$$

式中，a 为金属烧损率，一般加热炉中 $a = 0.01 \sim 0.03$，若小于 0.01 则可不计；5 652 为每千克铁氧化时所放出的热量(kJ/kg)。

2. 热支出项计算

(1) 金属加热所需的热 —— 有效热 Q_s 为

$$Q_s = Gc_mT_m \tag{12.67a}$$

式中，T_m 为金属出炉时的平均温度。

若金属为热装，则按下式计算

$$Q_s = G(T_{m2}c_{m2} - T_{m1}c_{m1} = G_{\Delta i} \quad (kJ/h) \tag{12.67b}$$

式中，T_{m1}，T_{m2} 为金属出炉及入炉温度(℃)；c_{m1}，c_{m2} 为相应温度的平均比热容(kJ/(kg · ℃))。

(2) 烟气带走的热 Q_{cp} 为

$$Q_{cp} = BV_nc_{cp}T_{cp} \quad (kJ/h) \tag{12.68}$$

式中，V_n 为燃烧产物量(m^3/kg(m^3))；t_{cp} 为出炉烟气温度(℃)；c_{cp} 为 T_{cp} 下烟气的平均比热容(kJ/(m^3 · ℃))。

(3) 燃料化学不完全燃烧的热损失 Q_{td} 为

$$Q_{td} = BV_n\left(Q_{CO}\frac{p_{CO}}{100}Q_{H_2O}\frac{p_{H_2O}}{100} + \cdots\right) \quad (kJ/h) \tag{12.69}$$

式中，Q_{CO}，Q_{H_2O}，…，为 CO，H_2O，…可燃成分的发热量；p_{CO}，p_{H_2P}，…，为 CO，H_2O，…可燃成分在烟气中的体积百分含量。

(4) 燃料机械不完全燃烧的热损失 Q_i。对燃烧固体燃料的炉子，此项损失是指炉栅的漏失及清灰渣时夹带而损失的燃料。对燃油及煤气的炉子，则指泄漏损失。

$$Q_i = KQ_{dw} \quad (kJ/h) \tag{12.70}$$

式中，K 为机械不完全燃烧损失的百分数，可参考下列数据

固体燃料　　　$K = 0.03 \sim 0.05$

液体燃料　　　$K = 0.01$

气体燃料　　　$K = 0.020.03$

(5) 炉壁的散热损失 Q_{ω}。连续工作的炉子，炉壁的散热损失可视为稳态导热过程，计算式为

$$Q_{\omega} = \frac{T_1 - T_2}{\frac{\delta_1}{\lambda_1} + \frac{\delta_2}{\lambda_2} + \cdots + \frac{\delta_n}{\lambda_n} + 0.014} A \quad (\text{kJ/h}) \tag{12.71}$$

式中，A 为炉壁面积(m^2)；T_1 为炉壁内表面温度(℃)；T_2 为周围大气温度(℃)；δ_1，δ_2，…，δ_n 为炉壁各层材料的厚度(m)；λ_1，λ_2，…，λ_n 分别为各层材料的导热系数(kJ/(m・h・℃))。

其中，0.014 为假设炉壁对空气的总换热系数 $h = 71$ kJ/(m・h・℃) 时，炉壁外表面与空气间的热阻为$\frac{1}{71}$。

由于炉顶、炉底、炉墙的砌筑厚度、层数及温度均不一样，所以应分别计算然后相加。

(6) 炉门、开孔辐射热损失 Q_r。当炉门或窥孔打开时，由炉内向炉外高温辐射造成的热损失为

$$Q_r = 5.67\left(\frac{T}{100}\right)^4 \varphi A t \quad (\text{kJ/h}) \tag{12.72}$$

式中，T 为炉门或窥孔处炉气温度(K)；φ 为综合角度系数，一般而言，大炉子 $\varphi = 0.7 \sim 0.8$，中小炉子放 $\varphi = 0.2 \sim 0.5$；t 为炉门或窥孔的开启时间(h)。

(7) 炉门、开孔溢气热损失 Q_g。一般炉子底面为零压，故炉膛处于正压，当打开炉门或窥孔时，高温气体将溢出炉外，同时炉子缝隙之处也将有高温气体溢出，从而造成热损失，其损失为

$$Q_g = V_0 T_g c_g t \quad (\text{kJ/h}) \tag{12.73a}$$

式中，T_g 为炉气温度(℃)；c_g 为炉气在 T_g 下的平均比热容(kJ/(m^3・℃))；V_0 为在标准下从炉内溢出的气体量(m^3/h)，即

$$V_0 = \frac{V_t}{1 + \beta_t} 3\,600 \quad (\text{m}^3/\text{h})$$

气体溢出体积 V_t 为

$$V_t = \frac{2}{3}\mu H b \sqrt{\frac{2gH(\rho_a - \rho_g)}{\rho_g}} \quad (\text{m}^3/\text{s}) \tag{12.73b}$$

式中，μ 为流量系数，薄壁 $\mu = 0.62$，厚壁 $\mu = 0.82$；H 为炉门开启高度(m)；b 为炉门宽(m)；ρ_g 为炉气在 T_g 下的密度(kg/m^3)；ρ_a 为空气在 T_a 下的密度(kg/m^3)。

若炉膛为负压，则无此项热损失，但冷空气被吸入炉内造成炉温降低、烟气量增大、金属烧损增加，一般不希望呈现这种情况。

(8) 冷却水带走的热损失 Q_{cd}。炉子冷却部件中冷却水带走的热量占热支出很大的比例，例如大型连续加热炉此项热损失可达 20%，一般用下式计算：

$$Q_{cd} = G_c(c_c T_c - c_c' T_c') \quad (\text{kJ/h}) \tag{12.74a}$$

式中，G_c 为冷却水消耗量(kg/h)；t_c，t_c' 分别为冷却水出、进口温度(℃)；c_c，c_c' 分别为冷却出、进口温度下的比热容(kJ/(kg・℃))。

当采用汽化冷却时，此项热损失用下式计算：

$$Q_{cd} = G_c' (i_{c,g} - i_c) \quad (\text{kJ/h}) \tag{12.74b}$$

式中，G_c' 为蒸气产量及补给水量(kg/h)；$i_{c,g}$ 为蒸气热含量(kJ/kg)；i_c 为补给水热含量(kJ/kg)。

(9) 其他热损失 Q_q。它包括炉体蓄热、加热各种支架、链条、炉辊等所需的热量。这些热量有时可以计算，有时很难计算，它所占的比例一般来说不算太大，所以除非特殊情况，一般不进行计算。

3. 热平衡表的编制及燃料消耗量的确定

热收入项总和等于热支出项总和，列出热平衡方程式为

$$\sum Q_{in} = \sum Q_{out}$$

据前述各项热收入及热支出项计算可知，在设计炉子时，燃料消耗量 B 为待定量，其他参数或者在设计时已给定，如 G，T_a，T_f，…，或者可以计算，如 Q_{Dw}，L_0，L_n，V_n，ρ，T_g，…，有些则可从各种资料中查出，如 c_a，c_g，c_f，i，…，因而从热平衡方程式中可解出 B。为了便于比较炉子的工作好坏，将 B 值代入有关计算项中，求出热收、支项的总和及各项所占百分率后，列成热平衡表，如表 12.1 所示。该表为连续式加热炉的热平衡表，各项百分率供参考。

表 12.1 连续式加热炉热平衡表

热收入 /(kJ/h)		热支出 /(kJ/h)	
项目	百分率 /(%)	项目	百分率 /(%)
1. 燃料燃烧的化学热 Q_c	70 ～ 100	1. 金属加热所需的热 Q_s	20 ～ 50
2. 燃料的物理热 Q_f	0 ～ 25	2. 烟气带走的热 Q_{cp}	30 ～ 80
3. 空气的物理热 Q_a	0 ～ 15	3. 燃料化学不完全燃烧热损失 Q_{td}	0.5 ～ 3
4. 金属氧化放出的热 Q_o	1 ～ 5	4. 燃料机械不完全燃烧热损失 Q_t	0.2 ～ 3
		5. 炉壁散热热损失 Q_ω	2 ～ 10
		6. 炉门、开孔辐射热损失 Q_r	0 ～ 4
		7. 炉门、开孔溢气热损失 Q_g	0 ～ 5
		8. 冷却水等走的损失 Q_{cd}	0 ～ 15
		9. 其他热损失 Q_q	0 ～ 10
		10. 热平衡表误差 ΔQ	不大于 ± 4
热收入项总和 $\sum Q_{in}$	100	热支出项总和 $\sum Q_{out}$	100

习题与思考题

1. 用一直径为 3.5 m 圆筒型的火焰炉加热物料。已知火焰温度为 1 400℃，加热物料温度 1 200℃，黑度为 0.85，炉墙内表面对物料的辐射角度系数为 0.2。设炉气充满炉膛，炉气中 CO_2 13%，H_2O 11%，炉气流速为 0.8 m/s。试计算：(1) 炉气对炉料的传热量及辐射传热量所占的比例；(2) 炉壁内表面温度。

2. 一换热器将空气从 30℃ 预热到 400℃. 已知 空气流量为 1.5 m^3/s，烟气流量为 2.5 m^3/s。若烟气入换热器时温度为 800℃，不计热损失，求烟气出口温度。

第 13 章　金属材料加工中的热量传输

在材料制造和加工过程中，如铸造、热处理、焊接等必然伴随热量的传递。热量传输的速率往往直接影响产品的质量。为了控制或强化生产过程，必须依据热量传输的基本定律和方程研究这些特定生产过程的热量传输规律。以便有助于生产过程。

13.1　凝固过程传热

铸件凝固过程是重要的材料液态成型过程，熔融金属在凝固时要释放凝固潜热，凝固潜热通过凝固金属和铸型将热量散发出去，大部分铸件缺陷出现于这一过程。凝固过程的传热计算对优化铸造工艺，预测和控制铸件质量，防止各种铸造缺陷以及提高生产效率都非常重要。但是，凝固传热过程中，由铸件几何形态的不规则；铸件-铸型界面热阻；合金液固界面或凝固区域内结晶潜热；铸件与外部环境的热交换等问题的存在，使得凝固传热过程显得比较复杂。所以，目前在实际中，求解凝固传热问题采用数值解法较多。

为了奠定数值求解凝固传热问题的基础，下面主要对凝固过程的数学模型及结晶潜热的处理进行分析讨论。

一、铸件凝固过程的导热微分方程

液态金属浇入铸型后在型腔内的冷却凝固过程，是一个通过铸型向周围环境散热的过程。在这个过程中，铸件和铸型内部温度分布是随时间而变化的。从传热方式看，散热过程是一种包括导热、对流及辐射在内的非稳态综合传热。显然，对流和辐射主要发生在边界上。当液态金属充满型腔后，如果忽略铸件凝固中金属液的对流，铸件凝固过程是非稳导热过程，因此铸件凝固过程的数学模型符合非稳态导热微分方程。但应考虑铸件凝固过程中的潜热释放。

设单位面积，单位时间内固相部分的增加率为 $\partial f_s/t$。则释放的潜热为

$$\rho L \frac{\partial f_s}{\partial t}$$

式中，ρ 为材质的密度(kg/m^3)；L 为结晶潜热(J/kg)；f_s 为凝固时固相的份数。

因此，包括潜热的导热微分方程如下：

对于一维系统

$$\rho c \frac{\partial T}{\partial t} = \frac{\partial}{\partial x}\left(\lambda \frac{\partial T}{\partial x}\right) + \rho L \frac{\partial f_s}{\partial t} \tag{13.1}$$

对于二维系统

$$\rho c \frac{\partial T}{\partial t} = \frac{\partial}{\partial x}\left(\lambda \frac{\partial T}{\partial x}\right) + \frac{\partial}{\partial y}\left(\lambda \frac{\partial T}{\partial y}\right) + \rho L \frac{\partial f_s}{\partial t} \tag{13.2}$$

对于三维系统

$$\rho c \frac{\partial T}{\partial t} = \frac{\partial}{\partial x}\left(\lambda \frac{\partial T}{\partial x}\right) + \frac{\partial}{\partial y}\left(\lambda \frac{\partial T}{\partial y}\right) + \frac{\partial}{\partial z}\left(\lambda \frac{\partial T}{\partial z}\right) + \rho L \frac{\partial f_s}{\partial t} \tag{13.3}$$

由于铸件凝固过程的影响因素较多，为了问题的求解，考虑主要因素，作如下假设：

(1) 液态金属瞬时充满铸型后开始凝固，初始液态金属温度为定值，或为已知各点的温度值。

(2) 忽略液、固相的流动，传热过程只是导热。

(3) 不考虑合金的过冷，凝固是从给出的液相线温度开始，固相线温度终止。

根据以上假设则可得到铸件凝固数学模型。以二维系统为例，在铸件中非稳态导热的控制方程表达式为

$$\rho_1 c_1 \frac{\partial T}{\partial t} = \rho_1 c_1 \frac{\partial T}{\partial x}\left(\lambda_1 \frac{\partial T}{\partial x}\right) + \frac{\partial}{\partial y}\left(\lambda_1 \frac{\partial T}{\partial y}\right) + \rho_1 L \frac{\partial f_s}{\partial t} \tag{13.4}$$

式(13.4) 左边表示铸件中的热积蓄项，右边第一、二项表示导热项，第三项为潜热项。

在铸型中，非稳态导热的控制方程表达式为

$$\rho_2 c_2 \frac{\partial T}{\partial t} = \frac{\partial}{\partial x}\left(\lambda_2 \frac{\partial T}{\partial x}\right) + \frac{\partial}{\partial y}\left(\lambda_2 \frac{\partial T}{\partial y}\right) \tag{13.5}$$

式中，ρ 为铸型材料密度(kg/m^3)；λ_2 为铸型材料热导系数($W/(m \cdot K)$)；c_2 为铸型材料比热容($J/(kg \cdot K)$)。

初始条件：由假设(1)，认为铸型被瞬时充满，故有 $T(x,y,0) = T_{01}$(在铸件区域中)，$T(X,y,0) = T_{02}$(在铸型区域中)

一般 T_{01} 为等于或略低于浇注温度，T_{02} 为室温或铸型预热温度。

在浇注瞬间，因铸件尚未开始凝固，铸型和液态金属是完全接触，其共同的界面温度为 T_i。离界面较远处的液体金属保持浇注温度 T_p，铸型温度为 T_0，如图 13.1 所示。所以铸件与铸型在界面间的传热可以认为是一维导热，其导热方程为

$$\frac{\partial T}{\partial t} = a \frac{\partial^2 T}{\partial x^2} \tag{13.6}$$

式(13.6) 的通解为

$$T = A + B\mathrm{ref}\left(\frac{x}{2\sqrt{at}}\right) \tag{13.7}$$

在铸件一侧，当 $x = 0$ 时，$T = T_i$；$x \to \infty$ 时，$T = T_p$ 分别代入式(13.7) 得

$$A = A_i; \quad B = T_p - T_i$$

则
$$T_M = T_i + (T_p - T_i)\mathrm{erf}\left(\frac{2}{2\sqrt{a_M t}}\right) \tag{13.8}$$

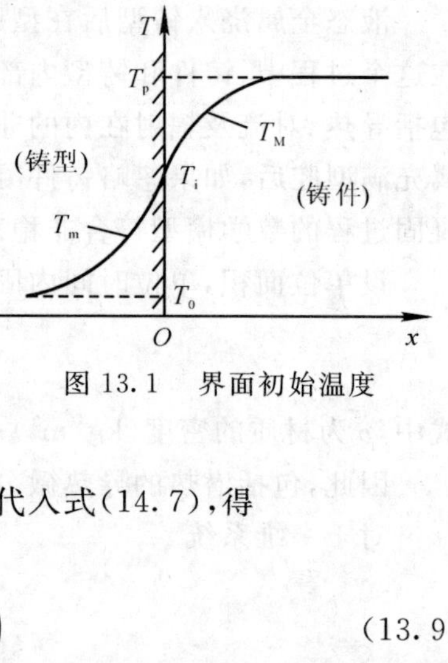

图 13.1　界面初始温度

在铸型一侧，当 $x \to \infty$ 时，$T = T_0$；当 $x = 0$ 时，$T = T_i$ 分别代入式(14.7)，得

$$A = T_i; \quad B = T_i - T_0$$

则
$$T_m = T_i + (T_i - T_0)\mathrm{erf}\left(\frac{x}{\sqrt{a_m t}}\right) \tag{13.9}$$

式中，T_m 为铸件及铸型温度；a_m 为铸件及铸型热量传输系数。

二、凝固潜热及确定方法

铸件凝固释放的热量，由铸件内部显热和潜热组成。显热是金属过热产生的，显热的释放与材料的定压比热容 c_p 和温度变化量 ΔT 密切相关；而潜热的释放仅取决于材质本身发生相变时所反映出的物理特性。在铸件凝固释放的总热量中，金属过热热量通常仅占 20% 左右，凝固潜热约占 80%。所以凝固潜热占有相当大的比例。以纯铜为例，凝固潜热 L 为 211.5 kJ/kg，在熔点附近的液态定压比热容 c_{pL} 为 0.46 kJ/(kg·℃)，则可由下式求出其等效温度区间$\Delta T'$ 为

$$\Delta T' = \frac{L}{c_{pL}} \tag{13.10}$$

对于纯铜 T 为 456℃，即表明凝固时放出的潜热量相当于温度下降 456℃ 时所放出的显热。可见，潜热在铸件凝固传热过程中有着非常重要的的作用。所以，在导热微分方程中，替热项的表示和确定尤为重要。式(13.1) ～ 式(13.3) 均表示考虑了凝固潜热释放的非稳导热微分方程。若将式(13.1) 导热方程替热项变换为

$$\rho L \frac{\partial f_s}{\partial t} = \rho L \frac{\partial f_s}{\partial T} \frac{\partial T}{\partial t} \tag{13.11}$$

将式(13.11) 代入式(13.1)，整理得

$$\rho\left(c - L\frac{\partial f_s}{\partial T}\right)\frac{\partial T}{\partial t} = \frac{\partial}{\partial x}\left(\lambda \frac{\partial T}{\partial x}\right) \tag{13.12}$$

由式(13.12) 可见，如果固相份数和温度 T 的关系已知，该式就能很容易地进行传热数值求解。

由于合金材质不同，潜热释放的形式也不同，在传热数值计算中也应采取不同确潜热的方法。

1. 温度补偿法

纯金属或共晶合金都是在同一温度上发生凝固，在该温度上将释放出全部凝固潜热。用有限差分对这类合金的铸件进行计算时，采用温度补偿法增加替热项，对铸件内任一单元 i，设其初始温度高于凝固点 T_s。计算满足条件为

$$\sum_{i=1}^{m} \Delta T_i \geqslant \Delta T' \tag{13.13}$$

即将潜热的释放折合成等效温度区间 $\Delta T'$ 内显热的释放，并保持计算温度为常数 T_s，只有当所有的补偿温度之和大于或等于等效温度区间 $\Delta T'$ 时才意味着凝固结束，温度才可能继续下降。

但对于多项式第 m 步计算，温度不能再补偿到 T_s，而应是

$$T_i = T_s - \left(\sum_{i=1}^{m} \Delta T_i - \Delta T'\right) \tag{13.14}$$

自此以后不再对该单元进行潜热处理。

2. 等效比热法

因凝固时固相份数 f_s 与温度密切相关，则$\dfrac{\partial f_s}{\partial t}$ 可表示为$\dfrac{\partial f_s}{\partial T} \times \dfrac{\partial T}{\partial t}$，式(13.3) 可写成

$$\rho c_p' \frac{\partial T}{\partial t} = \lambda\left(\frac{\partial^2 T}{\partial x^2} + \frac{\partial^2 T}{\partial y^2} + \frac{\partial^2 T}{\partial z^2}\right) \tag{13.15}$$

$$c_p' = \begin{cases} c_p & T \geqslant T_L \\ c_p - L\dfrac{\partial f_s}{\partial T} & T_L > T \geqslant T_s \\ c_p & T < T_s \end{cases} \tag{13.16}$$

式(13.16)与前面介绍的无相变温度导热微分方程相同，只是将潜热折合成定压热容，以 c_p' 代替 c_p，该方程称之为等效比热法（或折合比热法）。

3. 热焓法

定义金属材料自 T_0 升温至 T 时的热焓增量 ΔH 为

$$\Delta H = \int_{0}^{T} c_p \mathrm{d}T + \sum H_i \tag{13.17}$$

式中，H 为材料在该温度区间发生的各种相变潜热之总和。

由式(13.15)可知，具有相变时的 c_p 用等效定压比热容 c_p' 代替，则 H_i 可反映到 c_p' 中，式(13.17)可改写为

$$\Delta H = \int_{f_0}^{T} c_p' \mathrm{d}T$$

即

$$c_p' = \frac{\partial \Delta H}{\partial T}$$

将上式代入一维导热微分方程得

$$\rho \frac{\partial \Delta H}{\partial t} = \lambda \frac{\partial^2 T}{\partial x^2} \tag{13.18}$$

其差分式为

$$\Delta H_{(i)}^{n+1} = \Delta H_{(i)}^{n} + \Delta t \frac{\lambda}{\Delta x^2}(T_{(i+1)}^{n} + T_{(i-1)}^{n}) - 2T_{(i)}^{n}) \tag{13.19}$$

13.2 热处理过程传热

金属材料热处理的传热过程可认为是在一定的初始条件和边界条件下工件内的导热问题，即这类传热问题属固体导热问题，用数值解法计算该类问题的温度场，通常常有“有限差分法”和“有限单元法”等。

由于热处理过程有相应的组织转变，计算时应考虑组织转变的影响，其影响主要表现在物性参数上，所以，应适当选择热处理过程传热计算和导热方程中表示物性的参数。

一、物性参数

物性参数主要有热导系数 λ、密度 ρ、比定压热容 c_p。一般来说，物性参数不仅随温度变化，而且与金属材料的组织状态有关。因此必需按材料不同组织来确定某温度下 λ, c_p 等的值，常用线性组合方法来计算，其公式为

$$A = \sum_{i=1}^{n} m_i A_i \tag{13.20}$$

式,A 为参数,如 λ, c_p 等;m_i 为某一组织所占的百分数;A_i 为某一组织的相应参数值,如珠光体的 λ, c_p 等。

二、表面传热系数

工件在进行热处理时,工件表面与周围气体间发生对流传热的同时也伴随着辐射传热。所以,通常情况下,认为气体与工件表面间是辐射和对流的综合传热过程。总热量为

$$Q = Q_r + Q_a \tag{13.21}$$

根据牛顿冷却公式,对流传热热量为

$$Q_a = h_a(T_g - T_w)A \quad (W) \tag{13.22}$$

辐射传热热量为

$$Q_r = h_r(T_g - T_w)A \quad (W) \tag{13.23}$$

即

$$Q_r \frac{C_0}{\dfrac{1}{\varepsilon_g} + \dfrac{1}{\varepsilon_w} - 1}\left[\frac{\varepsilon_g}{\varepsilon_w}\left(\frac{T_g}{100}\right)^4 - \left(\frac{T_w}{100}\right)^4\right]A \tag{13.24}$$

比较式(13.24)与式(13.23)得

$$h_r = \frac{\dfrac{C_0}{\dfrac{1}{\varepsilon_g} + \dfrac{1}{\varepsilon_w} - 1}\left[\left(\dfrac{T_g}{100}\right)^4 - \left(\dfrac{T_w}{100}\right)^4\right]}{T_g - T_w} \tag{13.25}$$

称为辐射传热系数。

将式(13.22)和式(13.23)代入式(13.21),得

$$Q = h_\Sigma(T_g - T_w)A \quad (W) \tag{13.26}$$

其中,h_Σ 称为气体对工件表面综合传热系数简称表面传热系数。

表面传热系数 h_Σ 也可以通过测定的方法来确定最简便的测定方法是测定表面温度变化。将热电偶点焊在表面测点上,记录不同时刻的温度变化,$T = f(t)$ 本身就是一种表示边界条件的方式,知道表面温度随时间的变化 T_t,就可以算出沿截面的温度分布,推算出表面的温度梯度 $\Delta T_x/\Delta x$,即可求出表面的热流密度,即

$$q = -\lambda\frac{\Delta T_x}{\Delta x} - \Delta T_t \Delta x \frac{\rho c_p}{2\Delta t} \tag{13.27}$$

根据热量守恒定律,由表面导出的热量与环境介质带走的热量应相等,则

$$h_\Sigma(T_w - T_g) = -\lambda\frac{\Delta T_x}{\Delta} - \Delta T_t \Delta x \frac{\rho c_p}{2\Delta t}$$

$$h_\Sigma = \frac{\dfrac{-\lambda\Delta T_x}{\Delta x} - \dfrac{\Delta T_t \Delta x \rho c_p}{2\Delta t}}{T_w - T_g} \tag{13.28}$$

式(13.28)适用于空冷、炉冷等温度变化较为缓慢的条件,但温度变化较快时,受测量精度限制,误差较大。

表面传热系数也可通过数理统计的方法进行非线性的估算来获取。

大工件表面传热系数应根据工件的材质、尺寸、表面状态，加热成冷却的环境条件(油冷、水冷、喷水冷)及介质的性质和流动的速度进行正确的确定。

13.3 焊接过程传热

焊接时，在热源的作用下被焊金属与基体被加热并发生局部熔化，当热源离开后，金属冷却，被焊金属与基体接合。这种加热和冷却的传热过程被称为焊接热过程，它是影响焊接质量和生产率的主要因素之一。对焊接热过程进行准确的计算和测定是进行焊接冶金分析、焊接应力应变分析和对焊接热过程进行控制的前提。然而，焊接过程的传热问题却十分复杂，给研究工作带来许多困难，具体体现在以下四个方面：① 加热过程的局部性；② 加热的瞬时性；③ 焊接热源是移动的；④ 焊接传热是综合传热过程。

焊接、激光加热等技术都属于非稳态导热问题。采用解析法计算温度场时，常将其看作为集中热源作用下的非稳态导热，而瞬时集中热源作用下温度场计算是这类导热问题分析的基础。本节先介绍瞬时集中热源作用下的温度场，然后再介绍连续热源作用下温度场的模型及其求解。

一、焊接热过程导热微分方程及温度场

焊接温度场是非稳态温度场。但是，当一个具有恒定功率的焊接热源，在给定尺寸的焊件上作匀速直线移动时，开始一段时间内温度场是稳定的，但经过相当一段时间以后便达到了热平衡状态，形成了暂时稳定温度场称为准稳定温度场。此时，焊件上每点的温度虽然都随时间而改变，但当热源移动时，则发现温度场与热源以同样的速度跟随。如果采用移动坐标系，将坐标的原点与热源的中心相重合，则焊件上各点的温度只取决于系统的空间坐标，而与时间无关。通常讨论的温度场计算公式都是采用这种移动坐标系。

1. 瞬时集中点状热源

焊接热源作用在无限大物体内某点时(即相当于点状热源)，认为是瞬时点状热源的热能 Q 作用在无限大物体内的某点上，则距热源为 R 的某点经 t 秒时间后其温度为

$$\frac{\partial T}{\partial t} = a\left(\frac{\partial^2 T}{\partial x^2} + \frac{\partial^2 T}{\partial y^2} + \frac{\partial^2 T}{\partial z^2}\right) \tag{13.29}$$

设工件初始温度当 $t = 0$ 时，$T_0 = 0$ 且均匀，同时不考虑表面散热问题。求得该方程的特解，即该点的温度场为

$$T = \frac{Q}{c\rho(4\pi at)^{3/2}}\exp\left(-\frac{R^2}{4at}\right) \tag{13.30}$$

式中，Q 为热源在瞬时提供给工件的热能；R 为距热源的坐标距离，$R = (x^2 + y^2 + z^2)^{1/2}$；$t$ 为传热时间；a 为材质的热传输系数。

由式(13.30)可以看出，焊接温度场是以 R 为半径的一个个等温球面。但焊接时，热源传给焊件的热量是通过焊件表面进行的，故常称为半无限厚物体。这时应把式(13.29)进行修正，即认为全部的热量被无限体所获得，则

$$T = \frac{2Q}{c\rho(4\pi at)^{3/2}}\exp\left(-\frac{R^2}{4at}\right) \tag{13.31}$$

式(13.31)就是厚大件(属于半无限厚物体)瞬时集中点状热源的传热计算公式。由此式可知,热源提供给焊件热量之后,距热源为 R 的某点温度的变化是时间 t 的函数。显然,其等温面呈现为一个个半球面形状。

2. 瞬时集中线状热源

焊接热源集中作用在厚度为 δ 的无限大薄板上时(即相当于线状热源,沿板厚方向热量均匀分布),可看作是瞬时热源的热量 Q 作用在工件某点上的二维传热过程。故距热源为 r 的某点经 t 秒时间后,其传热过程的温度场方程为

$$\frac{\partial T}{\partial t} = a\left(\frac{\partial^2 T}{\partial x^2} + \frac{\partial^2 T}{\partial y^2}\right) \tag{13.32}$$

设工件初始温度当 $t = 0$ 时, $T_0 = 0$ 且均匀,同时不考虑表面散热问题。求得该方程的特解,即该点的温度场为

$$T = \frac{Q}{4\pi\lambda\delta t}\exp\left(-\frac{r^2}{4at}\right) \tag{13.33}$$

式中, $r = (x^2 + y^2)^{1/2}$。

式(13.33)即为(薄板)瞬时集中线状热源的传热计算公式。此时由于没有 z 向传热,其等温线呈现为以 r 为半径的平面圆环。

二、表面散热和叠加原理

1. 表面散热

前面所讨论的焊接传热计算,都没有考虑表面散热的影响。对于厚大件,表面散热相对很小,可以忽略不计;但对于薄板和细棒,其表面散热不能忽略,因为它对温度的影响较大。当焊接薄板时应考虑表面散热,此时导热微分方程式为

$$\frac{\partial T}{\partial t} = a\left(\frac{\partial^2 T}{\partial x^2} + \frac{\partial^2 T}{\partial y^2}\right) - bT \tag{13.34}$$

式中, b 为薄板的散温系数, $b = \frac{2h}{c\rho\delta}$ (1/s),其中 h 为表面传热系数。

其特解为

$$T = \frac{Q}{4\pi\lambda\delta t}\exp\left(-\frac{r^2}{4at} - bt\right) \tag{13.35}$$

式(13.35)与式(13.33)比较知,焊接薄板时,若考虑表面散热,只将薄板的传热公式(13.33)乘以 $\exp(-bt)$ 即可。

2. 叠加原理

假如由若干不相干的独立热源作用在同一焊件上,则焊件上某点的温度应等于各独立热源对该点产生作用的总和,即

$$T = \sum_{i=1}^{n} T(r_i,\ t_i) \tag{13.36}$$

式中, r_i 为第 i 个热源与计算点之间的距离; t_i 为第 i 个热源相应的传热时间。

三、焊接连续热源的温度场

在电弧焊时,焊接过程是一种连续作用的热源,通常有两种方式,连续固定热源和连续移

动热源，前者是实际中的补焊工件缺陷过程；而后者是正常焊接或堆焊过程。现以厚大件点状连续移动热源的温度场为例，分析其传热过程。

连续集中移动热源的焊接传热过程可以看作是无数个瞬时集中热源在不同瞬间与不同位置时共同作用于工件上的过程。所以，由前述瞬时热源得到的温度场结果，利用叠加原理，将每个瞬时热源在工件上每点产生的微小温度变化叠加，即

$$T(A,\ t) = \int_0^t \mathrm{d}T_A \tag{13.37}$$

应用式(13.30)，则

$$T = \int_0^t \frac{2q\mathrm{d}t'}{c\rho[4\pi a(t-t')]^{3/2}} \exp\left[-\frac{R'^2}{4a(t-t')}\right] \tag{13.38}$$

式中，$R'^2 = (x_0 - ut')^2 + y_0^2 + z_0^2$（即热源在$O'$点时，对$A$点的瞬时坐标距离，如图13.2所示）；$q$为热源的有效热功率。

为了求解，采用移动式坐标，即以热源所在的位置为原点，则得

$$T(x,\ y,\ z,\ t) = \frac{2q}{c\rho(4\pi a)^{3/2}} \exp\left(-\frac{ux}{2a}\right) \int_0^t \frac{\mathrm{d}t''}{t''^{3/2}} \exp\left(-\frac{u^2 t''}{4a} - \frac{R^2}{4at''}\right) \tag{13.39}$$

式中，$R^2 = x^2 + y^2 + z^2$，$x = x_0 - ut$，$y = y_0$，$z = z_0$，$t'' = t - t'$；u为焊接速度。

当$t \to \infty$，令$u =$ 常数，$q =$ 常数，再令$n^2 = \frac{R^2}{4at''}$，$m^2 = \frac{R^2 u^2}{16a^2}$代入式(13.38)得

$$\int_0^\infty \mathrm{e}^{-n^2 - \frac{m^2}{n^2}} \mathrm{d}u = \frac{\sqrt{\pi}}{2} \mathrm{e}^{-2m} \tag{13.40}$$

将式(13.40)代入式(13.39)得

$$T = \frac{q}{2\pi\lambda R} \exp\left(-\frac{ux}{2a} - \frac{Ru}{2a}\right) \tag{13.41}$$

式(13.41)即厚大件上焊接（或堆焊）时极限饱和状态下的传热计算公式。式中R为焊件上某点与计算时刻热源所在点之间的实际距离。

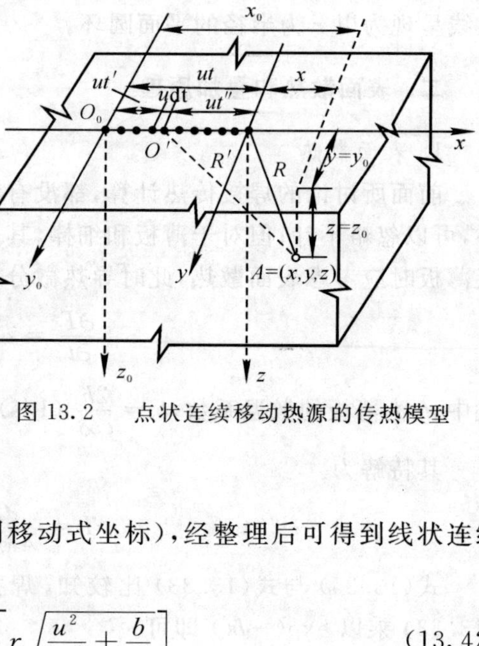

图 13.2　点状连续移动热源的传热模型

采用与点状连续移动热源相同的分析方法（采用移动式坐标），经整理后可得到线状连续移动热源的传热计算公式为

$$T = \frac{q}{2\pi\lambda\delta} \exp\left(-\frac{ux}{2a}\right) K_0\left[r\sqrt{\frac{u^2}{4a^2} + \frac{b}{a}}\right] \tag{13.42}$$

式中，$K_0(x) = \sqrt{\frac{\pi}{2u}} \exp(-x)\left[1 - \frac{1}{8x} + \frac{1\times 3^2}{2!(8x)^2} - \frac{1\times 3^2\times 5^2}{3!(8x)^3} + \cdots\right]$称为贝氏函数近似表达式，是一个无穷收敛级数，已知$x$值后，可查有关图表获得其值。

13.4　粉末制备中液滴的冷却

在粉末冶金中，经常要进行冶金粉末的制取，喷雾沉积法是获得大尺度快速凝固粉末材料的重要技术手段，其快速凝固效果主要是微液滴雾状阶段的实现。因此，了解和掌握微液滴的

热过程及雾化工艺参数的影响规律十分重要。然而，由于技术上的限制，目前还难以用实测方法获得飞行中微滴的冷却速度等热过程参数，通常采用理论模型来估算。在此简要介绍采用牛顿冷却，均质形核及连续生长模型，建立雾化工艺参数与微滴热过程关系的理论模型的过程。

一、液态降温阶段

液态降温阶段是指从微滴离开喷嘴到出现第一个临界晶核为止。其模型的建立有两个关键问题：其一，微滴与气流间相互作用规律，它决定微滴温度、速度等与时间的关系；其二，当出现第一个临界晶核，即标志该阶段的结束。

根据牛顿冷却模型，半径为 r_0 的微滴在飞行中温度变化可以用焓平衡微分方程表示，即

$$\frac{\mathrm{d}H}{\mathrm{d}t}=-\frac{3hV_{\mathrm{M}}}{T_0}(T-T_{\mathrm{g}}) \tag{13.43}$$

式中，V_{M} 为微滴摩尔体积；T 为 t 时刻微滴温度；T_{g} 为气流温度；h 为微滴与气流间表面传热系数。

求解式(13.43)必须知道微滴焓变与温度的关系，即

$$H-H_{\mathrm{st}}=[\Delta H_{\mathrm{M}}+c_{\mathrm{L}}(T-T_{\mathrm{M}})](1-f_{\mathrm{s}})+c_{\mathrm{s}}(T-T_{\mathrm{M}})f_{\mathrm{s}} \tag{13.44}$$

式中，$(H-H_{\mathrm{st}})$ 为相对于熔点时的摩尔焓变；c_{s}，c_{L} 分别为固液相的摩尔定压热容；ΔH_{M} 为摩尔结晶潜热；f_{s} 为固相摩尔分数；T_{M} 为熔点温度。

在液态降温阶段，$f_{\mathrm{s}}=0$。由式(14.37)、式(14.38)可得

$$c_{\mathrm{L}}\frac{\mathrm{d}T}{\mathrm{d}t}=-\frac{3hV_{\mathrm{M}}}{T_0}(T-T_{\mathrm{g}}) \tag{13.45}$$

式(13.45)为微滴温度变化规律。数值计算时可将它变为差分方程，即

$$T_{k+1}=T_k-\frac{3hV_{\mathrm{M}}\Delta t}{T_0c_{\mathrm{L}}}(T_{\mathrm{k}}-T_{\mathrm{g}}) \tag{13.46}$$

式中，下标 k，$k+1$ 分别为第 k，$k+1$ 个时间步长。必须注意，对流传热系数 h 不为常量，可以根据球体在强制对流时，h 与努塞尔特数、雷诺数和普兰特数求解。

二、形核生长阶段

由式(13.43)、式(13.44)得到任一时间步长时的微滴温度的差分方程为

$$T_{k+1}=T_k+\frac{H_k-\Delta H_{\mathrm{M}}(1-f_{\mathrm{s}(k+1)})}{[c_{\mathrm{L}}(1-f_{\mathrm{s}(k+1)})+c_{\mathrm{s}}f_{\mathrm{s}(k-1)}]}-\frac{\left(\frac{3V_{\mathrm{M}}h}{r_0}\right)(T_{\mathrm{M}}-T_{\mathrm{g}})\Delta T}{\left(\frac{3V_{\mathrm{M}}h}{r_0}\right)\Delta T} \tag{13.47}$$

综上分析可知，微滴温度随飞行距离呈指数衰减。开始时温度急剧下降，进入形核生长阶段后，由于潜热释放与过冷液体吸热及对流散热的共同作用，微滴温度基本保持不变，不会出现“再辉现象”。

习题与思考题

1. 在铸件的浇注过程中，铸型与液态金属界面上的温度分布与哪些因素有关？
2. 铸件凝固过程导热方程中，凝固潜热是如何确定的？

3. 说明热处理传热过程表面传热系数的意义和作用。

4. 焊接热源有哪几种类型？各有什么传热特点？

5. 液滴冷却经过几个阶段？并说明每个阶段的传热特点。

6. 已知浇铸时液态金属的温度为 1 500℃，砂型的温度为 30℃，试求铸件与砂型界面和 2 mm，4 mm，6mm 处的温度。

7. 在厚大件上进行表面堆焊。已知热源的有效功率为 5 000 W，焊速为 0.1 cm/s，试求稳态时点 $A(x,y,z)=(-3.0\ \mathrm{cm}, 0.5\ \mathrm{cm}, 0.2\ \mathrm{cm})$ 的温度（其中：$a=0.15\ \mathrm{cm^2/s}$，$\lambda=0.45\ \mathrm{W/(cm \cdot ℃)}$）。

第三篇　质量传输

质量传输或传递是自然界和工程技术领域普遍存在的现象，糖块在水中的溶解、吸收法处理脱除烟气中的二氧化硫等都是常见的质量传输过程。

质量传输是以物质的传递运动规律为研究对象，它与动量、能量传输共同组成统一的传输理论。在一个体系内可能存在有一种或两种以上不同的物质组分，而当其中一种或几种组分的浓度分布不均时，由于浓度梯度的存在，各组分就会从浓度较高的区域向较低的区域转移，以使浓度差减至最小限度，逐渐趋于一致。这种物质从物体或空间的某一部分传递到另一部分的现象称为质量传输或传质。物质的传递过程多是向体系内浓度差降低的方向发展，浓度差为传质过程的推动力。

前文各章讨论了某一组分物质在平衡状态下的动量和热量传输现象。许多工程领域都涉及动量和热量传递的知识，对质量传输的应用，传统上大多局限在化学工业，随着科学技术的发展、质量传输在冶金工程、环境工程、生物工程等中也获得重要应用。工程上传质过程常与化学反应并存，传质的速率影响着有时甚至是化学反应的控制因素。因此，物质的传递过程是冶金，化工，材料加工及制备等过程工业生产制取各种产品必不可少的过程。在近代过程工业的发展中，传质过程的研究对强化反应、均相混合物的分离过程起着重要的作用。

与动量及热量传输类似，质量传输的基本方式大致可分为分子传质（扩散）和对流传质两类。分子传质是指由于物体具有的扩散性而进行的传质过程，常称为扩散传质。在流体或流体与固体构成的传输体系中，除扩散传质外，由于流体流动还会促成另外一种传质方式，即对流传质。实际工程中这两类传质现象往往同时存在，为论述清晰和方便，本篇将以 4 章内容分别介绍。第 I4 章介绍质量传输的基本概念、质量传输微分方程的建立。第 15 章介绍分子扩散，具体分析稳态和非稳态扩散。第 16 章介绍对流传质，讨论边界表面和运动着流体之间的质量传输问题。第 17 章介绍相间传质问题，传质理论模型及应用。

第 14 章　质量传输概论

传质微分方程是描述传质过程的最基本数学模型。本章首先讨论传质的基本概念，然后在此基础上，重点讨论建立传质微分方程。

14.1　质量传输的基本概念

在冶金、化工等过程工业生产中，传质现象到处可见，过程的速率往往取决于传质的快慢。例如，液态金属的吹炼、脱气，蒸馏（气-液间传质），固体燃料燃烧，矿石的焙烧、还原、干燥（固-气间传质），金属的热处理（固体内部传质）和溶剂萃取（液-液间传质），污水处理，烟气在大气中的弥散等等。质量传递在冶金、能源、机械加工、生物工程、环境工程等过程中有着重要的作用。

传质现象一般可以分为以下 8 种类型：

(1)浓度差引起的分子扩散。

(2)温度差引起的热扩散。

(3)压力差引起的压力扩散。

(4)除重力以外的其他外力引起的强迫扩散。

(5)强制对流传质。

(6)自然对流传质。

(7)湍流传质。

(8)相际传质。

从传质机理看，上述几种传质现象广义上可以归纳为两类。前 4 种是在静止介质中分子的随机运动所产生的物质迁移，称为分子扩散传质；后 4 种是借助于外力而产生的物质迁移，称作对流传质。

一、质量传输的基本方式

与热量传递中的导热和对流传热类似，可分为分子传质和对流传质两类。

1. 分子传质

分子传质也称扩散传质，是一种很普遍的现象，在气相、液相和固相中均可发生。类似于热传导，它是由于分子的无规则热运动而形成的物质传递。混合物中存在的温度梯度，压强梯度及浓度梯度都会产生分子扩散，我们重点讨论浓度梯度造成的分子扩散。

在绝对零度以上，物质的分子均具有一定的能量，并处在不规则的运动状态。在分子运动中，不仅发生能量的交换，而且物质本身也进行着转移。由于分子运动的不规则性，使其在各方向的交换概率基本相同。如果体系中某一组分的浓度到处均等，则在该组分分子向某方向以一定数目运动时，必然有相同数目的分子沿相反的方向运动，结果不会发生质量传输。当体系中某一组分的浓度不均，即存在浓度差时，高浓度区域的分子向低浓度区域运动的数目要多，从而进行了质量的传输，直到整个体系中该组分的浓度均匀为止。这种由于浓度差存在，依靠分子运动引起的质量传输，称为分子传质（扩散传质）。

描述分子传质（扩散）速率或扩散通量的方程为费克第一定律，对于由 A，B 两组分组成的混合物，在无总体流动时，由浓度梯度所引起的扩散通量为

$$J_{A} = -D_{AB}\frac{dc_{A}}{dz} \tag{14.1}$$

式中，J_A 为组分 A 的扩散摩尔通量（kmol/(m^2·s)；c_A 为组分 A 的摩尔浓度，(kmol/m^3)；z 为扩散方向上的距离（m）；D_{AB} 为组分 A 在混合物 AB 中的扩散系数（m^2/s）。

式(14.1)表示出在总浓度 c 不变的情况下，由于组分 A 的浓度梯度 dc_A/dz 引起的分子扩散通量。负号表示扩散方向与浓度梯度方向相反。如扩散的同时有总体流动时，物质传输的通量中除扩散通量外，还要考虑到各组分的相对浓度的不同引起的总体流动通量（见 14.2 节和 15.1 节）。

2. 对流传质

对流传质是在流体流动体系中，发生在流体与固体表面或两个有限互溶的运动流体之间，由流体质点的宏观运动而进行的物质传递过程。对流传质也是物质从浓度较高的区域向较低的区域传递，对流传质中还包括分子扩散。因此，对流传质过程与体系浓度场及质点运动的速度场均相关，对流传质速度不仅与传输的特性因素（如扩散系数、浓度梯度等）有关，而且与动量传输的动力学因素（如流速）有关。

描述对流传质的基本方程，与描述对流传热的基本方程，即牛顿冷却定律类似，可采用下式表示：

$$N_{A} = k_{c}\Delta c_{A} \tag{14.2}$$

式中，N_A 为对流传质的摩尔通量（kmol/(m^2 · s)；$\Delta c_{组}$ 为组分 A 在界面处的浓度与流体主体浓度之差（kmol/m^3）；k_c 为对流传质系数（m/s）。

式(14.2)称为对流传质速率方程，由于组成有不同表达方式，故对流传质速率方程亦有不同的表达的形式，有关内容将在第 16 章中详细讨论。

热量传递与质量传递之间有许多类似之处，在分析和处理这两类问题时，常采用类比的方法。但是，这两类传递过程也存在许多不同之处。例如，在静止流体中的导热与分子扩散不同：前者是热量由高温度区向低温度区流动，此时，在热流方向上，仅存在热的流动，而不存在流体的速度问题；而在分子扩散过程中，由于流体内的一个或数个组分的分子由高浓度区向低浓度区转移，各组分的分子扩散速度不同，故出现各组分之间相对运动速度以及整个混合物的运动速度，并产生组分沿扩散方向上的宏观定向运动，即主体流动等现象。组分移动后所留下的空隙需要由流体来补充，于是整个介质也必定处于宏观运动状态下，也就出现了由于扩散所产生的各个组分及整个混合物的宏观运动速度的问题。

14.2 分子扩散的速度与通量

一般在进行分子扩散的同时，各组分的分子微元或质点都处于运动状态，而存在宏观运动速度。为了全面描述分子扩散，必须考虑各组分之间的宏观相对运动速度以及该情况下的扩散通量。由于传质速度和通量与组分浓度的表示方法有关，先介绍浓度的定义及表示方法。

一、浓度

1. 组分的浓度

在多组分混合物中，各组分的组成有不同的表示方法。某组分的浓度可采用单位体积所含该组分的数量表示。例如，组分的浓度可采用质量浓度 $\rho_A, \rho_B, \cdots$，单位为 kg/m^3，或摩尔浓度 $c_A, c_B, \cdots$，单位为 $kmol/m^3$ 表示。由组分A和B组成的双组分混合物，其总密度 ρ 和总浓度 c 为

$$\rho = \rho_A + \rho_B, \quad \rho = \sum_{i=1}^{n} \rho_i \tag{14.3}$$

$$c = c_A + c_B, \quad c = \sum_{i=1}^{n} c_i \tag{14.4}$$

此外，各组分的浓度可用质量分数 α_A, α_B 表示，混合物中某组分的质量与混合物的总质量之比称为该组分的质量分数。

$$\alpha_A = \frac{\rho_A}{\rho}$$

$$\alpha_B = \frac{\rho_B}{\rho}$$

则
$$\alpha_A + \alpha_B = 1, \quad \sum_{i=1}^{n} \alpha_i = 1 \tag{14.5}$$

组分的浓度也可用摩尔分数 x_A，x_B 表示，其定义为

$$x_A = \frac{c_A}{c}$$

$$x_B = \frac{c_B}{c}$$

则
$$x_A + x_B = 1, \quad \sum_{i=1}^{n} x_i = 1 \tag{14.6}$$

密度与摩尔浓度之间的关系为

$$\rho_A = c_A M_A \tag{14.7}$$

质量分数 α_A 与摩尔分数 x_A 之间的关系为

$$x_A = \frac{\alpha_A / M_A}{\alpha_A / M_A + \alpha_B / M_B} \tag{14.8}$$

$$\alpha_A = \frac{x_A M_A}{x_A M_A + x_B M_B} \tag{14.9}$$

式中，M_A 和 M_B 分别为组分A和B的分子量。

当混合物的质量浓度或摩尔浓度变化不大时，使用质量分数 α_A, α_B 或摩尔分数 x_A, x_B 比较方便。应用时可根据计算方便的原则确定采用何种表示方法，双组分混合物的浓度表示法汇

总在表 14.1 中。

表 14.1　双组分混合物的浓度表示法

项目	质　量　基　准	摩　尔　基　准
定义式	ρ_A，ρ_B，组分的质量浓度 kg/m^3 $\rho = \rho_A + \rho_B$，总质量浓度 kg/m^3 $\alpha_A = \rho_A/\rho$，组分 A 的质量分数	c_A，c_B 组分的摩尔浓度，kmol/m^3 $c = c_A + c_B$，总摩尔浓度，kmol/m^3 $x_A = c_A/c$，组分 A 的摩尔分数
关系式	质量分数 α_A，α_B $\alpha_A + \alpha_B = 1$ $\alpha_A = \dfrac{x_A M_A}{x_A M_A + x_B M_B}$ $d\alpha_A = \dfrac{M_A M_B dx_A}{(x_A M_A + x_B M_B)^2}$	摩尔分数 x_A，x_B $x_A + x_B = 1$ $x_A = \dfrac{\alpha_A/M_A}{\alpha_A/M_A + \alpha_B/M_B}$ $dx_A = \dfrac{dM_A}{M_A M_B(\alpha_A/M_A + \alpha_B/M_B)^2}$

2. 稳态传质与非稳态传质

在质量传输体系中，参与传质过程的任一组分，于某瞬间在空间各坐标点上有一定的浓度值，组分浓度在空间的分布和随时间变化的特征函数关系，称为该组分的浓度场，表示为

$$c_i = f(x, y, z, \tau), \quad 即 \quad \frac{\partial c_i}{\partial \tau} \neq 0 \tag{14.10}$$

式中，c_i 为系统中任一组分于某瞬间在空间某坐标点上的浓度；τ 为时间。

根据组分在空间各点上的浓度值是否随时间变化，浓度场可分为稳态和非稳态两类。当组分浓度不随时间变化而仅是空间的函数时，称为稳态浓度场，反之称为非稳态浓度场。以函数式表示为

$$c_i = f(x, y, z), \quad 即 \quad \frac{\partial c_i}{\partial \tau} = 0 \tag{14.11}$$

在稳态浓度场中进行的传质过程，称为稳态传质，此时传质体系不存在质量的蓄积。当传质体系中的浓度不仅随空间分布变化而且还随时间化变时，浓度场的数学表达式是式(14.10)，称为非稳态浓度场。相应的传质过程为非稳态传质，此时体系内有质量的蓄积。

传质也可按浓度及有关物理量依赖的空间维数分为一维与多维传质。本文将重点介绍一维的稳态传质，对非稳态传质结合实例概括介绍。

引起质量传递的浓度梯度与传热中温度梯度的相类似，可简单理解为：在传质方向上单位距离内浓度的变量或浓度的空间变率。对一维传质过程，某组分的浓度梯度表示为

$$\mathrm{grad}c_i = \frac{\partial c_i}{\partial z} \tag{14.12}$$

二、扩散速度与扩散通量

在多组分系统中，各组分之间进行分子扩散时，由于各组分的扩散性质不同，它们的扩散速率也有所差别。各组分之间将会出现宏观的相对运动速度。各组分的分子移动是因为浓度梯度所引起的微观分子扩散和整个流体的宏观流动的合运动。若从体系外的静止坐标系来看，看

到的是两者的叠加移动速度。然而在流体内部的动坐标系，整体是静止的，只能看到分子的扩散运动。因此，对于不同的坐标系，有不同的表示扩散速度的方法。

1. 传质的速度

在多组分系统的传质过程中，各组分均以不同的速度运动。设系统由 A，B 两组分组成，组分 A，B 通过系统内任一静止平面的速度 u_A，u_B，该二元混合物通过此平面的速度为 u 或 u_m（u 以质量为基准，u_m 以摩尔为基准），它们之间的差值为 $u_A - u$，$u_B - u$ 或 $u_A - u_m$，$u_B - u_m$，如图 14.1 所示。

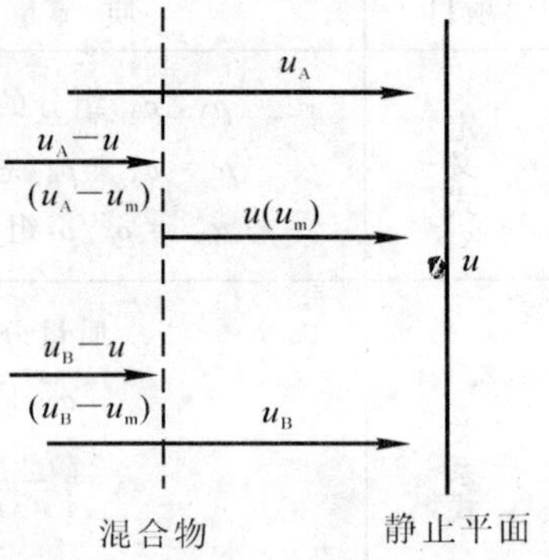

图 14.1　传质的速度

在上述的各速度中，u_A，u_B 分别代表组分 A，B 的实际移动速度，称为绝对速度；u 或 u_m 代表混合物的移动速度，称为主体流动速度或平均速度（其中 u 为质量平均速度，u_m 为摩尔平均速度）；而 $u_A - u$，$u_B - u$ 或 $u_A - u_m$，$u_B - u_m$ 代表组分相对于主体流动速度的移动速度，称为扩散速度。由于

$$u_A = u + (u_A + u) \tag{14.13}$$

或

$$u_A = u_m + (u_A - u_m) \tag{14.14}$$

因此可得，“绝对速度 = 主体流动速度 + 扩散速度”，该式表达了各传质速度之间的关系。

主体流动不同于扩散流动。扩散流是分子微观运动的宏观结果，它所传递的是纯组分 A 或 B。而主体流动系宏观运动，它同时携带组分 A 与 B 流向静止平面。

2. 传质的通量

单位时间通过垂直于传质方向上单位面积的物质量称为传质通量（亦称扩散通量）。传质通量等于传质速度与浓度的乘积，由于采用浓度的表示方法不同，相应有质量通量和摩尔通量，由于传质速度表示方法不同，故传质通量也有不同的表示形式。

(1) 以绝对速度表示的扩散通量。设二元混合物的总质量浓度为 ρ，组分 A，B 的质量浓度分别为 ρ_A，ρ_B，则以绝对速度表示的质量通量用 n 表示为

$$n_A = \rho_A u_A \tag{14.15}$$

$$n_B = \rho_B u_B \tag{14.16}$$

混合物的总质量通量为

$$n = n_A + n_B = \rho_A u_A + \rho_B u_B = \rho u$$

因此

$$u = \frac{1}{\rho}(\rho_A u_A + \rho_B u_B) \tag{14.17}$$

式中，n_A 为以绝对速度表示的组分 A 的质量通量（$kg/(m^2 \cdot s)$）；n_B 为以绝对速度表示的组分 B 的质量通量（$kg/(m^2 \cdot s)$）；n 为以绝对速度表示的混合物的总质量通量（$kg/(m^2 \cdot s)$）。

式(14.17)为质量平均速度的定义式。同理，设二元混合物的总摩尔浓度为 c，组分 A，B 的摩尔浓度分别为 c_A，c_B，则以绝对速度表示的摩尔通量用 N 表示

$$N_A = c_A u_A \tag{14.18}$$

$$N_B = c_B u_B \tag{14.19}$$

则混合物的总摩尔通量为

$$N = N_A + N_B = c_A u_A + c_B u_B = c u_m$$

因此

$$u_m = \frac{1}{c}(c_A u_A + c_B u_B) \tag{14.20}$$

式中，N_A 为以绝对速度表示的组分A的摩尔通量($kmol/(m^2 \cdot s)$)；N_B 为以绝对速度表示的组分B的摩尔通量($kmol/(m^2 \cdot s)$)；N 为以绝对速度表示的混合物的总摩尔通量($kmol/(m^2 \cdot s)$)。式(14.20)为摩尔平均速度的定义式。

(2) 以扩散速度表示的扩散通量。扩散速度与浓度的乘积称为以扩散速度表示的扩散通量，即

$$j_A = \rho_A(u_A - u) \tag{14.21}$$

$$j_B = \rho_B(u_B - u) \tag{14.22}$$

$$J_A = c_A(u_A - u_m) \tag{14.23}$$

$$J_B = c_B(u_B - u_m) \tag{14.24}$$

式中，j_A 为以扩散速度表示的组分A的质量通量($kg/(m^2 \cdot s)$；j_B 为以扩散速度表示的组分B的质量通量($kg/(m^2 \cdot s)$)；J_A 为以扩散速度表示的组分A的摩尔通量($kmol/(m^2 \cdot s)$)；J_B 为以扩散速度表示的组分B的摩尔通量($kmol/(m^2 \cdot s)$)。

对于两组分组成的系统，有

$$j = j_A + j_B \tag{14.25}$$

$$J = J_A + J_B \tag{14.26}$$

式中，j 为以扩散速度表示的混合物的总质量通量($kg/(m^2 \cdot s)$；J 为以扩散速度表示的混合物的总摩尔通量($kmol/(m^2 \cdot s)$)。

(3) 以主体流动速度表示的扩散通量。主体流动速度与浓度的乘积称为以主体流动速度表示的扩散通量，即

$$\rho_A u = \rho_A\left[\frac{1}{\rho}(\rho_A u_A + \rho_B u_B)\right] = \alpha_A(n_A + n_B) \tag{14.27}$$

$$\rho_B u = \alpha_B(n_A + n_B)$$

$$c_A u_m = c_A\left[\frac{1}{c}(c_A u_A + c_b u_B)\right] = x_A(N_A + N_B) \tag{10.28}$$

$$c_B u_m = x_B(N_A + N_B)$$

式中，$\rho_A u$ 为以主体流动速度表示的组分A的质量通量($kg/(m^2 \cdot s)$；$\rho_B u$ 为以主体流动速度表示的组分B的质量通量($kg/(m^2 \cdot s)$)；$c_A u_m$ 为以主体流动速度表示的组分A的摩尔通量($kmol/(m^2 \cdot s)$)；$c_B u_m$ 为以主体流动速度表示的组分B的摩尔通量($kmol/(m^2 \cdot s)$)。

例 14.1 由 O_2(组分A)和 CO_2(组分B)构成的二元系统中发生一维稳态扩散。已知 $c_A = 0.0207\ kmol/m^3$，$c_B = 0.062\ 2\ kmol/m^3$，$u_A = 0.001\ 7\ m/s$，$u_B = 0.000\ 3\ m/s$，试计算：

(1) u，u_m；(2) N_A，N_B，N；(3) n_A，n_B，n。

解 (1) $\rho_A = c_A M_A = 0.020\ 7 \times 32 = 2.662\ kg/m^3$

$\rho_B = c_B M_B = 0.062\ 2 \times 44 = 0.737\ kg/m^3$

$\rho = \rho_A + \rho_B = 0.662 + 2.737 = 3.399\ kg/m^3$

$c = c_A + c_B = 0.020\ 7 + 0.062\ 2 = 0.082\ 9\ kmol/m^3$

则 $u = \frac{1}{\rho}(\rho_A u_A + \rho_B u_B) = \frac{1}{3.399}(0.662 \times 0.001\ 7 + 2.737 \times 0.000\ 3) =$

$5.727 \times 10^{-4}\ m/s$

$u_m = \frac{1}{c}(c_A u_A + c_B u_B) = \frac{1}{0.082\ 9}(0.020\ 7 \times 0.001\ 7 + 0.062\ 2 \times 0.00\ 3) =$

6.496×10^{-4} m/s

(2) $N_A=c_Au_A=0.0207\times0.0017=3.519\times10^{-5}$ kmol/(m² · s)

$N_B=c_Bu_B=0.0622\times0.0003=1.866\times10^{-5}$ kmol/(m² · s)

则 $N=N_A+N_B=3.519\times10^{-5}+1.866\times10^{-5}=5.385\times10^{-5}$ kmol/(m² · s)

(3) $n_A=\rho_Au_A=0.662\times0.0017=1.125\times10^{-3}$ kg/(m² · s)

$n_B=\rho_Bu_B=2.737\times0.0003=8.211\times10^{-4}$ kg/(m² · s)

则 $n=n_A+n_B=1.946\times10^{-3}$ kg/(m² · s)

14.3 传质微分方程

在多组分系统中，当进行多维、非稳态、伴有化学反应的传质时，必须采用传质微分方程才能全面描述此情况下的传质过程。多组分传质微分方程的推导原则与动量传输中单组分连续性方程的推导相同，即进行微分质量衡算，故多组分系统的传质微分方程，亦称为多组分系统的连续性方程。

下面以双组分系统为例，对传质微分方程进行推导。

一、质量守恒定律表达式

在第一篇动量传输中已建立了连续性方程，根据欧拉(Euler)观点，在流体中取一边长为 dx,dy,dz 的流体微元，该流体微元的体积为 $dxdydz$，如图 14.2 所示。以该流体微元为物系，周围流体为环境，进行微分质量衡算。衡算所依据的基本定律是质量守恒定律。根据质量守恒定律，可得出以下衡算式。

(输入流体微元的质量流率)＋(反应生成的质量流率)＝(输出流体微元的质量流率)＋(流体微元内累积的质量流率)

或 (输出－输入)＋(累积)－(生成)＝0 (14.29)

上述关系即为质量守恒定律表达式，设法把表达式中各项质量流率分析清楚，即可得到传质微分方程。

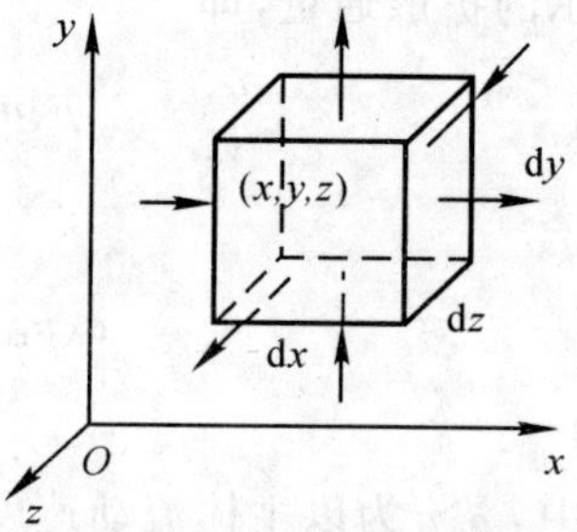

图 14.2 微分质量衡算

二、传质微分方程的推导

1. 各项质量速率的分析

(1) 输出与输入流体微元的质量流率差。设在点(x,y,z)处，流体速度为 u(质量平均速度)，它在直角坐标系中的分量为 u_x,u_y,u_z，则在三个坐标方向上，组分 A 因流动所形成的质量通量为 ρ_Au_x,ρ_Au_y,ρ_Au_z。令组分 A 在三个坐标方向上的扩散质量通量为 j_{Ax},j_{Ay},j_{Az}。由此可得组分 A 沿 x 方向输入流体微元的总质量流率为

$$(\rho_Au_x+j_{Ax})dydz$$

而由 x 方向输出流体微元的质量流率为

$$(\rho_Au_x+j_{Ax})dydz+\frac{\partial[\rho_Au_x+j_{Ax})dydz]}{\partial x}dx=\left[(\rho_Au_x+j_{Ax})+\frac{\partial(\rho_Au_x+j_{Ax})}{\partial x}dx\right]dydz$$

于是可得，组分 A 沿 x 方向输出与输入流体微元的质量流率差为

$$(输出-输入)_x = \left[(\rho_A u_x + j_{Ax}) + \frac{\partial(\rho_A u_x + j_{Ax})}{\partial x}dx\right]dydz - (\rho_A u_x + j_{Ax})dydz =$$

$$\left[\frac{\partial(\rho_A u_x)}{\partial x} + \frac{\partial j_{Ax}}{\partial x}\right]dxdydz$$

同理，组分 A 沿 y 方向输出与输入流体微元的质量流率差为

$$(输出-输入)_y = \left[\frac{\partial(\rho_A u_y)}{\partial y} + \frac{\partial j_{Ay}}{\partial y}\right]dxdydz$$

组分 A 沿 z 方向输出与输入流体微元的质量流率差为

$$(输出-输入)_z = \left[\frac{\partial(\rho_A u_z)}{\partial z} + \frac{\partial j_{Az}}{\partial z}\right]dxdydz$$

在三个方向上输出与输入流体微元的总质量流率差为

$$(输出-输入) = \left[\frac{\partial(\rho_A u_x)}{\partial x} + \frac{\partial(\rho_A u_y)}{\partial y} + \frac{\partial(\rho_A u_z)}{\partial z} + \frac{\partial j_{Ax}}{\partial x} + \frac{\partial j_{Ay}}{\partial y} + \frac{\partial j_{Az}}{\partial z}\right]dxdydz \tag{14.30}$$

(2) 流体微元内累积的质量速率。设组分 A 的质量浓度为 ρ_A，且 $\rho_A = f(x,y,z,\tau)$，则流体微元中任一瞬间组分 A 的质量为

$$M_A = \rho_A dxdydz$$

质量累积流率为

$$\frac{\partial M_A}{\partial \tau} = \frac{\partial \rho_A}{\partial \tau}dxdydz \tag{14.31}$$

(3) 反应生成的质量速率。设系统内有化学反应发生，单位体积流体中组分 A 的生成质量速率为 r_A，当 A 为生成物时，r_A 为正，当 A 为反应物时，r_A 则为负。由此可得，流体微元内由于化学反应生成的组分 A 的质量速率为

$$反应生成的质量速率 = r_A dxdydz \tag{14.32}$$

2. 传质微分方程

将式(14.30)、式(14.31)、式(14.32)代入质量守恒定律表达式(14.29)中，可得 A 组分的微分衡算为

$$\frac{\partial(\rho_A u_x)}{\partial x} + \frac{\partial(\rho_A u_y)}{\partial y} + \frac{\partial(\rho_A u_z)}{\partial z} + \frac{\partial j_{Ax}}{\partial x} + \frac{\partial j_{Ay}}{\partial y} + \frac{\partial j_{Az}}{\partial z} + \frac{\partial \rho_A}{\partial \tau} - r_A = 0$$

展开写成

$$\rho_A\left(\frac{\partial u_x}{\partial x} + \frac{\partial u_y}{\partial y} + \frac{\partial u_z}{\partial z}\right) + u_x\frac{\partial \rho_A}{\partial x} + u_y\frac{\partial \rho_A}{\partial y} + u_z\frac{\partial \rho_A}{\partial z} + \frac{\partial \rho_A}{\partial \tau} + \frac{\partial j_{Ax}}{\partial x} + \frac{\partial j_{Ay}}{\partial y} + \frac{\partial j_{Az}}{\partial z} - r_A = 0$$

由随体导数的定义式

$$\frac{D\rho_A}{D\tau} = \frac{\partial \rho_A}{\partial \tau} + u_x\frac{\partial \rho_A}{\partial x} + u_y\frac{\partial \rho_A}{\partial y} + u_z\frac{\partial \rho_A}{\partial z}$$

将上式可写为

$$\rho_A\left(\frac{\partial u_x}{\partial x} + \frac{\partial u_y}{\partial y} + \frac{\partial u_z}{\partial z}\right) + \frac{D\rho_A}{D\tau} + \frac{\partial j_{Ax}}{\partial x} + \frac{\partial j_{Ay}}{\partial y} + \frac{\partial j_{Az}}{\partial z} - r_A = 0 \tag{14.33}$$

式中的扩散质量通量可由费克第一定律给出

$$j_{Ax} = -D\frac{\partial \rho_A}{\partial x}$$

$$j_{Ay} = -D\frac{\partial \rho_A}{\partial y}$$

$$j_{Az} = -D\frac{\partial \rho_A}{\partial z}$$

将上面三式分别对 x,y,z 求偏导数，得

$$\partial j_{Ax} = -D\frac{\partial^2 \rho_A}{\partial x^2}$$

$$\partial j_{Ay} = -D\frac{\partial^2 \rho_A}{\partial y^2}$$

$$\partial j_{Az} = -D\frac{\partial^2 \rho_A}{\partial z^2}$$

将其代入式(14.33)中，可得

$$\rho_A\left(\frac{\partial u_x}{\partial x} + \frac{\partial u_y}{\partial y} + \frac{\partial u_z}{\partial z}\right) + \frac{D\rho_A}{D\tau} = D\left(\frac{\partial^2 \rho_A}{\partial x^2} + \frac{\partial^2 \rho_A}{\partial y^2} + \frac{\partial^2 \rho_A}{\partial z^2}\right) + r_A \tag{14.34}$$

式(14.34)即为通用的传质微分方程。该式是以质量为基准推导的，若以摩尔基准推导，同样可得

$$c_A\left(\frac{\partial u_{mx}}{\partial x} + \frac{\partial u_{my}}{\partial y} + \frac{\partial u_{mz}}{\partial z}\right) + \frac{Dc_A}{D\tau} = D\left(\frac{\partial^2 c_A}{\partial x^2} + \frac{\partial^2 c_A}{\partial y^2} + \frac{\partial^2 c_A}{\partial z^2}\right) + R_A \tag{14.35}$$

式中，u_{mx}, u_{my}, u_{mz} 分别为摩尔平均速度 u_m 在 x, y, z 三个方向上的分量(m/s)；R_A 为单位体积流体中组分 A 的摩尔生成速率(kmol/(m^3·s))。式(14.35)为通用的传质微分方程的另一表达形式。

3. 传质微分方程的特定形式

在实际传质过程中，可根据具体情况将传质微分方程简化，以便运用。

(1) 不可压缩流体的传质微分方程。对于不可压缩流体，混合物总质量浓度 ρ 恒定，即 $\rho = \rho_A + \rho_B$ 为常数，由连续方程式(14.34)即简化为

$$\frac{D\rho_A}{D\tau} = D\left(\frac{\partial^2 \rho_A}{\partial x^2} + \frac{\partial^2 \rho_A}{\partial y^2} + \frac{\partial^2 \rho_A}{\partial z^2}\right) + r_A \tag{14.36}$$

同样，若混合物总浓度 c 恒定，则式(14.35)即可简化为

$$\frac{Dc_A}{D\tau} = D\left(\frac{\partial^2 c_A}{\partial x^2} + \frac{\partial^2 c_A}{\partial y^2} + \frac{\partial^2 c_A}{\partial z^2}\right) + R_A \tag{14.37}$$

式(14.36)、式(14.37)即为双组分系统不可压缩流体的传质微分方程，或称对流扩散方程。该式适用于总浓度为常数，有分子扩散并伴有化学反应的非稳态三维对流传质过程。

(2) 分子传质微分方程。对于固体或停滞流体的分子扩散过程，若系统内不发生化学反应，$r_A = 0$ 及 $R = 0$ 由于 u(或 u_m)为零，则式(14.36)及式(14.37)可进一步简化为

$$\frac{D\rho_A}{D\tau} = D\left(\frac{\partial^2 \rho_A}{\partial x^2} + \frac{\partial^2 \rho_A}{\partial y^2} + \frac{\partial^2 \rho_A}{\partial z}\right) \tag{14.38}$$

$$\frac{Dc_A}{D\tau} = D\left(\frac{\partial^2 c_A}{\partial x^2} + \frac{\partial^2 c_A}{\partial y^2} + \frac{\partial^2 c_A}{\partial z^2}\right) \tag{14.39}$$

式(14.38)及式(14.39)为无化学反应时的分子传质微分方程，又称为费克第二定律，它们适用于总质量浓度 ρ(或总浓度 c)不变时，在固体或停滞流体中进行分子传质的场合，将在第15章作详细讨论。

三、传质过程的初始条件与边界条件

上面推导的传质微分方程是非稳态二阶偏微方程，在求解时必须给出初始条件与边界条件才可以应用求解。下面介绍初始条件和边界条件的一般确定方法。

1. 初始条件

初始条件一般给出在初始时刻的浓度分布，其单位是摩尔浓度或质量浓度，一般情况下初始浓度为常数，即

$$c_{\mathrm{A}}(\tau=0)=c_{\mathrm{A0}}$$

或

$$\rho_{\mathrm{A}}(\tau=0)=\rho_{\mathrm{A0}}$$

初始时刻的浓度分布为空间变量的函数

$$c_{\mathrm{A}}(\tau=0)=f(M)$$

或

$$\rho_{\mathrm{A}}(\tau=0)=f(M)$$

2. 边界条件

由传质过程的具体情况决定采用的边界条件。下面介绍一般求解传质微分方程时常用的边界条件。

(1) 给定表面处的浓度。以一维问题为例，可以有以下的表示法：

用摩尔浓度表示

$$c_{\mathrm{A}}(\tau,0)=c_{\mathrm{A_w}},\quad c_{\mathrm{A}}(\tau,\infty)=c_{\mathrm{A_\infty}}$$

用摩尔分数表示

$$x_{\mathrm{A}}(\tau,0)=x_{\mathrm{A_w}}$$

用质量浓度表示

$$\rho_{\mathrm{A}}(\tau,0)=\rho_{\mathrm{A_w}},\quad \rho_{\mathrm{A}}(\tau,\infty)=\rho_{\mathrm{A_\infty}}$$

用质量分数表示

$$\alpha_{\mathrm{A}}(\tau,0)=\alpha_{\mathrm{A_w}}$$

(2) 给定表面处的质量通量

$$N_{\mathrm{A}}=N_{\mathrm{A1}}\quad \text{或}\quad j_{\mathrm{A}}=j_{\mathrm{A1}}$$

在工程上常常需要给出由于非渗透表面而导致的零通量的位置，或是其通量值按下式描述的位置，即

$$j_{\mathrm{A}z}\Big|_{\text{表面}}=-\rho D_{\mathrm{AB}}\frac{\partial \alpha_{\mathrm{A}}}{\partial z}\Big|_{z=0}$$

$$j_{\mathrm{A}z}\Big|_{\text{表面}}=-\rho D_{\mathrm{AB}}\frac{\partial x_{\mathrm{A}}}{\partial z}\Big|_{z=0}$$

(3) 相界面上的边界条件。相际传质时，相与相之间具有相界面，若忽略界面上阻力，在界面上的通量相等，如果分别以上标 Ⅰ，Ⅱ 表示不同的相，以下标 i 表示相界面，则有如下边界条件，组分 A 的质量在相界面处相等

$$N_{\mathrm{A}z}^{(\mathrm{I})}\Big|_{i}=N_{\mathrm{A}z}^{(\mathrm{II})}\Big|_{i}$$

不可渗透固体壁面上，有

$$N_{\mathrm{A}z}\Big|_{i}=0\quad \text{或}\quad \frac{\partial c_{\mathrm{A}}}{\partial z}\Big|_{i}=0$$

当流体经过一个质量扩散的表面时，由于对流扩散的作用，这个表面就向流体进行传质，在边界上的质量通量为

$$N_{Ai} = k_c(c_{A_i} - c_{A_\infty})$$

式中，k_c 为对流传质系统；c_{A_∞} 为组分A在主流体中的浓度；c_{A_i} 为组分A靠近传质表面的浓度。

(4) 给定化学反应的速度。对于界面上非均相化学反应，表面速率为

$$r_{A_i} = kc_A^n\Big|_i$$

式中，k 为反应速率常数，n 为反应级数。

如当扩散组分A经过一个瞬时反应而在边界上消失，该组分的浓度一般可假设为零值，即

$$c_A(\tau, 0) = 0$$

如组分A经第一级化学反应在边界上消失，那么可写成

$$N_{A1} = k_1 c_{A1}$$

式中，k_1 为第一级反应速率常数。

对于一个具体问题的传质过程，必须分析传质现象的特殊性，参照动量和能量的分子扩散传递所应用的初始条件和边界条件，确定完整的初始条件和边界条件。

例 14.2　半导体扩散工艺中，包围硅片的气体中含有大量的杂质原子，杂质不断地通过硅片表面向内部扩散，在以下两种情况下试确定该硅片的边界条件。

(1) 半导体的扩散工艺是恒定表面浓度扩散，即硅片表面的杂质浓度保持一定；

(2) 半导体的扩散工艺是限定源扩散，没有外来的杂质通过硅片表面进入硅片。

解　(1) 由于半导体的扩散工艺是恒定表面浓度扩散，硅片的边界就是它的表面 $z = 0$ 和 $z = l$，可看成一维问题，边界上杂质的浓度保持为常数 c_0，此时边界条件可写为

$$c(z = 0, \tau) = c_0,\quad c(z = l, \tau) = c_0$$

(2) 由于半导体的扩散工艺是限定源扩散，没有外来的杂质通过硅片表面进入硅片，仅有硅片表面已有的杂质向硅片深部扩散，限定源意味着通过硅片表面的扩散流强度为零，此时边界条件可写为

$$\frac{\partial c}{\partial z}(z = 0, \tau) = 0,\quad \frac{\partial c}{\partial z}(z = l, \tau) = 0$$

习题与思考题

1. 质量浓度与质量分数、摩尔浓度与摩尔分数有何不同，它们之间的关系如何？
2. 某组分的绝对速度、扩散速度和平均速度各表示什么意义？
3. 传质的速度与通量为何有不同的表达方式，各种表达方式有何联系？
4. 分子传质(扩散)与分子传热(导热)有何异同？
5. 在进行分子传质时，主体流动是如何形成的，主体流动对分子扩散通量有何影响？
6. 试证明由组分A和B组成的双组分混合物系统，下列关系式成立：

(1) $d\alpha_A = \dfrac{M_A M_B dx_A}{(x_A M_A + x_B M_B)^2}$；　(2) $dx_A = \dfrac{d\alpha_A}{M_A M_B\left(\dfrac{\alpha_A}{M_A} + \dfrac{\alpha_B}{M_B}\right)^2}$。

7. 在 101.3 kPa,52K 条件下,某混合气体各组分的摩尔分数分别为:CO_2 为 0.080;O_2 为 0.035;H_2O 为 0.160;N_2 为 0.725。各组分在 z 方向的绝对速度分别为:2.44 m/s;3.66 m/s;5.49 m/s;3.96 m/s。试计算:

(1) 混合气体的质量平均速度 u;(2) 混合气体的摩尔平均速度 u_m;(3) 组分 CO_2 的质量通量 j_{CO_2};(4) 组分 CO_2 的摩尔通量 J_{CO_2}。

第 15 章　扩散传质

扩散传质与热传导过程相类似，两者均是由分子无规则微观运动的宏观统计结果。但扩散传质与导热有某些不同之处。例如固体导热时，不存在像扩散传质中的物质分子转移过程，而在扩散传质体系中，虽然整个介质是不流动的，但是各组分的质点处于运动状态，由于它们的扩散性质各不相同，各组分的扩散速度也彼此不同，而某一组分的扩散速度又在一定程度上取决于共存的其他组分的性质和浓度，从而会出现各组分之间的相对速度。描述分子传质的基本定律为费克定律。本章主要讨论由于分子扩散引起的质量传递问题，包括稳态和非稳态传质过程。

15.1　费克第一定律与扩散系数

一、稳态传质浓度场

传质过程可分为稳态传质和非稳态传质。在扩散传质体系中，许多情况可以简化为一维稳态扩散传质。现以一维稳态浓度场为例，说明稳态浓度场模型的建立。设一高、宽比厚度大得多的薄钢板，开始板内碳浓度为均匀分布的 c_0，如图 15.1(a) 所示。在板下侧通过碳浓度较高且浓度不变的渗碳性气体，钢板下表面浓度即迅速由 c_0 升至平衡浓度 c_x 并保持不变。

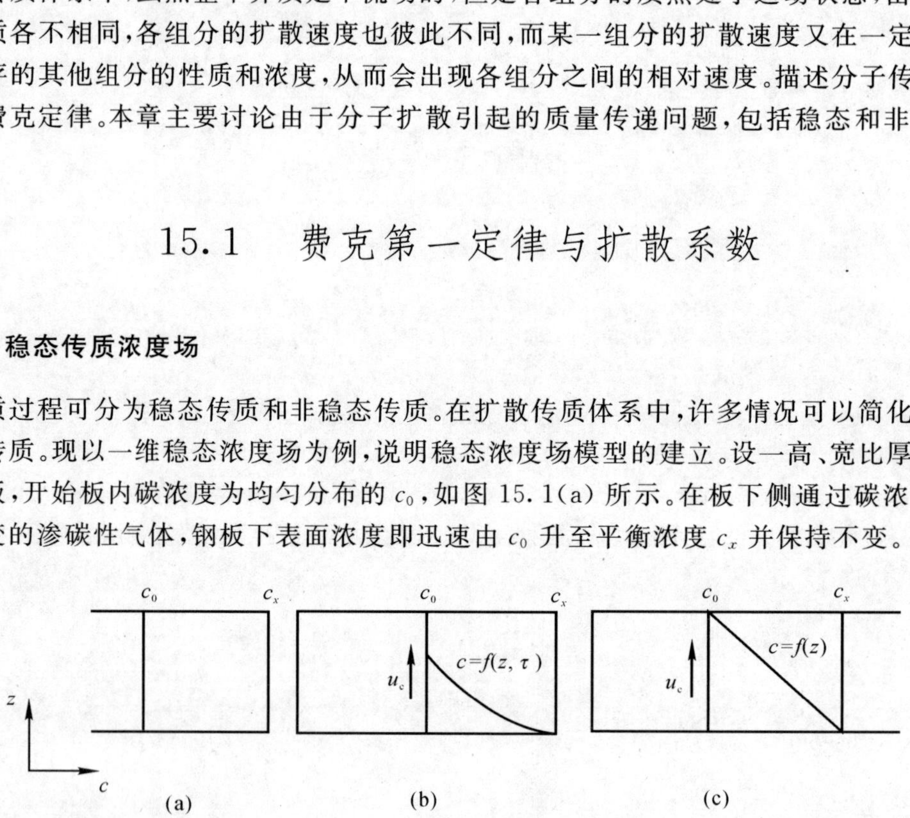

图 15.1　稳态浓度场的建立

同时，在钢板上侧通过一定浓度的脱碳性气体，使上表面保持原有的浓度不变 c_0。由于碳的扩散性，当钢板两侧存在浓度差时，碳组分由下向上扩散。开始阶段靠近高浓度表面的一侧碳浓度上升，其余部分仍保持原始浓度 c_0；随着时间的推移，浓度变化的区域向深度扩散，直到上表面为止，如图 15.1(b) 所示。在物质扩散性与浓度无关的条件下，通过一定时间以后，即建立起如图 15.1(c) 所示的线性稳态浓度场。显然，在钢板两侧表面上的碳浓度（c_0 及 c_x）保持不变时，由于扩散初期板内浓度场具有非稳态特征 $c = f(z, \tau)$，板内存在碳量蓄积，为非稳态扩散传质过程。在稳态浓度场建立后，浓度场的特征为 $c = f(z)$，此时通过板内各截面上碳的扩散量相同且不随时间而变，此时板内无碳量蓄积，可视为稳态扩散传质过程。

二、费克(Fick)第一定律

稳态扩散传质与稳态导热过程相类似，描述分子扩散的速率或通量的方程为费克第一定律。当某组分 A 的扩散性一定时，如不考虑主体流动时，通过物体 B 扩散的质量传输量与物体两面的浓度差，扩散时间和垂直于传质方向的截面积成正比，而与扩散方向上的距离 z 成反比。对单位时间，通过单位面积的扩散传质量 J_A，存在下列的比例关系：

$$J_A = -D_{AB}\frac{dc_A}{dz} \quad (\text{kmol}/(\text{m}^2\cdot\text{s})) \tag{15.1}$$

式(15.1)为费克第一定律的数学表达式，此式与动量传输中的牛顿黏性定律和热量传输的傅里叶导热定律相类似。式(15.1)是以摩尔浓度为基准的费克第一定律表达式，若以质量浓度为基准表示，则

$$j_A = -D_{AB}\frac{d\rho_A}{dz} \quad (\text{kg}/(\text{m}^2\cdot\text{s})) \tag{15.2}$$

式中，$\frac{d\rho_A}{dz}$ 为以质量浓度表示的组分 A 在扩散方向上的浓度梯度(kg/m^3)/m)；j_A 为组分 A 的质量扩散通量($\text{kg}/(\text{m}^2\cdot\text{s})$)。

应该指出，费克第一定律是在稳态浓度场条件下建立的，其中无时间因素，因此它是不存在质量蓄积的稳态扩散传质的基本定律，只适用于分子无规则热运动而引起的扩散过程。其传递的速度即为扩散速度($u_A - u$)，实际上在分子扩散的同时常伴有流体的主体流动，则物质的实际传递除分子扩散通量外，还应考虑由于主体流动而形成的传质通量，即

组分的实际传质通量 = 分子扩散通量 + 主体流动通量

即

$$N_A = -D\frac{dc_A}{dz} + x_A(N_A + N_B) \tag{15.3}$$

式(15.1)或式(15.2)仅说明物质扩散的自身特征；式中的扩散系数仅代表单一组分的扩散性质，故又称为组分的自身扩散系数。对于两组分扩散系统，由于 $J_A = J_B$ 或 $j_A = j_B$，故

$$D_{AB} = D_{BA} \tag{15.4}$$

式(15.4)表示，组分A在组分B中的扩散系数等于组分B在组分A中的扩散系数，故后面两组分系统，其扩散系数均简写为 D。扩散系数对费克定律的所有方程都是相同的。

三、扩散系数

分子扩散系数简称扩散系数，它是物质的特性常数之一，它集中了许多影响分子扩散的因素，是表示物质扩散能力的参数。我们知道，按国际单位制，扩散速率可用扩散通量表示，由扩散通量方程可知，无论哪种类型的扩散，其扩散通量均可表示为扩散系数与浓度梯度的积，由此可见，D 是计算分子扩散通量的关键。某组分在不同物质中扩散能力的差别体现在扩散系数上。

一般来说，二元物系的扩散系数取决于物系的热力学状态、物质的成分和性质。但对于气体，尤其是中、低、常压下的一般气体和蒸气，可以忽略成分对扩散系数的影响。从大量的实验

数据可以看出，气体的扩散系数值最大，固体扩散系数值最小，液体的扩散系数值居中。

扩散系数可由实验测定或从有关资料可查得，目前，有许多计算扩散系数的理论和经验公式，在无可靠数据时，可利用这些公式估算。

1. 固体中的扩散系数

固体中的扩散已经被人们利用很久了，如钢表面渗碳是最典型的例子。目前对固态物质的扩散研究主要是研究气体或液体进入固体物质孔隙的扩散和研究在固体自身成分之间进行扩散。部分固体的扩散系数见表 15.1 所示。

表 15.1 部分双组分系统中固体扩散系数

溶　质	固　体	温度 /K	扩散系数 /$cm^2 \cdot s^{-1}$
氦	硼硅酸(耐热)玻璃	293	4.49×10^{-11}
		773	2.00×10^{-8}
氢	镍	358	1.16×10^{-8}
		438	1.05×10^{-7}
铋	铅	293	1.10×10^{-16}
汞	铅	293	2.50×10^{-15}
锑	银	293	3.51×10^{-21}
铅	铜	293	1.30×10^{-30}
镉	铜	293	2.71×10^{-15}

气体、液体及固体在固体中的扩散系数，由于有关固体中扩散理论尚不充分，目前还不能精确计算，工程中常采用 D 的实验数据，一般说来，固体中的扩散很缓慢，只有在高温下扩散速度才有所提高，这主要是因为固体中分子(或原子)排列紧密，相互作用强烈，组分移动十分困难所致。扩散系数受扩散物质浓度影响，但受温度影响也较大。温度愈高，扩散系数就愈大。经验表明，用阿累尼乌斯公式可较好地表示固体扩散系数与温度的关系，即

$$D = D_0 \exp\left(-\frac{E_d}{RT}\right) \tag{15.5}$$

式，中 D_0 和 E_d 为常数，E_d 为扩散活化能，取值范围为 42 000 ～ 420 000 J/mol；R 为气体常数；D_0 为扩散常数。

图 15.2 给出了一些有色金属中的互扩散系数。间隙元素在铁族物质中互扩散系数和黑色金属中的互扩散系数分别如图 15.3 和图 15.4 所示。

2. 液相的扩散系数

对于液体中组分扩散系数的估计是很困难的。这首先是因为液相扩散系数不仅与物质的种类，温度有关，而且随溶质和浓度而变化。另外在实验技术上也有相当的困难。很难避免对流引起的传质现象和取样上的困难。

一般条件下，液体的浓度为气体浓度的 10^3 倍数量级，所以液体中分子扩散阻力较气体中的大得多。液体的扩散系数在数值上比气体小几个数量级，表 15.2 给出了一些实验数据。大多数液体的扩散系数受浓度和温度影响。扩散系数与浓度的关系一般是非线性的。大多数液体的

扩散系数与固体的扩散系数一样，其与温度的关系仍服从式(15.5)。冶金中常见的 D_0 与 E_d 见表 15.3。

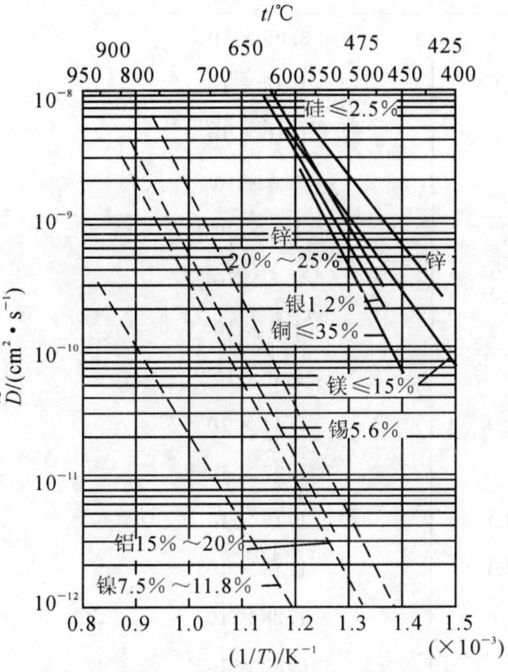

图 15.2　有色金属中的互扩散系数

—— 铝中的扩散；…… 铜中的扩散

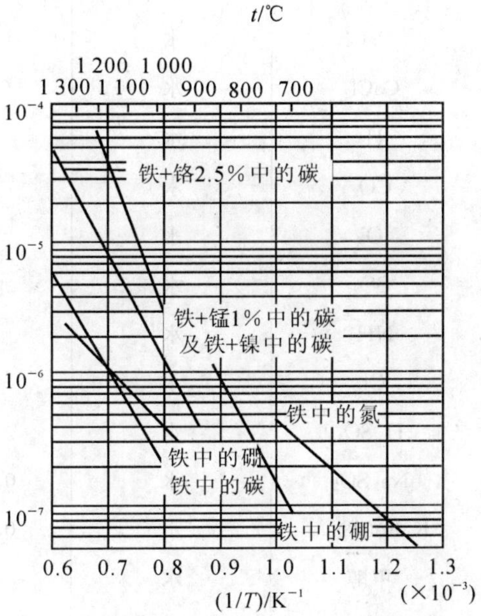

图 15.3　间隙元素在铁族物质中的互扩散系数

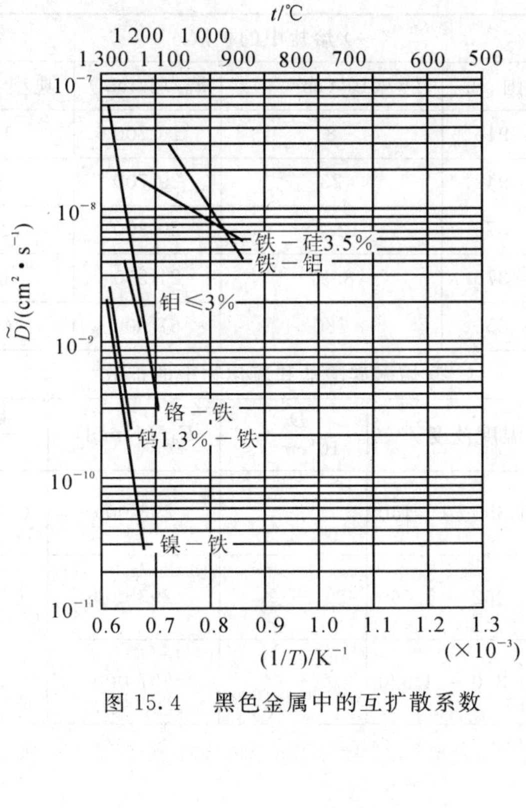

图 15.4　黑色金属中的互扩散系数

表 15.2　25℃ 下常见物质在水中的扩散系数

溶　质 A	溶　　剂	浓　　度	$D/(cm^2/s)$
HCl	水	0.1 (mol/L)	3.05×10^{-5}
NaCl	水	0.1(mol/L)	1.48×10^{-5}
$CaCl_2$	水	0.1(mol/L)	1.10×10^{-5}
H_2	水	稀溶液	5.0×10^{-5}
CO_2	水	稀溶液	1.5×10^{-5}
O_2	水	稀溶液	2.5×10^{-5}
SO_2	水	稀溶液	1.7×10^{-5}
NH_3	水	稀溶液	2.0×10^{-5}
Cl_2	水	稀溶液	1.44×10^{-5}
H_2SO_4	水	稀溶液	1.97×10^{-5}
Na_2SO_2	水	0.01(mol/L)	1.12×10^{-5}
$K_4Fe(CN)_6$	水	0.01(mol/L)	1.18×10^{-5}
甲醇	水	0	1.28×10^{-5}
乙醇	水	0.05	0.83×10^{-5}

表 15.3　冶金中常见的 D_0 和 E_d

(一) 熔盐中的扩散

扩散物质	熔 体	温度范围 /℃	$D_0/(10^4(cm^2/s))$	$E_d/(J/mol)$	典型 D 值 /(cm^2/s)	
Na	NaCl	845 ~ 916	8	16 700	14.2×10^{-5}	906
Cl	NaCl	825 ~ 942	23	29 700	8.8×10^{-5}	933
Na	$NaNO_3$	315 ~ 375	12.88	20 800	2.00×10^{-5}	328
NO_3	$NaNO_3$	315 ~ 375	8.97	21 300	1.26×10^{-5}	328
Zn	$ZnBr_2$	394 ~ 650	780	67 000	0.22×10^{-5}	500

(二) 熔融硅酸盐和硫化物中的扩散

体　　系	温度范度 /℃	$\dfrac{D_0}{10^4\,cm^2/s}$	$E_d/(J/mol)$	典型 D 值 $\dfrac{}{cm^2/s}$	℃
Ca 在 $Ca-Al_2O_3-SiO_2$ (40/20/40)	1 350 ~ 1 450	—	293 000	0.062×10^{-5}	1 400
Si 在 $Ca-Al_2O_3-SiO_2$ (40/20/40)	1 362 ~ 1 460	—	293 000	0.01×10^{-5}	1 430
O 在 $Ca-Al_2O_3-SiO_2$ (40/20/40)	1 370 ~ 1 520	—	297 000	0.4×10^{-5}	1 430

续 表

体 系	温度范度/℃	$\frac{D_0}{10^4 cm^2/s}$	E_d/(J/mol)	典型 D 值 cm²/s	℃
Fe 在 Ca - Al_2O_3 - SiO_2 (30/15/55)	1 500	—		0.24 ~ 0.31 × 10^{-5}	—
Fe 在 FeO - SiO_2 (61/39)	1 250 ~ 1 305	—	16 7000	9.6 × 10^{-5}	1 275
P 在 Ca - Al_2O_3 - SiO_2	1 300 ~ 1 500	—	195 000	0.2 × 10^{-5}	1 400
Fe 在 Fe - S(33.5%)	1 150 ~ 1 238	65.7	5.22 × 10^{-5}	1 152	
Fe 在 Fe - S(29.0%)	1 158 ~ 1 250	202	1155 000	11.91 × 10^{-5}	1 158
Fe 在 Fe(48.1%) - Cu(20.5%) - S(31.9%)	1 160 ~ 1 250		1 440	7.57 × 10^{-5}	1 160
Cu 在 Cu - S(19.8%)	1 160 ~ 1 256	69.3		7.49 × 10^{-5}	1 160
Cu 在 Fe(32.0%) - Cu(40.0%) - S(28.0%)	1 160 ~ 1 245		56 445	5.52 × 10^{-5}	1 160

液态金属扩散活化能大致为 4 200 ~ 6 700 J/mol,熔渣中为 4 200 ~ 400 000 J/mol。熔渣的活化能较高是因为离子复杂,实现扩散迁移,需要紧邻离子作更复杂的相对运动,所以渣中的扩散系数小于液态金属中的扩散系数。一些液态合金中的相互扩散系数如图 15.5、图 15.6 和图 15.7 所示。

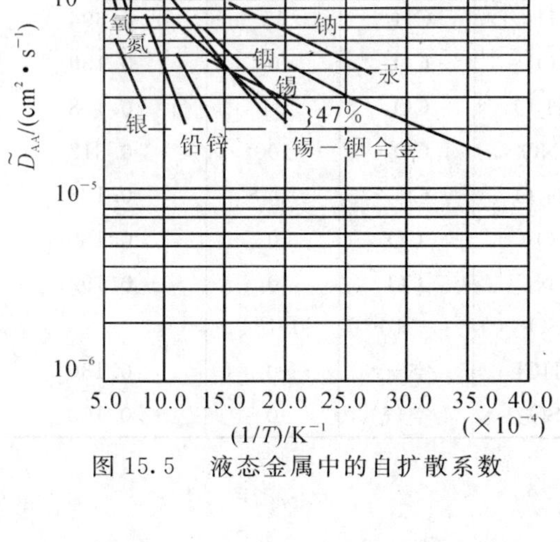

图 15.5 液态金属中的自扩散系数

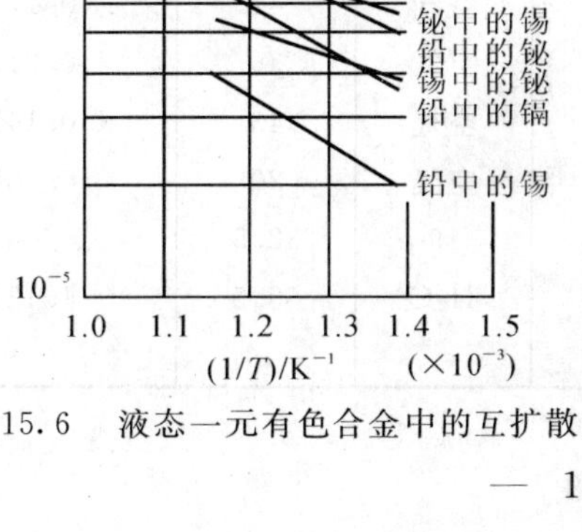

图 15.6 液态一元有色合金中的互扩散系数

由于液体的扩散机理尚不清楚，对于高温熔体的液态扩散系数的估算，难度更大，一般实验测定的扩散系数相对误差达±50%。

由于液体中的浓度梯度大，液体中的扩散系数较气体中小并不等于液体中组分的扩散通量，比气体的小。从表 15.3 实验数据可以看出，各种液体的扩散从溶液到熔融炉渣主要受浓度和温度的影响。由于液体中原子或离子为近程有序排列，所以，几乎所有的液体的扩散系数都在同一数量级，即 $10^{-4} \sim 10^{-5}\ cm^2/s$ 之间。

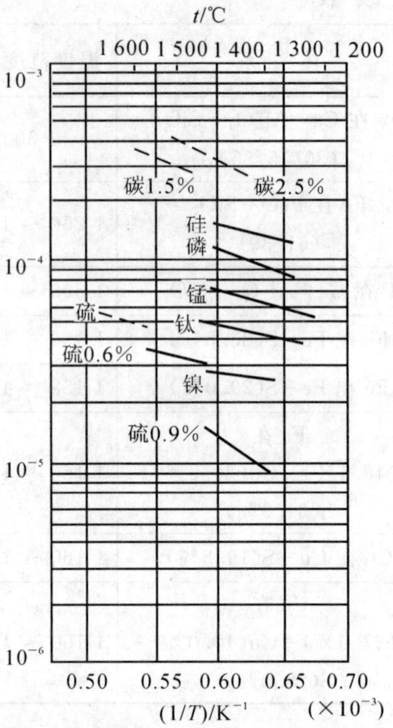

图 15.7 液态合金中的互扩散系数

3. 气体扩散系数

气体分子始终是处于热运动状态，分子间相互作用力较固体及液体要小，因而其扩散系数比固体、液体都大很多。某些双组分混合气体扩散系数见表 15.4，一般说来，气体扩散系数与系统的温度、压力、浓度以及物质的性质有关，对于双组分气体混合物，组分的扩散系在低压下与浓度无关，只是温度及压力的函数。其值一般范围为 $1\times10^{-3} \sim 1\times10^{-4}\ m^2/s$。

气体扩散系数可从有关资料中查取实验数据。也可实验测定，测定二元气体扩散系数的主要方法有：蒸发管法、双容积法等。在许多情况下，由于已知的实验数据有限，可通过气体扩散系数与其他参数间的关系，用计算公式计算。这里只介绍一种。对一般气体，Gilli Land 提出了半经验估算公式。

对二元气体 A，B 两组分混合物，有

$$D_{AB} = \frac{4.36T^{3/2}}{P(V_B^{1/3}+V_A^{1/3})^2}\sqrt{\frac{1}{M_A}+\frac{1}{M_B}} \quad (cm^2/s) \qquad (15.6)$$

表 15.4 气体扩散系数实测值(1 大气压)

扩散气体	扩散介质	测定温度 ℃	扩散系数 D cm^2/s	扩散气体	扩散介质	测定温度 ℃	扩散系数 D cm^2/s
H_2	空气	0	0.592	H_2	O_2	14	0.775
H_2O	空气	40	0.288	H_2	CH_4	15	0.694
H_2O	空气	25	0.256	O_2	CO_2	0	0.159
O_2	空气	0	0.178	H_2O	CO_2	34	0.198
CO_2	空气	44	0.177	NO	CO_2	100	0.318
NH_3	空气	0	0.217	N_2O	CO_2	39.8	0.128
乙醇	空气	40	0.145	O_2	CO	0	0.185
CS_2	空气	20	0.088	N_2	CO	0	0.192
HgN_2	19	32.5	N_2	SO_2	−10	0.104	
F_2	H_2O	55.5	1.121	HCl	空气	0	0.130
				SO_2	空气	0	0.103

式中，T 为绝对温度(K)；M_A，M_B 分别为 A，B 组分的分子量；P 为总压力(Pa)；V_A，V_B 分别为液体在沸点的分子体积(m^3/mol)，见表 15.5；分子体积由组成该分子的各原子叠加而成。

表 15.5　液体在沸点下的原子或分子体积

元　素	原子体积 $m^3/kmol$	气　体	分子体积 $m^3/kmol$
C	0.0148	空气	0.029 9
在端部的 Cl 如 R－Cl	0.021 6	Cl_2	0.048 4
在伯胺类中的 H	0.003 7	CO	0.030 7
在伯胺类中的 N	0.010 5	CO_2	0.034 0
		H_2	0.014 3
在伯胺类中的 N	0.012	H_2O	0.018 9
O 在乙醚中	0.009 9	NH_3	0.025 8
在高级脂及醚类中	0.011	O_2	0.025 6
在酸中	0.012	SO_2	0.044 8
在与 S，P，N 结合时	0.008 3	L_2	0.071 5
S	0.025 6	Br_2	0.053 2

从式(15.6)可见，气体的扩散系数与绝对温度的 3/2 次方成正比，而与总压成反比。二元系气体扩散系数的经验公式还有很多，所有公式都只适用于低压条件。由于高压下的数据很少，还无法整理出高压扩散系数的计算公式。由经验公式计算的扩散系数值与实验值的偏差一般在 5% ～ 10% 范围内，个别情况偏差还要大。

总之，由上述讨论可以基本了解在气体、液体、固体中扩散系数的相对数量级。一般说来，气体的扩散系数比液体的大 5 个数量级，在不同熔融金属间扩散系数的变化小于一个数级；渣中远小于金属熔体的扩散系数。而固体中扩散系数一般小于 10^{-5} cm^2/s，而在室温下，甚至低至 $10^{-15} \sim 10^{-30} cm^2/s$。

15.2　稳态扩散传质

与传热过程相似，扩散传质也可以分为稳态与非稳态分子传质。

在稳态扩散传质过程中，浓度场不随时间而变，即有 $\frac{\partial c_i}{\partial \tau}$；物体中无质量蓄积，通过物体各截面的传质通量为常数。分子扩散按扩散介质的不同，可分为气体中的扩散，液体中的扩散及固体中的扩散。下面将以费克第一定律为基础，讨论在不同条件下，静止介质和固体中的稳态分子扩散通量问题。目的在于找出内部浓度分布规律，以及扩散通量。由于分子扩散和导热都是由不规则分子热运动引起的，其传递机理类似，在没有总体流动的情况下，传递方程的形式是类似的，因此求解导热问题的方法对分子扩散原则上也是适用的，在以后的讨论中，只考虑不可压缩流体的情况。

在冶金，化工生产中，无论是在静止的气体还是液体中一维分子扩散可有两种形式，即双向扩散(反方向扩散)和单向扩散(一组分通过另一停滞组分的扩散)，下面分别介绍。

一、等分子反方向扩散

最简单的稳态扩散是，在二元扩散系中，A,B两组分以大小相等、方向相反的速率进行扩散，其中一个组分的扩散与另一组分的逆向扩散流保持平衡，这种扩散称为等分子反方向扩散（双向扩散）。例如，在蒸发潜热相近的二元蒸馏操作过程，即高、低沸点两组分的汽化潜热相近时，为满足能量平衡，则每一高沸点组分A向液面扩散并溶于液体凝结放出的热量，恰好使相同摩尔数的低沸点组分B蒸发，这种蒸馏过程，即是等分子反方向扩散。又如，极稀薄的扩散物质在气相和液相中的扩散，亦可视为等分子反方向扩散。

根据等分子反方向扩散的性质 $N_A=-N_B$，在稳态扩散时，虽然组分发生迁移，但二元系统内各处的总压 P 或总摩尔浓度 c 保持恒定，即

$$c_A+c_B=c=\text{常数} \tag{15.7}$$

或

$$P_A+P_B=P=\text{常数} \tag{15.8}$$

利用扩散通量定义式

$$N_A=J_A=-D\frac{dc_A}{dz} \tag{15.9}$$

在系统中取 z_1 和 z_2 两个平面，设组分A,B在 z_1，z_2 处的浓度分别为 c_{A1} 和 c_{B1}；z_2 处浓度分别为 c_{A2} 和 c_{B2}，且 $c_{A1}>c_{A2}$，$c_{B1}<c_{B2}$。

将式(15.9)分离变量，并积分

$$N_A\int_{z_1}^{z_2}dz=-D\int_{c_{A1}}^{c_{A2}}dc_A$$

得

$$N_A=\frac{D}{\Delta z}(c_{A1}-c_{A2})\quad (\text{kmol/m}^2\cdot\text{s}) \tag{15.10}$$

式中

$$\Delta z=z_2-z_1$$

当扩散体系为气体，且处于低压时气体可按理想气体混合物处理，习惯上用分压表示组分组成，即

$$c_A=\frac{P_A}{RT}$$

将上述关系代入式(15.10)中，得

$$N_A=J_A=\frac{D}{RT\Delta zx}(P_{A1}-P_{A2}) \tag{15.11}$$

式(15.10)、式(15.11)即为A,B两组分作为分子反向稳态扩散的扩散通量表达式。通过此式可计算出组分A的扩散通量。

将式(15.10)或式(15.11)代入描述 z 方向的传质微分方程中，并积分，最后可以得到等分子反向扩散的浓度分布沿扩散方向的分布为

$$\frac{c_A-c_{A1}}{c_{A1}-c_{A2}}=\frac{z-z_1}{z_1-z_2}$$

或

$$\frac{P_A-P_{A1}}{P_{A1}-P_{A2}}=\frac{z-z_1}{z_1-z_2}$$

例 15.1 一直径为2.44 cm，长为61 cm的圆管，其两端分别与两个巨大容器相连，如图15.8所示，这是一个氨（NH_3）-氮（N_2）扩散系统。设系统压力为 $1.013\,2\times10^5$ Pa，温度为50℃，近似地将圆管内气体的扩散视为等分子反方向扩散。设圆管两端 HN_3 的分压分别为

$P_{A1} = 1.999 \times 10^4$ Pa，$P_{A2} = 6.66 \times 10^3$ Pa，并知 $D_{AB} = 2.648 \times 10^{-5}\ m^2/s$，试计算：

(1) 氨(A) 的扩散通量；(2) 氮(B) 的扩散通量；(3) 圆管中点的分压力。

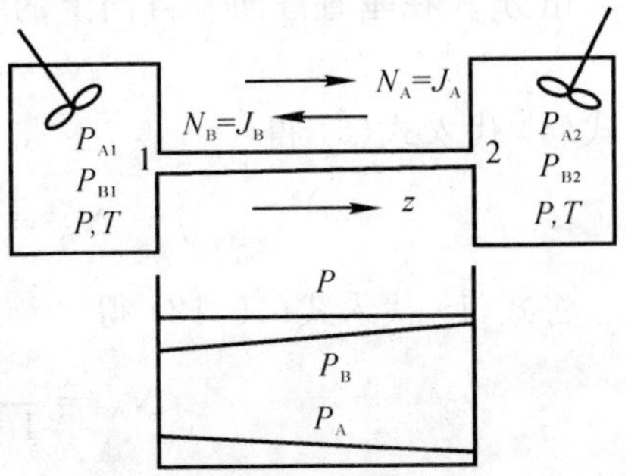

图 15.8　氨(NH_3) 氮(N_2) 等分子反方向扩散示意图

解　由等分子反方向扩散通量公式

$$N = N_{NH3} = - N_{N2}$$

$$N = \frac{2.6498 \times 10^{-5} \times 1.0132 \times 10^5}{8314 \times 323 \times 0.61} \times (1.999 \times 10^4 + 6.66 \times 10^3) = 2.155 \times 10^{-7}\quad kmol/(m^2 \cdot s)$$

因为在等分子反方向扩散条件下，各组分浓度沿扩散途径分布呈直线分布，所以，圆管中点的分压力为两端压力的算术平均值，即

$$P_{Am} = \frac{P_{A1} + P_{A2}}{2} = \frac{1.999 \times 10^4 + 6.66 \times 10^3}{2} = 1.328 \times 10^4\ Pa$$

$$P_{Bm} = P - P_{Am} = 1.013 \times 10^5 - 1.328 \times 10^4 = 8.8 \times 10^4\ Pa$$

二、A 组元通过静止组分 B 的扩散

某组分通过静止介质层(或惰性介质) 的扩散是工程实际中特别是液体中经常遇到的扩散过程。例如，水在大气中的蒸发，空气不溶于水，为静止介质，水的蒸发就是水蒸气通过静止空气的扩散过程。又如湿空气的干燥过程以及利用吸收剂从混合气体中吸收某一组分的过程等，都是只有一种组分发生单向扩散，而另一组分的净扩散通量为零的过程。这种扩散又称为单向扩散。

例如，保持某一温度的水表面蒸发产生的蒸气组分 A 为扩散组分，通过静止的空气组分 B 向大气扩散，压力为大气压，由费克第一定律：

水分的摩尔扩散速率为

$$J_A = -\frac{D}{RT}\frac{\partial P_A}{\partial y}\quad kmol/m^2 \cdot s \tag{1}$$

因 $P = P_A + P_B = 1$ atm，故

$$\frac{\partial P_A}{\partial y} = -\frac{\partial P_B}{\partial y} \tag{2}$$

则组分 B 将以组分 A 的相反方向扩散，扩散速率为

$$J_B = -\frac{D}{RT}\frac{\partial P_B}{\partial y} = \frac{D}{RT}\frac{\partial P_A}{\partial y} \tag{3}$$

组分 B 向水面扩散时，水并不吸收 B 组分，故 B 的净传递量为零。为保持水面处 B 的浓度恒定，设想有一股离开液体表面的总体流动，来补偿 B 组分向液面的扩散。

设总体流速为 u_y，则 u_y 的大小可由 B 组分总摩尔迁移量为零这一条件确定

$$N_B = u_y \cdot c_B + J_B = 0 \tag{4}$$

已知 $J_A = - J_B$，$c_B = c \cdot x_B$，代入式(4) 中

$$u_y = \frac{J_B}{c - x_B} = \frac{J_A}{c(1 - x_A)} \tag{5}$$

式中，c 为混合相总摩尔浓度，x_A，x_B 分别为组分 A，B 的摩尔分率，对二元系，$x_A + x_B = 1$。

组分 A 在垂直液面 y 方向上的摩尔迁移速率

$$N_A = J_A + u_y c_A = J_A + u_y c x_A \tag{6}$$

将式(5) 代入式(6) 得

$$N_A = \frac{J_A}{1 - x_A} \quad (\text{kmol/(m}^2 \cdot \text{s})) \tag{15.12}$$

将式(1) 代入式(15.12) 得

$$N_A = \frac{1}{1 - x_A} \frac{D}{RT} \frac{\partial P_A}{\partial y} = \frac{D}{RT} \frac{1}{x_B} \frac{\partial P_B}{\partial y} \tag{7}$$

因 $\dfrac{1}{x_B} = \dfrac{c}{c_B} = \dfrac{P}{P_B}$，则

$$N_A = \frac{D}{RT} \frac{P}{P_B} \frac{\partial P_B}{\partial y} \quad (\text{kmol/(m}^2 \cdot \text{s})) \tag{15.13}$$

式(15.13) 就是组分 A 通过静止组分 B 的扩散速率方程。此时，B 的静止是由于 B 的扩散引起的传质和由于流动引起的传质相互抵消的缘故，吸收正符合这一情况。很显然，通过静止介质的扩散总大于等分子逆向扩散。

若 $P_A \ll P_B$，则 $P_B \approx P$，此时组分通过静止介质的传质速率(迁移速率) 与等分子反方向扩散速率一致。

实际应用时，根据边界条件积分，将总压视为常数

$$\int_{P_{B2}}^{P_{B1}} \frac{dP_B}{P_B} = \frac{N_A RT}{PD} \int_{y_1}^{y_2} dy$$

$$N_A = \frac{DP}{RT(y_2 - y_2)} \ln \frac{P_{B2}}{P_{B1}}$$

令静止介质 B 对数平均分压

$$P_{Bm} = \frac{P_{B2} - P_{B1}}{\ln \dfrac{P_{B2}}{P_{B1}}}$$

代入上式得

$$N_A = \frac{PD}{RT} \frac{P_{B2} - P_{B1}}{(y_2 - y_1) P_{Bm}}$$

又

$$P = P_{A1} + P_{B1} = P_{A2} + P_{B2}$$

所以

$$P_{B2} - P_{B1} = P_{A1} - P_{A2}$$

故

$$N_A = \frac{PD}{RT} \frac{P_{B2} - P_{B1}}{(y_2 - y_1) P_{Bm}} \cdot \frac{P_{A1} - P_{A2}}{P_{Bm}} \quad (\text{kmol/(m}^2 \cdot \text{s})) \tag{15.14}$$

一般对于在液相中的扩散，如丙酸向水的扩散。用类似方法也可写出

$$N_A = \frac{DC}{y_2 - y_1} \frac{(x_{A1} - x_{x2})}{(x_{B2} - x_{B1})} \ln \frac{x_{B2}}{x_{B1}} \quad (\text{kmol/(m}^2 \cdot \text{s})) \tag{15.15}$$

式中，c 为液相总浓度；x 为摩尔分率。

由式(15.14) 和式(15.15) 可以发现，A 和 B 组分沿 y 轴的浓度分布呈指数关系。

例 15.2 为测定 Mn 蒸气在氩气中的扩散系数，将装有 Mn 熔体的坩埚置于纯氩气通过的 1 600℃ 的装置中，Mn 的液面在坩埚边沿下 2 cm 处。连续测定坩埚的质量，当失重速率达稳定时，沿得 Mn 失重速率为 2.65×10^{-7} mol/(cm^2 · s)，已知 Mn 在 1 600℃ 时，蒸气压为

0.03 atm，试计算 Mn 蒸气在氩气中的扩散系数 $D_{\mathrm{Mn-Ar}}$。

解　因实测中，氩气不断从坩埚上部流过，故坩锅边沿处 P_{Mn2} 可取为零。且 P_{Mn1} 很小，可近似为等分子逆向扩散计算。

$$D_{\mathrm{Mn-Ar}}=\frac{N_{\mathrm{Mn}}RTz}{P_{\mathrm{Mn1}}-P_{\mathrm{Mn2}}}=\frac{2.65\times10^{-7}\times82.06\times1\,873\times2}{0.03}=2.7\ \mathrm{cm^2/s}$$

这也是二元气体扩散系数常用的测定方法——蒸发管法。

在实际工程中，经常遇到液滴的蒸发、燃烧和固体的升华，这类问题往往要用球对称径向通量公式，设在球半径为 r_0 的球面上发生组分 A 通过静止介质 B 的扩散，如图 15.9 所示。根据质量守恒，并忽略重力场作用的条件下，完全球对称扩散通量公式为

$$N_{\mathrm{A0}}=\frac{D_{\mathrm{AB}}P}{r_0RT}\ln\left(\frac{P-P_{\mathrm{A\infty}}}{P-P_{\mathrm{A0}}}\right)\tag{15.16}$$

径向扩散通量与半径成反正，这是球对称扩散的一个特征。

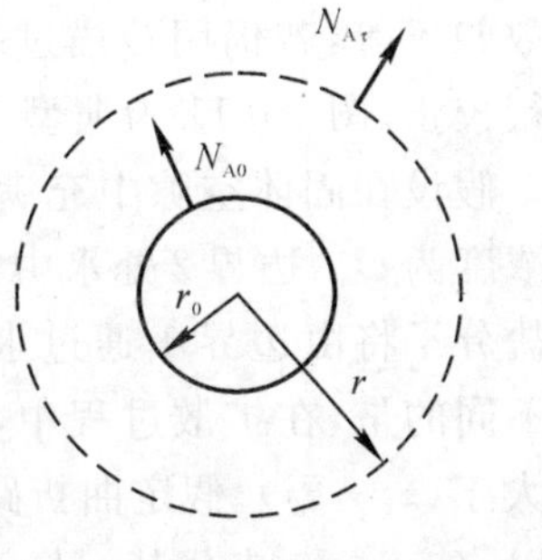

图15.9　球对称稳态扩散示意图

三、固体中的分子扩散

在工程实际中经常遇到固-液浸取、物料干燥、气体吸附、膜分离、固体催化剂中的吸附和反应以及金属的高温热处理等现象，这些过程一般包括气体、液体和固体在固体内的分子扩散。一般固体中的分子扩散可分为两种类型，一种是与固体内部结构基本无关的扩散；另一种是与固体内部结构有关的多孔介质中的扩散。后者的扩散是在固体颗粒之间空隙内的毛细孔道内进行的。当扩散物质被固体表面吸附的，此种扩散称为表面扩散。

1. 与固体内部结构有关的多孔固体中的稳态扩散

液体或气体在多孔固体介质中的扩散，与固体内部的结构关系密切。现在讨论多孔固体中的扩散问题。在多孔固体中充满了空隙或孔道，当扩散物质在孔道内进行扩散时，其扩散通量除与扩散物质本身的性质有关外，还与孔道的尺寸形状密切相关。因此，按扩散物质分子运动的平均自由程 λ 与孔道直径 d 的关系，常将多孔固体中的扩散分为费克型扩散、纽特逊散及过渡区扩散等几种类型，下面简单介绍两种扩散理论，不做深入讨论。

(1) 费克型扩散。如图 15.10 所示，当固体内部孔道的直径 d 远大于流体分子运动的平均自由程 λ 时，一般 $d\geqslant100\lambda$，则扩散时扩散分子之间的碰撞机会远大于分子与壁面之间的碰撞，扩散仍遵循费克定律，故称这种多孔固体中的扩散为费克型扩散，亦称普通扩散。

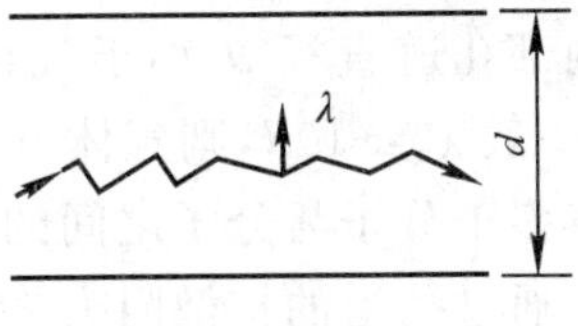

图 15.10　多孔固体中费克型扩散

分子运动的平均自由程 λ 表示分子运动时与另一分子碰撞以前所走过的平均距离。根据分子运动学说，平均自由程可用下式计算：

$$\lambda=\frac{3.2\mu}{p}\left(\frac{RT}{2\pi M}\right)^{1/2}\tag{15.17}$$

式中，λ 为分子平均自由程(m)；μ 为黏度(Pa·s)；p 为压力(Pa)；T 为热力学温度(K)；M 为摩尔质量(kg/kmol)；R 为气体常数(8.314×10^3 N·m/(kmol·K))

由式(15.17)可知，压力越高(密度越大)，λ 值越小。高压下的气体和常压下的液体，由于其密度较大，因而 λ 很小，故密度大的气体和液体在多孔固体中扩散时，一般发生费克型扩散。

多孔固体中费克型扩散的扩散通量方程为

$$N_A = \frac{D_p}{z_2 - z_1}(c_{A1} - c_{A2}) \tag{15.18}$$

与一般固体中的扩散不同之处是二者扩散系数表达方式不同。D_p 称为“有效扩散系数”，它与一般双组分中组分 A 的扩散系数 D 不等，若仍用 D 描过多孔固体内部的分子扩散，需要对 D 进行校正。图 15.11 为典型多孔固体示意图。

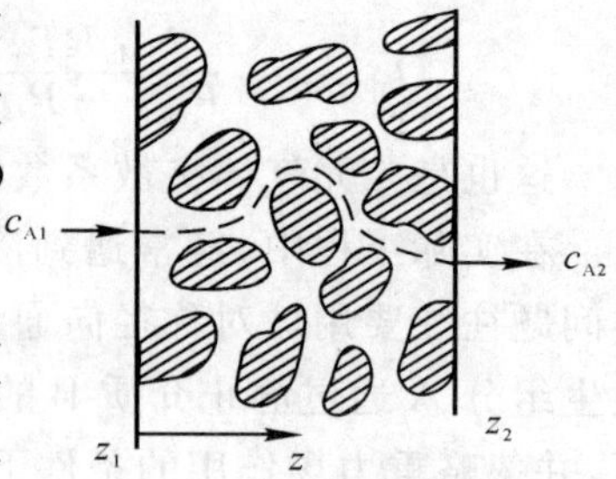

图 15.11　多孔固体示意图

假设在固体空隙中充满食盐水溶液，在边界 1 处水中食盐的浓度为 c_{A1}，边界 2 处水中食盐的浓度为 c_{A2}，且 $c_{A1} > c_{A2}$，因而食盐分子将由边界 1 通过水向边界 2 处扩散。与一般固体中扩散不同的是，在扩散过程中，食盐分子必须通过曲折路径，该路径大于$(z_1 - z_2)$。假定曲折路径为$(z_1 - z_2)$的 τ 倍，τ 称为曲折因数，即式(15.18)中的$(z_1 - z_2)$应以$\tau(z_1 - z_2)$来代替；另一方面，组分在多孔固体内部扩散时，扩散的面积为孔道的截面积而非固体介质的总截面积，设固体的空隙率为 ε，则需采用空隙率 ε 校正扩散面积的影响。于是可得 D 与 D_p 的关系为

$$D_p = \frac{\varepsilon D}{\tau} \tag{15.19}$$

式中，ε 为多孔固体的空隙率或自由截面积(m^3/m^3)；τ 为曲折因数；D_p 有效扩散系数(m^2/s)。

将式(15.19)代入式(15.18)得

$$N_A = \frac{D\varepsilon}{\tau(z_2 - z_1)}(c_{A1} - c_{A2}) \tag{15.20}$$

式(15.20)即为多孔固体中进行费克型扩散的扩散通量方程。

曲折因数 τ 的值，是一个大于 1 的数，用来校正扩散方向所增加的距离。不仅与曲折路径长度有关，并且与固体内部毛细孔道的结构有关，其值一般由实验确定。对于惰性固体，τ 值大约在 1.5～5 的范围内；对于某些松散的多孔介质床层，如玻璃球床、沙床、盐床等，在不同的 ε 下，曲折因数 τ 的近似值可分别取为：$\varepsilon = 0.2, \tau = 2.0$；$\varepsilon = 0.4$；$\tau = 1.75$；$\varepsilon = 0.6$；$\tau = 1.65$。

(2) 纽特森(Kundsen)扩散。如图 15.12 所示，当固体内部孔道直径 d 小于气体分子运动的平均自由程 λ 时，一般 $\lambda \geqslant 10d$，则气体分子与孔道壁面之间的碰撞机会将多于分子与分子之间的碰撞，在这种情况下，扩散物质 A 通过孔道的扩散阻力将主要取决于分子与壁面的碰撞阻力，而分子之间的碰撞阻力可忽略不计。种扩散现象称为纽特森扩散。很明显，纽特森扩散不遵循费克定律。

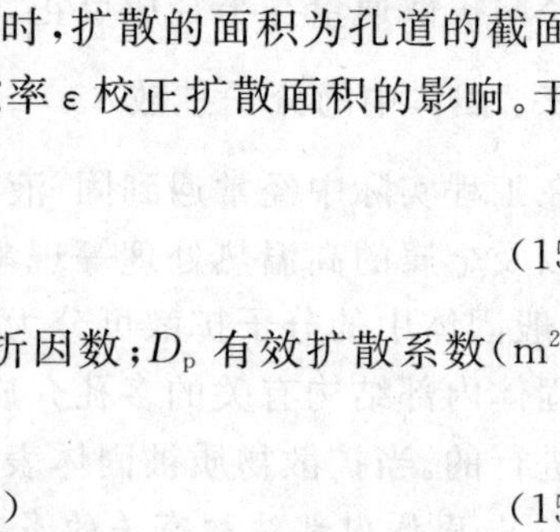

图 15.12　多孔固体中的纽特森扩散

根据气体分子运动学说，纽特森扩散的通量可采用下式描述：

$$N_A = -\frac{2}{3}\bar{r}\,\bar{u}_A\,\frac{dc_A}{dz} \tag{15.21}$$

式中，r 为孔道的平均半径(m)；$\bar{u}_A$ 为组分 A 的分子平均速度(m/s)。

又依分子运动学说，分子平均速度为

$$\bar{u}_A = \left(\frac{8RT}{\pi M_A}\right)^{1/2} \tag{15.22}$$

将式(15.22)代入式(15.21)可得

$$N_A = -97.0\bar{r}\left(\frac{T}{M_A}\right)^{1/2}\frac{dc_A}{dz} \tag{15.23}$$

式(15.23)称为纽特森扩散通量方程。

令

$$D_{KA} = -97.0\bar{r}\left(\frac{T}{M_A}\right)^{1/2}$$

D_{KA} 称为纽特森扩散系数，于是式(15.23)可写成与费克第一定律相同的形式，即

$$N_A = -D_{KA}\frac{dc_A}{dz} \tag{15.24}$$

在 $z = z_1, c_A = c_{A1}$ 及 $z = z_2, c_A = c_{A2}$ 范围内积分，得

$$N_A = \frac{D_{KA}}{z_2 - z_1}(c_{A1} - c_{A2}) \tag{15.25}$$

或

$$N_A = \frac{D_{KA}}{RT(z_2 - z_1)}(p_{A1} - p_{A2}) \tag{15.26}$$

由式(15.17)可知，气体在低压下，λ 值较大。故处于低压下的气体在多孔固体中扩散时，一般发生纽特森扩散。气体在多孔固体内是否为纽特森扩散，可采用纽特森数 K_n 判断，K_n 的定义为

$$K_n = \frac{\lambda}{2r} \tag{15.27}$$

当 $K_n \geqslant 10$ 时，扩散主要为纽特森扩散，此时用式(15.25)计算扩散通量，误差在 10% 以内。

(3) 过渡区扩散。如图 15.13 所示，当固体内部孔道的直径 d 与流体分子运动的平均自由程 λ 相差不大时，则气体分子间的碰撞以及分子与孔道壁面之间的碰撞同时存在，此时既有费克型扩散，也有纽特森扩散，两种扩散影响同样重要，这种扩散称为过渡区扩散。

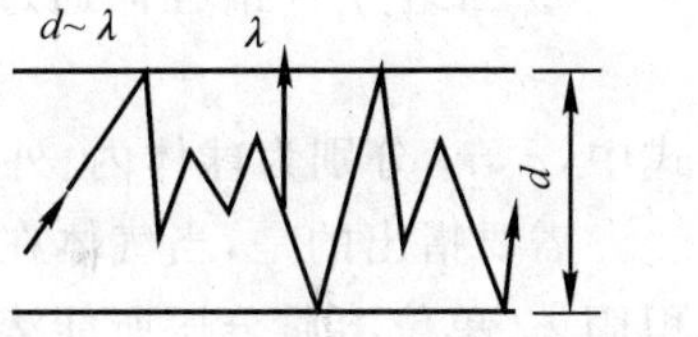

图 15.13　多孔固体的过渡区扩散

过渡区扩散的通量方程可根据推动力叠加的原则进行推导，详细的推导过程可参考有关书籍。

2. 与固体内部结构无关的稳态扩散

与固体结构无关的固体内部的分子扩散，多发生在扩散物质内部能够溶解形成均匀溶液的场合。例如用水进行固-液浸取时，固体物料内部浸入大量的水，溶质将溶解于水中，并通过水溶液进行扩散；又如金属内部物质的相互浸入，典型的例子是金在银中的扩散；氢气或氧气通过橡胶的扩散等。这类扩散过程的机理较为复杂并且因不同物质而异，但其扩散方式与物质在流体内的扩散方式类似，而仍遵循费克定律。费克第一定律的一般形式为

$$N_A = -D\frac{dc_A}{dz} + \frac{c_A}{c}(N_A + N_B) \tag{15.28}$$

由于固体扩散中扩散组分 A 的浓度一般都很低，即 c_A/c 很小可忽略，故式(15.28)中主体流动项 $\frac{c_A}{c}(N_A + N_B)$ 可以略去，则变为

$$N_A = -D\frac{dc_A}{dz} \tag{15.29}$$

式中，N_A 为通过单位固体截面积溶质 A 的扩散速率（kmol/(m^2·s)）；D_{AB} 为溶质 A 通过 B 的扩散系数（m^2/s）；如 B 为固体，则 D_{AB} 值与扩散时物质的压强无关；dc_A/dz 为溶质 A 沿扩散向 z 的浓度梯度（kmol/(m^3·m)）。

下面讨论在不同情况下，使用式(15.29)的计算结果。

(1) 溶质 A 在两个扩散面积相等的距离为（$z_2—z_1$）的平行固体平面之间进行稳态扩散时，对式(15.29)积分可得

$$N_A = \frac{D_{AB}}{z_2 - z_1}(c_{A1} - c_{A2}) \tag{15.30}$$

式中，c_{A1}，c_{A2} 分别为距离 z_1 和 z_2 处扩散组分 A 的浓度。此式只适用于扩散面积相等的平行平面之间稳态扩散，若组分 A 通过柱形面或球形面扩散，则应采用下面方法计算。

(2) 若等浓度面为曲面，则半径方向上的分子扩散表面积不相等，可仿照稳态导热时采用的平均截面积的办法来计算扩散面积。通过固体的分子扩散速率 G_A 可写成

$$G_A = N_A A_{av} = \frac{D_{AB}}{\Delta z} A_{av}(c_{A1} - c_{A2}) \tag{15.31}$$

式中，G_A 为组分 A 在固体中的分子扩散速率（kmol/s）；A_{av} 为平均扩散面积（m^2）。

下面讨论在这两种情况下，平均扩散截面积的计算方法：

① 当组分 A 沿径向通过固体圆柱面进行分子扩散时，有

$$A_{av} = \frac{2\pi L(r_2 - r_1)}{\ln(r_2/r_1)},\quad \Delta z = r_2 - r_1 \tag{15.32}$$

式中，r_1，r_2 分别为圆柱筒体内、外半径；L 为圆柱体长度。

② 当组分 A 沿径向通过球体壳体进行分子扩散时，其平均扩散面积为

$$A_{av} = 4\pi r_1 r_2,\quad \Delta z = r_2 - r_1 \tag{15.33}$$

式中，r_1，r_2 分别为球体内、外半径。

需要指出的是，当气体在固体中扩散时，溶质的浓度常用溶解度 S 表示。其定义为，单位体积固体、单位溶质分压所能溶解的溶质 A 的体积，单位为 m^3(溶质 A)/[kpa·m^3(固体)]，标准状态下即 273 K 及 101.3 kpa，s 与浓度 c_A 的关系为

$$c_A = \frac{S}{22.4}P_A$$

下面结合几个实例，说明与固体结构无关的扩散过程计算。

实例一　气体通过平板的扩散。

设容器中有厚度为 L 的金属隔板，在隔板两侧有浓度不等的同一组分的气体，该组分在隔板两侧表面上的平衡浓度为 c_1 及 c_2，且 $c_1 > c_2$。气体通过金属隔板的互扩散系数（D_i）设为与浓度无关的常数，即在稳态扩散条件下该气体组分在隔板上呈线性的浓度分布，如图 15.14 所示。

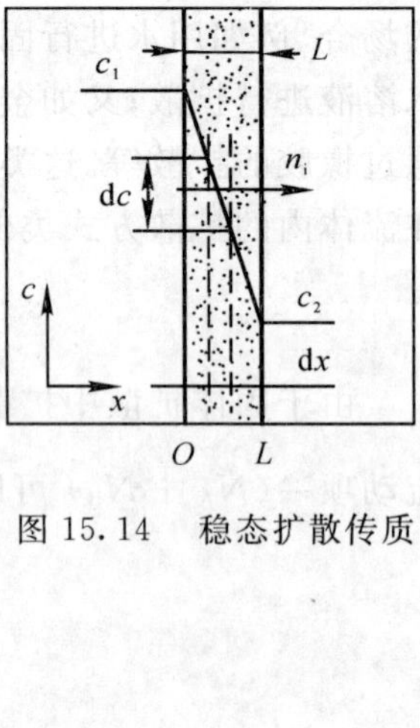

图 15.14　稳态扩散传质

通过隔板薄层 dx 上的扩散传质通量，由费克第一定律确定为

$$n_i = - D_i \frac{dc_i}{dx}$$

在 n_i 及 D_i 均为常数的条件下，按图 15.14 的边界条件对上式积分，则有

$$n_i\int_0^L \mathrm{d}x = -D_i\int_{c_1}^{c_2}\mathrm{d}c$$

故得
$$n_i = \frac{D_i}{L}(c_1 - c_2) \quad (\mathrm{mol/(m^2 \cdot s)}) \tag{15.34}$$

令 $k = \frac{D_i}{L}$，则

$$n_i = k(c_1 - c_2) \quad (\mathrm{mol/(m^2 \cdot s)}) \tag{15.35}$$

式中，k 为传质系数（类似于定态导热中的传热系数）（m/s）。

通过隔板任意截面上的传质通量，按式（15.34）可写为

$$n_i = \frac{D_i}{x}(c_1 - c_2) \tag{15.36}$$

由式（15.34）和式（15.36），则可求得隔板上的线性浓度场为

$$\frac{c_1 - c_x}{c_1 - c_2} = \frac{x}{L} \tag{15.37}$$

实际上，气体通过金属的互扩散系数并非常数，它不仅取决于气体各组分的浓度，还与所通过的物质组分的结构状态以及状态参数（温度、压力等）有关。因此，即使在稳态的传质条件下，隔板上的浓度场亦不可能如式（15.37）所确定那样具有线性的特征。

费克第一定律对稳态扩散传质过程的解析目的不同于稳态导热。对稳态导热过程，一般是应用傅里叶定律计算不同条件下的导热通量，而对扩散传质过程，则是结合一定的实验方法确定物质的互扩散系数。例如，已知隔板的传质截面为 A，在单位时间通过整个截面上的总扩散质量流量为 N_i，扩散传质通量仍以 n_i 代表，则有

$$N_\mathrm{i} = n_\mathrm{i} \cdot A\,\mathrm{mol/s}, \text{由 } n_\mathrm{i} = -D_\mathrm{i}\frac{\mathrm{d}c_\mathrm{i}}{\mathrm{d}x}$$

故
$$N_\mathrm{i} = -D_\mathrm{i}\frac{\mathrm{d}c_\mathrm{i}}{\mathrm{d}x} \cdot A$$

或
$$D_\mathrm{i} = \frac{-N_\mathrm{i}\mathrm{d}x}{A\,\mathrm{d}c_\mathrm{i}} \quad \mathrm{m^2/s} \tag{15.38}$$

由于 n_i 为常数，则 N_i 也必为常数。因此，式（15.38）为在一维稳态扩散传质过程中，互扩散系数与浓度梯度的函数关系式。通过实验方法可以测定出总的扩散质量流量（N_i），由取样分析可得到板内各点上的浓度值及浓度分布线，从而就能确定出隔板各点上的浓度梯度 $\frac{\mathrm{d}c_\mathrm{i}}{\mathrm{d}x}$，则可按式（15.38）计算出互扩散系数。

实例二　气体通过圆筒壁的扩散。

设在圆筒壁内外表面上气体组分（i）的平衡浓度为 c_1 及 c_2 且 $c_1 > c_2$，在与前面平壁扩散相同的假定条件下进行稳态扩散传质过程，如图 15.15 所示。

按费克第一定律，通过半径为 r 的薄层上的总扩散传质量为

$$N_\mathrm{i} = n_\mathrm{i} \cdot A_r = -D_\mathrm{i}\frac{\mathrm{d}c_\mathrm{i}}{\mathrm{d}r}A_r \quad (\mathrm{mol/s}) \tag{15.39}$$

式中，$A_r = 2\pi \cdot Lr$ 为半径为 r 处的传质面积（$\mathrm{m^2}$）。

将式（15.39）可写成

$$\mathrm{d}c_\mathrm{i} = -\frac{N_\mathrm{i}\mathrm{d}r}{D_\mathrm{i}A_r} = -\frac{N_\mathrm{i}}{2\pi LD_\mathrm{i}}\frac{\mathrm{d}r}{r} \tag{15.40}$$

式中，N_i，D_i 及 L 均为常数，则对式(15.40)在图15.15条件下积分，得到圆筒壁上的浓度场为

$$\frac{c_i - c_1}{c_1 - c_2} = \frac{\ln(r_1/r_2)}{\ln(r_2/r_1)} \tag{15.41}$$

或

$$\frac{c_i - c_1}{c_1 - c_2} = \frac{\ln(r_2/r)}{\ln(r_2/r_2)} \tag{15.42}$$

通过圆筒壁的扩散传质量为

$$N_i = \frac{2\pi L D_i}{\ln(r_2/r_1)}(c_1 - c_2) \quad (\text{mol/s}) \tag{15.43}$$

由式(15.41)和式(15.42)可知，在曲壁的稳态扩散传质中，虽在扩散系数为常数的条件下，曲壁上的浓度场亦为非线性特征，这显然是由传质截面变化之故。

对圆筒壁稳态扩散传质解析的目的与平壁一样，也是结合实验测试确定物质的互扩散系数。例如，为确定碳在铁中的互扩散系数，将纯铁圆筒内通以渗碳性气体并置于脱碳性介质高温炉内加热，按与平壁扩散时类似的实验及计算方法，可确定出碳在铁中的互扩散系数 D_{C-Fe}。

对照图15.15，通过簿层 dr 的扩散通量 n_r 和单位时间的传质量为 N_i，故

$$D_i = \frac{N_i \, d(\ln r)}{2\pi L D c_i} \tag{15.44}$$

对式(15.44)中的 N_i 由测定炉内流出脱碳气体的碳量确定，按圆筒壁不同半径 r 处的碳量分析结果，划出图15.16所示的 $c-\ln r$ 曲线，则可确定出式中的 $\frac{dc_i}{d(\ln r)}$。图15.16为在1 000℃下渗碳气体中碳通过 $\gamma-Fe$ 时的实验结果。在已知 N_i，$\frac{dc_i}{d(\ln r)}$ 及 L 条件下，则可由式(15.44)计算出该条件下的互扩散系数。

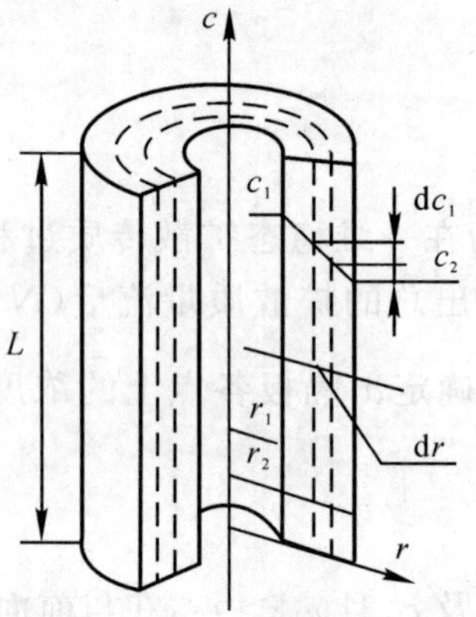

图15.15　圆筒壁扩散

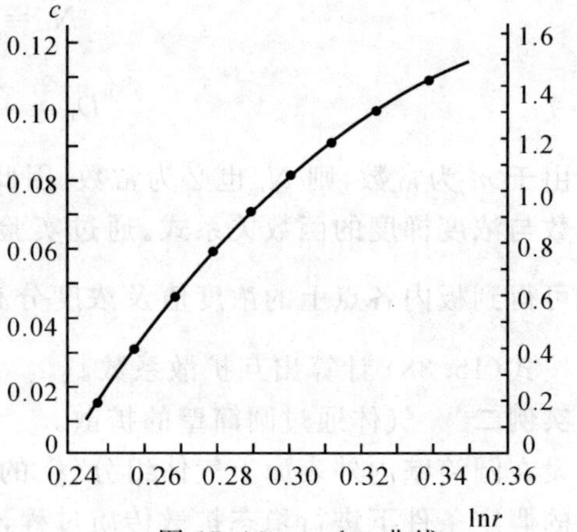

图15.16　$c-\ln r$ 曲线

实例三　气体通过金属箔的扩散。

对气体通过金属箔的稳态扩散传质过程，仍然可由费克第一定律来确定传质通量或扩散系数，即按

$$n_i = -D_i \frac{dc_i}{dx} \tag{15.45}$$

但对厚度很小的金属箔，不易测定出式(15.45)中的浓度梯度$\frac{dc_i}{dx}$，因此，提出以下的计算方法。

将气体与金属箔两侧交界面处的气体浓度c_i，视为气体在金属中的溶解度，而此溶解度与气相组分的浓度相平衡。根据西费尔特定律，对气体溶于金属的平衡状态有如下关系式：

$$S_1 = K\sqrt{P_1} \tag{15.46}$$

$$S_2 = K\sqrt{P_2} \tag{15.47}$$

式中，S_1，S_2为金属箔两侧界面内气体组分的溶解度；P_1，P_2为金属箔两侧气体的分压；K为气体(分子状态)溶解于金属(原子状态)内的反应平衡常数。

金属箔两侧界面上的气体溶解度，即相当于界面上的气体组分浓度，则金属箔内的气体组分浓度梯度可以用溶解度来表示。当金属箔的厚度为δ时，则(15.45)式中的浓度梯度可以(15.48)式代换。

$$\frac{dc_i}{dx} = (S_2 - S_1)/\delta \tag{15.48}$$

将式(15.46)和式(15.47)代入式(15.48)得

$$\frac{dc_i}{dx} = \frac{K}{\delta}(\sqrt{P_2} - \sqrt{P_1}) \tag{15.49}$$

将式(15.49)代入式(15.45)，则得到气体通过金属箔的扩散通量的计算式为

$$n_i = D_i\frac{K}{\delta}(\sqrt{P_1} - \sqrt{P_2}) \tag{15.50}$$

在讨论气体通过金属膜的扩散时，经常用到渗透率P^*概念，表示气体透过薄膜的能力。

对式(15.50)引入渗透率的概念，其定义式为

$$P^* = DS = DK\sqrt{P}$$

当$P = 1$ atm时，$P = DK = P^*$。将此关系代入式(15.50)，则有

$$n_i = -\frac{P^*}{\delta}(\sqrt{P_1} - \sqrt{P_2}) \tag{15.51}$$

式中，P^*按下式确定

$$P^* = P_0^* e^{-Q_P/RT} \tag{15.52}$$

式中，P_0^*为为单位厚度(cm)和金属薄膜两边的压差为1 atm测得的扩散气体的标准体积值；Q_P为渗透活化能(J/mol)。

表15.6列出了不同扩散体系的P_0^*和Q_P，SPT表示标准状态。

表15.6　不同气体-金属扩散体系的P_0^*和Q_P值

气体	金　属	P_0^* /[cm^3(SPT)/(s·atm)$^{1/2}$]	Q_P /(J/mol)
H_2	Ni	1.2×10^{-3}	57 893
H_2	Cu	$(1.5\sim2.3)\times10^{-4}$	6 688 ~ 78 166
H_2	α - Fe 2.9×10^{-3}	35 112	
H_2	Al	$(3.3\sim4.2)\times10^{-1}$	128 744
N_2	Fe	4.5×10^{-3}	99 484
O_2	Ag	2.9×10^{-3}	94 259

15.3 费克第二定律与非稳态扩散传质

前文讨论了稳态传质过程。一般在传质未达到稳态传质前是处于非稳态的。本节主要讨论有关非稳态分子扩散的问题。

一、费克第二定律

如果在只有分子扩散的混合物中，浓度场尚未达到稳定平衡状态，即浓度分布不仅随位置变化而且随时间变化，即$\frac{\partial c}{\partial t} \neq 0$，这种扩散就是非稳态扩散。此时，扩散速度和浓度梯度都随着空间位置和时间发生变化。非稳态扩散很复杂，需要通过质量衡算建立偏微分方程，找出相应的边界条件后，一般可参照导热微分方程的某些现成解法。

在 14.3 节中我们已知道，对于一维传质，且 $D=$ 常数，无化学反应 $R=0$ 的条件下，有

$$\frac{\partial c}{\partial \tau} = D\frac{\partial^2 c}{\partial x^2} \tag{15.53}$$

此即为非稳态扩散传质的基本微分方程，为费克第二定律表达式，从形式上这一方程与一维非稳定导热微分方程完全相同。这是一个二阶微分方程，对于不同的边界条件，具体求解，可以仿照非稳态的导热微分方程的解。当存在三维浓度场时，有

$$\frac{\partial c}{\partial \tau} = D\left(\frac{\partial^2 c}{\partial x^2} + \frac{\partial^2 c}{\partial y^2} + \frac{\partial^2 c}{\partial z^2}\right) \tag{15.54}$$

当伴有化学反应时（D 为常数），有

$$\frac{\partial c}{\partial t} = D\frac{\partial^2 c}{\partial x^2} + r \tag{15.55}$$

式中，r 为单位体积内的化学反应速度。

须指出的是：

(1) 当扩散达稳态时，$\frac{\partial c}{\partial \tau} = 0$，$D\frac{\partial c}{\partial x} =$ 常数，则此时为费克第一定律表达式。

(2) 在费克第二定律表达式中，由于浓度在方程两边都出现，故浓度单位可以采用多种形式，无任何限制。

(3) 非稳态扩散的求解比较复杂，一般须简化处理，但必须注意简化后和实际现象的近似程度。对于等温，不可压缩的牛顿流体，可近似认为密度 ρ，动力黏度 μ 和扩散系数 D 不变。对于形成时间较短的非稳态扩散过程可以近似地认为边界条件不变。

式(15.53) 为扩散传质的另一个重要定律，即通常所谓的费克第二定律。费克第一定律说明了稳态扩散传质的基本特征，而费克第二定律表述了非稳态扩散传质的基本特征。费克第一定律确定了扩散传质通量与浓度梯度的关系，而费克第二定律则说明了在扩散过程中浓度随时间的变化（质量蓄积）与浓度梯度率的关系。

费克第一定律和第二定律均为质量传输的基本方程式，它们描述的均为传质过程中最一般的运动规律。对不同的具体传质过程，还要在具体的边界条件下，对相应的传质基本方程进行求解，这类问题的解析方法与动量传输和热量传输的情况亦极为类似。

二、非稳态扩散

在非稳态扩散传质过程中，存在着质量的蓄积，表现为浓度随时间而变化的特征。

非稳态扩散传质经常处理的问题有物体表面浓度为常数和表面以外扩散介质（一般是指气体）浓度为常数的两种情况。根据物体内部的物质扩散深度，在非稳态扩散传质过程中，物体内部的浓度场特征也分为“有限厚”与“无限厚”。

简言之，当物质的扩散深度超过物体厚度时，则为“有限厚”的浓度场，此时在扩散传质过程中物体内各点的浓度均随时间而变化；反之，则为“无限厚”的浓度场的扩散传质过程。下面以与固体结构无关的非稳态扩散例子说明此类问题的求解。

1. 在有限厚度平板内的扩散

某厚度为 L 的一块钢板，含有初始浓度为 c_{A0} 的氢，为了在 650℃ 真空条件下降低钢中氢的含量。假设钢板迅速地被加热到这一温度，在钢板两边的表面上，当 $\tau \geqslant 0$ 时真空下的含氢量为零。显然这是一个非稳态的扩散问题，而且忽略了在表面上的传质阻力。在这种条件下，假设微分方程有解，其浓度 c_A 为 $T(\tau)$ 与 $Y(z)$ 的乘积，$T(\tau)$ 表示仅为时间 τ 的函数，$Y(z)$ 表示仅为位置 z 的函数，即

$$c_A(z, \tau) = Y(z)T(\tau) \tag{15.56}$$

将式(15.56) 代入费克第二定律，可得

$$Y\frac{dT}{d\tau} = D_{AB}T\frac{d^2Y}{dz^2}$$

或

$$\frac{1}{D_{AB}T}\frac{dT}{d\tau} = \frac{1}{Y}\frac{d^2Y}{dz^2} \tag{15.57}$$

式(15.57) 左边仅为时间的函数，右边仅为距离的函数，而 z 与 τ 均能独立地变化。因此，式(15.57) 仅有等号两边均为同一常数时才能满足。令此常数为 $-\lambda^2$，λ 为一实数，则式(15.57) 左边为

$$\frac{1}{T}\frac{dT}{d\tau} = -\lambda^2 D_{AB} \tag{15.58}$$

积分得

$$T = C_1\exp(-\lambda^2 D_{AB}\tau) \tag{15.59}$$

式中，C_1 为一积分常数。要求 $-\lambda^2$ 仅为负值的原因是从物理意义的角度上讲，对所讨论的非周期性非稳态问题，当时间 τ 趋于无限大时，其浓度应趋近于零。

同理，式(15.57) 右边为

$$\frac{d^2Y}{dz^2} = -\lambda^2 Y \tag{15.60}$$

因为 λ^2 为正值，其解为

$$Y = C_2\sin(\lambda z) + C_3\cos(\lambda z) \tag{15.61}$$

式中，C_2，C_3 为积分常数。

将式(15.59) 和式(15.61) 代入式(15.56) 得

$$c_A(z, \tau) = C_1(C_2\sin(\lambda z) + C_3\cos(\lambda z)\exp(-\lambda^2 D_{AB}\tau) \tag{15.62}$$

如此解对任一 λ 的实数值均适用，不同 $z\lambda$ 值的解的叠加的总和也就是方程的解，因此式(15.62) 可写成下列无穷级数：

$$c_A(z,\tau)=\sum_{n=1}^{\infty}(A_n\sin(\lambda_n z)+B_n\cos(\lambda_n z))\mathrm{ex}(-\lambda_n^2 D_{AB}\tau) \tag{15.63}$$

就氢在钢板中的扩散而言，其初始条件和边界条件如下：

在 $\tau=0, 0\leqslant z\leqslant L; c_A=c_{A0}$；

在 $\tau>0, z=0, z=L; c_A=0$。

当所有的 B_n 都等于零，在 $z=0$ 处任何时间的 c_A 都为零。如要在 $z=L$ 处 $c_A=0$，就只有 $\sin(\lambda_n L)=0$ 才能成立，这样 $\lambda_n=n\pi/L$（其中，n 为任意正整数）。如果将 $B_n=0$ 和 $\lambda_n=n\pi/L$ 代入式(15.63)，第一个边界条件要求

$$c_{A0}=\sum_{n=1}^{\infty}A_n\sin\left(\frac{n\pi z}{L}\right) \tag{15.64}$$

为求出常数 A_n，将式(15.64)两边同乘以 $\sin\left(\frac{n\pi z}{L}\right)$，这样在 $0\leqslant z\leqslant L$ 范围内积分，得

$$\iint_0^L c_{A0}\sin\left(\frac{n\pi z}{L}\right)\mathrm{d}z=\sum_{n=1}^{\infty}A_n\int_0^L\sin\left(\frac{n\pi z}{L}\right)\sin\left(\frac{n\pi z}{L}\right)\mathrm{d}z \tag{15.65}$$

式(15.65)右边的积分值为 $L/2$，这样 A_n 可用下式求得：

$$A_n=\frac{2}{L}\int_0^L c_{A0}\sin\left(\frac{n\pi z}{L}\right)\mathrm{d}z \tag{15.66}$$

积分得出，当 n 为偶数时，$A_n=0$；当 n 为奇数时，$A_n=4c_{A0}/(n\pi)$。为了表示出这一特点，令 $n=2j+1$，则式(15.66)可写为

$$A_n=A_{2j+1}=\frac{4c_{A0}}{(2j+1)\pi}\quad(j=0,1,2,\cdots) \tag{15.67}$$

最后得到的解为

$$c_A=\frac{4c_{A0}}{\pi}\sum_{j=0}^{\infty}\frac{1}{2j+1}\sin\left[\frac{(2j+1)\pi z}{L}\right]\exp\left\{-\left[\frac{(2j+1)\pi}{L}\right]^2 D_{AB}\tau\right\} \tag{15.68}$$

式(15.68)右边无穷级数的后边的项都要比前面的项来得小，并且减少的百分比是随时间呈指数增加。因此，只要非稳态过程经历的时间很短暂时，采用无穷级数的第一项来表示 $c_A(z,\tau)$ 时所产生的误差小于1%。

该结果在冶金中经常被应用于金属的脱气，如钢板的脱氢等。但在实际上很难确定在不同深度上的浓度，可以确定的只是所逸出气体量，或是残留在金属中的气体量。因此通常用平均浓度 $\bar{c}_A$ 的概念。可用下式求得：

$$\bar{c}_A=\tau=\frac{1}{L}\int_0^L c_A(z,\tau)\mathrm{d}z=\frac{8c_{A0}}{\pi^2}\sum_{j=0}^{\infty}\frac{1}{(2j+1)^2}\exp\left\{\left[-\frac{(2j+1)\pi}{L}\right]^2 D_{AB}\tau\right\} \tag{15.69}$$

当 $c_A/c_{A0}\leqslant 0.8$ 时，式(15.61)的右边可近似地用第一项来代替，其解为

$$\frac{\bar{c}_A}{c_{A0}}=\frac{8}{\pi^2}\exp\left(-\frac{\tau}{\tau_0}\right) \tag{15.70}$$

式中，$\tau_0=\frac{L^2}{\pi^2 D_{AB}}$ 称为松驰时间。当 $\tau=\tau_0$ 时，系统已经进行了从初始状态到终了状态的2/3。τ_0 值越大表示过程越慢。对于厚度为 L 的平板、半径为 R 的圆柱和球体的 $\frac{\bar{c}_A-c_{As}}{c_{A0}-c_{As}}$ 与 $4D_{AB}\tau/L^2$ 或 $D_{Ab}\tau/R^2$ 的关系如图15.17（c_{As} 为表面浓度）所示。

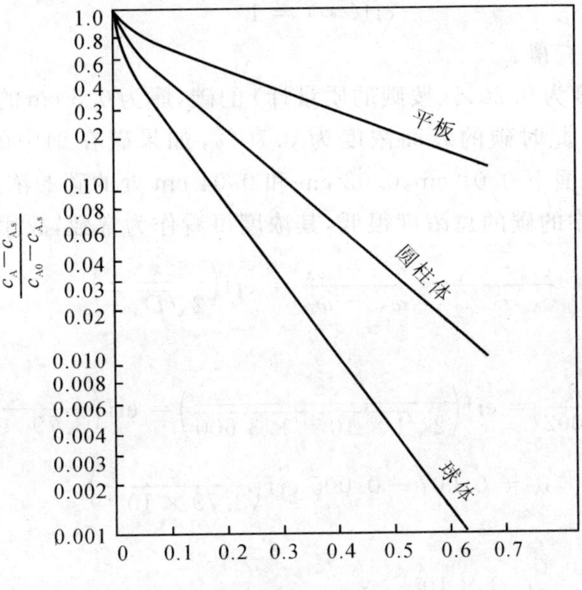

图 15.17 各种形状的固体的浓度的变化与 $\frac{4D_{AB}\tau}{L^2}$ 或 $\frac{D_{AB}\tau}{R^2}$ 的关系

三、在半无限大介质中的扩散

所谓半无限大体系，就是从 $z=0$ 到 $z=\infty$。开始时扩散组分 A 在介质中的浓度为 c_{A0}，当时间 $\tau>0$ 时，在 $z=0$ 处表面组分 A 的浓度保持为 c_{As}。如果扩散仅为一维扩散，那么浓度分布如图 15.18 所示，费克第二定律可简化为

$$\frac{\partial c_A}{\partial \tau}=D_{AB}\frac{\partial^2 c_A}{\partial z^2} \tag{15.71}$$

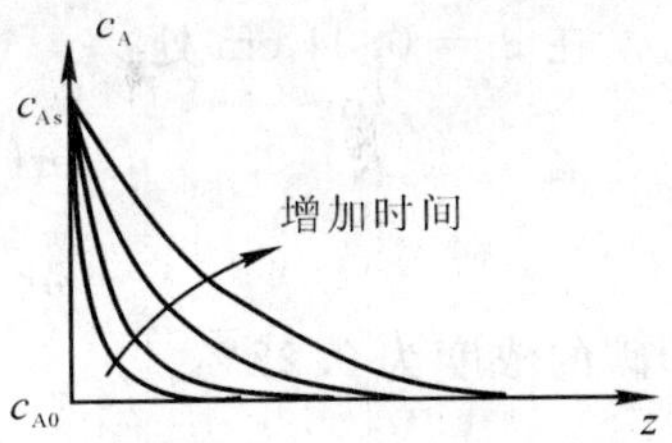

图 15.18 半无限大介质内的非稳态扩散

其初始条件及边界条件如下：

在 $\tau=0$，对所有的 z，$c_A=c_{A0}$；

在 $z=0$，对所有的 τ，$c_A=c_{As}$；

在 $z=\infty$，对所有的 τ，$c_A=c_{A0}$。

对于这一问题的求解可以通过拉普拉斯变换或变量分离得到。其结果为

$$\frac{c_A-c_{A0}}{c_{As}-c_{A0}}=1-\mathrm{erf}\left(\frac{z}{2\sqrt{D_{AB}\tau}}\right) \tag{15.72}$$

或

$$\frac{c_A-c_{A0}}{c_{As}-c_{A0}}=\mathrm{erf}\left(\frac{z}{2\sqrt{D_{AB}\tau}}\right)$$

在很多非稳态传输问题的解中，都有误差函数存在，它具有以下的性质：

$$\mathrm{erf}(-\eta)=-\mathrm{erf}(\eta)$$
$$\mathrm{erf}(0)=0$$

$$\mathrm{erf}(\infty)=1$$

$\mathrm{erf}(\eta)$ 的值可由数学手册查得。

例 15.3 一初始浓度为0.20%(按碳的质量计)的碳,厚为0.5 cm的低碳钢板,置于一定的温度下做渗碳处理1h。此时碳的表面浓度为0.70%,如果碳在钢中的扩散系数为 $1.0\times10^{-11}\ \mathrm{m^2/s}$,试问在钢件表面下0.01 cm,0.02 cm和0.04 cm处的碳的浓度为多少?

解 因为在低碳钢中的碳的总浓度很低,其浓度可看作为常数,故用质量分数来表示为

$$\frac{c_{As}-c_A}{c_{As}-c_{A0}}=\frac{\omega_{As}-\omega_A}{\omega_{As}-\omega_A}=\mathrm{erf}\left(\frac{z}{2\sqrt{D_{AB}\tau}}\right)$$

代入已知数据,则有

$$\frac{0.007-\omega_A}{0.007-0.002}=\mathrm{erf}\left(\frac{z}{2\sqrt{1\times10^{-11}\times3\,600}}\right)=\mathrm{erf}\left(\frac{z}{3.79\times10^{-4}}\right)$$

即

$$\omega_A=0.007-0.005\ \mathrm{erf}\left(\frac{z}{3.79\times10^{-4}}\right)$$

在 $z=0.01$ cm 处:

$$\mathrm{erf}\left(\frac{1\times10^{-4}}{3.79\times10^{-4}}\right)=\mathrm{erf}(0.264)=0.291$$

$$\omega_A=0.007-0.005\times0.291=0.005\,5$$

即碳的浓度为0.55%。

在 $z=0.02$ cm 处:

$$\mathrm{erf}\left(\frac{2\times10^{-4}}{3.79\times10^{-4}}\right)=\mathrm{erf}(0.528)=0.545$$

$$\omega_A=0.007-0.005\times0.545=0.004\,3$$

即碳的浓度为0.43%。

在 $z=0.04$ cm 处:

$$\mathrm{erf}\left(\frac{4\times10^{-4}}{3.79\times10^{-4}}\right)=\mathrm{erf}(1.055)=0.866$$

$$\omega_A=0.007-0.005\times0.866=0.002\,7$$

即碳的浓度为0.27%。

习题与思考题

1. 气体中的扩散系数,液体中的扩散系数及固体中的扩散系数各与哪些因素有关?

2. 试证明在由A,B二组分组成的系统中,一般情况下(有主体流动,$N_A\neq N_B$)进行分子扩散时,在总浓度恒定时,$D_{AB}=D_{BA}$。

3. 根据费克第一定律,利用欧拉观点推导组分A在静止组分B中无化学反应的三维不稳态扩散方程为

$$\frac{\partial\rho_A}{\partial\tau}=D\left(\frac{\partial^2\rho_A}{\partial x^2}+\frac{\partial^2\rho_A}{\partial y^2}+\frac{\partial^2\rho_A}{\partial z^2}\right)$$

4. 氧和四氯化碳气体的互扩散系数是采用在装有 O_2 的管内观测 CCl_4 的蒸发而测定的,从 CCl_4 液面到管的顶端的距离 $z_2-z_1=17.1$ cm,系统总压为 1.007×10^5 Pa,温度为273 K,

CCl_4 的饱和蒸气压为 4 400 Pa，扩散管截面积为 0.82 cm^2，已知在 10 h 内，CCl_4 蒸发了 0.020 8 cm^3，试求 CCl_4-O_2 的扩散系数？

5. 一碳氢混合物加氢的设备采用低碳钢材料，氢气的损失与壁厚有关，如果容器内直径为 10 cm，长为 100 cm，计算在 H_2 压力为 75 atm，450℃ 时，H_2 损失与设备壁厚的关系？设气体通过壁后在 1 atm 下被排走。

第 16 章　对流传质

前一章讨论了由于浓度梯度引起的分子传质问题。在实际生产过程中，流体多处于运动状态，当运动着的流体与壁面之间或两个有限互溶的运动流体之间发生传质时，习惯统称为对流传质。很显然，在对流传质过程中，一方面由于浓度梯度的存在，物质以分子扩散的方式进行传递；另一方面，流体在运动过程中，也必然将物质从一处向另一处传递。所以，对流传质的速率除了分子传质的影响外，还受到流体流动的影响。描述对流传质的传质通量方程可表述为

$$N_A = k_c \Delta c_A$$

这是对流传质系数 k_c 的定义式。对流传质系数不仅与流体的性质有关，而且还与流动状态和流场的几何特性有关。由于组分浓度表示方法不同，对流传质系数将有不同的形式。因此，如何确定传质系数是本章所要解决的一个关键问题。由于对流传质与对流换热的相似性，前面我们对于对流换热系数的分析方法，同样可以用于对流传质系数的分析。本章主要介绍对流传质的基本规律，重点讨论对流传质系数的计算问题。

16.1　对流传质的基本概况

一、对流传质的类型与机理

1. 对流传质的类型

与对流传热相似，对流传质根据流体的流动发生原因不同，可分为强制对流传质和自然对流传质两类。生产中的传质单元操作过程，譬如蒸馏、吸收、萃取等，流体均是在强制状态下流动，故均属强制对流传质。强制对流传质包括强制层流传质和强制湍流传质两类。工程上为了强化传质速率，多采用强制湍流传质过程。

按流体的作用方式对流传质又可分两类，一类是流体作用于固体壁面，即流体与固体壁面间的传质，如水流过可溶性固体壁面，溶质自固体壁面向水中传递；另一类是一种流体作用于另一种流体，两流体通过相界面进行传质，即相际间的传质，如用水吸收混于空气的氨气，氨向水中的传递。

2. 对流传质的机理

研究对流传质速率首先需弄清对流传质的机理。在实际工程中，以湍流传质最为常见，下面以流体强制湍流流过固体壁面时的传质过程为例，探讨对流传质的机理，对于有固定相界面的相际间的传质，其传质机理与之相似。

当流体以湍流流过固体壁面时，在壁面附近形成湍流边界层。在湍流边界层中，与壁面垂

直的方向上，分为层流内层、缓冲层和湍流主体三部分。物质在流体主体与垂直于壁面的方向上进行传质时，每一层流体其传质机理差别很大。

在层流内层中，流体沿着壁面平行流动，在与流向相垂直的方向上，只有分子的无规则热运动，故壁面与流体之间的质量传递是以分子扩散形式进行的。在缓冲层中，流体既有沿壁面方向的层流流动，又有一些旋涡运动，故该层内的质量传递既有分子扩散，也有涡流扩散，二者的作用同样重要，必须同时考虑它们的影响。在湍流主体中，发生强烈的旋涡运动，在此层中，虽然分子扩散与涡流扩散同时存在，但涡流扩散远远大于分子扩散，故分子扩散的影响可忽略不计。

由此可知，当湍流流体与固体壁面进行传质时，在各层内的传质机理是不同的。在层流内层，由于仅依靠分子扩散进行传质，故其中的浓度梯度很大，浓度分布曲线很陡，为一直线，此时可用费克第一定律进行求解，求解较为方便；在湍流中心，由于旋涡进行强烈的混合，其中浓度梯度必然很小，浓度分布曲线较为平坦；而在缓冲层内，既有分子传质，又有涡流传质，其浓度梯度介于层流内层与湍流中心之间，浓度分布曲线也介于二者之间。典型的浓度分布曲线如图 16.1 所示。

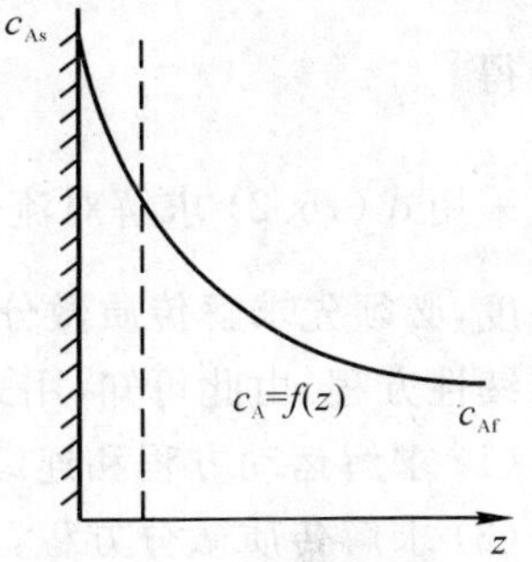

图 16.1　流体与壁面之间的浓度分布

二、浓度边界层与对流传质系数

1. 浓度边界层

当流体流过固体壁面时，若流体与固体壁面间存在浓度差，受壁面浓度的影响，在与壁面垂直方向上的流体内部将建立起浓度梯度，该浓度梯度自壁面向流体主体逐渐减小。通常将壁面附近具有较大浓度梯度的区域称为浓度边界层或传质边界层。这里以管内浓度边界层的形成为发展说明浓度边界层。

如图 16.2 所示，流体最初以均匀速度 u_0 和均匀浓度 c_{A0} 进入圆管内，因流体受壁面浓度的影响，浓度边界层厚度由进口的零值浓度渐增厚，经过一段距离 L_D 后，在管中心汇合，汇合后浓度边界层厚度等于圆管的半径。超过汇合点后，浓度分布将逐渐趋于平坦，若管子的长度足够，则截面上的浓度最后变为均匀一致并等于壁面的浓度 c_{As}。此段距离 L_D 称为传质进口段长度，处于进口段内的传质称为进口段传质，处于进口段后的传质称为充分发展的传质。可见，在管壁会形成两种边界层，即速度边界层 δ 和浓度边界层 δ_D，浓度边界层是逐渐形成的，有一个充分发展的过程，不同对流传质条件达到充分发展的管长也不相等。

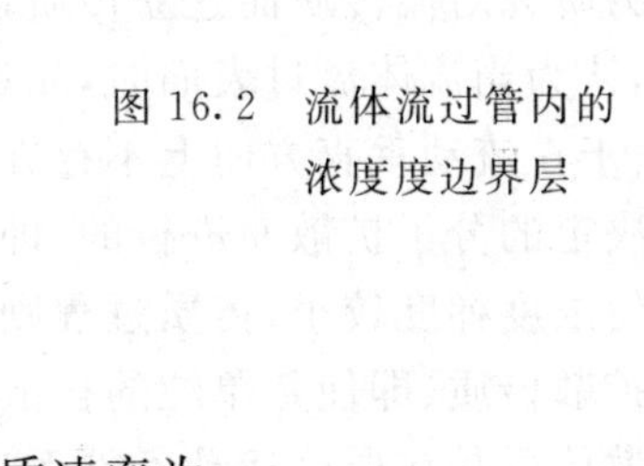

图 16.2　流体流过管内的浓度度边界层

2. 对流传质系数

根据对流传质速率方程，固体壁面与流体之间的对流传质速率为

$$G_A = N_A S = k_c S(c_{As} - c_{A0}) \tag{16.1}$$

式中，G_A 为对流传质速率（kmol/s）；S 为传质面积（m^2）；c_{As} 为壁面浓度（$kmol/m^3$）；c_{A0} 为流体的主体浓度或称为平均浓度（$kmol/m^3$）。

式(16.1)即为对流传质系数的定义式。由此可见，求算对流传质速率 G_A 的关键在于确定对流传质系数 k_c，但 k_c 的确定是一项复杂的问题，它与流体的性质、壁面的几何形状和粗糙度、流体的速度等因素有关，一般很难确定。

与对流传热系数求解方法类似，对流传质系数可通过以下方法求得：当流体与固体壁面之间进行对流传质时，在紧贴壁面处，由于流体具有黏性，必然有一层流体贴附在壁面上，其速度为零。当组分 A 进行传递时，首先以分子传质的方式通过该静止流层，然后再向流体主体对流传质。在稳态传质下，组分 A 通过静止流层的传质速率应等于对流传质速率，因此有

$$G_A = -DS\left.\frac{dc_A}{dz}\right|_{z=1} = k_c S(c_{Ab} - c_{As}) \tag{16.2}$$

整理得

$$k_c = \frac{D}{c_{As} - c_{Ab}}\left.\frac{dc_A}{dz}\right|_{z=0}$$

采用式(16.2)求解对流传质系数时，关键在于壁面浓度梯度 $\left.\frac{dc_A}{dz}\right|_{z=0}$ 的计算，而要求得浓度梯度，必须先求解传质微分方程。又在传质微分方程中，包括速度分布，这又要求解运动方程和连续性方程。由此可知，用式(16.2)求解对流传质系数的步骤如下：

(1) 求解运动方程和连续性方程，得出速度分布；

(2) 求解传质微分方程，得出浓度分布；

(3) 由浓度分布，得出浓度梯度；

(4) 由壁面处的浓度梯度，求得对流传质系数。

应予指出，上述求解步骤只是一个原则。实际上，由于各方程(组)的非线性特点及边界条件的复杂性，利用该方法仅能求解一些较为简单的问题，如层流传质的问题，而对实际工程中常见的湍流传质问题，尚不能用此方法进行求解。

16.2 对流传质简化模型

由于计算对流传质速率的关键是确定对流传质系数，而对流传质系数的确定往往是非常复杂的；为使问题简化，可先对对流传质过程作一定的假定，然后，根据假定建立描述对流传质的数学模型，此模型即为对流传质模型。求解对流传质模型，即可得出对流传质系数的计算式。迄今为止，研究者们已提出一些对流传质模型，其中最具代表性的是双膜模型，溶质渗透模型和表面更新模型。这些将在第 17 章专门介绍。

为研究对流传质而建立传质过程的模型时，从动量传输中引入了边界层概念，按照边界层概念，认为当流体流过表面时，靠近表面的一薄层流体呈层流状态，该层流体对表面的传质过程(由于在流动垂直方向上不存在流体质点的宏观位移)是由流体的扩散性和层上的浓度梯度所决定的分子扩散而进行的，即扩散传质过程。在此层流薄层以外，由流体质点的对流掺混作用使浓度梯度较小，传质过程则主要是由流体质点的对流作用来完成。应指出，在层流薄层内的扩散传质(即使是单纯的扩散)并不同于静止物体纯扩散的传质过程，边界层层流薄层上的扩散传质是在层流运动条件下进行的，除本身的扩散作用外，还受层流以外湍流核心的流动状态所制约。

为便于解析，根据边界层理论的设想，提出了“对流传质简化模型”的概念。将图 16.1 所示的浓度边界层设想为等厚的层流薄层(δ_c')，边界层上的浓度场以线性特征集中于此薄层之内

并等于界面上的浓度梯度$\left[\left(\frac{\partial c_i}{\partial z}\right)_{z=0}\right]$，即所谓“有效边界层”。有时将此设想的薄层称为“停滞层”。实际上，这种“停滞”或“有效”之称，均是为对流传质过程的解析而提出的设想概念，即所谓“对流传质简化模型”的概念。

对流传质简化模型概念的中心思想是：从对流传质边界层的模型概念出发，将对流传质过程的限制环节集中于此简化模型所设想的“停滞”薄层之内，即把对流传质的阻力归结于在界面上形成的流体薄膜的观点。

根据对流传质简化模型的概念，按费克第一定律于图 16.1 所示的边界条件下积分，得到传质通量的计算式为

$$J_i = \frac{D_i}{\delta_c'}(c_{A0} - c_{As}) \quad (\text{mol}/(\text{m}^2 \cdot \text{s})) \tag{16.3}$$

式中，D_i 为扩散组分(i)于流体中的互扩散系数(m^2/s)；c_{A0} 为扩散组分于流体中的平均浓度(mol/m^3)；c_{As} 为扩散组分于固体表面上的浓度或平衡浓度(mol/m^3)；δ_c' 为对流传质简化模型的“停滞层”厚度(m)。

从表面形式上看式(16.3)，似乎对流传质过程与流体运动无关，但实际上该式中的 δ_c' 在很大程度上是由流体的流动特征所决定，即是将传质过程中的流动因素包括在此设想的薄层厚度之内。只是说明了该对流传质相当大程度的分子扩散，它的值和流动相关。

16.3　流体流过物体表面时的对流传质

流体流过物体(绕流)或在容器内(如管内)流动时的对流传质过程，与相同流动条件下的对流传热相类似。对这一类传输过程，不仅可用相同的数学描述方法进行解析，而且所得结果亦有完全类似的表达形式。对于一些复杂的对流传质过程，根据与对流传热的类似性，还可以类似法通过相对应的参数转换，直接从对流传热系数计算式推出传质系数的相关公式。

前已述及，对于层流传质，在简单的边界条件下，其传质系数可由式(16.2)求取，本节将以平壁降落液膜内的层流传质和圆管内层流传质为例，讨论对流传质系数的分析求解方法。

一、沿平壁降落液膜内的稳态传质

在倾斜或垂直的表面上借重力作用而下落的液膜往往被应用在传质装置中，这种情况以湿壁塔中气体的吸收最为典型。

如图 16.3 所示，当降落液膜与气体混合物接触时，气相中的溶质组分 A 即向液相中溶解。一般来说，由于液膜内的流动仅靠重力作用下降，故其流速很低，流型属于层流。在顶端($y=0$)，液膜中溶质 A 的浓度 $c_A = c_{A0}$，并保持均匀一致；在气液相界面处，液相中溶质 A 的浓度 $c_A = c_{Ai}$，该浓度与气相中组分 A 的分压成平衡。由于$c_{Ai} > c_{A0}$，所以气体中组分 A 向液膜中扩散。现采用分析方法求解该传质过程的对流传质系数 k_L。

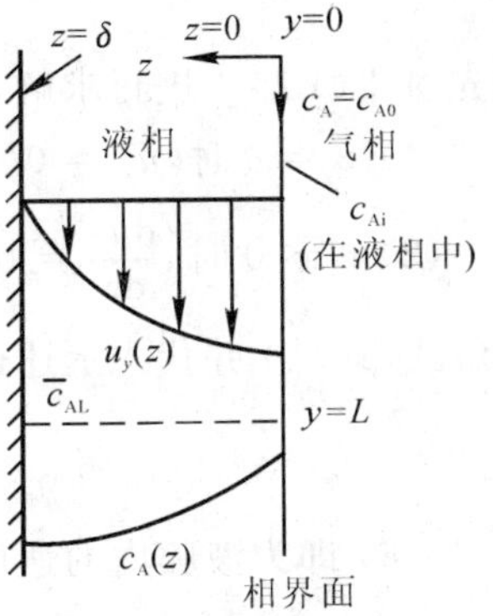

图 16.3　下降液膜内的稳态传质

用分析方法求解对流传质系数需求得浓度分布，而浓度分布需解以下几个方程，对不可压缩流体，即连续性方程为

$$\frac{\partial u_x}{\partial x}+\frac{\partial u_y}{\partial y}+\frac{\partial u_z}{\partial z}=0$$

运动方程（y 分量式）为

$$\frac{\partial u_y}{\partial \tau}+u_x\frac{\partial u_y}{\partial x}+u_y\frac{\partial u_y}{\partial y}+u_z\frac{\partial u_y}{\partial z}=Y-\frac{1}{\rho}\frac{\partial p}{\partial y}+\upsilon\left(\frac{\partial^2 u_y}{\partial x^2}+\frac{\partial^2 u_y}{\partial y^2}+\frac{\partial^2 u_y}{\partial z^2}\right)$$

式中，υ 为运动黏度。

对流扩散方程

$$\frac{\partial c_A}{\partial \tau}+u_x\frac{\partial c_A}{\partial x}+u_y\frac{\partial c_A}{\partial y}+u_z\frac{\partial c_A}{\partial z}=D\left(\frac{\partial^2 c_A}{\partial x^2}+\frac{\partial^2 c_A}{\partial y^2}+\frac{\partial^2 c_A}{\partial z^2}\right)+R_A$$

将以上三式应用于降落液膜内的稳态传质，可根据以下条件进行化简：

(1) 过程为稳态，故 $\frac{\partial u_y}{\partial \tau}=0$，$\frac{\partial c_A}{\partial \tau}=0$；

(2) 流动为一维流动，且由于气体吸收时的传质速率较小，在壁面法线方向上不致于有明显的速度，故 $u_x=u_z=0$；

(3) 液膜靠重力作用下降，故 $Y=g$；

(4) 液膜暴露在气体中，故 $\frac{\partial p}{\partial y}=0$；

(5) 假定板面很宽“无限大”，故$\frac{\partial u_y}{\partial x}=0\left(\frac{\partial^2 u_y}{\partial x^2}=0\right)$，$\frac{\partial c_A}{\partial x}=0\left(\frac{\partial^2 c_A}{\partial x^2}=0\right)$；

(6) 组分 A 沿 y 方向的扩散较其随液膜的运动可以忽略不计，故 $D\frac{\partial^2 c_A}{\partial y^2}=0$；

(7) 无化学反应，$R_A=0$。

连续性方程与运动方程化简结果为

$$\mu\frac{d^2 u_y}{dz^2}+\rho g=0 \tag{16.4}$$

对流扩散方程化简结果为

$$u_y\frac{\partial c_A}{\partial y}=D\frac{\partial^2 c_A}{\partial z^2} \tag{16.5}$$

现先对式(16.4)进行求解，该式的边界条件如下：

(1) $z=\delta$ 时，$u_y=0$（壁面上液体不滑脱）；

(2) $z=0$ 时，$\frac{du_y}{dz}=0$（自由表面 $\tau=0$）。

求解式(16.4)并代入上述边界条件，可得

$$u_y=\frac{\rho g\delta^2}{2\mu}\left[1-\left(\frac{z}{\delta}\right)^2\right] \tag{16.6}$$

式(16.6)即为液膜内的速度分布方程。液膜内任一截面处的平均流速 u_b 为

$$u_b=\frac{1}{\delta}\int_0^\delta u_y dz=\frac{1}{\delta}\int_0^\delta\frac{\rho g\delta^2}{2\mu}\left[1-\left(\frac{z}{\delta}\right)^2\right]dz$$

积分得

$$u_b=\frac{\rho g\delta^2}{3\mu} \tag{16.7}$$

由此可得 u_y 与 u_b 的关系为

$$u_y = \frac{3}{2}u_b\left[1-\left(\frac{z}{\delta}\right)^2\right] \tag{16.8}$$

由式(16.8)亦可得液膜厚度 δ 与平均流速 u_b 的关系式为

$$\delta = \left(\frac{3u_b\mu}{\rho g}\right)^{1/2} \tag{16.9}$$

定义 Γ 为单位液膜宽度的质量流率，即

$$\Gamma = \rho u_b(\delta)(l) = \rho u_b \delta$$

则

$$\delta = \left(\frac{3\mu\Gamma}{\rho^2 g}\right)^{1/3}$$

求出速度分布后，将其代入式(16.5)，得

$$\frac{3}{2}u_b\left[1-\left(\frac{z}{\delta}\right)^2\right]\frac{\partial c_A}{\partial y} = D\frac{\partial^2 c_A}{\partial z^2} \tag{16.10}$$

式(16.10)的边界条件如下：

(1) $z = 0$ 时，$c_A = c_{Ai}$（对于任意 y）；

(2) $z = \delta$ 时，$\frac{\partial c_A}{\partial z} = 0$（固体壁面无扩散，对于任意 y）；

(3) $y = 0$ 时，$c_A = c_{A0}$（对于任意 z）。

式(16.10)中 c_A 为 y，z 的函数，当 $y = L$ 时，c_A 可表示为 $c_A(z)$。此时，主体平均浓度 $\bar{c}_{AL}$ 可定义为

$$\bar{c}_{AL} = \frac{1}{\delta}\int_0^\delta c_A(z)\,dz$$

求解式(16.10)并代入上述边界条件，可得

$$\frac{c_{Ai}-\bar{c}_{AL}}{c_{Ai}-c_{A0}} = 0.785\,7e^{-5.121\,3\eta} + 0.100\,1\,e^{-39.318\,\eta} + 0.35e^{-105.64\eta} + \cdots \tag{16.11}$$

式中

$$\eta = \frac{2DL}{3\delta^2 u_b} \tag{16.12}$$

式(16.11)为液膜内的浓度分布方程。若由该式求出壁面处的浓度梯度 $\left(\frac{\partial c_A}{\partial z}\right)_{z=0}$，即可求出对流传质系数 k_L。然而，由于式(16.11)为级数形式，在 $z = 0$ 处的导数 $\left(\frac{\partial c_A}{\partial z}\right)_{z=0}$ 是不确定的。为此，常常使用整个气液界面的平均传质系数。

设在任意 y 位置处，经过 dy 距离时（宽度为一单位）组分A的浓度变化为 $d\bar{c}_A$，于是吸收速率可表达为

$$dq_A = u_b\delta d\bar{c}_A = k_L(c_{Ai}-\bar{c}_A)dy$$

故

$$u_b\delta\int_{c_{A0}}^{\bar{c}_{AL}}\frac{d\bar{c}_A}{c_{Ai}-\bar{c}_A} = \int_0^L k_L\,dy = k_{Lm}\int_0^L dy$$

从而得

$$k_{Lm} = \frac{u_b\delta}{L}\ln\frac{c_{Ai}-c_{A0}}{c_{Ai}-\bar{c}_{AL}} \tag{16.13}$$

式(16.13)即为平均对流传质系数的表达式。得到平均对流传质系数 k_{Lm} 后，即可计算 L 膜长的总吸收速率。设单位液膜宽度气液相界面上的平均传质通量为 N_{Am}，N_{Am} 可采用平均对流传质系数 k_{Lm} 和平均浓度 $(c_{Ai}-c_A)_m$ 来表示，即

$$N_{Am} = k_{Lm}(c_{Ai}-\bar{c}_A)_m \tag{16.14}$$

以单位液膜宽度计的总传质速率 q_A 为

$$q_A = N_{Am}L = u_b\delta(\bar{c}_{AL} - c_{A0}) \tag{16.15}$$

将式(16.13) 代入式(16.14),并利用式(16.15) 得

$$(c_{Ai} - \bar{c}_A)_m = \frac{(c_{Ai} - c_{A0}) - (c_{Ai} - \bar{c}_{AL})}{\ln \dfrac{c_{Ai} - c_{A0}}{c_{Ai} - \bar{c}_{AL}}} \tag{16.16}$$

由式(16.16) 可见,平均浓度差$(c_{Ai} - \bar{c}_A)_m$ 是液膜顶处和底处的对数平均浓度差。

应当指出,当液膜内的流速度较小或气液接触时间较长时,液膜雷诺数 $R_{ef}(R_{ef} = 4\Gamma/\mu)$ 较低,若 $R_{ef} < 100$ 时,式(16.11) 中右侧的级数可只取第一项,然后与式(16.13) 联立,从而解出

$$k_{Lm} = \frac{u_b\delta}{L}\ln\frac{e^{5.121\,3\eta}}{0.785\,7} = \frac{u_b\delta}{L}(0.241 + 5.121\,3\eta)$$

代入式(16.12) 得

$$k_{Lm} = 0.241\frac{u_b\delta}{L} + 3.41\frac{D}{\delta} \tag{16.17}$$

由于液膜内流速较小,故 $u_b\delta$ 亦必很小,式(16.17) 右侧的第一项与第二项相比可以忽略,于是有

$$k_{Lm} = 3.41\frac{D}{\delta} \tag{16.18}$$

或写成

$$Sh_m = \frac{k_{Lm}\delta}{D} = 3.41 \tag{16.19}$$

二、圆管的稳态层流传质

管内流动的流体与管壁之间的传质问题在工程技术领域是经常遇到的。若流体的流速较慢,黏性较大或管道直径较小时,流动呈层流状态,这种情况下的传质即为管内层流传质。

液体与管壁之间进行对流传质时,可能有以下两种情况:

(1) 流体一进入管中便立即进行传质,在管进口段距离内,速度分布和浓度分布都在发展,如图 16.4(a) 所示。

(2) 流体进管后,先不进行传质,待速度分布充分发展后,才进行传质,如图 16.4(b) 所示。

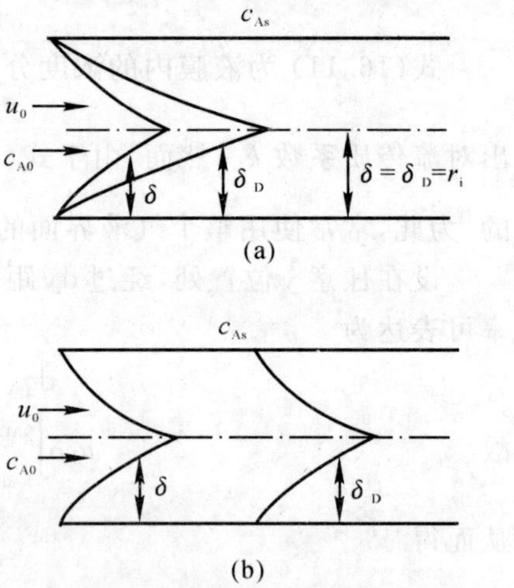

图 16.4　圆管内的稳态传质

对于第一种情况,进口段的动量传递和质量传递规律都比较复杂,问题的求解较为困难。后一种情况则较为简单,研究得也比较充分,下面主要讨论后一种情况的求解。

对于管内层流传质,可用柱坐标系的对流扩散方程来描述。设流体在管内沿轴向作一维稳态层流流动,且组分 A 沿径向进行轴对称的稳态传质,忽略组分 A 的轴向扩散,在所研究的范畴内速度边界层和浓度边界层均达到充分发展。由方程

$$\frac{\partial c_{\mathrm{A}}}{\partial \tau}+u_r\frac{\partial c_{\mathrm{A}}}{\partial r}+\frac{u_\theta}{r}\frac{\partial c_{\mathrm{A}}}{\partial \theta}+u_z\frac{\partial c_{\mathrm{A}}}{\partial z}=D\left[\frac{1}{r}\frac{\partial}{r}\left(r\frac{\partial c_{\mathrm{A}}}{\partial r}\right)+\frac{1}{r^2}\frac{\partial^2 c_{\mathrm{A}}}{\partial \theta^2}+\frac{\partial^2 c_{\mathrm{A}}}{\partial z^2}\right]$$

式中，θ 为方位角；τ 为时间；r 为径向坐标；z 为轴向坐标。

简化可得

$$u_z\frac{\partial c_{\mathrm{A}}}{\partial z}=D\left[\frac{1}{r}\frac{\partial}{\partial r}\left(r\frac{\partial c_{\mathrm{A}}}{\partial r}\right)\right] \tag{16.20}$$

由于速度分布已充分发展，则 u_z 和 r 的关系为

$$u_z=2u_{\mathrm{b}}\left[1-\left(\frac{r}{r_{\mathrm{i}}}\right)^2\right]$$

将此式代入式(16.20)中，即可得表述速度分布已充分发展后的层流传质方程为

$$\frac{\partial c_{\mathrm{A}}}{\partial z}=\frac{D}{2u_{\mathrm{b}}[1-(r/r_{\mathrm{i}})^2]}\left[\frac{1}{r}\frac{\partial}{\partial r}\left(r\frac{\partial c_{\mathrm{A}}}{\partial r}\right)\right] \tag{16.21}$$

式(16.21)的边界条件可分为以下两类：

(1) 组分 A 在管壁处的浓度 c_{As} 维持恒定。例如管壁覆盖着某种可溶性物质时。

(2) 组分 A 在管壁处的传质通量 N_{As} 维持恒定。如多孔性管壁，组分 A 以恒定速率通过整个管壁进入流体中。

显而易见，满足上述两类边界条件式(16.21)的解是不同的。下面以第二类边界条件为例，对式(16.21)进行求解。先对该式左侧中的 $\frac{\partial c_{\mathrm{A}}}{\partial z}$ 一项进行分析。由于已假定浓度分布充分发展，浓度分布充分发展的定义式为

$$\frac{\partial}{\partial z}\left(\frac{c_{\mathrm{As}}-c_{\mathrm{A}}}{c_{\mathrm{As}}-c_{\mathrm{Ab}}}\right)=0$$

对上式进行求导，并经变换得

$$\left(\frac{\partial c_{\mathrm{As}}}{\partial z}-\frac{\partial c_{\mathrm{A}}}{\partial z}\right)-\frac{c_{\mathrm{As}}-c_{\mathrm{A}}}{c_{\mathrm{As}}-c_{\mathrm{Ab}}}\left(\frac{\partial c_{\mathrm{As}}}{\partial z}-\frac{\partial c_{\mathrm{Ab}}}{\partial z}\right)=0 \tag{16.22}$$

在第二类边界条件下，$N_{\mathrm{As}}=$ 常数，由对流传质速率方程

$$N_{\mathrm{A}}=k_{\mathrm{c}}(c_{\mathrm{Ab}}-c_{\mathrm{As}})=\text{常数}$$

则必有$(c_{\mathrm{Ab}}-c_{\mathrm{As}})=$ 常数，故得

$$\frac{\partial c_{\mathrm{As}}}{\partial z}=\frac{\partial c_{\mathrm{Ab}}}{\partial z}$$

将上述关系代入式(16.22)，可得

$$\frac{\partial c_{\mathrm{A}}}{\partial z}=\frac{\partial c_{\mathrm{As}}}{\partial z}=\frac{\partial c_{\mathrm{Ab}}}{\partial z}=\text{常数}$$

由此，式(16.21)可写成常微分方程

$$\frac{\mathrm{d}c_{\mathrm{A}}}{\mathrm{d}z}=\frac{D}{2u_{\mathrm{b}}\left[1-\left(\frac{r}{r_{\mathrm{i}}}\right)^2\right]}\left[\frac{1}{r}\frac{\mathrm{d}}{\mathrm{d}r}\left(r\frac{\mathrm{d}c_{\mathrm{A}}}{\mathrm{d}r}\right)\right] \tag{16.23}$$

边界条件如下：

(1)$r=0$ 时，$\frac{\mathrm{d}c_{\mathrm{A}}}{\mathrm{d}r}=0$；

(2)$r=r_{\mathrm{i}}$ 时，$c_{\mathrm{A}}=c_{\mathrm{As}}$。

对式(16.23)积分两次,并代入以上边界条件,可得

$$c_{As}-c_A=\frac{u_b}{8r_i^2D}(3r_i^4-4r_i^2r^2+r^4)\frac{dc_A}{dz} \tag{16.24}$$

式(16.24)即为管壁传质通量恒定情况下的浓度分布方程。

对于管内的传质,式(16.2)可写成以下形式

$$k_c=\frac{D}{c_{As}-c_{Ab}}\left.\frac{dc_A}{dr}\right|_{r=r_i} \tag{16.25}$$

式(16.25)为管内传质时,对流传质系数 k_c 的分析求解公式。由此式可知,欲求解对流传质系数需先求出壁面处的浓度梯度$\left.\frac{dc_A}{dr}\right|_{r=r_i}$。

由式(16.24)对 r 求导,并代入 $r=r_i$ 条件,可得

$$\left.\frac{dc_A}{dr}\right|_{r=r_i}=\frac{u_br_i dc_A}{2Ddz} \tag{16.26}$$

主体浓度 c_{Ab} 定义为

$$c_{Ab}=\frac{\int_0^{r_i}u_zc_A2\pi r dr}{\int_0^{r_i}u_z2\pi r dr}$$

$$c_{As}-c_{Ab}=\frac{\int_0^{r_i}u_z(c_{As}-c_A)2\pi r dr}{\int_0^{r_i}u_z2\pi r dr} \tag{16.27}$$

式(16.24)代入式(16.27),经积分整理得

$$c_{As}-c_{Ab}=\frac{11u_br_i^2}{48D}\frac{dc_A}{dz} \tag{16.28}$$

将式(16.26)及式(16.28)代入式(16.25),整理得

$$k_c=\frac{24D}{11r_i} \tag{16.29}$$

管内的施伍德数 Sh 为

$$Sh=\frac{k_cd}{D}=\frac{2r_ik_c}{D}=\frac{48}{11}=4.36 \tag{16.30}$$

由此可见,在速度分布和浓度分布充分发展的条件下,恒定管壁传质通量的管内层流传质时,对流传质系数或施伍德数为常数。

若管内层流传质时壁面浓度 c_{As} 恒定,则$\frac{\partial c_A}{\partial z}$不为常数,式(16.21)也就不能化为常微分方程求解,求解较为困难。在 z 充分大的情况下,可解出

$$Sh=\frac{k_cd}{D}=3.66 \tag{16.31}$$

由上述结果可知,恒管壁传质通量和恒壁面浓度这两种传质情况下施伍德数值差别较大。

应予指出,上述结果均是在速度边界层和浓度边界层业已充分发展的情况下求出的。实际上,流体进口段的局部施伍德数 Sh 并非常数,工程计算中,为了计入进口段对传质的影响,采用以下公式进入修正:

$$Sh = Sh_{\infty} + \frac{k_1\left(\frac{d}{x}ReSc\right)}{1+k_2\left(\frac{d}{x}ReSc\right)^n} \tag{16.32}$$

式中,Sh 为不同条件下的平均或局部施伍德数;Sh_{∞} 为流过很长距离后的施伍德数;Sc 为流体的施密特准数,$Sc = \frac{\mu}{\rho D}$;d 为管道内径(m);x 为传质段长度(m);k_1,k_2,n 为常数,其值由表16.1查出。

表 16.1　式(16.32)中的各有关参数值

管壁条件	速度分布	Sc	Sh	Sh_{∞}	k_1	k_2	n
c_{As} 为常数	抛物线	任意	平均	3.66	0.066 8	0.04	2/3
c_{As} 为常数	正在发展	0.7	平均	3.66	0.104	0.016	0.8
N_{As} 为常数	抛物线	任意	局部	4.36	0.023	0.001 2	1.0
N_{As} 为常数	正在发展	0.7	局部	4.36	0.036	0.001 1	1.0

使用式(16.32)计算施伍德数 Sh 时,需先判断速度边界层和浓度边界层是否已充分发展,故需估算流动进口段长度 L_e 和传质进口段长度 L_D,其估算公式为

$$\frac{L_e}{d} = 0.05Re \tag{16.33}$$

$$\frac{L_D}{d} = 0.05\,ReSc \tag{16.34}$$

在进行管内层流传质的计算过程中,所用公式中各物理量的定性温度和定性浓度采用流体的主体温度和主体浓度(进出口值的算术平均值),即

$$t_b = \frac{t_i + t_o}{2}$$

$$c_{Ab} = \frac{c_{Ai} + c_{Ao}}{2}$$

式中,下标 i,o 分别表示进、出口状态。

三、湍流下的质量传递

为了加强传质过程和提高传质效率,在传质过程操作中,使流体多处于湍流状态,因此研究湍流传质问题较层流传质问题更为重要。但是由于湍流机理的复杂性,湍流传质问题不可能解析求解。流体在湍流条件下与界面进行传质时,速度、浓度等物理量均随时间高频脉动,湍流的主要特征是质点运动很不规矩、具有一定的随机性质,用经典的确定性方法去研究是行不通的。1921年泰勒(G. I. Taylor)最早提出用统计方法研究湍流,几十年来发展成为湍流的统计理论。鉴于篇幅所限,本书不作介绍。

16.4　量纲分析在对流传质中的应用

确定对流传质系数除边界层的精确分析法外,还有边界层的近似积分法、量纲分析法、类

比法等。下面介绍量纲分析法的应用。

一、强制对流传质

设流体流过圆管，由圆管的管壁向流体传质。组分A在管壁处的浓度为 c_{As}，与它在流体中的浓度 c_A 之差（$c_{As}-c_A$）是传质的推动力。强制对流的传质系数与圆管直径 d、流体密度 ρ、流体黏度 μ、流体速度 u 以及组分A对流体的扩散系数 D_{AB} 等有关。

它们的量纲如表16.2所示。

表16.2 强制对流传质有关变量的量纲

变　量	符　号	量　纲
管的直径	d	[L]
流体密度	ρ	[M/L³]
流体黏度	μ	[M/LT]
流体速度	u	[L/T]
扩散系数	D_{AB}	[L²/T]
传质系数	k_c	[L/T]

其次列出各变量量纲的矩阵，矩阵中的数字表示相应变量的量纲M，L和T的指数，见表16.3。

表16.3 各变量量纲的指数

量纲＼变量	D_{AB}	ρ	μ	u	d	k_c
M	0	1	1	0	0	0
L	2	−3	−1	1	1	1
T	−1	0	−1	−1	0	−1

因为基本量纲数为 $m=3$，无量纲的特征数的数目为 $6-3=3$，这3个无量纲的特征数分别用 π_1,π_2,π_3 表示。为了确定这3个无量纲的特征数是由哪些变量构成，首先必须从这些变量中选择 m 个变量作为基本量纲的代表，要求这些变量在量纲上是独立的，即其中任何一个变量的量纲不能从其他的变量的量纲导出，或者说这些变量不能构成一个无量纲的特征数。这里，我们选定 D_{AB}，ρ 和 d 作为3个基本量纲的代表，是否在量纲上独立可做下列判断（不做证明）：

$$\begin{vmatrix} 0 & 2 & -1 \\ 1 & -3 & 0 \\ 0 & 1 & 0 \end{vmatrix} \neq 0$$

如果上述行列式不等于零，说明这3个变量在量纲上是独立的。

这样，这3个无量纲的特征数可写成

$$\pi_1 = D_{AB}^a \rho^b d^c k_c$$

$$\pi_2 = D_{AB}^d \rho^e d^f k_c$$

$$\pi_3 = D_{AB}^g \rho^h d^i k_c$$

把 π_1 写成量纲的形式

$$[M^0 L^0 T^0] = [L^2/T]^a [M/L^3]^b [L]^c [L/T]$$

对[M]：
$$0 = b$$
对[L]：
$$0 = 2a - 3b + c + 1$$
对[T]：
$$0 = -a - 1$$

这些方程的解为：$a = -1, b = 0, c = 1$，于是可知 $\pi_1 = \dfrac{k_c d}{D_{AB}}$，它就是施伍德数。其他两个无量纲的特征数也可以用同样的方法很容易求得 $\pi_2 = \dfrac{du}{D_{AB}}$，$\pi_3 = \dfrac{\mu}{\rho D_{AB}} = Sc$。将 π_2 和 π_3 相除，得

$$\frac{\pi_2}{\pi_3} = \left(\frac{du}{D_{AB}}\right)\left(\frac{D_{AB}\rho}{\mu}\right) = \frac{du\rho}{\mu} = Re$$

所以圆管中强制对流传质的量纲分析的结果是

$$Sh = f(Re, Sc) \tag{15.35}$$

而函数的具体形式要由实验数据确定。

二、自然对流传质

如果在气相或液相中有密度差存在，就会产生自然对流。设有组分 A 在流体流经一垂直平板时，由于自然对流的存在，组分 A 由板面向着其邻近的流体传输质量。在这种情况下，显然与在强制对流下传质的变量不同，这些变量、符号及量纲列举如表 16.4 所示。

表 16.4　自然对流传质有关变量的量纲

变　量	符　号	量　纲
特征尺寸	L	[L]
扩散系数	D_{AB}	$[L^2/T]$
流体密度	ρ	$[M/L^3]$
流体黏度	μ	[M/LT]
浮　力	$g\triangle\rho_A$	$[M/L^2T^2]$
传质系数	k_c	[L/T]

根据白金汉 π 定理，应该有 3 个无量纲的特征数，以 D_{AB}，L 和 μ 作为基本量纲的代表，则 3 个无量纲的特征数分别为

$$\pi_1 = D_{AB}^a L^b \mu^c k_c$$
$$\pi_2 = D_{AB}^d L^e \mu^f \rho$$
$$\pi_3 = D_{AB}^g L^h \mu^i g \Delta\rho_A$$

将它们解出后，得到

$$\pi_1 = \frac{k_c L}{D_{AB}} = Sh$$

$$\pi_2 = \frac{\rho D_{AB}}{\mu} = \frac{1}{Sc}$$

$$\pi_3 = \frac{L^3 g \Delta\rho_A}{\mu D_{AB}}$$

将 π_2 与 π_3 相乘得

$$\pi_2\pi_3 = \left(\frac{\rho D_{AB}}{\mu}\right)\left(\frac{L^3 g \Delta\rho_A}{\mu D_{AB}}\right) = \frac{L^3 g \rho \Delta\rho_A}{\mu^2} = \frac{g L^3 \Delta\rho_A}{\upsilon^2 \rho} = Gr_D$$

式中，Gr_D 为传质格拉斯霍夫数，它的物理意义是浮力与黏性力之比。

这样，在自然对流传质中有如下的无量纲的特征数之间的关系：

$$Sh = f(Gr_D, Sc) \tag{16.36}$$

而函数的具体形式要由实验数据确定。

从以上两个应用的例子中可以看出，量纲分析方法可以将原来的 6 个变量缩减到 3 个无量纲的特征数，从而使实验结果的表达简单明确。但是，其缺点是要求对过程的机理要预先有清楚的了解，这样才能把所有的变量者包括进去。如果把多余的变量引入，所得到的无量纲的特征数无实用价值；如果有的变量被忽略了，就会导致错误的结论。一般而言，对那些只包括有限个变量，并能准确地确定变量的体系来说，量纲分析方法是很有实用价值的。

16.5 动量、热量与质量传递之间的类比

前文讨论了对流传质问题的分析求解方法，该方法只能用于具有简单边界条件的层流传质过程。然而，层流传质问题并不多见，为了强化传质过程，在工业传质设备中多采用湍流操作。对于湍流传质问题，由于其机理的复杂性，尚不能用分析方法求解，一般用类比的方法由经验公式计算对流传质系数。本节将讨论运用质量传递与动量传递、热量传递的类似性，求解湍流传质系数的方法。

一、三传类比的基本概念

动量、热量和质量三种传递过程之间存在许多类似之处，如：传递机理的类似；传递的数学模型（包括数学表达式及边界条件）类似；数学模型的求解方法及求解结果类似等。根据三传的类似性，对三种传递过程进行类比和分析，建立一些物理量间的定量关系，该过程即为三传类比。探讨三传类比，不仅在理论上有意义，而且具有一定的实有价值。一方面将有利于进一步了解三传的机理；另一方面在缺乏传质数据时，只要满足一定的条件，可以用流体力学实验来代替传热或传质实验，也可由一已知传递过程的系数求其他传递过程的系数。

当然，由于动量、热量和质量传递还存在各自特性，所以类比方法具有局限性，一般需满足以下几个条件：

(1) 物性参数可视为常数或取平均值。

(2) 无内热源。

(3) 无辐射传热。

(4) 无边界层分离，无形体阻力。

(5) 传质速率很低，速率场不受传质的影响。

现将与三传类比有关的物理量或公式列于表 16.5 中，以便于对照。

表 16.5　三传类比有关的物理量或公式对照表

物理量或公式	动量传递	热量传递	质量传递
分子传递的通量	$\tau=-\upsilon\dfrac{\mathrm{d}(\rho u_x)}{\mathrm{d}y}$	$\dfrac{q}{A}=-a\dfrac{\mathrm{d}(\rho c_{\mathrm{p}}t)}{\mathrm{d}y}$	$J_{\mathrm{A}}=-D\dfrac{\mathrm{d}c_{\mathrm{A}}}{\mathrm{d}y}$
分子扩散系数	υ	α	D
涡流传递的通量	$\tau^{r}=-\in\dfrac{\mathrm{d}(\rho u_x)}{\mathrm{d}y}$	$\left(\dfrac{q}{A}\right)^{e}=-\in_{\mathrm{H}}\dfrac{\mathrm{d}(\rho c_{\mathrm{p}}t)}{\mathrm{d}y}$	$J_{\mathrm{A}}^{e}=-\in_{\mathrm{M}}\dfrac{\mathrm{d}c_{\mathrm{A}}}{\mathrm{d}y}$
涡流扩散系数	$\in$	$\in_{\mathrm{H}}$	$\in_{\mathrm{M}}$
浓度梯度	$\dfrac{\mathrm{d}(\rho u_x)}{\mathrm{d}y}$	$\dfrac{\mathrm{d}(\rho c_{\mathrm{p}}t)}{\mathrm{d}y}$	$\dfrac{\mathrm{d}c_{\mathrm{A}}}{\mathrm{d}y}$
通过壁面的速率方程	$\tau_{\mathrm{s}}=\dfrac{f}{2}ub(\rho u_{\mathrm{b}}-\rho u_{\mathrm{s}})$	$\left(\dfrac{q}{A}\right)_{\mathrm{s}}=\dfrac{h}{\rho c_{\mathrm{p}}}(\rho c_{\mathrm{p}}t_{\mathrm{b}}-\rho c_{\mathrm{p}}t_{s})$	$J_{\mathrm{As}}=k_{\mathrm{c}}^{\mathrm{o}}(c_{\mathrm{Ab}}-c_{\mathrm{As}})$
浓度差	$\rho u_{\mathrm{b}}-\rho u_{\mathrm{s}}$	$\rho c_{\mathrm{p}}t_{\mathrm{b}}-\rho c_{\mathrm{p}}t_{s}$	$c_{\mathrm{Ab}}-c_{\mathrm{As}}$
传递系数	$\dfrac{f}{2}u_{\mathrm{b}}$	$\dfrac{h}{\rho c_{\mathrm{p}}}$	$k_{\mathrm{c}}^{\mathrm{o}}$

二、动量、热量和质量传输的类比

在实际工程中，为了强化传输过程，湍流比层流应用更为普遍，但是用分析解求解湍流传质问题是十分困难的。由于湍流中的动量传输和热量传输、质量传输的基本机理都是流体质点或微团的横向脉动与掺混，因此，多利用三种传输现象的类比，由湍流阻力系数推知湍流传质系数。下面介绍二种类比方法。

1. 雷诺类比

在热量传输中，已经推导出换热系数 α 和阻力系数 C_{f} 的关系，当 $Pr=1$ 时，有

$$\frac{\alpha}{\rho c_{\mathrm{p}}u_{\infty}}=\frac{C_{\mathrm{f}}}{2}=St \tag{16.37}$$

根据传输现象的相似性，将雷诺类比用到质量传输过程中去。当流体沿平板做层流流动时，如果 $Sc=1$，边界层内浓度分布与速度分布的关系为

$$\frac{\partial}{\partial y}\left(\frac{c_{\mathrm{A}}-c_{\mathrm{As}}}{c_{\mathrm{A}\infty}-c_{\mathrm{As}}}\right)\bigg|_{y=0}=\frac{\partial}{\partial y}\left(\frac{u_x}{u_{\infty}}\right)\bigg|_{y=0} \tag{16.38}$$

紧贴壁面 $y=0$ 处的通量可用下式表示：

$$N_{\mathrm{A},y}=-D_{\mathrm{AB}}\frac{\partial}{\partial y}(c_{\mathrm{A}}-c_{\mathrm{As}})\bigg|_{y=0}=k_{\mathrm{c}}(c_{\mathrm{As}}-c_{\mathrm{A}\infty}) \tag{16.39}$$

联立解式(16.38) 和式(16.39)，得

$$k_{\mathrm{c}}=\frac{\mu}{\rho u_{\infty}}\left(\frac{\partial u_x}{\partial y}\right)\bigg|_{y=0}$$

而

$$C_f=\frac{\tau_s}{\frac{\rho u_\infty^2}{2}}=\frac{2\mu\left(\frac{\partial u_x}{\partial y}\right)\bigg|_{y=0}}{\rho u_\infty^2}$$

所以

$$\left(\frac{\partial u_x}{\partial y}\right)\bigg|_{y=0}=\frac{C_f\rho u_\infty^2}{2\mu}$$

代入可得

$$\frac{k_c}{u_\infty}=\frac{C_f}{2}St_D \tag{16.40}$$

式中，St_D 称为传质斯坦顿数。由此可见，式(16.37)和式(16.40)是类似的。

2. 普朗特类比(Prandtl)

普朗特假设湍流流动是由层流底层和湍流核心区组成的，对于层流底层来说，动量和质量的涡流扩散率可以忽略不计，因此，从而导出与对流换热普朗特类比相似的对流传质普朗特类比关系式，即

$$\frac{k_c}{u_\infty}=\frac{C_f/2}{1+5\sqrt{\frac{C_f}{2}}(Sc-1)} \tag{16.41}$$

3. 冯·卡门类比(Von·karman)

冯·卡门认为湍流流动是由层流底层、过渡层和湍流核心区组成，从而导出质量传输的卡门类比关系式，即

$$\frac{k_c}{u_\infty}=\frac{\frac{C_f}{2}}{1+5\sqrt{\frac{C_f}{2}}\left\{Sc+1+\ln\frac{1+5Sc}{6}\right\}} \tag{16.42}$$

或

$$Sh_L=\frac{\frac{C_f}{2}ReSe}{1+5\sqrt{\frac{C_f}{2}}\left\{Sc-1+\ln\frac{1+5Sc}{6}\right\}} \tag{16.43}$$

4. 奇尔顿-科尔伯思类比

奇尔顿-科尔伯思认为满足传质实验数据的最好关联式为

$$\frac{k_c}{u_\infty}=\frac{C_f/2}{Sc^{2/3}}$$

或

$$j_D=\frac{k_c}{u_\infty}Sc^{2/3}=\frac{C_f}{2} \tag{16.44}$$

式(16.44)对于气体或液体而言，当 $0.6<Sc<2\,500$ 时都是正确的。j_D 为传质的 j 因子，虽然式(16.44)是一个根据层流和湍流的实验数据而建立的经验方程，但是它满足下述平板层流边界层的精确解

$$Sh_x=0.322Re_x^{1/2}Se^{1/3}$$

这是因为，如果将上式两边均用 $Re_x Sc^{1/3}$ 去除，可得

$$\frac{Sh_x}{Re_x Sc^{1/3}} = \frac{0.322}{Re_x^{1/2}}$$

再将层流边界层的布拉修斯解代入上式，就可得到奇尔顿-科尔伯思类比关系式，即

$$\frac{Sh_x}{Re_x Sc^{1/3}} = \frac{Sh_x}{Re_x Sc} Sc^{2/3} = \frac{C_f}{2}$$

或

$$\left(\frac{k_c x}{D_{AB}}\right)\left(\frac{\mu}{\rho u_\infty x}\right)\left(\frac{\rho D_{AB}}{\mu}\right) Sc^{2/3} = \frac{k_c}{u_\infty} Sc^{2/3} = \frac{C_f}{2} \tag{16.45}$$

完整的奇尔顿-科尔伯思类比关系式为

$$j_H = j_D = \frac{C_f}{2} \tag{16.46}$$

式(16.46)把三种传输现象联系在一起，它对于平板流动是准确的，而对于其他没有形状阻力存在的几何形体也是适用的。但是对有形状阻力的体系，应改为

$$j_H = j_D \neq \frac{C_f}{2} \tag{16.47}$$

或

$$\frac{\alpha}{\rho u_\infty c_p} Pr^{2/3} = \frac{k_c}{u_\infty} Sc^{2/3} \tag{16.48}$$

式(16.48)把对流换热和对流传质关联在一个表达式中，因此可以通过一种传输现象的已知数据，来确定另一种传输现象的未知系数。对于气体或液体而言，式(16.48)适用条件为 $0.6 < Sc < 2500$；$0.6 < Pr < 100$。

三、类比法与实验数据的比较

类比法是利用各处类似关系，探讨动量、热量和质量传输的机理及其关系。所得结果是近似的，有一定的使用条件。动量、热量和质量传输的类比，一般适用于光滑圆直管内充分发展的稳态湍流。对于非圆形流道，如以当量直径代替圆管直径，则上述类比关系仍然适用。类比法不适用短管、粗糙管，也不适用于绕球、圆柱体等的流动。主要原因是上述场合存在曳力。

类比法可以应用于一方是流体，而另一方是固体表面或相当稳定的流体表面的二者之间的传递过程。

在工程设计中当缺乏实验数据时，可利用类比关系式估算传递系数的值。但是必须注意所得结果仅是一个近似值。类比关系式之所以具有多种形式，并存在许多欠缺，其主要原因是至今仍没有较为完善的理论真实地解释界面的状态。

习题与思考题

1. 考虑化学反应，用欧拉法，应用质量守恒定律推导质量传递微分方程即对流扩散方程。

2. 管内层流传质，考虑速率边界层分布和浓度边界层分布均已充分发展时，在管壁处组分 A 维持恒定的传质通量，确定此时的施伍德数 Sh。

3. 提出对流传质简化模型的意义是什么？

4. 三传类比具有哪些理论意义和实际意义？

5. 293 K 的水膜沿 0.6 m 长的垂直壁面下流，并由气相中吸收 CO 气体，已知单位宽度水膜流量为 0.02 kg/(m·s)，气相为纯 CO，其压力为 101.3 kPa，温度为 273 K，进口水不含 CO，试求以单位宽度膜计的总吸收速率为多少 kmol/(m·s)？

已知：CO 在水中溶解度 $c_{Ai} = 0.001\ 04\ \text{kmol/m}^3$，CO 在水中扩散系数为 $D = 2.19 \times 10^{-10}\ \text{m}^2/\text{s}$，$\rho_{H_2O} = 998\ \text{kg/m}^3$，$\mu = 1.005 \times 10^{-3}\ \text{Pa}\cdot\text{s}$。

第 17 章　相际间的质量传递

质量传递过程涉及的领域很广，工程中常见的有蒸馏、吸收、萃取和干燥等，质量传递过程还与反应工程、离子交换、反渗透技术和生物工程等过程密切相关。前面所讨论的传质过程只局限于一均匀相内，并假设相内传递过程是连续的。然而，在工程实际中存在着多相流体的传热与传质问题。例如，气体的吸收、液-液萃取、易挥发组分的蒸馏等过程属于多相流体的传热或传质，其共同特点是物质通过相界面而传递。

17.1　不同相间的传质

物质由某一相穿过相界面向另一相的传递叫相间传质。它发生在互相接触的两相之间。许多实际的传质问题是在两相间进行的，例如还原、燃烧、干燥、吸附等是气相与固相的传质；蒸馏、吸收是气、液两相间传质；浸出则是液、固两相间的传质。这些传质过程往往同时存在分子扩散与对流传质，有时在相界还伴随化学反应。实际中的传质问题是多种过程的综合。相间传质包括三个步骤，首先是在某一相内从主体传递到界面，其次是通过该相界面到第二相界面，最后是由第二相的界面向第二相主体内传质。

一、相际平衡

在不同相间的传质过程中、相界面一般可认为处于相平衡状态。相平衡可由相律（吉布斯定律）确定。由相律可知，混合物系中诸相达到平衡时，物系的组分数目加上2等于相数加上自由度，即

$$m + 2 = \Phi = n$$

式中，m 为物系的组分数目；Φ 为相数；n 为自由度的数目。

由相律可确定自由度的数目。自由度包括物系的温度、压强、浓度及各相的组分等参数。根据相律可知表示相平衡关系的参数的数目。

对传质过程而言，如二组元物系，某气、液相间传质，由相律知自由度数 $n = 2$。在这种情况下，可以在固定一个参变量（如温度）的情况下，液相组成、气相组成或压强之间可任选一个作为自变量，则平衡关系可以用另外两个参数之间的关系来表示。即在一定温度下可用 $P-x$ 来表示平衡关系，或在一定外压下用 $y-x$ 表示平衡关系。

在传质相面界上，随着传质过程的进行，由于组分在某一相内的转移，平衡遭到破坏，为了维持平衡，另一相内将引起同一组分的迁移和变化，从而使该组分在相界面上，保持连续的动态平衡。

例如，干燥过程的恒温阶段，水分从物料表面蒸发时，物料表面的水蒸气浓度保持在干燥温度下的饱和蒸气压状态，当水分子向气相不断迁移，物料内部的水分要立即向表面迁移蒸发并保持水蒸气在原来的饱和气压状态，可见研究相间传质必须了解相际平衡，相际平衡时各相中的浓度称为平衡浓度。

在温度与压力恒定的条件下，某组分在两相中存在着一定的分配关系（如水从空气中吸收氨时的平衡）

$$y^* = Ax^n \tag{17.1}$$

式中，y^* 为与液相（或固相）浓度 x 平衡时对应的气相组成；A，n 为常数。

式(17.1)的平衡关系可以表示为图17.1中曲线的形式。由图17.1可以决定传质过程的进行方向。若组分在气相中浓度高于平衡浓度，即 $y > y^*$，则该组分（如氨）将由气相转入液相，即进行吸收或凝结；反之，若 $y < y^*$，则该组分将由液相转入气相，即进行解吸或蒸发。

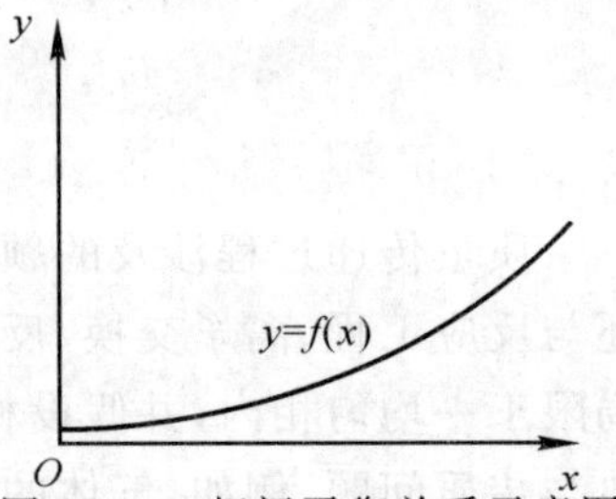

图17.1　相间平衡关系示意图

吸收时的亨利定律和蒸馏时的拉乌尔定律及萃取过程的分配定律都是研究这类相际平衡关系的具体定律。其他有关传质的单元过程常用的平衡关系见表17.1。对于一些非理想情况的复杂体系，相际平衡关系只有根据实验求得。

表17.1　各种传质单元操作的通用平衡关系

单元操作名称	组分数目	相数	自由度	可变量	通用的平衡关系
蒸馏	2(二组分系)	2	2	温度(T) 压强(P) 两相的浓度(x, y)	$P-y$(T一定) $T-x$(P一定) $T-y$(P一定) $x-y$(P一定)
吸收	3 吸收剂吸收质惰性气体	2	3	温度(T) 压强(P) 两相的浓度(x, y)	$x-y$(T, P一定)
液-固萃取(浸出)	3 溶剂 溶质 惰性物质	3(溶质未完全溶解的情况)	2	温度(T) 压强(P) 溶液的浓度(c)	$C-T$(P一定)即溶解度随温度而变化
液-液萃取	3 溶剂萃取剂溶质	2	3	温度(T) 压强(P) 溶液的浓度(C)	在T,P一定的情况下用三角坐标图表示三组分的平衡关系 $x-y$(T, P一定)
吸附	3 吸附剂吸附质惰性物质	2	3	温度(T) 压强(P) 两相的浓度(x, y)	$x-y$(T, P一定)
离子交换	3 离子交换剂溶剂，电解质	2	3	温度(T) 压强(P) 两相的浓度(x, y)	$x-y$(T, P一定)
干燥	3 固体，水份干燥介质	2(无自由水份存在)	3	温度(T) 压强(P) 两相的浓度(x, y)	平衡浓度－相对温度(T, P一定)

二、相际传质方程式

类似于研究对流传热，物质从一相向另一相传递时传质方程式可写成

$$传质速率(\omega) = 传质系数(k) \times 传质面积(A) \times 传质推动力(\Delta)$$

亦即

$$\omega = kA\Delta \tag{17.2}$$

传质系数与传热系数类似，可认为是传质时所受阻力的倒数；当考虑相间传质总系数时，总系数的倒数是两相阻力的倒数之和。

导热方程可以写成

$$Q = -\lambda A \Delta T \tag{17.3}$$

由式(17.2)和式(17.3)可以看出，传热方程与传质方程形式上完全一样，二者的主要差别在于传热方程各物理量的表示法只有一种，即传热速率单位是J/s，ΔT是K，而传质速率ω可以是kg/s，也可以是kmol/s，且传质系数和传质推动力因表示方法的不同，而有不同的单位；另外，传质必须两相直接接触，传热则可以通过间壁甚至真空进行。

对于传质推动力Δ，如果是连续操作，而各截面的接触面的浓度有所改变，同时两相的平衡关系为一定值时，和传热一样，Δ将是对数平均值Δm。

17.2 相际传质理论

传质过程理论的研究重点是传质机理的研究。相际传质机理是说明传质过程的基础，有了正确的传质理论，便可以据此对具体的传质过程及设备进行分析，优化选择合理的操作条件，对设备的强化、新型高效设备的开发等作出指导。

传质理论一般首先是对传质过程提出一个能说明传质机理的数学物理模型，研究该模型的解，研究影响传质过程的各种因素，并以实验验证该传质理论的正确程度，进而可以用实验的结果，检验数学物理模型的准确性和合理性，最后修正得到比较切合实际工程问题的传质模型。

我们知道，传质过程中阻力最大的环节或者说过程速度最慢的环节称之为控制环节。若界面反应迅速达到平衡，则过程进行的速度由反应物浓度，或生成物中某一组分或几个组分的移动所控制，即由物质传输的快慢所决定，若界面反应很慢，则过程进行速度由界面化学反应控制。

实际的传质可能同时有几个阻力相近的控制步骤，形成混合控制环节。单独测定各相内的传质阻力来研究相间传质是很困难的。研究相间传质问题，首先要从解决相界面发生的现象着手，即相界面具有什么状态，是分子扩散还是湍流传质，是稳态扩散还是非稳态扩散。然后，假定传质模型以说明界面上的传质情况，确定各相阻力与总阻力的关系，再根据模型及实验确定反映相间传质系数的概括关系，从而为传质设备的设计提供依据，并找出强化或控制传质过程的途径。

由于工程上应用的传质设备种类繁多，传质机理极其复杂，关于两相间的传质机理尚无成熟的理论。传质理论的基本问题是在相际表面，即传质过程中相界面上发生了什么现象，因此各种传质理论都是从对相际表面的模型着手研究的。双膜理论（假定稳态传质）、渗透理论（假

定相际表面是非稳态扩散）和表面更新理论是最有代表性的几种相间传质理论模型，以下分别概括介绍。

一、双膜模型理论

在第 16 章对流传质的讨论中，其出发点是依靠实验解决传质速率问题，并未对传质过程作理论上的探讨，不少研究者提出多种假设的传质模型，其中最具代表性的是双膜模型理论。

双膜模型又称停滞膜模型，由惠特曼（Whiteman）于 1923 年提出，为最早提出的一种传质模型。

双膜模型把两流体间的复杂对流传质过程简化，描述成如图 17.2 所示的模式。

通过相界面的传质机理随相界面两边介质的性质及运动状态不同而差异很大。类似传热中的边界层理论，流体在固体表面流动时，存在传质厚度为 δ 的停滞边界，这就构成了所谓的单膜理论。双膜理论是关于流体在相间界面上质量传输的边界层理论，该理论分析其中只有一个相的流动是决定性流动的过程，或是用于传质发生在与固相界面上的场合。

双膜理论的基本设想如下：

(1) 当两相（如气液）充分接触时，在两相间存在着稳定的相界面，相界面的两侧各有一层很薄的停滞膜，传质阻力只存在于停滞膜膜内。

(2) 在相界面上两个相达到动态平衡，进行稳定的传质过程。

(3) 在两个停滞膜以外的两相主体中，由于流体的湍动，各处浓度均匀一致，且每个相内的扩散流与该组分在主体内和界面上的浓度差 Δc_i 或分压 ΔP_i 成正比。

(4) 薄膜中流体静止，不受流体内流动状态的影响，而且各相内的传质相对独立，互不干扰。

依此模型，在相界面及两相主体中均无阻力存在。在双膜传质模型中，认为各相内的全部浓度差都集中在边界层内（如气膜或液膜内），因此双膜模型也称为双阻力模型，而且浓度场是稳定的。实际上这种理论只适用于两边流体运动缓慢或搅动不太剧烈的场合。若流体受剧烈搅动，湍流程度很高，界面两侧不可能存在稳定的薄膜层，每相流体主体与界面间的传质都具有不稳定态。此时只能应用渗透理论和表面更新理论分析研究。

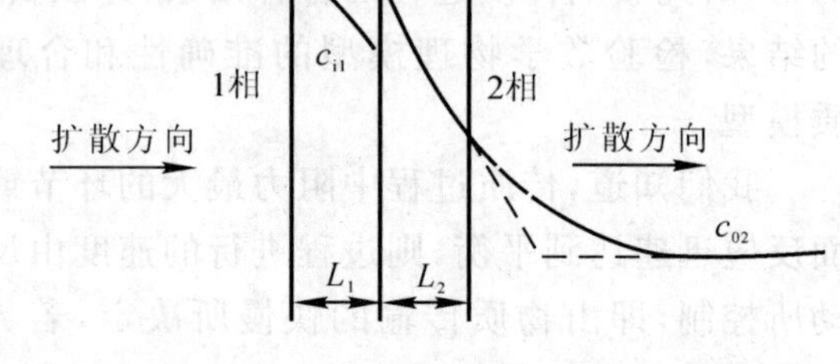

图 17.2　双膜理论示意图

该模型过于简单不能反映传质过程的真实情况，实际传质过程中完全符合双膜理论的传质过程很少，因此要注意它的适用条件和应用程度。但为方便起见，常常用双膜理论简化处理，作为设计的重要依据。如对于气-液传质问题，当两流体都处于运动状态时，一般也可简化为双膜模型研究。当气体与液体都处于静止状态时，这时两相内传质全都依靠分子扩散，可用扩散公式分别确定每相内的传质系数。若气体流动、液体静止，这时气体在液面上形成气膜浓度边界层，气体在液面传质可按对流传质公式计算，液体内部则按分子扩散形式计算。

根据双膜模型，我们可以推导出对流传质系数与扩散系数的一次方成正比，即 $k \in D$。双膜模型为传质模型奠定了初步的基础，用该模型描述具有固定相界面的系统及流动速度不高的两流体间的传质过程，与实际情况大体符合。按此模型所确定的传质速率关系，至今仍是传质设备设计的主要依据。但是，该模型对传质机理假定过于简单，因此对许多传质设备，特别是不存在固定相界面的传质设备，双膜模型并不能反映出传质的真实情况，譬如对填料塔这样具有较高传质效率的传质设备而言，k 并不与 D 的一次方成正比。

二、溶质渗透模型

双膜理论中关于界面两侧的薄膜静止不动和薄膜中传质速度不受流体内流动状态影响的假设有很大的局限性。在许多实际传质设备中，由于气液两相在高度湍动状况下互相接触，此时不可能存在一个稳定的相界面，因而也不会存在两个稳定的停滞膜层，为了更准确地描述相际传质过程的机理，1935 年，希格比(R. Higbie) 提出了溶质渗透理论，该模型认为扩散过程是不稳定的分子扩散过程，为非稳态模型。该理论的基本论点有以下两点：

1. 溶质渗透模型的设想

希格比认为在液膜内进行稳态扩散是不可能的，他认为在工业传质设备中，气液两相的接触时间很短，故应根据非稳态扩散模型来处理这类问题。溶质渗透模型将液相中的对流传质过程进行了简化，把两流体间的对流传质描述成图 17.3 所示的模式，其基本设想如下：

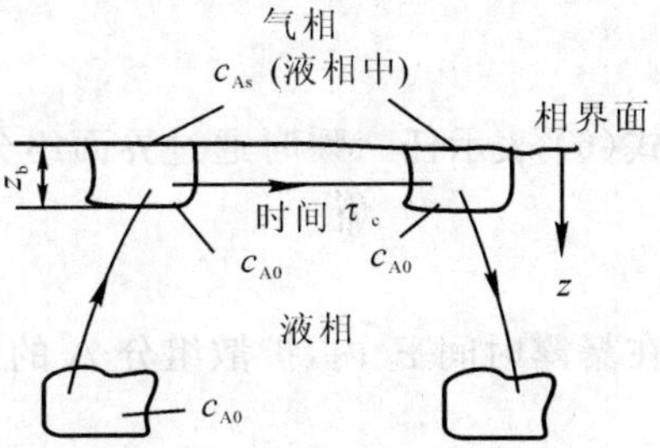

图 17.3　溶质渗透模型示意图

(1) 液面是由无数微小的流体微元构成，当气液两相处于湍流状态相互接触时，液相主体中的某些流体微元运动至界面便停滞下来。在气液未接触前($\tau \leqslant 0$)，流体微元中溶质的浓度和液相主体的浓度相等($c_A = c_{A0}$)。接触开始后($\tau > 0$)，相界面处($z = 0$) 立即达到与气相的平衡状态($c_A = c_{Ai}$)。随着接触时间的延长，溶质 A 通过非稳态扩散方式不断地向流体微元中渗透，时间越长，渗透越深。但由于流体微元在界面处渗透的时间是有限的，经过 τ_c 时间后，旧的流体微元即被新的流体微元所置换而回到液相主体中去，故在流体单元深处($z = z_b$)，仍保持原来的主体浓度($c_A = c_{A0}$)。

(2) 流体微元不断进行交换，每批流体微元在界面渗透的时间 τ_c 都是一样的。

2. 对流传质系数的确定

按照溶质渗透模型，溶质 A 在液体微元内进行的是一维非稳态扩散过程。设系统内无化学反应，则分子传质微分方程(费克第二定律) 可化简成

$$\frac{\partial c_A}{\partial \tau} = D\frac{\partial^2 c_A}{\partial z^2} \tag{1}$$

式(1) 为溶质渗透模型的数学表达式，其定解条件为：

(1) $\tau = 0$ 时，$c_A = c_{A0}(z \geqslant 0)$

(2) $z = 0$ 时，$c_A = c_{Ai}(\tau > 0)$

(3) $z \to \infty$ 时，$c_A = c_{A0}(\tau \geqslant 0)$

用以上定解条件求解式(1) 可得

$$\frac{c_{Ai} - c_A}{c_{Ai} - c_{A0}} = \mathrm{erf}(\eta) = \frac{2}{\sqrt{\pi}}\int_0^{\eta} e^{-\eta^2}\,d\eta \tag{2}$$

式中
$$\eta=\frac{z}{\sqrt{4D\tau}} \tag{3}$$

式(2) 即为浓度分布方程，由此式可求出任意 z，τ 时的浓度 $c_{A0}\,\mathrm{erf}(\eta)$ 称为误差函数，其值可由数学手册中查得。

设某瞬时扩散组分 A 通过界面的传质通量为 N_{A0}，根据费克第一定律，有

$$N_{A0}=-D\left.\frac{\partial c_A}{\partial z}\right|_{z=0} \tag{4}$$

而
$$\left.\frac{\partial c_A}{\partial z}\right|_{z=0}=\left(\frac{\partial c_A}{\partial \eta}\frac{\partial \eta}{\partial z}\right)_{z=0}$$

对式(2)、式(3) 求导，代入上式并整理得

$$\left.\frac{\partial c_A}{\partial z}\right|_{z=0}=-(c_{Ai}-c_{A0})\frac{1}{\sqrt{\pi D\tau}} \tag{5}$$

将式(5) 代入式(4) 得

$$N_{A0}=(c_{Ai}-c_{A0})\frac{D}{\sqrt{\pi\tau}} \tag{6}$$

式(6) 表示任一瞬时通过界面组分 A 的扩散通量，由此式可得出任一瞬时的传质系数为

$$k_{c0}=\sqrt{\frac{D}{\pi\tau}} \tag{17.4}$$

在暴露时间 τ_c 内，扩散组分 A 的总传质量(以单位面积计) 为

$$\int_0^{\theta}N_{A0}\,\mathrm{d}\tau=(c_{Ai}-c_{A0})\sqrt{\frac{D}{\pi}}\int_0^{\tau_c}\frac{\mathrm{d}\tau}{\sqrt{\tau}}=2(c_{Ai}-c_{A0})\sqrt{\frac{D\tau_c}{\pi}}$$

单位时间的平均传质 N_{Am} 为

$$N_{Am}=\frac{2(c_{Ai}-c_{A0})\sqrt{\frac{D\tau}{\pi}}}{\tau_c}=2(c_{Ai}-c_{A0})\sqrt{\frac{D}{\pi\tau_c}}$$

则平均传质系数为

$$k_{cm}=2\sqrt{\frac{D}{\pi\tau_c}} \tag{17.5}$$

式(17.5) 即为用溶质渗透模型导出的对流传质系数计算式。由该式可看出，对流传质系数 k_{cm} 可通过分子扩散系数 D 和溶质渗透时间 τ_c 计算，渗透时间 τ_c 即为模型参数。

由式(17.5) 还可看出，传质系数 k_{cm} 与分子扩散系数 D 的 0.5 次方成正比，与实验数值较接近，溶质渗透模型更能准确地描述气液间的对流传质过程，但该模型的模型参数 τ_c 求算较为困难，使其应用受到一定的限制。

溶质渗透理论的主要贡献是放弃了稳态扩散的观点，采用了非稳态过程的解决方法，并指出了液体定期混合传质的作用。

三、表面更新模型

溶质渗透理论的有效的渗透时间 τ_c 不易确定，1951 年丹克维尔茨(Danckwerts) 对希格比的溶质渗透模型进行了研究和修正，提出了表面更新模型，也称为渗透-表面更新模型。以吸收

为例，该模型认为：流体在流过相界处过程表面不断更新，即不断有液体从主体转向界面而暴露于气相中，这种界面的不断更新使传质过程大大强化。原来需要通过缓慢的扩散过程才能将溶质传至液体深处，现通过表面更新，深处的液体就有机会直接与气体接触以接受溶质。该模型以一个表面更新率 s 代替渗透模型中的 τ_c，主要此模型作出数学描述，经解析求解后得出对流该传质系数为

$$k_c = \sqrt{Ds} \tag{17.6}$$

式中，s 为表面更新率，定义为单位时间内表面被更新的百分率，与流体动力条件及系统的几何形状有关，是由实验确定的常数。当湍流强烈时，表面更新频率必然增大。由此可见，传质系数 k_c 与表面更新率 s 的平方根成正比。

渗透-表面更新模型自从提出后，获得了较快的发展。溶质渗透模型与表面更新模型的最大区别在于前者假定表现更新过程每隔 τ_c 时间周期地发生一次，而后者则认为更新是随时间进行的过程。该模型从最初应用于吸收液相内的传质过程，后来又应用于伴有化学反应的吸收过程，现已应用于液-固和液-液界面的传质过程。

综合各种传质理论的结论，可以看出平均传质系数 k 与扩散系数之间表现出相似的系数关系，即 $k \propto D^n$，它们都是以对流体动力学性质的简化为基础的。

当流体微元在界面上停留的时间足够长时，或者当溶质在微元中的扩散系数很大时，这时，可以按双膜理论处理，$n = 1$。当微元在界面上寿命很短时，即表面更新很快，则按渗透理论处理，此时 $n = 0.5$。

17.3　相际传质理论的应用

虽然将各种传质理论用于过程设计仍有一定的困难，但是这些理论有助于分析和解决一些，复杂传质过程的问题。本节通过几个实例，进一步说明传质理论的应用方法。

一、“气-固”相间的综合扩散传质

根据双膜模型理论的相间综合传质概念，可研究“气-固”相间以及包括界面化学反应的稳态综合传质过程。

固体氧化物（如铁矿石）在气相中还原处理，是“气-固”相间综合传质的典型过程，其传质模型如图 17.4 所示。

其扩散传质和化学反应的全过程由三个环节组成：即气体还原剂通过气膜向气固界面扩散，气体还原剂及反应生成物气体在反应生成物固体中的扩散，以及在固态氧化物和固态还原物界面上的化学反应。

通过气膜在单位间内气体还原剂向气固界面的传质量为

$$n_g = 4\pi r_w^2 k_g (c_f - c_w) \quad (\text{mol/s}) \tag{17.7}$$

式中，$4\pi r_w^2$ 为球形料块的表面积（cm^2）；k_g 为气体还原剂的传质系数（cm/s）；c_f，c_w 分别为还原剂的原始浓度及固相表面上的浓度（mol/cm^3）。

气体还原剂通过还原产物固体层的扩散传质量为

$$n_s = \frac{D_{eff} 4\pi r^2 \, dc}{dr} \tag{17.8}$$

式中，D_{eff} 为气体还原剂于还原固体产物中的扩散系数，其中包括固体产物中孔隙的特征，称为有效扩散系数；$4\pi r^2$ 为固体层内半径为 r 的传质面积。

对于稳态传质过程，n_s 为常数，则对式(17.8)积分得

$$\int_{c_i}^{c_w} dc = \frac{n_s}{D_{eff} 4\pi} \int_{c_i}^{c_w} \frac{dr}{r^2}$$

$$c_w \quad c_i = \frac{n_s}{4\pi D_{eff}} \frac{r_w - r_i}{r_i r_w}$$

故
$$n_s = 4\pi D_{eff} \frac{r_i r_w}{r_w - r_i}(c_i - c_w) \tag{17.9}$$

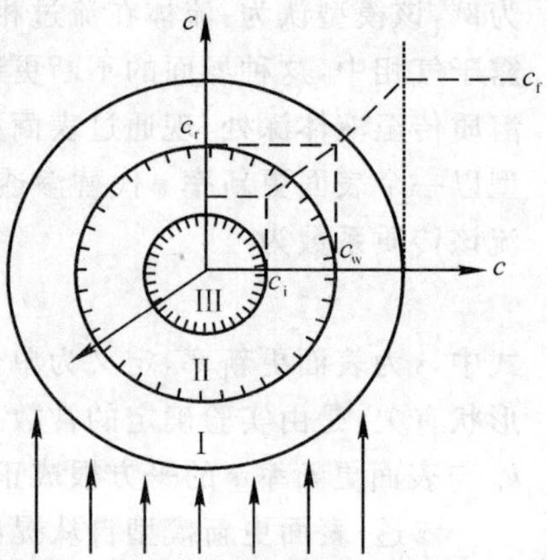

图 17.4　气-固综合传质示意图

Ⅰ—气膜区；Ⅱ—还原反应生成物区；

Ⅲ—未反应氧化物区

对于未考虑界面化学反应时的稳态传质过程，$n_g = n_s = n$，则由式(17.7)和式(17.9)求得气、固相间的综合传质通量为

$$n = \frac{4\pi(c_f - c_i)}{\dfrac{1}{r_w^2 k_g} + \dfrac{r_w - r_i}{r_i r_w D_{eff}}} \quad (mol/s) \tag{17.10}$$

式(17.9)中，c_i 为固相反应界面上气体还原剂的浓度，实际上，就是和反应的气体产物相平衡的平衡浓度 $c_{平}$，在式(17.10)计算时可近似地取 $c_i \cong c_{平}$。

当在固相化学反应界面上($r = r_i$)，进行等分子数可逆反应时(如 $CO-CO_2$ 等)，其反应的传质速率为

$$n_c = 4\pi r_i^2 k_+ + c_i - 4\pi r_i^2 k_- - c_i' \tag{17.11}$$

其中
$$K = k_+ / k_- = c_{平}' / c_{平}$$

式中，c_i，c_i' 为还原剂及还原产物浓度；K 为反应平衡常数；k_+，k_- 为正负反应速度常数；$c_{平}'$ 为反应平衡时，气体还原产物的浓度；$c_{平}$ 为反应平衡时，气体还原剂的浓度。

对于等分子数反应，在反应中总浓度不变，即有

$$c_i + c_{平}' = c_{平} + c_{平}' \quad 和 \quad c_i' = c_{平}(1+K) - c_i \tag{17.12}$$

将式(17.12)代入式(17.11)，得到

$$n_c = 4\pi r_i^2 k_+ c_i - 4\pi r_i^2 k_- [c_{平}(1+K) - c_i] =$$

$$4\pi r_i^2 k - + c_i - 4\pi r_i^2 \frac{k_+}{K}[c_{平}(1+K) - c_i] = 4\pi r_i^2 k_+ \frac{1+K}{K}(c_i - c_{平})$$

或
$$n_c = \frac{4\pi K(c_i - c_{平})}{r_i^2 k_+ (1+K)} \quad (mol/s) \tag{17.13}$$

对于包括界面化学反应的综合稳态传质过程有，$n_g = n_s = n_c = n$，则由式(17.10)和式(17.13)得到铁矿石还原过程的综合传质通量计算公式为

$$n = \frac{4\pi r_w^2}{\dfrac{1}{k_g} + \dfrac{r_w(r_w - r_i)}{r_i D_{eff}} + \left(\dfrac{r_w}{r_i}\right)^2 \dfrac{K}{k_+(1+K)}}(c_f - c_{平}) \tag{17.14}$$

式(17.10)和式(17.14)，与稳态综合传热和多层壁稳态导热的公式在形式上相类似，其中分母的各项与传热中的串联热阻相对应，为不同的传质阻力。

二、具有蒸发的传质过程

化工、冶金生产过程中经常涉及在真空中还原生产金属或蒸发的操作。如在铁基合金的真

空熔炼或真空热处理过程中，一些元素，如锰或铬之类，会有损失；相反，一些不希望存在的有害杂质，如锌铅之类，可被蒸发去除。就实验研究而言，常利用克努曾隙透盒来测定元素的蒸发速率以确定材料的热力学性能。

在这些情况下，其传质过程均包含如下几个步骤：① 易挥发物质传输到凝聚相的表面；② 在凝聚相表面生成易挥发的化合物；③ 从凝聚相表面蒸发入气相或真空；④ 离开凝聚相表面而传输至气相或真空。根据具体条件，这些步骤中的任何一步都可能是传质过程速率的限制环节，或几个步骤组成一混合控制过程。

利用混合物中组分挥发度的不同，当一个组分具有高的挥发性这一特点，我们可以测定不同浓度下该组分的蒸气压。

用克努曾隙透盒来研究合金的热力学性能。一盛有给定合金的空心盒，其末端有一个很小的孔；测量经此小孔蒸发入真空的分子流所产生的力便可确定相应浓度下该组分的蒸气压。在这些条件下，发生分子的自由扩散过程，有

$$Z = \sqrt{\frac{k_B T}{2\pi m}}(n_1 - n_2) \quad (\text{mol}/(\text{m}^2 \cdot \text{s}))$$

或

$$J = \frac{A_e(P_1 - P_2)}{\sqrt{2\pi MRT}} \quad (\text{mol/s})$$

式中，P_1 的单位为 $\text{g}/(\text{cm}\cdot\text{s}^2)$；$R$ 的单位为 $\text{g}\cdot\text{cm}^2/(\text{s}^2\cdot\text{K}\cdot\text{gmol})$。

这两个式子表示原子或分子通过一无限薄的锐孔离开该盒的净速率。由于难以制造无限薄（亦即设备壁厚）的小孔，实际的分子流率与理论值间有一个校正系数。但是，分子回弹而不穿过该孔的几率很小，该校正系数的值亦说明这个事实。克劳辛(Clausing) 系数 W_e 表示分子穿过该孔的几率，它是该孔厚度与其半径之比 l/r 的函数，如表 17.2 所示。把这个系数考虑进去，则可得

$$J = \frac{A_e W_e(P_1 - P_2)}{\sqrt{2\pi MRT}} \tag{17.15}$$

表 17.2　隙透盒的 Clausing 系数

l/r	W_e	l/r	W_e
0	1.00	0.3	0.869 9
0.1	0.952 4	0.4	0.834 1
0.2	0.909 2		

与此同时，当蒸气经此锐孔离开该盒时，该盒内的固态合金从其原始浓度为 c_{A0} 的表面失去合金元素。如果与合金的暴露表面积 A_s 相比，锐孔的横截面积 A_e 很小，那么，我们可以把该盒内的分压力 P_1 看作是均匀的。此外，P_1 是易挥发组分与其在固体表面的浓度 c_{As} 相平衡时的压力。因此，图 17.5 即表示这种情况，这时，从固体内部到表面的扩散流等于溢流，即

$$J = DA_s\left(\frac{\partial c_A}{\partial x}\right)_{x=0} = \frac{A_e W_e(P_1 - P_2)}{\sqrt{2\pi MRT}} \tag{17.16}$$

式中，c_A 的单位为克分子 /cm^3。为了使分子发生自由扩散，P_2 必须很低($< 10^{-3}$ 大气压)。事实上，如果把盒置于真空中，主要因为 P_1 这时只有 $10^{-3} \sim 10^{-6}$ 大气压数量级，可以更快地达到

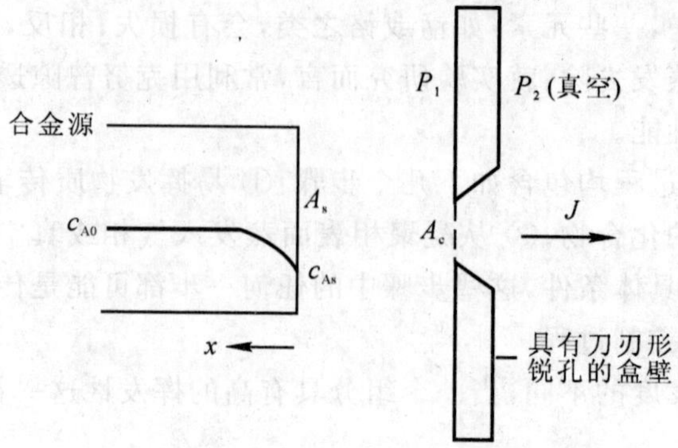

图 17.5　克努曾隙透盒中的情况

流率 J；P_1 与固态合金的表面成分有关，有

$$P_1 = \gamma_A X_A P_{A0}$$

式中，γ_A 为以纯组分作标准态的活度系数；P_{A0} 为在所讨论的温度下纯组分的蒸气压。

真空下可取 $P_2 = 0$，于是有

$$DA_s\left(\frac{\partial c_A}{\partial x}\right)_{x=0} = \frac{A_e W_e \gamma_A P_{A0} c_{As}}{\rho\sqrt{2\pi MRT}} \tag{17.17}$$

式中，ρ 为合金的克分子密度（克分子合金 /cm^3。）

菲克第二定律描述固体内部的扩散过程；该固体表面处的边界条件为式(17.17)。

如果我们把该合金看做为半无限大固体，那么，对于下面方程：

$$\frac{\partial c_A}{\partial \tau} = D\frac{\partial^2 c_A}{\partial x^2} \tag{17.18}$$

可找到满足下列初始条件和边界条件的一个解：

$$c_A(x, 0) = c_{A0} \tag{17.19}$$

$$\frac{\partial C_A(0, \tau)}{\partial t} - Yc_A(0, \tau) = 0 \tag{17.20}$$

$$c(\infty, x) = c_{A0} \tag{17.21}$$

其中

$$Y = \frac{A_e W_e \gamma_A P_{A0}}{A_s D\rho\sqrt{2\pi MRT}} \quad (1/\text{cm})$$

卡斯劳和詹埃格(Jaeger) 对满足式(17.18)、式(17.19)、式(17.20) 和式(17.21) 给出如下的解：

$$\frac{c_A}{c_{A0}} = \text{erf}\,\frac{x}{2\sqrt{D\tau}} + \text{erf}(Yx + Y^2 D\tau)\,\text{erfc}\left(\frac{x}{2\sqrt{D\tau}} + Y\sqrt{D\tau}\right) \tag{17.22}$$

令式(17.22) 中的 $x = 0$，即可得到固体的表面浓度 c_{As} 为

$$\frac{c_{As}}{c_{A0}} = \exp(Y^2 D\tau)\,\text{erfc}(Y\sqrt{D\tau}) \tag{17.23}$$

施罗埃德(Schroeder) 利用式(17.23) 计算了为使铁-锰合金的表面浓度降限制在 5% 以内可以容许的最长的实验时间，对于一定的铁-锰合金，其计算结果如图 17.6 所示。

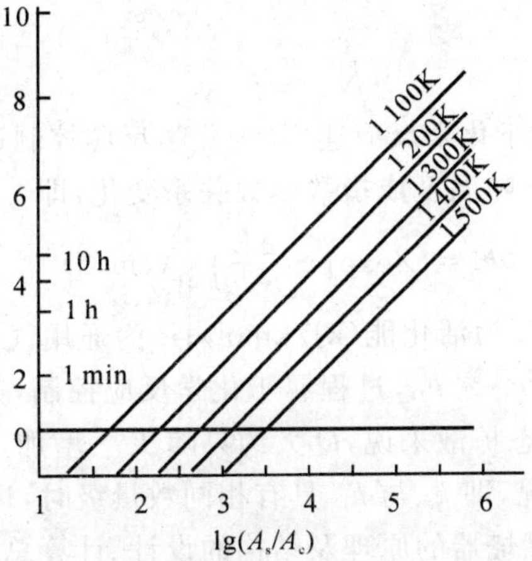

图 17.6　使 5%(重量) 锰-铁合金的表面浓度
降低 5% 所需的保持时间计算值

三、炭粒燃烧过程

炭的燃烧或某些矿物原料的浸出，15.2 节就是在气-固相界面或液-固相界面上发生的非均相化学反应的传质过程之一。

(1) 反应传质速率设反应组分由浓度为 c_{A0} 的流体核心，向浓度为 c_{Ai} 反应相界面迁移，其速率为

$$N_{A1} = k_D(c_{A0} - c_{Ai}) = \frac{c_{A0}\ \ c_{Ai}}{1/k_D} \tag{17.24}$$

利用有效边界层厚度 δ_e' 的概念，对流传质系数 k_D 也可以写成 D_A/δ_e'，即

$$N_{A1} = \frac{D_A}{\delta_e'}(c_{A0} - c_{Ai}) = \frac{c_{A0} - c_{Ai}}{\delta_e'/D_A} \tag{17.25}$$

对于一级化学反应，反应速率与气体反应物在界面上的浓度 c_{Ai} 成正比。

$$N_{A2} = k_i c_{Ai} = \frac{c_{Ai}}{1/k_r} \tag{17.26}$$

式中，k_r 为化学反应速率常数(cm/s) 或(m/h)。

在稳定状态，$N_{A1} = N_{A2} = N_A$。将式(17.25) 与式(17.26) 利用和比定律，得

$$N_A = \frac{c_{A0}}{\dfrac{1}{k_r} + \dfrac{\delta_e'}{D_A}} = kc_{A0} \tag{17.27}$$

其中，k 为有化学反应传质的总传质系数，其表示式为

$$k = \frac{1}{\dfrac{1}{k_r} + \dfrac{\delta_e'}{D_A}} = \frac{1}{\dfrac{1}{k_D} + \dfrac{1}{k_r}} \tag{17.28}$$

若对流传质系数 k_D 很小，$k_D \ll k_r$ 时，式(17.27) 可简化成

$$N_A = \frac{D_A c_{A0}}{\delta_e'} = k_D c_{A0} \tag{17.29}$$

这时燃烧过程速率取决于传质过程，为传质控制过程。

若化学反应速率常数很小，$k_r \ll k_D$ 时，式(17.27) 简化成

$$N_A \approx k_r c_{A0} \tag{17.30}$$

这时整个燃烧过程的速率取决于化学反应速率，为化学反应控制过程。

化学反应速率常数 k_r 通常随温度成指数函数关系变化，即

$$k_r = Z\exp\left(-\frac{\Delta E}{RT}\right) \quad (\text{cm/s}) \tag{17.31}$$

式中，Z 为频率因子(cm/s)；ΔE 为活化能(kJ/kmol)；R 为通用气体常数(kJ/(kmol·K)。

当温度较低时，k_r 值较小，$k_r \ll k_D$，过程属于化学反应控制，如式(17.28)；若温度很高，k_r 随 T 呈指数规律增大，对于气态扩散来说，D 大约只随 $T^{1.5}$ 增加，这时 $k_r \gg k_D$，属于扩散传质控制，如式(17.29)。对中间情况，即 k_r 与 k_D 具有相同数量级时，过程属于混合控制。

(2) 炭燃烧时间的计算。燃烧器的原理及结构的设计、计算总离不开液态燃料滴和固体燃料颗粒燃烧率的计算，往往要用到径向球对称变截面扩散，现以炭粒燃烧为例简要介绍。

在固相表面发生化学反应的传质速率按式(17.25)及式(17.26)计算，得

$$N_{A2} = \frac{c_{A0}}{\dfrac{1}{k_D} + \dfrac{1}{k_r}} \tag{17.32}$$

空气流中心对炭粒表面的对流传质系数一般可写成

$$k_D = Sh\,\frac{D}{d} = Sh\,\frac{D}{2R} \tag{17.33}$$

式中，d 为炭粒直径；D 为扩散系数。

当一个炭粒在空气中燃烧时，氧气不断地向球形炭粒扩散，并在炭粒表面发生化学反应。先假定炭燃烧反应

$$C + O_2 = CO_2$$

在稳态时，氧分子向炭粒表面扩散，而 CO_2 按相反的方向扩散，属于等分子逆向传质。每一摩尔的氧相当于一摩尔炭的燃烧。假定在炭粒周围的气膜中不发生其他化学反应，所以炭的消耗速率

$$N_C = N_{O_2} \tag{17.34}$$

随着碳的燃烧，炭粒直径将相应地变小；设炭粒为纯碳，不存在灰分，则燃烧速率与粒子的半径变化有如下关系

$$N_C = \frac{dr}{dt}\frac{\rho_C}{M_C} \quad (\text{mol/(cm}^2\cdot\text{s)}) \tag{17.35}$$

将式(17.28)，式(17.32)，式(17.33)代入式(17.34)得

$$\frac{c_{A0}}{\dfrac{2R}{Sh\cdot D} + \dfrac{1}{k_r}} = -\frac{\rho_C}{M_C}\frac{dr}{d\tau}$$

随着燃烧过程的进行，炭粒半径 r 是不断变化的，因而是一个变量

$$\int_0^\tau d\tau = -\frac{\rho}{M}\frac{1}{c_{A0}}\int_{R_0}^0\left(\frac{2r}{Sh\cdot D} + \frac{1}{k_r}\right)dr$$

燃烧时间

$$\tau = \frac{\rho_C}{M_C c_{A0}}\left(\frac{R_0^2}{ShD} + \frac{R_0}{k_r}\right) \quad (\text{s}) \tag{17.36}$$

若假定碳生成 CO 的反应为

$$2C + O_2 = 2CO \tag{17.37}$$

即1摩尔的氧扩散到炭表面的同时，2摩尔CO向空气扩散，不属于等分子反方向扩散。若近似认为 O_2 向表面的对流传质速率仍为式(17.35)所表示的值，只是炭的消耗速率增大一倍，即

$$-N_C = 2N_{O_2} \tag{17.38}$$

将式(17.28)，式(17.32)，式(17.33)代入式(17.38)，得

$$\frac{dr}{d\tau}\frac{\rho_C}{M_C} = 2\frac{c_{A0}}{\frac{2r}{Sh \cdot D} + \frac{1}{k_r}}$$

$$\int_0^\tau d\tau = \frac{-\rho_C}{2M_C c_{A0}}\int_{R_0}^0 \left(\frac{2r}{Sh \cdot D} + \frac{1}{k_r}\right)dr$$

$$\tau = \frac{\rho_C}{2M_C c_{A0}}\left(\frac{R_0^2}{Sh \cdot D} + \frac{R_0}{k_r}\right) \quad (s) \tag{17.39}$$

假如炭燃烧后生成物中，$CO_2 : CO = 1 : 2$，则

$$-N_C = 1.5N_{O_2}$$

即炭消耗的摩尔数相当于氧消耗摩尔数的1.5倍。同理推得

$$\tau = \frac{\rho_C}{1.5M_C c_{A0}}\left(\frac{R_0^2}{Sh \cdot D} + \frac{R_0}{k_r}\right) \quad (s) \tag{17.40}$$

一般当炭粒半径小于10 μm时，燃烧时间主要是化学反应时间，即燃烧过程主要受化学反应控制，当 $R_0 = 10 \sim 30$ μm时，燃烧过程属于混合控制过程；当 $R_0 > 30$ μm时，燃烧过程逐渐转为以扩散为主，即属于扩散控制过程。所以，为强化小颗粒炭的燃烧。应当提高燃烧温度，而对大颗粒炭的强化燃烧，则易加大气流与颗粒表面间的相对流速(亦即加大 Sh 或(k_D)。

习题与思考题

1. 双膜理论、溶质渗透模型和表面更新模型的要点是什么？各模型理论求得的传质系数与扩散系数有何关系，其模型参数是什么？

2. 利用双膜理论建立的总传质公式与通过薄壁($\frac{\delta}{\lambda} \to 0$)传热的公式有何异同点？

3. 为了能在1 150℃下从熔融的铜中除去氢，用1 atm的纯氩气与铜接触产生反应$[H] = \frac{1}{2}H_2[g]$。氢扩散进入氩气，[H]表示溶解在铜液中的氢。在1 150℃和1 atm氢气压力下，氢在铜中的溶解度7.0 cm^3/kg。假设各相内的传质系数(即 k_G 和 k_c)大致相等，试利用双膜理论判定脱氢过程是气相控制还是液相控制？

4. 一初始直径为 1.5×10^{-4} m的球形煤颗粒，在空气中燃烧。其 $\rho_c = 1.28 \times 10$ kg/m^3，如果燃烧温度为1 145 K，氧在气体混合物中的扩散系数为 1.3×10^{-4} m^2/s。假定整个过程是稳态的，求煤粒的直径减小到 5.0×10^{-5} m时所需的时间为多少 s。

附　录

附表 1　物理量单位换算

力 [MLT^{-2}]	N	dyn	kgf
	1	1×10^{5}	1.020×10^{-1}
	1×10^{-5}	1	1.020×10^{-6}
	9.807	9.807×10^{5}	1

压力、应力 [$MT^{-1}T^{-2}$]	Pa	bar	atm	$kgf\cdot cm^{-2}$	mmHg(torr)
	1	1×10^{-5}	9.869×10^{-6}	1.020×10^{-5}	7.501×10^{-3}
	1×10^{5}	1	9.869×10^{-1}	1.020	7.501×10^{2}
	1.013×10^{5}	1.013	1	1.033	7.60×10^{2}
	9.807×10^{4}	9.807×10^{-1}	9.678×10^{-1}	1	7.36×10^{2}
	1.333×10^{2}	1.333×10^{-3}	1.316×10^{-3}	1.360×10^{-3}	1

能力、功、热 [$ML^{2}T^{-2}$]	J	$kgf\cdot m$	cal	$kW\cdot h$
	1	1.020×10^{-1}	2.388×10^{-1}	2.778×10^{-7}
	9.807	1	2.344	2.72×10^{-6}
	4.187	4.27×10^{-1}	1	1.163×10^{-6}
	3.600×10^{6}	3.67×10^{5}	8.5988×10^{5}	1

功率、热流量 [$ML^{2}T^{-3}$]	W	$J\cdot s^{-1}$	$kgf\cdot m\cdot s^{-1}$	$cal\cdot s^{-1}$
	1	1	1.020×10^{-1}	2.388×10^{-1}
	9.807	9.807	1	2.34
	4.19	4.19	4.27×10^{-1}	1

比热容 [$L^{2}T^{-2}\theta^{-1}$]	$kJ\cdot kg\cdot K^{-1}$	$kcal\cdot kg^{-1}\cdot ℃^{-1}$
	1	2.388×10^{-1}
	4.187	1

热导率 [$MLT^{-3}\theta^{-1}$]	$W\cdot m^{-1}\cdot K^{-1}$	$cal\cdot s^{-1}\cdot m^{-1}\cdot ℃^{-1}$
	1	2.388×10^{-1}
	4.187	1

动力黏度 [$ML^{-1}T^{-1}$]	$Pa\cdot s$	Poise	$kgf\cdot m^{-2}$
	1	1×10^{1}	1.020×10^{-1}
	1×10^{-1}	1	1.020×10^{-2}
	9.807	9.807×10^{1}	1

运动黏度、热扩散率 [$L^{2}T^{-1}$]	$m^{2}\cdot s^{1-}$	$cm^{2}\cdot s^{-1}$	$m^{2}\cdot h^{-1}$
	1	1×10^{4}	3.60×10^{3}
	1×10^{-4}	1	3.60×10^{-1}
	2.778×10^{-4}	2.778	1

传热系数、表面传热系数 [$MT^{-3}\theta^{-1}$]	$W\cdot m^{-2}\cdot K^{-1}$	$cal\cdot cm^{-2}\cdot s^{-1}\cdot ℃^{-1}$	$kcal\cdot m^{-2}\cdot h^{-1}\cdot ℃^{-1}$
	1	2.389×10^{-5}	8.60×10^{-1}
	4.184×10^{4}	1	3.60×10^{4}
	1.163	2.78×10^{-5}	1

热流密度(通量) [MT^{-3}]	$W\cdot m^{-2}$	$cal\cdot cm^{-2}\cdot s^{-1}$	$kcal\cdot m^{-2}\cdot h^{-1}$
	1	2.389×10^{-5}	8.60×10^{-1}
	4.184×10^{4}	1	3.60×10^{4}
	1.163	2.78×10^{-5}	1

附表 2　干空气的物理性质

温度 t ℃	密　度 ρ kg/m^3	比热容 c_p $kJ/(kg \cdot ℃)$	导热系数 λ $\times 10^2 W/(m \cdot ℃)$	导热系数 a $\times 10^6 m^2/s$	黏　度 μ $\times 10^5 Pa \cdot s$	运动黏度 v $\times 10^6 m^2/s$	普朗特准数 Pr
−50	1.584	1.013	2.04	12.7	14.6	9.23	0.728
−40	1.515	1.013	2.12	12.8	15.2	10.04	0.728
−30	1.453	1.013	2.20	14.9	15.7	10.80	0.723
−20	1.395	1.009	2.28	16.2	16.2	11.79	0.716
−10	1.342	1.009	2.36	12.4	16.7	12.43	0.712
0	1.293	1.005	2.44	18.8	17.2	13.28	0.707
10	1.247	1.005	2.51	20.0	17.6	14.16	0.705
20	1.205	1.005	2.59	21.4	18.1	15.06	0.703
30	1.165	1.005	2.67	22.9	18.6	16.00	0.701
40	1.128	1.005	2.76	24.3	19.1	16.96	0.699
50	1.093	1.005	2.83	25.7	19.6	17.95	0.698
60	1.060	1.005	2.90	26.2	20.1	18.97	0.696
70	1.029	1.009	2.96	28.6	20.6	20.02	0.694
80	1.000	1.009	3.05	30.2	21.1	21.09	0.692
90	0.972	1.009	3.13	31.9	21.5	22.10	0.690
100	0.946	1.009	3.21	33.6	21.9	23.13	0.683
120	0.898	1.009	3.34	36.8	22.8	25.45	0.686
140	0.854	1.013	3.49	40.3	23.7	27.80	0.684
160	0.815	1.017	3.64	43.9	24.5	30.09	0.682
180	0.779	1022	3.78	47.5	25.3	32.49	0.681
200	0.746	1.036	3.93	51.4	26.0	34.85	0.680
250	0.674	1.033	4.27	61.0	27.4	40.61	0.677
300	0.615	1.047	4.60	71.6	29.7	48.33	0.674
350	0.566	1.059	4.91	81.9	31.4	55.45	0.676
400	0.524	1.068	5.21	93.1	33.0	63.09	0.678
500	0.456	1.093	5.74	115.3	36.2	79.38	0.687
600	0.404	1.114	6.22	138.3	39.1	96.89	0.699
700	0.362	1.135	6.71	163.4	41.8	115.4	0.706
800	0.329	1.156	7.18	188/3	44.3	134.8	0.713
900	0.301	1.172	7.63	216.2	46.7	155.1	0.717
1 000	0.277	1.185	8.07	245.9	49.0	177.1	0.719
1 100	0.257	1.197	8.50	276.2	51.2	199.3	0.722
1 200	0.239	1.210	9.15	316.5	53.5	223.7	0.724

附表3　在大气压下烟气的物理性质

烟气成分：$CO_2=0.13$　$H_2O=0.11$　$N_2=0.76$							
温度 t/℃	密　度 ρ/kg/m³	比热容 c_p/kJ/(kg·℃)	导热系数 λ/×10² W/(m·℃)	导热系数 a/×10⁶ m²/s	黏　度 η/×10⁵ Pa·s	运动黏度 v/×10⁶ m²/s	普朗特准数 Pr
0	1.295	1.042	2.28	16.9	15.8	12.20	0.72
100	0.950	1.068	3.13	30.8	20.4	21.54	0.69
200	0.748	1.097	4.01	48.9	24.5	32.80	0.67
300	0.617	1.122	4.84	69.9	28.2	45.81	0.65
400	0.525	1.151	5.70	94.3	31.7	60.38	0.64
500	0.457	1.185	6.56	121.1	34.8	76.30	0.63
600	0.405	1.214	7.42	150.9	37.9	93.61	0.62
700	0.363	1.239	8.27	183.8	40.7	112.1	0.61
800	0.330	1.264	9.15	219.7	43.4	131.8	0.60
900	0.301	1.290	10.00	258.0	45.9	152.5	0.59
1 000	0.275	1.306	10.90	303.4	48.4	174.3	0.58
1 100	0.257	1.323	11.75	345.5	50.7	197.1	0.57
1 200	0.240	1.340	12.62	392.4	53.0	221.0	0.56

附表 4　饱和水的物理性质

t / ℃	p / $\times 10^{-5}$ Pa	ρ / kg·m^{-3}	h / kJ·kg^{-1}	c_p / kJ/(kg·℃)	λ / $\times 10^2$ W/(m·℃)	a / $\times 10^8$ m^2/s	η / $\times 10^6$ Pa·s	v / $\times 10^6$ m^2/s	a_v / $\times 10^4$ K^{-1}	σ / N·m^{-1}	Pr
0	0.006 11	999.9	0	4.212	55.1	13.1	1 788	1.789	−0.81	756.4	13.67
10	0.012 27	999.7	42.04	4.191	57.4	13.7	1 306	1.305	+0.87	741.6	9.52
20	0.023 38	998.2	83.91	4.183	59.9	14.3	1 004	1.006	2.09	726.9	7.02
30	0.042 41	995.7	125.7	4.174	61.8	14.9	801.5	0.805	3.05	712.2	5.42
40	0.073 75	992.2	167.5	4.174	63.5	15.3	653.3	0.659	3.87	696.5	4.31
40	0.073 75	992.2	167.5	4.174	63.5	15.3	653.3	0.659	3.87	696.5	4.31
50	0.123 35	988.1	209.3	4.174	64.8	15.7	549.4	0.556	4.49	676.9	3.54
60	0.199 2	983.1	257.3	4.179	65.9	16.0	469.1	0.478	5.11	662.2	2.99
70	0.311 6	977.8	293.0	4.187	66.8	16.3	406.1	0.415	5.70	643.5	2.55
80	0.473 6	971.8	355.0	4.195	67.4	16.6	355.1	0.365	6.32	625.9	2.21
90	0.701 1	865.4	377.0	4.208	68.0	16.8	314.9	0.326	6.95	607.2	1.95
100	1.013	958.4	419.1	4.220	68.3	16.9	282.5	0.295	7.52	588.6	1.75
110	1.43	]951.0	461.4	4.233	68.5	17.0	259.0	0.272	8.08	569.0	1.60
120	1.98	943.1	503.7	4.250	68.6	17.1	237.4	0.252	8.61	548.4	1.47
130	2.70	934.8	546.4	4.266	68.6	17.2	217.8	0.233	9.19	528.8	1.36
140	3.61	926.1	589.1	4.287	68.5	17.2	201.1	0.217	9.72	507.2	1.26
150	4.76	917.0	632.2	4.313	68.4	17.3	186.4	0.203	10.3	486.6	1.17
160	6.18	907.0	675.4	4.346	68.3	17.3	173.6	0.191	10.7	466.0	1.10
170	7.92	897.3	719.3	4.380	67.9	17.3	162.3	0.181	11.3	443.4	1.05
180	10.03	886.9	763.3	4.417	67.4	17.2	153.0	0.173	11.9	422.8	1.00
190	12.55	876.0	807.8	4.459	67.0	17.1	144.2	0.165	12.6	400.2	0.96
200	15.55	863.0	852.8	4.505	66.3	17.0	136.4	0.158	13.3	376.7	0.93
210	19.08	852.3	897.7	4.555	65.6	16.9	130.5	0.153	14.1	354.1	0.91
220	23.20	840.3	943.7	4.614	64.5	16.6	124.6	0.148	14.8	331.6	0.89
230	27.98	827.3	990.2	4.681	63.7	16.4	119.7	0.145	15.9	310.0	0.88
240	33.48	813.6	1 037.5	4.756	62.8	16.2	114.8	0.141	16.8	285.5	0.87
250	39.78	799.0	1 085.7	4.844	61.8	15.9	109.9	0.137	18.1	261.9	0.86
260	46.94	784.0	1 135.7	4.949	60.5	15.6	105.9	0.135	19.7	237.4	0.87
270	55.05	767.9	1 185.7	5.070	59.0	15.1	102.0	0.133	21.6	214.8	0.88
280	64.18	750.7	1 236.8	5.230	57.4	14.6	98.1	0.131	23.7	191.3	0.90
290	74.45	732.3	1 290.0	5.485	55.8	13.9	94.2	0.126	26.2	168.7	0.93
300	85.92	712.5	1 344.9	5.736	54.0	13.2	91.2	0.129	29.2	144.2	0.97
310	98.70	619.1	1 402.2	6.071	52.3	12.5	88.3	0.128	32.9	120.7	1.03
320	112.90	667.1	1 462.1	6.574	50.6	11.5	85.4	0.128	38.2	98.10	1.11
330	128.65	640.2	1 526.2	7.244	48.4	10.4	81.4	0.127	43.3	76.71	1.22
340	146.08	610.1	1 594.8	8.165	45.7	9.17	77.5	0.127	53.4	56.70	1.39
350	165.37	5744.4	1 671.4	9.504	43.0	7.88	72.6	0.126	66.8	38.16	1.60
360	186.74	528.0	1 761.5	13.984	39.5	5.36	66.7	0.126	109	20.21	2.35
370	210.58	450.5	1 892.5	40.321	33.7	1.86	56.9	0.126	164	4.709	6.79

附表 5　金属材料的密度、定压比热容和导热系数

材料名称	20℃		热导率 λ/(W·m^{-1}·℃$^{-1}$)										
	密度 ρ / kg/m^3	定压比热容 c_p / J/(kg·℃)	温度/℃										
			20	−100	0	100	200	300	400	600	800	1 000	1 200
纯铝	2 710	902	236	243	236	240	238	234	223	215			
杜拉铝(96Al—4Cu,微量 Mg)	2 790	881	169	124	160	188	188	193					
铝合金(92Al—9Mg)	2 610	904	107	86	102	123	148						
铝合金(87Al—13Si)	2 660	871	162	139	158	173	176	180					
铍	1 850	1 758	219	382	213	170	145	129	118				
纯铜	8 930	386	398	421	401	393	389	384	379	366	352		
铝青铜(90Cu—10Al)	8 360	420	56		49	57	66						
青铜(89Cu—11Sn)	8 800	343	24.8		24	28.4	33.2						
黄铜(70Cu—30Zn)	8 440	377	109	90	16	131	143	145	148				
铜合金(60Cu——40Ni)	8 920	410	22.2	19	22.2	23.4							
黄金	19 300	127	315	331	318	313	310	305	300	287			
纯铁	7 870	455	81.1	96.7	83.5	72.1	63.5	56.5	50.3	39.4	29.6	29.4	31.6
灰铸铁($w_c \approx 3\%$)	7 570	470	39.2		28.5	32.4	35.8	37.2	36.6	20.8	19.2		
碳钢($w_c \approx 0.5\%$)	7 840	465	49.8		50.5	47.5	44.8	42.0	39.4	34.0	29.0		
碳钢($w_{\approx}$ 1.5%)	7 750	470	36.7		36.8	36.6	36.2	35.7	34.7	31.7	27.8		
铬钢($w_{cr} \approx 5\%$)	7 830	460	36.1		36.3	35.2	34.7	33.5	31.4	23.0	27.2	27.2	27.2
铬钢($w_{cr} \approx 13\%$)	7 740	460	26.8		26.5	27.0	27.0	27.0	27.6	28.4	29.0	29.0	
铬钢($w_{cr} \approx 17\%$)	7 710	460	22		22	22.2	22.6	22.6	23.3	24.0	24.8	25.5	
铬钢($w_{cr} \approx 26\%$)	7 650	460	22.6		22.6	23.8	25.5	27.2	28.5	31.8	35.1	38	
铬镍钢(17～19Cr/9～13Ni)	7 830	460	14.7	11.8	14.3	16.1	17.5	18.8	20.2	22.8	25.5	28.2	30.9
镍钢($w_{Ni} \approx 1\%$)	7 900	460	45.5	40.8	45.2	46.8	46.1	44.1	41.2	35.7			
镍钢($w_{Ni} \approx 3.5\%$)	7 910	460	36.5	30.7	36.0	38.8	39.7	39.2	37.8				
镍钢($w_{Ni} \approx 25\%$)	8 030	460	13.0										
镍钢($w_{Ni} \approx 35\%$)	8 110	460	13.8	10.9	13.4	15.4	17.1	18.6	20.1	23.1			
镍钢($w_{Ni} \approx 50\%$)	8 260	460	19.6	17.3	19.4	20.5	21.0	21.1	21.3	22.5			
锰钢(12～13Mn/3Ni)	7 800	487	13.6			14.8	16.0	17.1	18.3				
锰钢($w_{Mn} \approx 0.4\%$)	7 860	440	51.2			51.0	50.0	47.0	43.5	35.5	27		
钨钢($w_w \approx 5\% \sim 6\%$)	8 070	436	18.7		18.4	19.7	21.0	22.3	23.6	24.9	26.3		
铅	11 340	123	35.3	37.2	35.5	34.4	32.8	31.5					
镁	1 730	1 020	156	160	157	154	152	150					
钼	9 590	255	133	146	139	135	131	127	123	116	100	103	103.7
镍	8 900	444	91.4	144	94	82.8	74.2	67.3	64.6	69.0	73.3	77.6	81.9
铂	21 450	133	71.4	73.3	71.5	71.6	72.0	72.8	73.6	76.6	80.0	84.2	88.9
银	10 500	234	427	431	428	422	415	407	399	384			
锡	7 310	228	67	75	68.2	63.2	60.9						
钛	4 500	520	22	23.3	22.4	20.7	19.9	19.5	19.4	19.9			
铀	19 070	116	27.4	24.3	27	29.1	31.1	33.4	35.7	40.6	45.6		
锌	7 140	388	121	123	122	117	112						
锆	6 570	276	22.9	26.5	23.2	21.8	29.9	21.4	22.3	24.5	26.4	28.0	
钨	19 350	134	179	204	182	166	153	142	134	125	119	114	110

附表6 常用保温、耐火材料的导热系数

材料名称	材料最高允许温度 t/℃	密 度 ρ/(kg·m^{-3})	热 导 率 λ/(W·m^{-1}·℃$^{-1}$)
超细下班棉毡、管	400	18～20	$0.033+0.000\,23t$[①]
矿渣棉	550～600	350	$0.067\,4+0.000\,215\,t$
水泥蛭石制品	800	420～450	$0.103+0.000\,198\,t$
水泥珍珠岩制品	600	300～400	$0.065+0.000\,105\,t$
粉煤灰泡砖	300	500	$0.099+0.000\,2\,t$
水泥泡沫砖	250	450	$0.1+0.0002\,t$
A级硅藻土制品	900	500	$0.039\,5+0.000\,19\,t$
B级硅藻土制品	900	550	$0.047\,7+0.000\,2\,t$
膨胀珍珠岩	1 000	55	$0.042\,4+0.000\,137\,t$
微孔硅酸钙制品	650	≯250	$0.041+0.000\,2\,t$
耐火黏土砖	1 350～1 450	1 800～2 040	$(0.7\sim0.84)+0.000\,58\,t$
轻质耐火黏砖	1 250～1 300	800～1 300	$(0.29\sim0.41)+0.000\,26\,t$
超轻质耐火黏土砖	1 150～1 300	540～610	$0.093+0.000\,16\,t$
超轻质耐火黏土砖	1 100	270～330	$0.058+0.000\,17\,t$
硅砖	1 700	1 900～1 950	$0.93+0.000\,7\,t$
镁砖	1 600～1 700	2 300～2 600	$2.1+0.000\,19\,t$
铬砖	1 600～1 700	2 600～2 800	$4.7+0.000\,17\,t$

注：t表示材料的平均摄氏温度。

附表 7　液态金属的热物理性质

金属名称	t/℃	$\dfrac{\rho}{\text{kg}\cdot\text{m}^{-3}}$	$\dfrac{\lambda}{\text{W}\cdot\text{m}^{-1}\cdot℃^{-1}}$	$\dfrac{c_p}{\text{kJ}/(\text{kg}\cdot℃)}$	$\dfrac{a}{\times 10^6\ \text{m}^2\cdot\text{s}^{-1}}$	$\dfrac{\nu}{\times 10^8\ \text{m}^2\cdot\text{s}^{-1}}$	$Pr\times 10^2$
	20	13 550	7.90	0.139 0	4.36	11.4	2.72
水　银	100	13 350	8.95	0.137 3	4.89	9.4	1.92
熔点 −38.9℃	150	13 230	9.65	0.137 3	5.30	8.6	1.62
沸点 357℃	200	13 120	10.3	0.137 3	5.72	8.0	1.40
	300	12 880	11.7	0.137 3	6.64	7.1	1.07
	250	6 980	34.1	0.255	19.2	27.0	1.41
锡	300	6 940	33.7	0.255	19.0	24.0	1.26
熔点 231.9℃	400	6 860	33.1	0.255	18.9	20.0	1.06
沸点 2 270℃	500	6 790	32.6	0.255	18.8	17.3	0.92
	300	10 030	13.0	0.151	8.61	17.1	1.98
铋	400	9 910	14.4	0.151	9.72	14.2	1.46
熔点 271℃	500	9 785	15.8	0.151	10.8	12.2	1.13
沸点 1 477℃	600	9 660	17.2	0.151	11.9	10.8	0.91
	200	515	37.2	4.187	17.2	111.0	6.43
锂	300	505	39.0	4.187	18.3	92.7	5.03
熔点 179℃	400	495	41.9	4.187	20.3	81.7	4.04
沸点 1 317℃	500	484	45.3	4.187	22.3	73.4	3.28
	150	10 550	9.8	0.146	6.39	28.9	4.50
铋铅($w_{\text{Bi}}=56.5\%$)	200	10 490	10.3	0.146	6.67	24.3	3.64
熔点 123.5℃	300	10 360	11.4	0.146	7.50	18.7	2.50
沸点 1 670℃	400	10 240	12.6	0.146	8.33	15.7	1.87
	500	10 120	14.0	0.146	9.44	13.6	1.44
	100	851	23.2	1.143	23.9	60.7	2.51
	200	828	24.5	1.072	27.6	45.2	1.64
钠钾($w_{\text{Na}}=25\%$)	300	808	25.8	1.038	31.0	36.6	1.18
熔点 −11℃	400	778	27.1	1.005	34.7	30.8	0.89
沸点 784℃	500	753	28.4	0.967	39.0	26.7	0.69
	600	729	29.6	0.934	43.6	23.7	0.54
	700	704	30.9	0.900	48.8	21.4	0.44
	150	916	84.9	1.356	68.3	59.4	0.87
钠	200	903	81.4	1.327	67.8	50.6	0.75
熔点 97.8℃	300	878	70.9	1.281	63.0	39.4	0.63
沸点 883℃	400	854	63.9	1.273	58.9	33.0	0.56
	500	829	57.0	1.273	54.2	28.9	0.53
	100	819	46.6	0.805	70.7	55	0.78
钾	250	783	44.8	0.783	73.1	38.5	0.53
熔点 64℃	400	747	39.4	0.769	68.6	29.6	0.43
沸点 760℃	750	678	28.4	0.775	54.2	20.2	0.37

附表 8 各种材料的黑度

材料	t/℃	ε
表面磨光的铝	225 ～ 575	0.039 ～ 0.057
表面不光滑的铝	26	0.055
在 600℃ 时氧化后的铝	200 ～ 600	0.11 ～ 0.19
表面磨光的铁	425 ～ 1 020	0.144 ～ 0.377
氧化后的铁	100	0.736
未经加工处理的铸铁	925 ～ 1 115	0.87 ～ 0.95
表面磨光的钢铸件	770 ～ 1 040	0.52 ～ 0.56
经过研磨的钢板	940 ～ 1 100	0.55 ～ 0.61
在 600℃ 时氧化后的钢	200 ～ 600	0.80
氧化铁	500 ～ 1 200	0.85 ～ 0.95
在 600℃ 时氧化后的生铁	200 ～ 600	0.64 ～ 0.78
生铁(液态、未氧化)	1 375 以上	0.4 ～ 0.5
生铁(液态、氧化)	1 230 ～ 1 280	).9 ～ 0.95
	1 375	0.7
钢(液态、未氧化		0.4
合金钢(液态、氧化)		0.7 ～ 0.75
无光泽的黄铜板	50 ～ 350	0.22
在 600℃ 时氧化后的黄铜	200 ～ 600	0.01 ～ 0.59
精密磨光的电解铜	80 ～ 115	0.018 ～ 0.023
在 600℃ 时氧化后的铜	200 ～ 600	0.57 ～ 0.87
氧化铜	800 ～ 1 100	0.66 ～ 0.54
镀镍酸洗而未比磨光的铁	20	0.11
在 600℃ 时氧化后的镍	200 ～ 600	0.37 ～ 0.48
氧化镍	650 ～ 1 255	0.59 ～ 0.86
锡、光亮的镀锡铁皮	25	0.043 ～ 0.064
纯泵	0 ～ 100	0.09 ～ 0.12
磨光的纯银	223 ～ 625	0.019 8 ～ 0.032 4
铬	100 ～ 1 000	0.08 ～ 0.26
有光泽的镀锌铁皮	28	0.228
石棉纸	40 ～ 370	0.93 ～ 0.945
水面	0 ～ 100	0.95 ～ 0.963
石膏	20	0.903
建筑用砖	29	0.93
上釉漆的黏土耐火砖	1 100	0.75
白釉漆	23	0.906
耐火砖		0.8 ～ 0.9
有光泽的黑	25	0.875
无光泽的黑漆	40 ～ 95	0.96 ～ 0.98
各种不同颜色的油质涂料	100	0.92 ～ 0.96
表面磨光的灰色大理石	22	0.931
平整的玻璃	22	0.937
石灰浆粉刷	10 ～ 88	0.91
熔附在铁面上的白色珐琅	19	0.897
油纸	21	0.97

附表9　气体二元体系的扩散系数

体　系	T/K	$D_{AB}P/(cm^2 \cdot Pa \cdot s^{-1})$	体　系	T/K	$D_{AB}P/(cm^2 \cdot Pa \cdot s^{-1})$
空气			氮	298	1.601
氨	273	2.006	氧化氮	298	1.185
苯胺	298	0.735	丙烷	298	0.874
苯	298	0.974	水	298	1.661
溴	293	0.923	一氧化碳		
二氧化碳	273	1.378	乙烯	273	1.530
二硫化碳	273	0.894	氢	273	6.595
氯	273	1.256	氮	288	1.945
联(二)苯	491	1.621	氧	273	1.874
醋酸乙脂	273	0.718	氦		
乙醇	298	1.337	氩	273	6.493
乙醚	293	0.908	苯	298	3.890
碘	298	0.845	乙醇	298	5.004
甲醇	298	1.641	氢	293	16.613
汞	614	4.791	氖	293	12.460
萘	298	0.619	水	298	9.198
硝基苯	298	0.619	水	298	9.198
硝基苯	298	0.879	氢		
正辛烷	298	0.610	氨	293	8.600
氧	273	1.773	氩	293	7.800
醋酸丙	315	0.932	苯	273	3.211
二氧化硫	273	1.236	乙烷	273	4.447
甲苯	298	0.855	甲烷	273	6.331
水	298	2.634	氧	273	7.061
氨			水	293	8.611
乙烯	293	1.793	氮		
氖	293	3.333	氨	293	2.441
二氧化碳			乙烯	298	1.651
苯	318	0.724	氢	288	7.527
二硫化碳	318	0.724	碘	273	0.709
醋酸乙酯	319	0.675	氧	273	1.834
乙醇	273	0.702	氧		
乙醚	283	0.58	氨	293	2.563
氢	273	5.572	苯	296	0.951
甲烷	273	1.550	乙烯	293	1.844
甲醇	298.6	1.064			

附表 10　固体二元体系的扩散系数

溶　质	固　体	温度 /K	扩散系数 /$cm^2 \cdot s^{-1}$
氦	派热克斯玻璃	293	4.49×10^{-11}
		773	2.00×10^{-8}
氢	镍	358	1.16×10^{-8}
	铁	293	2.59×10^{-9}
铋	铅	293	1.10×10^{-16}
汞	铅	293	2.50×10^{-15}
锑	银	293	3.51×10^{-21}
铝	铜	293	1.30×10^{-30}
镉	铜	293	2.71×10^{-15}

附表 11　高斯误差函数

$$\mathrm{erf}(x) = \frac{2}{\sqrt{\pi}}\int_0^x e^{-\eta^2}\,d\eta$$

x	erf(x)	x	erf(x)	x	erf(x)	x	erf(x)	x	erf(x)
0.0	0.000 00	0.38	0.409 01	0.76	0.717 54	1.28	0.929 73	2.10	0.997 02
0.02	0.022 56	0.40	0.428 39	0.78	0.730 01	1.32	0.938 06	2.20	0.998 14
0.04	0.045 11	0.42	0.447 49	0.80	0.742 10	1.36	0.945 56	2.,30	0.998 86
0.06	0.067 62	0.44	0.466 22	0.82	0.753 81	1.40	0.952 28	2.40	0.999 31
0.08	0.090 08	0.46	0.484 66	0.84	0.765 14	1.44	0.958 30	2.50	0.999 50
0.10	0.112 46	0.48	0.502 75	0.86	0.776 10	1.48	0.963 65	2.60	0.999 76
0.12	0.134 76	0.50	0.520 50	0.88	0.786 69	1.52	0.968 41	2.70	0.999 87
0.14	0.156 95	0.52	0.537 90	0.90	0.796 91	1.56	0.972 63	2.80	0.999 93
0.16	0.179 01	0.54	0.554 94	0.92	0.806 77	1.60	0.976 35	2.90	0.999 96
0.18	0.200 94	0.56	0.571 62	0.94	0.816 27	1.64	0.979 62	3.00	0.999 98
0.20	0.222 70	0.58	0.587 92	0.96	0.825 42	1.68	0.982 49	3.20	0.999 99
0.22	0.244 30	0.60	0.603 86	0.98	0.834 23	1.72	0.985 00	3.40	1.000 00
0.24	0.265 70	0.62	0.619 41	1.00	0.842 70	1.76	0.987 19	3.60	1.000 00
0.26	0.286 90	0.64	0.63459	1.04	0.858 65	1.80	0.989 09		
0.28	0.307 88	0.66	0.649 38	1.08	0.873 33	1.84	0.990 74		
0.30	0.328 63	0.68	0.662 78	1.12	0.880 79	1.88	0.992 16		
0.32	0.349 13	0.70	0.677 80	1.16	0.899 10	1.92	0.993 38		
0.34	0.369 36	0.72	0.691 43	1.20	0.910 31	1.96	0.994 43		
0.36	0.389 33	0.74	0.704 68	1.20	0.920 50	2.00	0.995 32		

参考文献

1 高家锐．动量、热量、质量传输原理．重庆:重庆大学出版社,1987

2 李敬生等．传输原理及冶金过程计算机模拟．西安:陕西科学技术出版社,1997

3 刘人达．冶金炉热工基础．北京:冶金工业出版社,1980

4 蒋光羲．冶金炉热工基础．重庆:重庆大学出版社,1993

5 景思睿,张鸣远．流体力学．西安:西安交通大学出版社,2001

6 吴树森．材料加工冶金传输原理．北京:机械工业出版社,2002

7 贺友多.传输过程的数值方法.北京:冶金工业出版社,1991

8 沈颐身,李保卫,吴娥林.冶金传输原理基础.北京:冶金工业出版社,2000

9 查金荣,陈家精.传递过程原理及应用.北京:冶金工业出版社,1997

10 杨世铭.传热学.北京:高等教育出版社,1994

11 苏华钦.冶金传输原理.南京:东南大学出版社,1989

12 Kou S. Transport Phenomena and Materials Processing. New York: JOHN WILEY&SONS, INC,1996

13 Mills A F. Heat Transfer Concord: IRWIN Inc,1992

14 孟格等.冶金中的传热传质现象.北京:冶金工业出版社,1981

15 霍光云.燃烧与传热工程计算图表.天津:天津科技出版社,1984

16 周力行.湍流两相流动与燃烧的数值模拟.北京:清华大学出版社,1991

17 陈晋南．传递过程原理．北京:化学工业出版社,2004

18 贾绍义,柴城敬．化工传质与分离过程．北京:化学工业出版社,2001

19 柴城敬等．化工流体流动与传热．北京:化学工业出版社,2001

20 陈敏恒等．化工原理．北京:化学工业出版社,2000